Als das Leben laufen lernte

Ermöglicht durch den Fördererkreis der naturwissenschaftlichen Museen Berlins e.V.

Säugethiere Spec.-Tab. 5: Flugmaki u

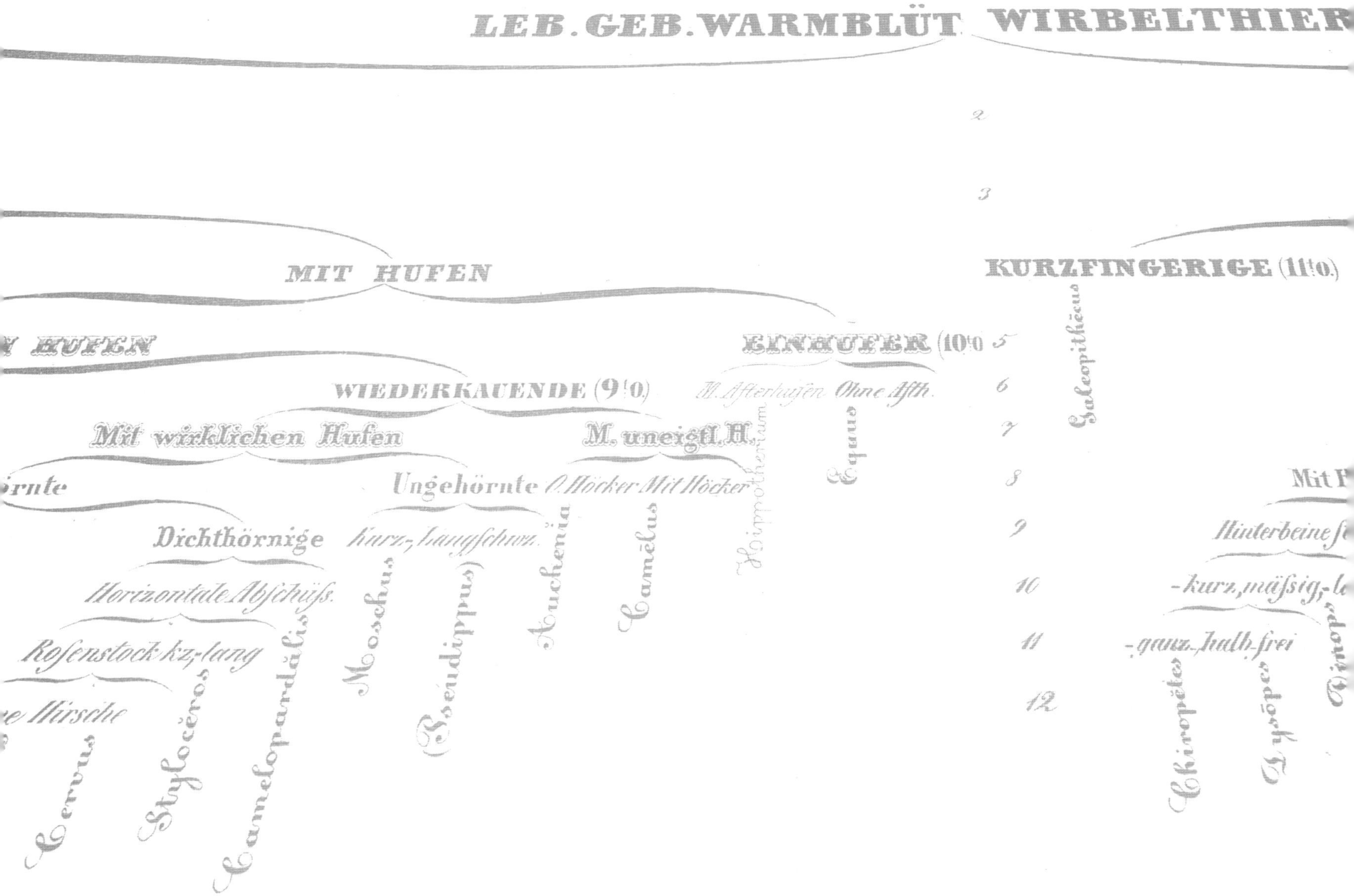

Matthias Glaubrecht, Annette Kinitz
Uwe Moldrzyk

Als das Leben laufen lernte

Evolution in Aktion

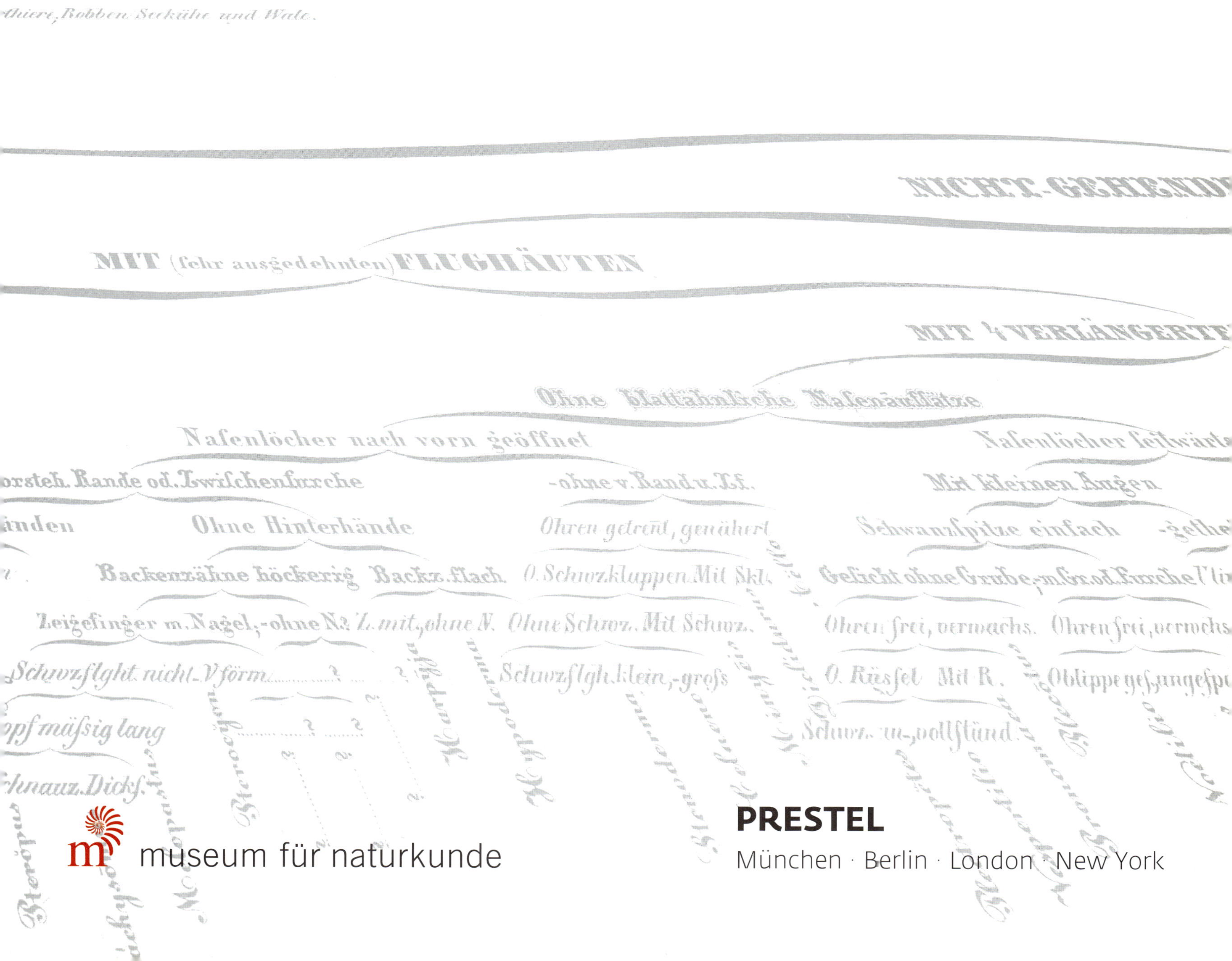

museum für naturkunde

PRESTEL
München · Berlin · London · New York

Inhaltsverzeichnis

Umschlagabbildung:
An Versuchen, für die biologische Vielfalt der Erde ein Ordnungssystem zu finden, hat es seit der Klassifizierung des schwedischen Systematikers Carl von Linné (1707–1778) nicht gefehlt. Ein alternativer Entwurf stammt von Constantin Wilhelm Lambert Gloger (1803–1863), einem Ornithologen aus Oberschlesien, der lange Zeit in Berlin wirkte. Er versuchte sich neben Werken zur Vogelkunde seit 1834 auch an einer allgemeinen zoologischen Klassifizierung auf naturphilosophischer Grundlage, die unter dem Titel »Gloger's Natürliches System der Thierwelt« erscheinen sollte. Tatsächlich sind Glogers Tabellen, die dichotomen Bestimmungstabellen ähneln, nie veröffentlicht worden; bis heute ist unklar, in welcher Weise er sein »naturphilosophisches Zahlenprincip« anwenden wollte. Fünf zusammengefügte Tafeln zum System der Säugetiere wurden dem Direktor des Museums für Naturkunde in Berlin, Professor Hinrich Lichtenstein, 1836 übersandt. Sie sind erst kürzlich in der Ornithologischen Sammlung des Museums im Rahmen wissenschaftshistorischer Recherchen von Dr. Jürgen Haffer wiederentdeckt worden (siehe Haffer & Hudde, 2007: Blätter aus dem Naumann-Museum 26).
Ein Ausschnitt aus Constantin Glogers »Natürlichem System« wird hier von einem Komodo-Waran (Varanus komodoensis) ergänzt, der erst 1912 auf der kleinen Sunda-Insel Komodo vor der Westküste von Flores entdeckt wurde. Das abgebildete Tier, das bis zu drei Meter groß werden kann, ist jetzt auch im Berliner Museum für Naturkunde in der Ausstellung »Evolution in Aktion« zu sehen.

Vorwort

Seit vielen Millionen Jahren haben die Vorgänge auf der Erde neue Lebensräume und hat die Evolution immer wieder neue Lebewesen hervorgebracht. Das Ergebnis ist eine überwältigende Vielfalt an Tieren und Pflanzen. Uns Menschen beschäftigt dabei insbesondere die Frage, in welcher Beziehung der *Homo sapiens* zu diesen Abermillionen anderer Lebewesen steht. Wie wurde das Leben, was es ist? Und wie wurden wir zu dem, was wir sind? Vor allem aber: Welche Rolle werden wir zukünftig auf der Erde spielen?

Hauptportal des Museums für Naturkunde im März 2007

Heute gibt die Evolutionstheorie Antworten auf die Frage nach der Artenvielfalt und zugleich Auskunft über unsere Abstammung und Ahnenschaft. Die Idee vom gemeinsamen Ursprung allen Lebens und einer über viele Millionen, ja Milliarden von Jahren dauernden Entwicklung des Lebens geht auf den britischen Naturforscher Charles Darwin (1809–1882) zurück. Nach seiner Erkenntnis sind kleinste Veränderungen im Bauplan der Lebewesen und große Zeiträume der Stoff, aus dem die Evolution gemacht ist. Mit seiner Theorie vom evolutionären Wandel durch genetische Variation, durch natürliche und sexuelle Auslese sowie durch Anpassung stellte Darwin vor anderthalb Jahrhunderten ein universelles Prinzip in der Natur vor, das bis heute nichts an Gültigkeit verloren hat. Seine Idee einer Evolution durch Anpassung und Auslese ist inzwischen durch unzählige Belege aus der Biologie untermauert.

Die Evolutionstheorie gehört zu den umwälzendsten intellektuellen Revolutionen in den Naturwissenschaften. Keine andere wissenschaftliche Theorie hat in den beiden vergangenen Jahrhunderten derart das Denken der Menschen beeinflusst, keine spielt eine größere Rolle für das rationale Verständnis des Lebens, der Natur und des Menschen. Deshalb können wir sagen, dass wohl keine andere Forschungsrichtung unser wissenschaftliches Bild der Welt in den letzten Jahrzehnten mehr beeinflusst hat als die Evolutionsforschung. Tagtäglich wird unser Tun und Trachten von evolutiven Vorgängen bestimmt. Die immer weiter reichenden Vorstöße in Neuland des Wissens lassen uns heute erkennen, was Evolution wirklich ist und wie das Leben auf der Erde und die biologische Vielfalt entstanden sind. Wir verstehen besser denn je, welche Mechanismen dabei eine Rolle spielen – und letztlich auch, welche Stellung dem Menschen dabei in der Natur zukommt.

In diesem Zusammenhang ist das Berliner Museum für Naturkunde zu Recht stolz auf jene Beiträge, die dort langjährig arbeitende Forscher etwa zur modernen Synthese der Evolutionstheorie im 20. Jahrhundert geliefert haben. Naturkundemuseen sind heute weitaus mehr als bloße Asservatenkammern der Artenvielfalt. Zwar sind auch einzelne Sammlungsbestände des Berliner Naturkundemuseums vor zwei Jahrhunderten aus kurfürstlichen Kuriositätenkabinetten hervorgegangen; doch heute ist dieses Museum weder allein Kulturzeugnis noch Mausoleum der Natur. Vielmehr ist es eine akademische Forschungseinrichtung erster Ordnung, und unsere Sammlungen sind zu einem unverzichtbaren Forschungsinstrument geworden, da sie die Natur modellhaft abzubilden vermögen.

Der vorliegende Essay-Band aus der Feder unserer Forscher, der eine tour d'horizon durch das Evolutionsgeschehen bietet, begleitet die Wiedereröffnung eines Teils der Ausstellungen im Berliner Museum für Naturkunde im Juli 2007, die unter dem Motto »Evolution in Aktion« stehen. Wie dieses Buch, so präsentieren auch die neuen Ausstellungen unser Wissen zu den Wechselbeziehungen zwischen Erde und Leben. In den neuen Dauerausstellungen präsentieren wir die Originalfunde eines 150 Millionen Jahre alten *Brachiosaurus brancai*, das größte Dinosaurierskelett, das je in einem Museum aufgebaut wurde. Wir zeigen im Original das berühmte und wohl besterhaltene Exemplar des Urvogels *Archaeopteryx lithographica*, der Ikone der Evolutionswissenschaften. Daneben ist ein repräsentatives Spektrum naturkundlicher Raritäten und spektakulärer Naturobjekte zu sehen – all dies im Rahmen einer modernen Darstellung unserer derzeitigen Kenntnisse zur Entwicklung von Kosmos, Erde und Leben.

Zugleich präsentiert sich das Berliner Museum auch als eine Forschungsinstitution der besonderen Art. Denn weltweit zählt unser einst als ein nationales Museum für Naturkunde eingerichtete Haus mit seiner inzwischen mehr als 30 Millionen naturkundliche Objekte umfassenden Referenzsammlung zu den größten Forschungseinrichtungen auf diesem Gebiet. In ähnlicher Größenordnung wie in den vergleichbaren Museen in London, Paris, Washington, New York und Chicago umfassen unsere wertvollen Sammlungen neben unzähligen zoologischen Objekten (die präpariert sind oder konserviert in Alkohol lagern) auch einmalige Fossilien und wertvolle Mineralien sowie Meteoriten von Mond und Mars.

So einmalig und ungeheuer reich die in den Sammlungen lagernden naturkundlichen Schätze sind, so eminent wichtig sind auch die Beiträge der Wissenschaftler des Hauses zu einem modernen Verständnis der Entwicklung der Erde und des Lebens. Mit derzeit etwa 85 Wissenschaftlichen Mitarbeitern (darunter 36 Kuratoren in den Sammlungen und sechs Professoren sowie einer großen Zahl von Doktoranden und Gastwissenschaftlern) stellt das Berliner Museum ein Kompetenzzentrum für Biosystematik, Evolutionsbiologie, Erdgeschichts-, Umwelt- und Impaktforschung dar. Ihm kommt dadurch eine maßgebliche Rolle bei der Erforschung der biologischen Grundlagen auf der Erde zu. Unter dem Titel »Evolution der Vielfalt – Biodiversitätsdynamik in Raum und Zeit« widmet sich das Museum für Naturkunde in Berlin in einer in dieser Breite für Deutschland einmaligen und umfassenden Weise der Erforschung jener Vorgänge, die zur Entwicklung der Erde und der Evolution des Lebens geführt haben. In unserem Haus ist die Erforschung der Biodiversität und Evolution eng verknüpft mit Studien zur Entstehung unseres Sonnensystems und der Planeten sowie zur Geologie der Erde. Unser Forschungsinteresse gilt also nicht nur der Welt der heute existierenden Organismen und deren millionenfacher Artenvielfalt, sondern auch der Geschichte der unbelebten und der belebten Erde sowie ihrer Wechselbeziehungen – und letztlich daher auch der Zukunft des Lebens auf unserem Heimatplaneten. Unsere Wissenschaftlerinnen und Wissenschaftler untersuchen die unterschiedlichsten Facetten von Erde und Leben, sie spannen dabei den Bogen von der Entstehung des Planetensystems und der Evolution der Organismen – und damit von den ersten, fast vier Milliarden Jahre alten Lebensformen – bis zu jenen Lebewesen, die vielleicht erst vor einigen Tausend Jahren entstanden sind.

Mit dem vorliegenden Buch möchten wir Sie zu einer Reise durch diese enorme Tiefenzeit und durch gewaltige kosmische und irdische Räume einladen, wobei wir Ihnen in den einzelnen Kapiteln natürlich nur ausgewählte Streckenposten unserer Forschungslandschaft vorstellen können, ebenso wie bei einem Rundgang durch die neuen Berliner Ausstellungen. Wer heute beispielsweise den großen, nach historischem Vorbild renovierten Lichthof des Naturkundemuseums in Berlin betritt, wird unmittelbar ins östliche Afrika vor 150 Millionen Jahren versetzt. Hier blicken wir auf jene Phase der Evolution, in der gewaltige Dinosaurier der Lebewelt der Erde im Erdmittelalter einen markanten und an fossilen Zeugnissen bis heute sichtbaren Stempel aufdrückten. In der Region um Tendaguru im heutigen Tansania lebten damals gigantische Dinosaurier in großer Artenvielfalt, in den Lüften kreisten Flugsaurier, und unweit davon brandete das Meer an, in welchem tropische Fische, Meeresreptilien, Muscheln, Seeigel, Armfüßer und Korallen lebten.

Auf dieser Zeitreise bietet sich außerdem ein Stopp im Jahre 1909 an. Damals begann die Ausgrabungskampagne im ostafrikanischen Tendaguru – und damit die Geschichte einer der wohl größten paläontologischen Expeditionen aller Zeiten, bei der Forscher des Berliner Museums unter anderem 250 Tonnen Dinosaurierknochen ausgruben. Dem Besucher indes präsentiert sich kein zweiter »Jurassic Park« – wir zeigen keine Fantasiegebilde, sondern das, was von den damals tatsächlich lebenden Tieren erhalten ist und was die Wissenschaft wirklich kennt: Originalskelette und Gesteinsabdrücke sowie jene Befunde, die sich daraus ableiten lassen. Dass unser *Brachiosaurus brancai* nun keine O-Beine mehr hat, sondern stramm dasteht, dass sein Schwanz nicht mehr am Boden schleift, sondern frei in der Luft schwebt, ist dabei weder Zufall noch neue Mode – oder gar einer schöneren Optik geschuldet. Neueste wissenschaftliche Untersuchungen an den Gelenken der Beinknochen weisen nicht nur auf die richtige Beinstellung hin; sie erlauben sogar die Rekonstruktion der möglichen Laufgeschwindigkeit des *Brachiosaurus*, die offenbar 17 Stundenkilometer erreichen konnte. Auch belegen versteinerte Trittsiegel (denen jede Schleifspur eines Schwanzes fehlt) sowie Berechnungen zur Bewegungsmechanik, dass der erhoben getragene Saurier-Schwanz wohl eher zur Stabilisierung beim Laufen diente.

Der Lichthof mit unseren Tendaguru-Sauriern ist ein wichtiger Teil der neuen Ausstellungen, aber er wird eingerahmt von weiteren Höhepunkten. So ist nun erstmalig das Berliner Exemplar des Urvogels *Archaeopteryx* – jenem Zwitterwesen zwischen Dinosauriern und Vögeln und Schlüsselfossil schlechthin – dauerhaft im Original ausgestellt. In seiner Schauvitrine sicher verwahrt, bildet diese zugleich auch ein gläsernes Forschungslabor, das dem Besucher einen Blick über die Schulter jener Wissenschaftler erlaubt, die den Urvogel gerade untersuchen. Müssten wir das kostbare Exemplar für solche Studien jedes Mal aus der Vitrine nehmen, wäre es große Teile des Jahres nicht zu sehen. Nach diesen Highlights öffnet sich der Horizont und wir blicken auf unser fragiles System Erde – jenen durch Wasserstoff charakterisierten Planeten, dessen Existenz neben einigen Naturkonstanten kaum mehr als einem kosmischen Zufall geschuldet ist. Eingebunden in den Weltraum der Galaxien und in unser Sonnensystem, wirken sowohl kosmische als auch geologische Vorgänge auf das Leben auf der Erde. Dabei steuern beispielsweise nicht nur irdische und klimatische Vorgänge die Evolution; umgekehrt beeinflussen auch die Organismen das Klima und die Umwelt auf unserem Planeten. In diesem Zusammenhang zeigt etwa die Erforschung der Evolution von Korallenriffen, wie eng Grundlagenforschung und angewandte Forschung miteinander verknüpft sind. Riffe stellen nicht nur das vielfältigste Ökosystem der Meere dar, sondern nehmen eine wesentliche Rolle etwa für Welternährung, Küstenschutz und pharmazeutische Forschung ein. Sie zeigen darüber hinaus besonders gut, wie sich Umwelt und Klima in der Geschichte des Lebens abbilden. Daher dienen die Muster der Artenvielfalt als Monitor und Frühwarnsystem für globale und regionale Umweltänderungen; was beweist, dass es nicht um rein akademische Themen geht, sondern um solche, die uns alle angehen. Eine spektakuläre multimediale Schau begleitet Sie dann weiter auf einer Reise vom Anbeginn der Zeit und dem Urknall bis zur Entstehung der Erde und des Lebens. Zugleich wird deutlich, dass unser Wissen über unser Planetensystem vielfach durch Meteoriten vermittelt wird und uns Meteoritenkrater nicht nur kosmologische Geheimnisse verraten, sondern auch über so manche Krise des Lebens aufklären.

Auf einer weiteren Etappe unserer Reise durch Zeit und Raum werden Sie Zeuge, wie Arten und Artenvielfalt entstehen und wie es zur überbordenden Fülle der Biodiversität kam. Welche Bedingungen braucht es dazu und wo und wie finden Artenbildungsvorgänge statt? Manchmal muss man auf der Suche nach Antworten an seltsamen Plätzen tauchen gehen, etwa in den abgelegenen Seen im Hochland der indonesischen Insel Sulawesi, oder es bedarf eines geschulten und geduldigen Blicks in die wissenschaftlichen Sammlungen des Museums, denn auch hier liegt noch manche Antwort auf die spannenden Fragen der Evolutionsforschung verborgen.

Das jetzt vorliegende, reich illustrierte Begleitbuch wurde federführend von Dr. Matthias Glaubrecht, Evolutionsbiologe und seit April 2006 Leiter der Forschungsabteilung am Berliner Naturkundemuseum, gemeinsam mit dem Koordinator der neuen Ausstellungen, Uwe Moldrzyk, und unserer PR-Mitarbeiterin Annette Kinitz konzipiert und realisiert. Ihre Idee war es, ausgewählte Aspekte der Evolution in spannenden und unterhaltsamen Kapiteln für eine breite Leserschaft zu beschreiben, gleichsam die Fortsetzung der Ausstellungen mit anderen Mitteln, und zwar aus Sicht der am Berliner Naturkundemuseum tätigen Forscher, Experten für die jeweiligen Fachgebiete. Entstanden ist, wie ich finde, ein dank der zahlreichen Illustrationen und verständlichen Texte überaus anschauliches Lesebuch zur Entwicklung des Lebens und seiner Vielfalt auf unserem Planeten Erde. Ganz bewusst ist dieser Band kein Ausstellungsführer im klassischen Sinn; vielmehr soll das Buch den Besuch im Berliner Museum für Naturkunde ergänzen, keinesfalls aber ersetzen. Denn nichts geht über die eigene Anschauung. Und wo, wenn nicht im Berliner Naturkundemuseum, können Sie gleichzeitig – und wohlgemerkt im Original – 150 Millionen Jahre alte Dinosaurier-Knochen aus der Jurazeit Ostafrikas, Meteoriten vom Mars und Ausschnitte der überaus vielfältigen Biodiversität – vom Urvogel *Archaeopteryx* bis zum Zebra – mit eigenen Augen sehen?

So viel ist sicher: Die Evolution des Lebens ist ein ebenso spannendes wie hochbrisantes Thema. Immer wieder aber stellen wir Naturforscher geradezu verblüfft fest, wie kritisch die Evolutionstheorie – immerhin jenes Gedankengebäude, auf das sich unsere gesamte Forschung zu den Organismen der Erde stützt – immer noch gesehen wird. Häufig fällt uns erst auf, wie unterschiedlich hierzu die Einstellungen der Disziplinen sind, wenn wir uns als Naturwissenschaftler in den Dialog mit Geisteswissenschaftlern begeben. Für diesen Diskurs grundlegendes Natur-Wissen zu vermitteln, auch das ist ein Anliegen dieses Essay-Bandes.

In der festen Überzeugung, dass nur so der Dialog wirklich gelingen kann, wünsche ich dem Leser bei der Lektüre dieses Bandes ebenso viel Vergnügen wie den Besuchern unserer neuen Ausstellungen in Berlin.

Reinhold Leinfelder
Generaldirektor des Museums für Naturkunde Berlin

Die neuen Ausstellungen am Museum für Naturkunde, Berlin

UWE MOLDRZYK UND FERDINAND DAMASCHUN

Abb. 1: *Der Abbau des* Brachiosaurus*-Schädels war der Startschuss für die umfangreichen Überarbeitungen der Dinosaurierskelette.*

Stille. Das Geraune und Getuschel in der Halle ist fast auf einen Schlag verstummt. In zwölf Meter Höhe machen sich Peter May und sein Kollege aus Kanada an dem Schädel zu schaffen. Nervös hantieren beide Männer auf der Hubbühne, dann ein kurzer Ruck – das klickende Geräusch von Kameraverschlüssen begleitet die Fahrt des Arbeitskorbes nach unten. Kopflos ragt das Skelett des berühmten *Brachiosaurus brancai* bis knapp unter das Glasdach (Abb. 1). Während Pressevertreter versuchen, ein möglichst gutes Bild des abgenommenen Schädels zu ergattern, beginnt im Hintergrund die Demontage des Restskeletts. Die Zeit drängt. Bereits 24 Monate später soll die Ausstellung in neuem Glanz erstrahlen. Bis zu diesem Zeitpunkt müssen rund 1500 Einzelknochen von insgesamt sieben Dinosauriern nicht nur abgebaut, konservatorisch überarbeitet, nach neuesten wissenschaftlichen Erkenntnissen zusammengefügt und wieder aufgebaut sein, es sollen auch modernste Methoden angewandt

Abb. 2: *Das Modell des Brachiosaurus-Schädels war bis zur Überarbeitung am Skelett montiert.*

Abb. 3: *Das Original: Der Schädel von Brachiosaurus brancai wird nur unter höchsten Sicherheitsauflagen zu Untersuchungen freigegeben.*

werden, um fehlende oder zu stark deformierte Stücke zu ersetzen. Beispielsweise den Schädel. Das Original des während der großen Tendaguru-Expedition von 1909 bis 1913 geborgenen Typus-Exemplars (also des Tieres, welches der Beschreibung der Art zugrunde liegt) ist ein für die Wissenschaft unersetzliches Schmuckstück und eine präparatorische Meisterleistung. Der Schädel, aus unzähligen kleinen und kleinsten Puzzelstücken zusammengefügt, ist zu fragil und zu wertvoll, um in der Ausstellung in zwölf Metern Höhe präsentiert zu werden. Deshalb steht am Morgen des 3. Mai 2005 auch nur ein Modell im Rampenlicht, eine Nachbildung, die bei Kenntnis des echten Schädels nur wenige Gemeinsamkeiten mit dem Original aufweist, diesen aber bisher beim aufgebauten Skelett ersetzt hat (Abb. 2, 3).

Der Weg zu den neuen Ausstellungen

Die Überarbeitung der Dinosaurier war längst nicht alles. Das gesamte Projekt, welches in Höhe von rund 18 Millionen Euro mit Mitteln der Stiftung Deutsche Klassenlotterie Berlin realisiert wurde, kofinanziert von der Europäischen Union (Europäischer Fonds für Regionale Entwicklung), beinhaltete sowohl die bauliche Sanierung von insgesamt fünf Ausstellungsräumen – darunter zwei, die der Öffentlichkeit seit Jahrzehnten nicht mehr zugänglich waren – als auch die inhaltliche Neukonzeption der darin enthaltenen Ausstellungen. Einer der Säle steht dem Museum für Naturkunde künftig für Wechselausstellungen zur Verfügung, um neben den Dauer- auch attraktive Sonderausstellungen präsentieren zu können. Wie bei der Konzeption der neuen Ausstellungen »Evolution in Aktion« ging man auch hinsichtlich der baulichen Sanierung sorgfältig mit den »Schätzen« des Museums um. Das historische Gebäude wurde, wo möglich, in den Originalzustand zurückversetzt, ohne dabei auf die Anforderungen moderner Museumspräsentation zu verzichten (Abb. 4). So stellt beispielsweise der sogenannte Sauriersaal den letzten erhaltenen großen Tageslichtsaal Berlins dar. Nach heutigem Wissensstand ist es allerdings aus konservatorischen Gründen nicht zu vertreten, kostbare Objekte unter Tageslicht-

Abb. 4: *Der renovierte »Sauriersaal« im Februar 2007*

bedingungen zu präsentieren. Die unkontrollierbare Lichtstärke und die UV-Strahlung können zu drastischen Schäden führen und einzigartige Exponate für immer zerstören. Im Zuge des ehrgeizigen Bau- und Ausstellungsprojekts ist nun eine Verschattungsanlage eingebaut worden, die – zwischen Glasdach und Staubdecke eingezogen – dafür sorgt, dass in den Ausstellungsbereichen nur wenige Prozent des Tageslichts eindringen. Es ist aber möglich und auch konservatorisch vertretbar diesen Filter zu besonderen Anlässen zu öffnen und den Saal für wenige Stunden im Jahr so der Öffentlichkeit zu präsentieren, wie er von den Architekten 1889 ursprünglich geplant war.

Insgesamt nahmen die Arbeiten an dem Gesamtprojekt vier Jahre in Anspruch, aber mit dem Abbau der Dinosaurier begann die heiße Phase des Erneuerungsprozesses der Ausstellungen am Museum für Naturkunde in Berlin. Über 40 Wissenschaftler des Hauses waren an Konzeption, Objektauswahl und Umsetzung der größten Umgestaltung der Dauerausstellung seit Jahrzehnten beteiligt – Präparatoren, Pädagogen, Grafiker und Techniker sowie externe Partner arbeiteten gemeinsam an diesem Projekt, das auf 2500 Quadratmeter in vier Sälen und einem Treppenhaus eine neue Dauerausstellung entstehen ließ. Sie wird nicht nur in der Ausführung höchsten Ansprüchen gerecht, sondern spiegelt auch inhaltlich die eigenen Forschungsschwerpunkte wider. Die drei Kernaufgaben des Museums – Sammlung, Forschung und Öffentliche Bildung – werden für die Öffentlichkeit in den Ausstellungen vereint. Gemäß der Ausstellungsphilosophie des Naturkundemuseums gibt es dabei in erster Linie Originale zu sehen. Als Metapher für diese Prämisse steht die neue Allosaurus-Teilrekonstruktion (Abb. 5), die den Besucher im Eingangsbereich empfängt: Mit dem Durchbrechen der Glaswand in das Foyer wird das Tier scheinbar zu Fleisch und Blut, während sich hinter der Scheibe, in der Ausstellung, das knochige Skelett abzeichnet. Entsprechend sind innerhalb des Museums, in den Sammlungen und Ausstellungen, die Originale zu finden, in diesem Fall Fossilien, an denen die Wissenschaftler des Hauses arbeiten, um neue Erkenntnisse zu gewinnen. Nur mit diesem Wissen der Forscher vor Ort ist es möglich, außerhalb des Museums die unzähligen längst ausgestorbenen Arten zu neuem Leben zu erwecken – wie es Peter Jackson oder die BBC seit Jahren mit großem Erfolg tun.

Ausstellungsphilosophien im Wandel der Zeit

Die Tradition des Museums für Naturkunde geht bis vor die Gründung der Berliner Universität im Jahr 1810 zurück. In den knapp acht Jahrzehnten, in denen die Sammlungen im Hauptgebäude der Universität Unter den Linden untergebracht waren, gab es keine Ausstellung im heutigen Sinne – die Sammlung diente in erster Linie der studentischen Ausbildung und der Forschung. Für das Publikum waren sie nur nach vorheriger Anmeldung zugänglich. Erst mit dem Einzug in die Invalidenstraße wurden 1889 im Erdgeschoss von den wissenschaftlichen Sammlungen abgesonderte Ausstellungen, die sogenannten Schausammlungen, eingerichtet. Diese Ausstellungen hatten in erster Linie systematischen Charakter. Zu Beginn des 20. Jahrhunderts gab es dann einen ersten Paradigmenwechsel. Mit der Idee, naturwissenschaftliche Zusammenhänge und neue Erkenntnisse der Wissenschaft einer breiten Öffentlichkeit zugänglich zu machen, änderte sich der Charakter der Ausstellungen. Die aus Amerika übernommene Darstellungsform des Dioramas ermöglichte Einblicke in den Lebensraum heimischer und exotischer Tiere. Die systematische

Abb. 5: *Eine der neuen Attraktionen des Museums für Naturkunde in Berlin: Allosaurus wird in der fertigen Ausstellung förmlich durch die Scheibe brechen – innen Skelett, außen rekonstruiert.*

Abb. 6: *Im Mineralien-Saal hat sich bis heute der Ansatz einer klassischen Schausammlung erhalten. Diese Aufnahme stammt aus dem Jahr 1893.*

Aufstellung der Tiere wurde durch Modelle, Grafiken und längere Texte ergänzt. Die Ausstellung wurde somit zum dreidimensionalen Lehrbuch und bot eine der wenigen Möglichkeiten, Einblick in die Flora und Fauna entfernter Länder zu erhalten. (Abb. 6, 7)

Die Aura des »Exotischen« ging mit zunehmender Mobilität der Bevölkerung und fortschreitender Medienentwicklung nach und nach verloren.

Die Aura des »Exotischen« und »Kuriosen« ging mit zunehmender Mobilität der Bevölkerung und fortschreitender Medienentwicklung aber nach und nach verloren. Infolgedessen veränderte sich in den meisten naturkundlichen Ausstellungen die Präsentation: Originale wurden oft durch Modelle und Grafiken ersetzt, welche lehrbuchhaft biologische Prozesse erklären und damit zur naturkundlichen Bildung der Bevölkerung beitragen sollten. Dieser Trend, der gegen Ende der 1970er Jahre seinen Höhepunkt erreichte, ließ sich auch im Berliner Museum beobachten. In der Folge haben Naturkundemuseen bis heute damit zu kämpfen, als Kinder- und Familienmuseen, als veraltet, verstaubt und langweilig zu gelten. Erst in jüngster Zeit wandeln sich Inhalte und Image wieder.

Die Ausstellungen als Spiegel der Forschung

Das Museum für Naturkunde in Berlin versteht sich heute als Mittler zwischen Bevölkerung und Forschung.

Abb. 7: *Die Dioramen aus den 1920er und 1950er Jahren stehen unter Denkmalschutz. Sie sind Schaukasten und Kunstwerk zugleich.*

Anstelle der Präsentation von Schulwissen tritt nun eine Art Übersetzerarbeit. Ausstellungen wollen informieren – aber auch unterhalten. Sie sollten ein zeitgemäßes Erscheinungsbild präsentieren, ohne der Versuchung zu erliegen, sich flüchtigen Trends anzuschließen. Es ist nicht damit getan, Monitore oder Touchscreen-Computer in bestehende Ausstellungskonzepte einzuschieben. Medien haben nur dann einen Zweck, wenn sie inhaltliche Aufgaben übernehmen und konzeptionell in bestimmte Themenbereiche eingebunden sind. Tragendes Element – neben allen noch so aufsehenerregenden Animationen und Installationen – sind die Originale, die nur (Naturkunde)Museen dem Besucher bieten können. Die Frage »Ist das echt?« hat wohl jeder Museumsmitarbeiter schon aus Kinder- und Erwachsenenmund gehört – und auch die staunenden Blicke nach der bejahenden Antwort registriert. Nach diesen Erkenntnissen wurden die neuen Ausstellungen des Museum für Naturkunde konzipiert.

Allgemein konkurrieren Naturkundemuseen mit verschiedenen anderen Anbietern um die Besucher. Neben Museen anderer Fachrichtungen (etwa Kunst, Archäologie, Technik etc.), Zoologischen Gärten und Science Centern spielen dabei auch Unterhaltungsmedien eine Rolle, die naturkundliche Inhalte in Spiel- und Dokumentationsfilmen teilweise mit atemberaubenden Animationen sehr abwechslungsreich vermitteln. Die Stärke des Berliner Naturkundemuseums und damit die Chance zur Abgrenzung liegt eindeutig in den einmaligen originalen Objekten und damit der Möglichkeit, Inhalte nicht nur didaktisch und unterhaltsam aufzuarbeiten, sondern sich auch die Faszination zunutze zu machen, die von den echten Stücken ausgeht. So wie jeder Kunstinteressierte bestätigen kann, dass es einen Unterschied zwischen jeder noch so guten Reproduktion und dem Original

Abb. 8: Ein Juwel der Sammlung des Berliner Naturkundemuseums: *Archaeopteryx* ist seit Juli 2007 auch für das Publikum im Original zu bewundern.

von Leonardo da Vincis *Mona Lisa* gibt, ist auch ein Unterschied zwischen Abguss, Modell und Original beispielsweise des Urvogels *Archaeopteryx lithographica* – der »Mona Lisa« der naturkundlichen Sammlungen – festzustellen. Deshalb wird in Berlin seit Sommer 2007 das berühmte »Berliner Exemplar« des Urvogels erstmals im Original präsentiert (Abb. 8). Das Museum für Naturkunde setzt auf Superlative: Neben der Ausstellung des *Archaeopteryx* ist das größte aufgestellte Saurierskelett der Welt – *Brachiosaurus brancai* – nach neuesten Erkenntnissen montiert und nun mit einer Höhe von über 13 Metern als Original zu sehen.

EvA – Evolution in Aktion

In den vier neuen Ausstellungssälen wird von der Evolution unseres Planeten und des Lebens erzählt. Dafür wurde ein interdisziplinärer Ansatz gewählt, der den wissenschaftlichen Ansatz des Hauses widerspiegelt. EvA – Evolution in Aktion – steht dabei nicht nur für die Inhalte der Ausstellungen, sondern auch für die Aktivitäten im Bereich der Wissenschaft. Weder in der Entwicklung des Lebens noch in der Erforschung dieser Entwicklung herrscht Stillstand. Als hochqualifiziertes Forschungsinstitut nimmt das Museum für Naturkunde in Berlin eine zentrale Position ein, wenn es darum geht, den aktuellen Wissensstand sowie die eigene Forschung einer breiten Besucherschaft zu präsentieren.

Ein Blick zurück – die Welt vor 50 Millionen Jahren

Konsequent ist dies im neuen »Jura-Saal« umgesetzt, wo u.a. auch eine der spektakulärsten paläontologischen Grabungen überhaupt präsentiert wird: die Grabung am Berg Tendaguru im heutigen Tansania (siehe Kapitel »Tendaguru: Auf den Spuren versunkener Welten in Ostafrika«). Anhand von über 250 Tonnen dort geborgener Fossilien konnten Wissenschaftler des Museums für Naturkunde den Lebensraum in Tendaguru vor 150 Millionen Jahren rekonstruieren. In den Ausstellungen sind nun neben den spektakulären Dinosaurierskeletten auch Fossilien von allen anderen wichtigen Tiergruppen zu sehen, die zur gleichen Zeit wie die Urzeitriesen die Küstenregion Ostafrikas besiedelten. Dem Besucher bietet sich somit ein Zeitfenster in eine ferne Vergangenheit. Ob im Wasser, an Land oder in der Luft: Vom freien Ozean über Riff und Lagune werden zunächst die aquatischen Lebewesen gezeigt; anhand von bestimmten Muscheln lässt sich sogar nachweisen, dass sich in der Flachwasserzone vor der Küste Süß- und Meerwasser vermischt haben müssen, denn es finden sich Arten, die speziell an Brackwasser angepasst sind. In weiteren Ausstellungsbereichen dieses Saals werden die Bewohner des jurassischen Luftraums sowie des Festlandes präsentiert.
Das Museum für Naturkunde in Berlin ist in der einmaligen, glücklichen Lage, anhand einer einzigen Fundstelle, Tendaguru, einen so umfassenden Einblick in die Lebensgemeinschaften längst vergangener Zeiten zu gewähren (Abb. 9).

Abb. 9: *»Die Welt im oberen Jura« wird im ehemaligen Sauriersaal präsentiert. Im Mittelpunkt: Brachiosaurus brancai.*

Abb. 10: Ausstellungssaal »System Erde« im Aufbau

System Erde – Der dynamische Planet

Sommer 2006 in Berlin. Wie im Rest des Landes ist das WM-Fieber ausgebrochen. Aber während in den Straßen Fußball das Tagesthema ist, sitzt Dr. Thomas Kenkmann an seinem Computer und überprüft komplizierte mathematische Rechenmodelle. Der Mineraloge des Berliner Naturkundemuseums ist in diesen Tagen ein gefragter Mann. Als anerkannter Fachmann auf dem Gebiet der Impaktforschung (Meteoriteneinschläge und ihre Folgen) ist der Wissenschaftler auch in der Lage, qualifizierte Aussagen über die Ausbreitung von Tsunamis und deren Parameter zu treffen. Was passiert beispielsweise, wenn ein Meteorit in den Pazifischen Ozean einschlägt? Dieser angewandte Aspekt ist ein Teil seiner Tätigkeiten. Neben Tagungen, Vorträgen, der Veröffentlichung von Forschungsergebnissen und der Planung einer anstehenden Krater-Expedition nach Australien muss der Forscher noch die Konzeption verschiedener Ausstellungsbereiche abschließen. Zusammen mit Kollegen ist er ein wichtiger Ansprechpartner für die Ausstellungsmacher, wenn es um geologische Prozesse oder auch unser Sonnensystem geht. Beides sind Themen, die in den neuen Ausstellungsbereichen eine tragende Rolle spielen. »System Erde – Die Erde als dynamischer Planet« befasst sich mit der Vernetzung des Systems Erde und zeigt die gegenseitige Beeinflussung geologischer und biologischer Prozesse (Abb. 10). Auf fünf Ausstellungsinseln geht es dabei um Meteoriteneinschläge, Vulkanismus, Plattentektonik, Gebirgsbildung sowie die Art und Weise, wie sich Leben seinen eigenen Lebensraum formt. Auch wenn Prozesse der inhaltliche Schwerpunkt sind, bilden doch Objekte die Grundlage der Präsentation. Einen Vulkanausbruch kann man nicht im Original ausstellen, hierzu muss man sich Filme, Animationen und Grafiken bedienen. Aber »Vulkanprodukte« wie Basaltsäulen, Stricklava oder vulkanische Bomben sind Stücke, die sich im Original und hautnah betrachten lassen. Darüber hinaus wirken sich vulkanische Ausbrüche nicht ausschließlich zerstörerisch auf die belebte Umwelt aus. Sie sind Ursache der schnellsten bekannten Artbildungsprozesse. Eine Forschergruppe des Museums für Naturkunde untersucht seit Jahren Höhlensysteme auf Hawaii, die sich durch Vulkanausbrüche ständig verändern. In diesen Höhlen kann an dort lebenden Zikaden ein Prozess beobachtet werden, bei dem in kürzester Zeit neue Arten entstehen. Nach diesem Prinzip bauen sich auch die übrigen Themengruppen dieses Saales auf, die eine Vorstellung davon geben, wie vielschichtig die Verknüpfungen zwischen geologischen und/oder biologischen Prozessen zu einem komplizierten, verzahnten, »dynamischen System« Erde führen.

Vom Urknall zur Erde

Das angrenzende, architektonisch sehr reizvolle Treppenhaus beherbergt das Ausstellungsthema »Kosmos und Sonnensystem«. Hier werden die Erde als Bestandteil des Universums sowie die Prozesse, die zur Bildung von Planeten führen, intensiv behandelt (Abb. 11). Um nicht mit Modellen zu arbeiten oder mit seitenlangen Texten wie ein räumliches Lehrbuch zu wirken, sind auch hier Originale das – wenn auch schwer zu bekommende – Mittel der Wahl, um den Besuchern einen hautnahen Zugang zu diesem Themenkomplex zu verschaffen. Dies sind Exponate, die eine Geschichte erzählen und so ein Thema über das Objekt hinaus erschließen – beispielsweise ein Objektträger mit kleinen, unscheinbaren Krümeln: Mondproben. Die Bodenpartikel unseres Trabanten stammen

Abb. 11: *Im historischen Treppenhaus wird das Ausstellungsthema »Kosmos und Sonnensystem« installiert.*

von einer sowjetischen Mission. Aber bisher sind doch nur amerikanische Astronauten auf dem Mond gelandet! Weshalb diese Proben dennoch existieren und hier gezeigt werden, auch das wird in den neuen Ausstellungen am Museum für Naturkunde erzählt. Daneben erklären Meteoriten einzelne Phasen in der Geschichte unseres Universums und vermitteln spannende Erkenntnisse darüber. So entpuppen sich beispielsweise kleine rotbraune Einschlüsse in den extraterrestrischen Fundstücken schnell als rostiges Eisen – ein unwiderlegbarer Beweis für Wasser. Wasser ist also keine »Erfindung« unseres Planeten.

Vom Urknall über die Entstehung der ersten leichten Elemente bis hin zu unserem heutigen Sonnensystem erzählt dieser Bereich die Geschichte unseres Universums. Am Ende, im obersten Stockwerk erwartet den Besucher schließlich ein Ruhebereich, der auch Planetenmusik bietet: Musik, die in unterschiedlichster Form mit dem Kosmos verbunden ist.

Mechanismen der Evolution

Das Thema Evolution wird im letzten neuen Dauerausstellungssaal behandelt. Neben den Bildern von der Diversität des Lebens und einem chronologischen Gang durch die Erdgeschichte sollte auch in diesem Bereich eine enge Verknüpfung zu den Forschungen

Dem Besucher präsentiert sich ein faszinierendes Bild der Artenvielfalt – ein Querschnitt durch die Tierwelt.

im eigenen Haus im Vordergrund stehen. Heutzutage wird auch an Naturkundemuseen längst mit modernsten Methoden und an Prozessen gearbeitet, deren Darstellung in einer Ausstellung eine Herausforderung ist. Nach sorgfältiger Konzeption wird die Information in diesem Saal (»Evolution in Aktion«) in drei Ebenen vermittelt: Wissenschaftsgeschichte, Evolutionsmechanismen und molekularbiologische Grundlagen. Dem Besucher präsentiert sich zunächst ein faszinierendes Bild der Artenvielfalt (Abb. 12) – ein Querschnitt durch die Tierwelt, dargestellt auf einer »Biodiversitäts-Wand«. Im weiteren Verlauf dieses Ausstellungsteils wird erklärt, wie es zu dieser Vielfalt kommt und welche entscheidenden Schritte zu einem besseren Verständnis der zugrunde liegenden Vorgänge und Mechanismen geführt haben.

Abb. 12: *Probeaufbau der Biodiversitätswand für den Ausstellungsteil »Evolution in Aktion«*

Zunächst brachte das von Carl von Linné eingeführte Klassifikationssystem und seine binäre Nomenklatur (jedes Tier bekommt einen eigenen unverwechselbaren Namen, der sich sozusagen aus Vor- und Familiennamen zusammensetzt, z. B. *Vipera berus* – die Kreuzotter) Ordnung in die Vielfalt und wird noch heute verwendet. Sein Hauptwerk, die *Systema Naturae*, war ein Meilenstein der Naturwissenschaften und diente allen nachfolgenden Biologen als Arbeitsgrundlage. Der nächste bahnbrechende Schritt für unser heutiges Naturverständnis war die Formulierung der Evolutionstheorie durch Charles Darwin. Die Erstauflage seiner *Origin of Species (Vom Ursprung der Arten)* war ein solcher Hit, dass sie innerhalb kürzester Zeit ausverkauft war. Seine Theorien sind nach wie vor die Basis für das Verständnis evolutiver Abläufe. Allerdings – und das mag verblüffen – war Darwin nicht in der Lage zu erklären, wie genau neue Arten entstehen. Er hat zwar die Faktoren erkannt und beschrieben – nämlich natürliche und sexuelle Selektion –, die zum Überleben der »fittesten« Arten führt (*survival of the fittest*). Wie sich aus einer Gruppe von Tieren dann tatsächlich eine neue Art ausbildet, lässt sich damit aber noch nicht erklären. Darwin selbst führte gut dokumentierte Zuchtversuche an Tauben aus, konnte aber den Artbildungsprozess damit nie nachweisen (es ist übrigens nach wie vor noch keinem Menschen gelungen, eine neue Art zu züchten!). Wie der Artbildungsprozess vor sich geht, erkannte später u. a. der berühmte Evolutionsbiologe Ernst Mayr, der eng mit dem Museum für Naturkunde verbunden war. Diese Mechanismen werden anhand von ausgesuchten Präparaten in der neuen Ausstellung veranschaulicht.

Abb. 13: *Ein 3-D-Scan des wertvollen Originalschädels von Brachiosaurus lieferte die Daten für den »neuen« Schädel in der Ausstellung.*

Epilog: Moderne Ausstellungen und neue Technologien

Pressetermin in der Berliner Reuchlinstraße. Im temporären Außenlager präsentieren die verantwortlichen Wissenschaftler des Museums für Naturkunde gemeinsam mit den Spezialisten aus Kanada die nötigen Arbeitsschritte, um die fossilen Dinosaurierskelette bei der Wiedereröffnung entsprechend dem neuesten Erkenntnisstand präsentieren zu können. Währenddessen wird im Museum selbst der originale Brachiosaurus-Schädel gescannt. Mit modernen Kameras werden über 1000 Einzelaufnahmen des wertvollen Stücks geschossen und in einem vielstündigen Prozess zu einer dreidimensionalen Bilddatei zusammengefügt (Abb. 13). Diese Methode ist an und für sich nicht neu, wohl aber die Auflösung, mit der die modernen Geräte arbeiten. Die fertige Datei wird in Kanada über sogenannte 3D-Laser-Plotter eine 1:1 Kopie des Originalschädels erzeugen, die Laien kaum vom Original unterscheiden können. Technische Neuerungen haben erst in jüngster Zeit dazu geführt, dass ein Objekt mit der Größe und Komplexität des Brachiosaurus-Schädels überhaupt in Form eines dreidimensionalen Ausdrucks darstellbar – und bezahlbar – ist. Das Museum für Naturkunde in Berlin nutzt diese neue Methode, um seine Ausstellungen dort authentischer zu machen, wo konservatorische und wissenschaftliche Gründe eine Präsentation der Originalobjekte verbieten und bisher trotz höchsten handwerklichen Geschicks doch ungenaue Modelle als Platzhalter dienen mussten. Und so wird *Brachiosaurus brancai* den Besuchern in den neuen Ausstellungen nicht nur etwas größer erscheinen, sondern auch irgendwie verändert, ja faszinierender wirken. Die fragile Konstruktion des Schädels eines ansonsten mehr als robusten Urzeitriesen berührt selbst abgebrühte Wissenschaftler, die sich

Die fragile Konstruktion des Schädels eines ansonsten mehr als robusten Urzeitriesen berührt selbst abgebrühte Wissenschaftler.

täglich mit solchen Dingen befassen. Sie wird sicherlich auch die Besucher des Museums für Naturkunde staunen lassen – und damit den Zugang zu den Besonderheiten des Museums für Naturkunde schaffen: eine zeitgemäße Präsentation der Quintessenz aus einzigartiger Sammlung und hochqualifizierter Forschung des Museums für Naturkunde der Humboldt-Universität zu Berlin.

Ein Museum schreibt Geschichte

Seit fast 120 Jahren hat das Museum für Naturkunde der Humboldt-Universität zu Berlin seine Pforten in der Invalidenstraße für Besucher geöffnet. Die Geschichte des Museums reicht aber knapp 80 Jahre weiter zurück, in das Jahr 1810, als die heutige Humboldt-Universität gegründet wurde.

Von den ersten Tagen bis heute unverändert ist die Bedeutung der Sammlungen. Diese standen stets im Mittelpunkt, zum einen, weil Stücke weit gereister Wissenschaftler die Besucher anlockten, zum anderen, weil das Museum anhand der Sammlungsobjekte moderne Forschung betreibt. Die bedeutenden Sammlungen haben auch stets Wissenschaftler hohen Ranges angezogen und wiederum hervorgebracht. Diese haben in annähernd 200 Jahren auf vielen kleinen und großen Expeditionen eine der bedeutendsten und größten Sammlungen der Welt aufgebaut und wissenschaftlich ausgewertet. Manche Unternehmungen – wie etwa die berühmten Grabungen am Tendaguru von 1909 bis 1913 – waren so umfangreich, dass ihre wissenschaftliche Auswertung bis heute nicht gänzlich abgeschlossen ist.

Aus Tradition modern: Zur Geschichte des Berliner Museums für Naturkunde

Hannelore Landsberg und Ferdinand Damaschun

Berlin wird Universitätsstadt

Die Geschichte des heutigen Museums für Naturkunde ist eng mit der Geschichte der Berliner Universität verbunden. Seit ihrer Gründung im Jahre 1810 (Abb. 1) erstreckten sich über zwei Stockwerke der Seitenflügel des umfunktionierten Palais Prinz Heinrich, des heutigen Hauptgebäudes der Humboldt-Universität Unter den Linden, die Sammlungsräume des Anatomisch-zootomischen Museums, des Zoologischen Museums und des Mineralienkabinetts. Die Sammlungen füllten zunächst nur wenige Zimmer. Bei Beschriftung, Präparation und Ordnungsarbeiten verdiente sich so manche spätere Berühmtheit ihre naturwissenschaftlichen Sporen. So studierte und arbeitete der später als Pädagoge berühmt gewordene Friedrich Fröbel (1782–1852) bei dem Mineralogen und Direktor des Mineralogischen Kabinetts Christian Samuel Weiss (1780–1856). In der zoologischen

Abb. 1: *Das Universitätsgebäude Unter den Linden, um 1823. Kolorierte Radierung*

Sammlung ordnete der Botaniker und Dichter der Romantik, Adelbert von Chamisso (1781–1838), die Neuzugänge. In der zoologischen Sammlung waren die größten Probleme der Mangel einer international gültigen Systematik, die Notwendigkeit, die in großer Zahl eingehenden Stücke rasch sachgerecht zu präparieren und die teils sperrigen und übergroßen Objekte an der ihnen zukommenden Stelle unterzubringen, sodass sich dem Besucher bizarre Stopfpräparate auf den Schränken und von der Decke hängend präsentierten. Für Gäste muss die Sammlung dennoch beeindruckend gewesen sein, zumal man schon damals in Zoologie und Mineralogie das museologische Prinzip verfolgte, die Objekte nicht über Augenhöhe zu präsentieren und ausreichend zu beleuchten. Augenzeugen berichten von einem »Museum von seltener Ordnung und Schönheit«. Die Berliner Bevölkerung konnte ab 1814 an zwei Tagen in der Woche für zwei Stunden das Museum unentgeltlich besuchen. Ein solcher Besuch war allerdings mit einigen Schwierigkeiten verbunden. Der damalige Direktor Hinrich Lichtenstein (1789–1857) schildert das Prozedere: »Da jedoch nur eine bestimmte Zahl von Personen eingelassen werden kann, so werden Tags zuvor pünktlich um 4 Uhr die Einlasskarten ausgegeben, aber nur an hier ansässige bekannte Personen, auf deren schriftliches Begehren ...«

Das Museum als Arche Noah

Zunächst barg das Museum neben allerlei Raritäten – wie etwa dem Geschenk des Kosaken-Hetmans Graf Platow an Ihre Majestät die Königin, zwei vorzüglich ausgestopften zweihöckrigen Kamelen mit selten reicher Behaarung – vor allem Spezialsammlungen von Privatgelehrten, die das Museum als Gründungsbestand auf verschiedenen Wegen erhalten hatte.

Als gut ausgebildeter Naturforscher und Reisender im südlichen Afrika wusste Lichtenstein jedoch um die Vielfalt der exotischen Tierwelt und die Möglichkeiten, die sich durch das Aussenden speziell geschulter Sammler für den Zuwachs an Sammlungen umsetzen ließen. Ziel war ein Museum, das möglichst vollständig von jeder bekannten Art ein weibliches und ein männliches Tier zeigen konnte.

So gelangten auch Fische und Amphibien nach Berlin, die von dem namhaften jüdischen Berliner Arzt und Fischkundler Markus Elieser Bloch (1723–1799) wissenschaftlich bestimmt wurden. Dessen Sammlung wurde 1799 vom König angekauft und 1810 als besonderer – heute ältester – Schatz in die Museumssammlung aufgenommen (Abb. 2).

Die berühmteste Sammlung eines Forschungsreisenden, die in die Universitätsmuseen kam, ist vermutlich jene Alexander von Humboldts (1769–1859) von seiner Südamerika-Reise zwischen 1799 und 1804. Während seine dort zusammengetragenen Tiere und Pflanzen zu großen Teilen in Paris verblieben, kamen die Mineralien nach Berlin. Humboldts Vorbild sowie sein persönlicher Einsatz bei der Förderung von Forschungsreisenden gaben zusammen mit dem Ausbau von Transportmöglichkeiten und Schifffahrtslinien dem Sammlungsgeschehen einen außerordentlichen Schub. Südamerika wurde zu einem bevorzugten Sammelgebiet. Oft waren es Botaniker oder Gärtner, die die nötigen naturwissenschaftlichen Kenntnisse mitbrachten, um auch unter tropischen Bedingungen zu präparieren, konservieren und dokumentieren. Ein Beispiel ist der Hofgärtner Friedrich Sellow (1789–1831), der zudem ein geschickter Zeichner war (Abb. 3). Richard Schomburgk (1811–1891), der spätere Direktor des Botanischen Gartens in Adelaide, vermehrte unsere Sammlungen um Tiere und Mineralien sowohl aus Britisch-Guyana wie auch aus Australien. Ihm verdanken wir eine Sammlung südaustralischer Tiere des

Ziel war ein Museum, das möglichst vollständig von jeder bekannten Art ein weibliches und ein männliches Tier zeigen konnte.

19. Jahrhunderts, wie sie in dieser Vollständigkeit wohl kein weiteres Museum vorweisen kann, darüber hinaus aber auch detaillierte Reiseberichte und Briefe mit Beobachtungen zu der ihn auf seinen Reisen und seiner Farm in Buchsfelde, benannt nach dem Berliner Geologen Leopold von Buch, umgebenden Tierwelt.

Der Naturforscher und Dichter Adelbert von Chamisso brachte von seiner Reise um die Welt mit dem russischen Schiff »Rurik« von 1815 bis 1818 attraktive Objekte mit, die sich auch heute großen Interesses erfreuen, da ein sammelnder Dichter oder dichtender Sammler für Fachleute und Laien gleichermaßen reizvoll ist. Zu den wohl bemerkenswertesten Stücken des Naturkundemuseums gehören sechs von ursprünglich neun etwa handtellergroßen Walmodellen aus leichtem Holz, die Chamisso auf Unalaschka, einer Insel der Aleutenkette, gekauft bzw. hatte schnitzen

Abb. 2: *Typusexemplar eines Kofferfisches aus der »Blochsammlung« des Museums für Naturkunde, 1785 von M. E. Bloch wissenschaftlich beschrieben.*

und unter Anleitung des mitreisenden Malers Ludwig Choris (1795–1818) bemalen lassen. Bei diesen naturgetreuen Modellen handelt es sich um einmalige Stücke, die sowohl naturwissenschaftlichen Wert (sie waren über Jahrzehnte in der Säugetiersammlung eingeordnet) als auch völkerkundliche Bedeutung haben. Chamisso selbst publizierte 1824 eine in Latein abgefasste wissenschaftliche Arbeit über die Wale Kamtschatkas, in der die Modelle abgebildet sind (Abb. 4). Für Naturforscher, die sich mehr geowissenschaftlichen Belangen zuwandten, waren die Arbeiten des Geologen Leopold von Buch (1774–1853) von besonderer Bedeutung. Buch inspirierte nicht nur seinen guten Freund Alexander von Humboldt zur Beobachtung von Vulkanen, sondern auch den Geologen Hermann Karsten (1817–1908) aus Stralsund. Karsten erhielt für seine Reise nach Venezuela 1844 von Humboldt ein »Türen öffnendes« Empfehlungsschreiben und sandte im Laufe seines zwölfjährigen Aufenthaltes in Südamerika Mineralien, Fossilien und Insekten nach Berlin. Während eines Zwischenaufenthaltes in Berlin konsultierte Karsten 1848 den Geologen von Buch ein weiteres Mal und ließ sich von ihm dazu ermuntern, erneut paläontologische Ausgrabungen vorzunehmen. Ausgerüstet mit 300 Talern der Akademie der Wissenschaften kehrte er 1848 nach Venezuela zurück. Von hier sandte er Ammoniten an Leopold von Buch, um sie bestimmen zu lassen. Mit der Besteigung einiger vulkanisch aktiver Viertausender erwarb sich Karsten neben dem Ruf eines mutigen Vulkanologen zugleich den des genau beobachtenden Bergsteigers. 1856 kehrte Karsten nach Berlin zurück und widmete sich der Botanik an der Universität.

Doch nicht nur Südamerika fesselte die Forscher und Sammler. Frühe Sammlungen aus Afrika verdanken wir der Erfahrung Lichtensteins, der als Hausarzt die Kap-Kolonien bereiste und besonders durch sein

Abb. 3: *Friedrich Sellow, Pai Gotinho, eine der wenigen farbigen Zeichnungen aus einer Serie porträtierter Brasilianer, undatiert.*

Abb. 4: *Drei Walmodelle aus bemaltem Holz mit Originaletiketten aus der Sammlung Adelbert von Chamissos von der Insel der Aleuten, Unalaschka, auf der sich Chamisso während seiner Reise 1815–1818 lange aufhielt.*

Reisewerk *Reisen im südlichen Afrika* 1810/11 populär geworden war. Diesem Werk verdankte er auch seine Berufung auf den neu gegründeten Lehrstuhl für Zoologie. In dieser Position engagierte er gezielt Sammler wie den Apotheker Ludwig Krebs (1792–1844) für das Museum. Im Laufe von 25 Jahren sandte Krebs Tausende von

__Abb. 5:__ Schädel eines jungen Mantelpavians. Ch. G. Ehrenberg brachte das Tier 1825 lebend aus Nordafrika mit. Es lebte vier Jahre in der Königlichen Menagerie auf der Pfaueninsel im Wannsee.

Objekten nach Berlin. Allein 3245 Vögel waren darunter sowie ein Exemplar des Quagga, einer bald danach ausgerotteten Zebra-Art. Engagiert begleitete Lichtenstein auch die aufsehenerregende Reise von Friedrich Wilhelm Hemprich (1796–1825) und Christian Gottfried Ehrenberg (1795–1876), der wir trotz ihres tragischen Ausgangs mit vielen Todesopfern die wohl reichhaltigsten Sammlungen aus dem nördlichen Afrika verdanken (Abb. 5).
Ehrenberg unternahm 1829 eine zweite große Reise mit Humboldt und dem Mineralogen Gustav Rose (1798–1873) nach Russland. Später wandte er sich völlig der Mikropaläontologie (Fossilien von Mikroorganismen) zu und gilt bis heute als einer der Begründer dieser Fachrichtung. Seine Sammlung von Proben, Präparaten, Zeichnungen und Korrespondenzen gehört zu den kostbarsten Sammlungen des Museums (siehe Seite 40–41).
Das sagenumwobene russische Zarenreich verlockte viele Gelehrte dazu, dort zu forschen und zu sammeln. So machte die sibirische Sammlung von Peter Simon Pallas (1741–1811) bereits lange vor Gründung des Museums von sich reden. Der greise Pallas war jedoch auch einer der ersten Besucher, die eigenhändig Sammlungsstücke übergaben. Das Pallaseisen (Meteorit von Krasnojarsk) ist noch heute eines der markantesten Stücke der Meteoritensammlung des Museums.
Der Mangel an spezialisierten Sammlern von Fossilien hatte ihren Grund in der erst später als eigenes Fach auftretenden »Petrefaktenkunde«, der Paläontologie. Nichtsdestoweniger waren u.a. bedeutende Fossiliensammlungen wie 1833 die des Gothaer Naturforschers Ernst Friedrich von Schlotheim (1734–1832) und 1846 die »Sammlung Cotta« erworben worden, beide Ankäufe durch Humboldt vermittelt.
Das Zoologische Museum jedoch nahm weiterhin den größten Raum ein. Nach der Gründung des Berliner Zoos durch Hinrich Lichtenstein brachten Sammler aus

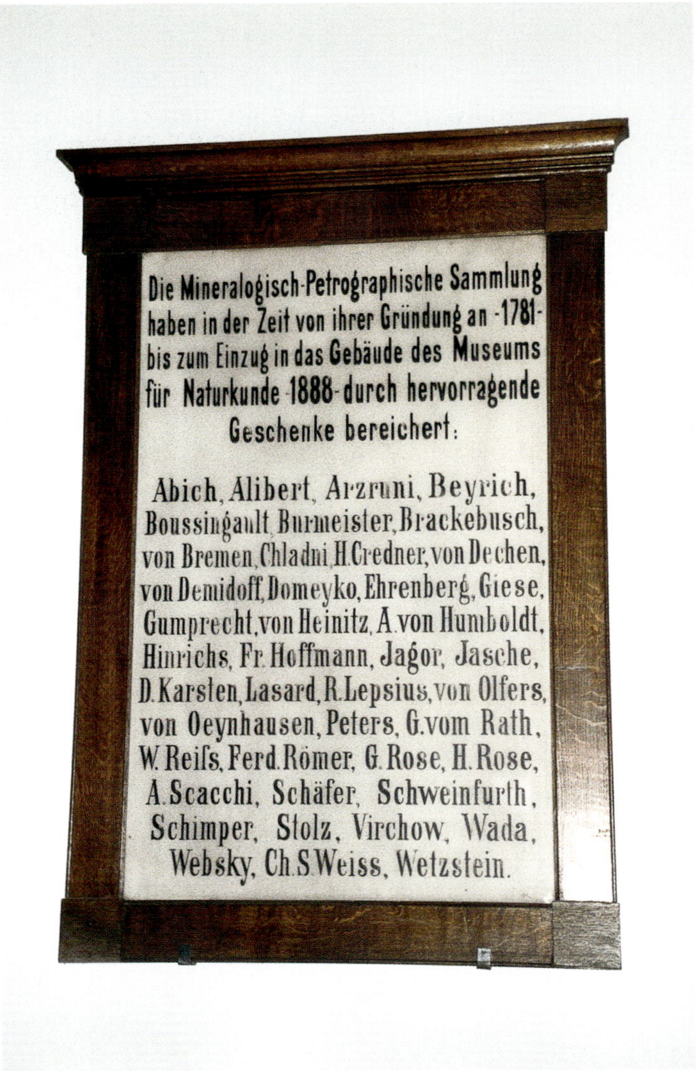

__Abb. 6:__ Tafel der Sponsoren für die Mineralogische Sammlung im Sammlungssaal.

Abb. 7: *Entwurf für das Bauensemble in der Invalidenstraße; in der Mitte das Museum für Naturkunde. Zeichnung des Museumsarchitekten Bauinspektor Tiede, 1877.*

aller Welt zusätzlich lebende Tiere für den Zoo mit. Nach ihrem Tod wurden sie präpariert und in die Museumssammlung aufgenommen. Die »Arche Noah« füllte sich.

Die erfolgreiche Vermehrung der Sammlungen (Abb. 6) zu Beginn der zweiten Hälfte des 19. Jahrhunderts verursachte schon nach wenigen Jahrzehnten eine drangvolle Enge in den Museumsräumen. Wissenschaftliche Expeditionen wie die des Forschungsschiffes »Gazelle« erbrachten ganze Serien von Forschungsobjekten. Vom Mineralogischen Museum wurden große Sammlungen angekauft, wie die Sammlungen »Tamnau« (1841) oder »Rammelsberg« (1879). Gustav Rose, Nachfolger von Weiss, erweiterte das Arbeitsgebiet im Mineralogischen Museum um experimentelle Forschungen. Im Zoologischen Museum wuchs der Anteil an Neubeschreibungen zoologischer Objekte, der so wertvollen Typen, mit der Anstellung von Spezialisten. Nach und nach wurden selbst Keller- und Bodenräume der Universität belegt. 1869 kam es zum Eklat: ein Walross, das im Vestibül vor der Aula präpariert wurde, versperrte den Durchgang. Ernst Kummer (1810–1893), Mathematiker und Rektor der Universität, griff ein. Binnen 24 Stunden musste der Durchgang wieder geöffnet werden. Rektor und Senat beantragten die Verlegung der Sammlungen an einen anderen Standort. Der Reichtum der Sammlungen war für den alltäglichen Universitätsbetrieb zur drückenden Last geworden.

Neubau in der Invalidenstrasse

Ein Neubau, das Museum für Naturkunde in der Invalidenstraße, wird geplant (Abb. 7). Als neuer Standort wurde das Gelände der ehemaligen König-

Der Reichtum der Sammlungen wurde für den alltäglichen Universitätsbetrieb zur drückenden Last.

lichen Eisengießerei in der Invalidenstraße ausgewählt. Dieser Standort lag zu dem Zeitpunkt noch vor den Toren der Stadt, und der damalige Direktor

Abb. 8: Das Museum für Naturkunde auf einer Ansichtskarte von 1901.

Wilhelm Peters (1815–1883) kämpfte jahrelang (erfolglos) um einen näher an der Universität liegenden Platz, etwa am Kupfergraben oder wenigstens in der Nähe des Zoos. Lebhafte Diskussionen gab es desgleichen im Berliner Abgeordnetenhaus über die Kompetenz des Baumeisters in Hinblick auf die wissenschaftlichen Erfordernisse einer so bedeutsamen Institution.
Nach dem Tod Peters' 1883 erhielt das Museum mit dem Kieler Zoologen Karl August Möbius (1825–1908) im selben Jahr einen Direktor mit bahnbrechenden Ideen für die Museumsgestaltung (siehe Seite 42–43). Die drangvolle Enge mit vollgestopften Schränken wich einer didaktisch aufgebauten Schausammlung, die getrennt war von der systematisch geordneten wissenschaftlichen Sammlung, so wie es bis heute in den naturkundlichen Museen der Welt gehandhabt wird. Der Umzug der Sammlungen vom alten Standort Unter den Linden begann im April 1888 und war Ende des Jahres bewältigt. Die Einrichtung des Hauses nahm noch einmal viele Monate in Anspruch und war mit der Einweihung noch längst nicht abgeschlossen. Am 2. Dezember 1889 erfolgte für ausgewähltes Publikum und unter Teilnahme des Kaiserpaares die feierliche Einweihung des neuen Museumsgebäudes und die Ernennung zum »Museum für Naturkunde« (Abb. 8). Es befanden sich nun drei Teilmuseen unter einem Dach: Zoologisches Museum, Mineralogisch-Petrographisches Institut und Museum sowie das Geologisch-Paläontologische Museum. Der Besucher betrat so wie heute das Gebäude durch ein von Pilastern gerahmtes schweres Eisenportal, auf dem die Statuen des bereits erwähnten Gelogen Leopold von Buch und des Physiologen Johannes Müller (1801–1858) auf die Besucher postiert wurden. Durch das Foyer gelangte man in den Lichthof, der nun 2007 zum dritten Mal ein »neues Gesicht« erhält.

Die Presse berichtet vom »Buch der Natur«

In einige Zeitungsberichten aus den Eröffnungsjahren 1889/90 finden sich die raren Zeugnisse, die wir von diesem so wichtigen Ereignis haben. Im *Berliner Tageblatt* und in der *Post* wird durchweg begeistert davon berichtet, wie die neuen Schausäle eingerichtet sind. Der heutige »Sauriersaal« war ursprünglich gefüllt mit großen Säugetieren wie Elefanten, Bison und dem Skelett eines riesigen grönländischen »Walfisches«. In den übrigen Sälen der drei Schausammlungen bildeten je drei große Glasvitrinen eine kleine Schrankabteilung, welche von der vierten Seite ihr Licht erhielt. Der Besucher wandelte, wie in einem offenen Buch lesend, von Abteilung zu Abteilung, ohne von der Fülle erdrückt zu werden, dafür aber mit weiterreichenden Informationen zum betrachteten Objekt versehen (Abb. 9). Die »menschenähnlichen Thiere«, also Affen, waren menschlichen Skeletten unmittelbar gegenübergestellt. Es wurden anatomische Präparate und aus Metall gegossene Lungenbäumchen von Tierlungen gezeigt, die sofort nach dem Tod des Tieres kunstvoll gefertigt

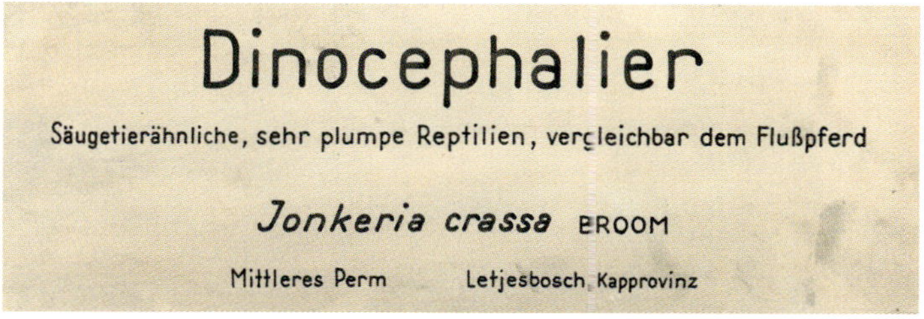
Dinocephalier
Säugetierähnliche, sehr plumpe Reptilien, vergleichbar dem Flußpferd
Jonkeria crassa BROOM
Mittleres Perm Letjesbosch, Kapprovinz

Abb. 9: *Originaletikett aus der Paläontologischen Sammlung*

worden waren. Unter den Vögeln beeindruckten besonders die zahlreichen Singvögel, die Paradiesvögel, denen fast die damalige Hutmode zum Verhängnis geworden wäre, und ein originaler afrikanischer Baum, dicht besetzt mit Nestern der Webervögel. Eine besondere Augenweide muss die Ausstellung echter und unechter Perlen gewesen sein, bereichert durch die Schale einer chinesischen Muschel, in die Zinnabgüsse kleiner Buddhas geschoben wurden, die dann mit Perlmutt überzogen wurden (Abb. 10).

Abb. 10: *Süßwassermuschel Cristaria plicata, besetzt mit perlmuttüberzogenen Buddha-Figuren. Die Herstellung künstlicher Schalenperlen wurde in China schon 100 Jahre v. Chr. praktiziert.*

Abb. 11: *Ausstellungssaal der Petrographischen Schausammlung des Museums für Naturkunde 1893*

Das Mineralogische und Paläontologische Museum hatten jeweils zwei Schausäle erhalten. Die Mineralogische Ausstellung verblüffte auf den ersten Blick vor allem durch die unterschiedlichen Vitrinen, in denen die mineralogischen Schaustufen aufgestellt waren (Abb. 11). Die reich verzierten Eichenvitrinen stammten aus der Erzherzog Stephan'schen Sammlung, die das Museum als Geschenk von dem Industriellen Carl Rumpff, einem Teilhaber der Bayer-Werke, erhalten hatte. Ein wichtiger Teil der Ausstellung war schon damals die Meteoritensammlung, die auch heute Grundlage eines Forschungsschwerpunktes des Museums ist.

Für die Paläontologische Schausammlung war der Besitz eigener Schauräume eine Premiere. Die Exponate mussten zunächst aus der Hauptsammlung herausgesucht, auf Postamente montiert und mit Etiketten versehen werden. Die Platten mit fossilen Reptilien wurden an die Wände montiert. Skelette »erloschener Riesenthiere«, die großen Saurier, die in London, Paris und Kopenhagen Hauptanziehungspunkte waren, fehlten zunächst noch, ebenso wie die »Aufstellung« der fossilen Pflanzen. Eine wertvolle Sammlung, die Künow'sche Bernsteinsammlung, konnte den schon vorhandenen Schausammlungen hinzugefügt werden. Ein besonderer Höhepunkt war indessen der 1876 aufgefundene *Archaeopteryx*. 1880 war dieses Fossil mit Unterstützung des Industriellen Werner von Siemens – er legte die Kaufsumme von 20 000 Goldmark aus – gekauft worden. Zu dem Urvogel gesellten sich Schädel ausgestorbener Höhlentiere, Elefanten und das Geweih vom Riesenhirsch. Das »Buch der Natur« war aufgeschlagen.

Koloniales Erbe

Neben der Arbeit an den neuen Ausstellungsräumen kam ab 1889 auf die Wissenschaftler des Naturkundemuseums eine neue, allerdings hochwillkommene, Herausforderung zu: die Aufnahme, Bearbeitung und Beförderung von Sammlungen aus den deutschen Kolonien. Der Wettstreit der Nationen war in vollem Gange.

Eine der nachhaltigsten wissenschaftlichen Unternehmungen war die Deutsche Tiefseeexpedition der »Valdivia« 1898/99 (Abb. 12). Das zu wissenschaftlichen Zwecken umgebaute Schiff hatte 3200 Seemeilen

Abb. 12: *Die Mannschaft an Bord der »Valdivia« in Erwartung des Fanges, 31. Januar 1899*

zurückgelegt, sich bis an die Eisgrenze der Antarktis vorgewagt und in der Kolonie Kamerun an der Westküste Afrikas eine Landexpedition unternommen. Hauptziel war jedoch die Untersuchung der Tiefseefauna, ein Forschungsobjekt, das bis heute noch viele Rätsel aufgibt und dem Museum Tausende von aufschlussreichen Objekten bescherte.

In dieser Zeit wuchsen die Bestände der drei Teilmuseen unaufhörlich und in ungekannten Dimensionen. Die Ausbeute der Expeditionen füllten nicht nur die Magazine, sondern waren für die Wissenschaftler Herausforderung in der Bearbeitung und Publikation der Ergebnisse. Ähnlich verhielt es sich mit den Ergebnissen der Deutschen Südpolar-Expedition 1901–1903 unter Erich Dagobert von Drygalski oder 1913 denen der Serengeti- und Olduvay-Expedition unter Hans Reck (1886–1937). Im Zoologischen Museum, vor allem in den Wirbeltierabteilungen, kam man mit der Bearbeitung kaum hinterher. Bekannte Naturforscher wie Georg Schweinfurth (1836–1925), Emin Pascha (1840–1892) oder Franz Stuhlmann (1863–1928) vermehrten die Sammlungen mit afrikanischen Tieren. Die Wandlung vom Großwildjäger zum Tierfilmer und Tierschützer lässt sich am Beispiel Georg Schillings (1865–1921) und Hans Schomburgks (1880–1967) verfolgen, deren Bücher noch heute bemerkenswert sind (Abb. 13).

Mit dem Bau von Eisenbahnlinien in den deutschen Kolonien kamen verstärkt auch Geologen ins Land. So

Abb. 13: *Hans Schomburgk mit einem Zwergflusspferd im Kral. Lange galten diese Tiere als ausgestorben. 1912 konnte Schomburgk sie in Liberia wieder auffinden und fünf von ihnen lebend nach Europa bringen.*

entdeckte 1907 ein Bergbau-Ingenieur in Deutsch-Ostafrika, heute Tansania, Knochenreste, die sein Interesse weckten. Die Vermutung, dass es sich um vorzeitliche Knochen handeln müsse, veranlasste den Stuttgarter Geologen Eberhard Fraas (1862–1915) dazu, die Fundstelle und die Knochen genauer zu untersuchen. Die ersten gewaltigen Saurierknochen des berühmten Tendaguru-Berges wurden identifiziert. Dieser aufsehenerregende Fund veranlasste die Paläontologen des Berliner Naturkundemuseums, einen Aufruf an die Deutsche Wissenschaft zu verfassen, diese Schätze nicht ungeborgen zu lassen. Staatliche Mittel, private Spenden und die Finanzierung durch die Berliner »Gesellschaft Naturforschender Freunde« ermöglichten schließlich die Ausgrabungsexpeditionen

Waldelefant aus Neukölln, Mammut aus Britz, Höhlenlöwe aus Kreuzberg.

von 1909 bis 1913 unter der Leitung von Walter Janensch. Das Ergebnis waren etwa 250 Tonnen Saurierknochen und über 60 Publikationen. In den nächsten Jahrzehnten wurde von Wissenschaftlern und Präparatoren eines der Wahrzeichen des Berliner Naturkundemuseums, der weltberühmte *Brachiosaurus*, aufgestellt und 1938 der Öffentlichkeit übergeben.

Doch nicht nur in entfernten Regionen brachten Baugeschehen und technische Entwicklung außergewöhnliche Fundstücke zutage. So wurden in Kiesgruben des Rixdorfer Horizonts, einer speziellen Ablagerungsschicht von eiszeitlichen knochenführenden Sanden, schon im 18. Jahrhundert erste Mammutreste gefunden. Eine Aufstellung der bis heute entdeckten Tierarten und Fundorte ließe sich zu einer schaurig schönen »Berlin-Story« umdichten: Waldelefant aus Rixdorf, heute Neukölln, Mammut aus Britz, Höhlenlöwe aus Kreuzberg oder Wollhaarnashorn aus Niederlehme. Bisher fanden sich allerdings noch keine menschlichen Spuren – unsere Vorfahren waren also zumindest in dieser Gegend nicht in Gefahr.

Der Zweite Weltkrieg

Das Naturkundemuseum als bedeutende wissenschaftliche Einrichtung der damaligen Friedrich-Wilhelm-Universität war von jeher in gesellschaftliche Prozesse in Berlin und Deutschland eingebunden und von ihnen abhängig. So waren während der Revolution 1848 Professoren und Studenten aktiv, Gelehrtenkollegen und Sammler wanderten aus. Im Ersten Weltkrieg musste die Arbeit trotz akuten Arbeitskräftemangels weitergeführt und ein Neubau eingerichtet werden, um den Sammlungszuwachs unterzubringen. Im Zweiten Weltkrieg sollte es dann zur Katastrophe kommen. Der weltbekannte Zoologe am Berliner Naturkundemuseum, Walter Arndt (1891–1944), wurde wegen »defätistischer Äußerungen« verurteilt und am 26. Juni 1944 hingerichtet. Dieses ungeheuerliche Ereignis stellte alle vorherigen Geschehnisse im Museum in den Schatten und beschäftigt auch gegenwärtig noch die Historiker (Abb. 14).

Ein weiterer, noch heute sichtbarer Verlust war die Zerstörung des Ostflügels des Museums am 3. Februar 1945. Schon zuvor hatte es erhebliche Zerstörungen an den Dächern des Gebäudes gegeben, die jedoch in den Sammlungen relativ wenig Schaden angerichtet hatten. Die Mehrzahl der Sammlungsstücke, Alkoholpräparate wie auch die Saurierskelette, waren umgeräumt oder demontiert und in den Kellern unter einer Sandschicht geschützt gelagert worden. Teile der Paläontologischen Sammlungen waren nach Rüdersdorf bei Berlin ausgelagert worden. Sie überstanden

Abb. 14: *Walter Arndt (1891–1944), renommierter Schwammforscher des Museums, in seinem Arbeitszimmer*

dort den Krieg, wurden aber 1945 durch die Rote Armee nach Leningrad verbracht. Erst 1958 kamen sie wohlbehalten zurück. Ausgelagerte Minerale und Teile der Paläontologischen Bibliothek sind dagegen bis heute verschollen. Mit der Zerstörung des östlichen Flügels wurden die großen Säugetiere und in der neu gebauten Walhalle die dort aufgestellten meisterhaften Walplastiken nahezu gänzlich zertrümmert.

Das Ende des Krieges erlebten die wenigen noch tätigen Museumsmitarbeiter in Räumen ohne jegliches Fensterglas. Schränke und verbliebene Sammlungen waren unter einer dicken Schicht aus Schmutz und Schutt verborgen. Die Außenfassade hatte nach letzten Kämpfen zwischen einer SS-Einheit und russischen Soldaten tiefe Einschusslöcher hinterlassen, die noch heute zu sehen sind. Dennoch wurde das Museum schon am 16. September 1945 als erstes Museum in Berlin wiedereröffnet.

Nach der Wiedereröffnung

Die ersten Nachkriegsjahre waren sowohl in den Museumsinstituten als auch in der Ausstellung geprägt von der Vorsorge gegen weitere Schäden durch Witterung und Diebstahl. An wissenschaftliche Arbeit und Lehre war zunächst nur wenig zu denken, denn erst mussten die Sammlungen wieder aus dem Keller geholt und in den nun stark eingeschränkten Räumlichkeiten untergebracht werden.

In der zoologischen Ausstellung konnte im Jahr 1948 das erste Diorama, die Damhirschgruppe, wieder gezeigt werden, da es relativ wenig beschädigt und vor allem die Wandbemalung des Kunstmalers Victor Stoetzner-Lund (1883–1947) weitgehend erhalten war. Diese auch heute beliebten Dioramen der einheimischen Tierwelt waren im In- und Ausland beispielgebend (Abb. 15). Der Aufbau der großen Saurier wurde 1951 unterbrochen, als die Räume für die »1. Fünfjahrplanausstellung« der DDR benötigt wurden, in deren Mittelpunkt der industrielle Aufbau des Landes stand.

Mit der Währungsreform und dem Mauerbau wurde die Arbeit am Museum für eine Anzahl von Kustoden und Angestellte unmöglich. Sie verließen ihre wissenschaftliche Heimat und übernahmen Positionen an der 1948 gegründeten Freien Universität in Westberlin oder gingen an westdeutsche Hochschulen. In den Instituten waren nachhaltige Veränderungen unumgäng-

Abb. 15: *Diorama der Rothirsche*

Abb. 16: *Die Ruine des im Februar 1945 zerstörten Ostflügels. Aufnahme vom Sommer 2006*

lich. Die Modernisierung der Schausammlung trat dabei in den Hintergrund und wurde erst Anfang der 1960er Jahre wieder forciert. Neue Ausstellungen wurden konzipiert, so zur Evolutionsbiologie, zur Paläobotanik und zu Huftieren und Primaten. Wenig später rückten in der Mineralogie die berühmten »Berliner« Meteoriten wieder in die öffentliche Aufmerksamkeit.

Durch die 3. Hochschulreform der DDR 1967/68 veränderten sich abermals die Strukturen und Benennungen im Museum. Während die Lehraufgaben in den geowissenschaftlichen Fächern abnahmen, kamen neue Fächer wie Anthropologie, Botanik (mit der schönen gärtnerischen Anlage des »Späth'schen Arboretums« im Baumschulenweg in Berlin-Treptow) und Naturhistorische Museologie hinzu. Zur gleichen Zeit wurden die historischen Bild- und Schriftgutbestände des Museums als Zeugnisse der Geschichte der Sammlungen und des Hauses in einer eigenen Abteilung, der heutigen Historischen Arbeitsstelle, vereint.

Abb. 16a: *Blick von außen in den zerstörten Ausstellungssaal*

Die Sammlungen erhielten in diesen Jahren Zuwachs durch wertvolle Schenkungen, aber auch durch eigene Sammlungen von Expeditionen nach Kuba, in die Mongolische Volksrepublik oder die Sowjetunion. Reisen in westliche Länder waren die Ausnahme. Gäste von dort konnten jedoch relativ problemlos im Museum arbeiten und so den wissenschaftlichen Austausch aufrecht erhalten.

Im Jahr 1978 wäre der zerstörte Ostflügel beinahe schon einmal aufgebaut worden. Strukturelle Veränderungen im Ostberliner Magistrat ließen allerdings all die umfangreichen und detaillierten Planungsunterlagen zu »Archivgut« werden (Abb. 16).

Mauerfall und neue Strukturen

An die Lage des Naturkundemuseums in der Invalidenstraße dicht an der ehemaligen Grenze zu Westberlin erinnert man sich heute kaum noch. Die über Jahrzehnte geschlossene U-Bahnstation Zinnowitzer Straße ist wieder geöffnet, der Ost-West-Verkehr auf der Invalidenstraße hat die einstige »beschauliche« Sack-

Abb. 17: *Das Exploratorium, von angehenden Wissenschaftlern begeistert genutzt.*

gasse zur dicht befahrenen Verkehrsader gemacht, die vielleicht sogar in einigen Jahren ihre Straßenbahn wieder erhält.
Im Museum hat sich mindestens genauso viel verändert. 1993 und 1994 wurde das Museum reorganisiert und damit zu einem Zentralinstitut der Humboldt-Universität. Neue Hochschullehrer wurden berufen und richteten mit ihren Berufungsmitteln neue, moderne Labore ein. Im August 2003 eröffnete das Museum den neuen Dauerausstellungsteil »Präparation«. Mit dem gleichzeitig eröffneten »Humboldt-Exploratorium« ging das Museum einen Schritt in Richtung »public understanding of science«. Die vorwiegend jungen Besucher werden nun von den Wissenschaftlern und Museumspädagogen zu selbstständiger wissenschaftlicher Arbeit angeregt, was begeistert angenommen wird (Abb. 17).
Die über Jahrzehnte auch international anerkannten Sammlungsabteilungen, die Kustodien, blieben bestehen und nahmen weiter ihre Verantwortung für Sammlungen, vielfältige Forschung und Wissenschaftsaustausch wahr. Eine Erfolgsgeschichte war die Wiederaufnahme von Forschungsreisen der renommierten Fachwissenschaftler des Museums in alle Teile der Welt. So haben nicht nur die Sammlungen Zuwachs erfahren, sondern neue Forschungsergebnisse konnten gewonnen und publiziert werden.

Die Jahre nach der »Wende« bis zum heutigen Zeitpunkt waren für das Museum und die Leitung der Universität eine komplizierte Zeit der Suche nach zukunftsweisenden Strukturen und Forschungsthemen. Mit Beginn des Jahres 2006 erhielt das Museum nach einer erneuten Umstrukturierung erstmalig einen Generaldirektor und neue Strukturen. So soll eine über zwei Jahrhunderte gewachsene Institution der deutschen Wissenschaftslandschaft weiter gestärkt werden, um modernen Anforderungen noch besser zu genügen und in der internationalen Wissenschaftslandschaft weiterhin einen Spitzenplatz einzunehmen. Eines der bedrückendsten Probleme ist dabei zur Zeit noch der schlechte bauliche Zustand vieler Bereiche des Museums. Sind ein Drittel der Ausstellung und eines der historischen Treppenhäuser auch bereits wunderschön saniert, so zeigt ein Blick hinter die Kulissen doch den enormen weiteren Bedarf an baulichen

Abb. 18: *Die sanierungsbedürftige Decke des Vogelsaals in den Sammlungen sah einst sehr attraktiv aus.*

Maßnahmen, um Schäden von den Jahrhunderte alten Sammlungen abzuwenden (Abb. 18).
Die Sanierung der übrigen, vormals so prächtigen Ausstellungs- und Sammlungssäle ist noch ein sehnsuchtsvoller Blick in die Zukunft.
Der Wiederaufbau des kriegszerstörten Gebäudeflügels rückt indessen näher. Am 14. November 2006 begannen die Arbeiten zur Wiederherstellung des Ostflügels. Im Jahr 2010 wird das Museumsgebäude in seiner Gänze zumindest äußerlich wieder hergestellt sein.

***Abb. 1:** Arbeitszimmer von Ch. G. Ehrenberg, Aquarell seiner Tochter Klara Ehrenberg, 1865*

Christian Gottfried Ehrenberg: Der Mann fürs Kleine

Hannelore Landsberg In den Sammlungen des Museums für Naturkunde befindet sich ein denkwürdiger Schatz, der – wäre er ausgestellt – für den Ausstellungsbesucher nur schwer zu sehen wäre. Die Objekte sind ganz einfach zu klein. Bei diesem Schatz handelt es sich um die Bestandteile der Ehrenberg-Sammlung, einem Archiv mikroskopisch kleiner, fossiler Lebewesen, die nach dem Naturforscher und Mikropaläontologen Christian Gottfried Ehrenberg (1795–1876) benannt ist.

Christian Gottfried Ehrenberg, am 19. April 1795 in Delitzsch bei Leipzig geboren, wurde schon während seiner Schulzeit an naturkundliches Sammeln und Beobachten herangeführt. So war seine spätere Hinwendung zur Naturkunde über die damals übliche Ausbildung zum Mediziner nicht ungewöhnlich, sein Interesse am mikroskopischen Leben dagegen schon. Seine Doktorarbeit beschäftigte sich mit den »Schimmelwäldern Berlins« und räumte mit der Mär auf, dass Pilze sich aus Moder und Unrat entwickeln, die im damaligen Berlin noch reichlich vorhanden waren. So war der junge Mann für seine Doktorarbeit ein Jahr in Berlin und Umgebung auch an den unappetitlichsten Plätzen sammelnd unterwegs gewesen. Über 60 neu entdeckte und beschriebene Pilzarten waren das Ergebnis.

Bei Abschluss der Arbeit war er 23 Jahre alt. Dennoch monierte sein Vater die unverständlich lange Zeit, die Ehrenberg bis zum Berufsabschluss und zur Aufnahme einer Tätigkeit als Arzt benötigte. Ehrenberg hatte jedoch andere Ambitionen: Ihn zog es weder in die Kleinstadt Delitzsch, noch an das Krankenbett – sein Metier war die Naturwissenschaft.

Einer seiner Förderer war der Zoologe und Direktor des Zoologischen Museums der Berliner Universität, Hinrich Lichtenstein (1780–1857). Durch ihn bekam Ehrenberg Kontakt zu anderen Naturforschern wie den glühend beneideten Weltumsegler Adelbert von Chamisso (1781–1838). Auch Ehrenberg und sein Studienfreund Wilhelm Friedrich Hemprich (1796–1825) entwarfen die verschiedensten Reisepläne. Ihre Chance kam, als sie von der geplanten Expedition des Prinzenerziehers Johann Heinrich von Minutoli (1772–1846) nach Ägypten hörten. Empfohlen von maßgeblichen Berliner Gelehrten, nicht zuletzt von Alexander von Humboldt (1769–1869), erhielten die Freunde Hemprich und Ehrenberg 1820 die Mittel zu einer naturwissenschaftlichen Forschungsreise in das nördliche Afrika.

Heute findet man diese entbehrungsreiche und doch wissenschaftlich so ergiebige Reise in Werken über die Erforschungsgeschichte Afrikas kaum noch erwähnt. Eine Anzahl brüchiger, braungefärbter Briefe – von den Reisenden in Essig getränkt und geräuchert, um sie zu konservieren – wurden in Berlin zu sehnsüchtig erwarteten Lebenszeichen. Die Briefe legen noch heute Zeugnis ab von Enthusiasmus, Erfolg und Forscherfleiß wie auch von bitterstem Leid, das die Expedition erfuhr, nachdem neun Reisegefährten ihren Forschermut mit dem Leben bezahlen mussten, unter ihnen auch Wilhelm Hemprich.

Nach sechsjähriger Abwesenheit kehrte Ehrenberg nach Berlin zurück und bezog ein eigenes Atelier in der Universität, um das Material zu bearbeiten. Die Ausbeute umfasste 46 000 Pflanzen, 34 000 Tiere und 300 Gesteinsproben. Die Mikrofossilien, die Ehrenberg so fesselten, hatten eine Größe von maximal einem Millimeter und waren nur durch das Mikroskop zu sehen. Durch akribische Zeichnungen in 300-facher Vergrößerung, beinahe vergleichbar mit heutigen elektronenmikroskopischen Aufnahmen, wurden auch diese Organismen dokumentiert. Sämtliche Objekte der Afrikasammlung tragen den Sammlerverweis »Hemprich & Ehrenberg«. Die Fülle des Materials, der enorme Zeitaufwand zur Herstellung der Kupferstiche und inzwischen fehlende Sammlungsstücke ließen Ehrenberg das Publikationsvorhaben jedoch unvollendet abbrechen. Die

Objekte selbst, darunter unzählige Typusexemplare, gehören heute zu den wertvollsten naturkundlichen Sammlungen Nordafrikas des Museums für Naturkunde, umso mehr, als die einst so gefahrvollen Sammelrouten schon wenige Jahrzehnte später durch Verkehrswege erschlossen, besiedelt und die dort vorkommenden Pflanzen und Tiere verdrängt oder ausgerottet wurden.

In Berlin fesselte Ehrenberg 1829 ein neues Reiseprojekt. Diesmal sollte ihn eine Expedition gemeinsam mit Alexander von Humboldt und dem Mineralogen Gustav Rose (1798–1873) nach Russland bis zur chinesischen Grenze führen, über eine Entfernung von 18750 Kilometern.

Abb. 2: *Christian Gottfried Ehrenberg (1795–1876) im Alter von 61 Jahren. Ölgemälde von E. L. Radtke anlässlich der Verleihung des Ordens Pour le mérite*

Hintergrund war eine Einladung des russischen Zaren, der Humboldts Rat suchte, ob die ergiebigen Platinvorkommen im Ural zur Münzherstellung geeignet seien. Es war eine Reise, die sich grundlegend von dem Afrikaunternehmen unterschied. Komfortabel und unter großen Ehrbezeugungen reiste die Gesellschaft in Kutschen durch das Land. Ehrenbergs Aufgabe war das Sammeln von Pflanzen und Tieren, doch ebenso selbstverständlich untersuchte er Boden- und Gesteinsproben unter seinem Mikroskop.

Auch diese Reise erbrachte Tausende von Sammlungsobjekten: die zoologischen, mineralogischen und mikropaläontologischen sind bis heute aufschlussreiche Sammlungsbestandteile des Berliner Museums für Naturkunde. Die botanischen Sammlungen dagegen wurden im Zweiten Weltkrieg mit Ausnahme der Moossammlung zerstört.

Für Ehrenberg begann nach der Rückkehr aus Russland ein neuer Lebensabschnitt. An der Universität wurde ihm ein Ordinariat an der Medizinischen Fakultät angetragen. Seine Neigung zu öffentlichen Vorlesungen hielt sich allerdings in Grenzen, viel lieber verführte er seine Hörerschaft zu einem Blick durch sein Mikroskop, wofür er wieder die Berliner Umgebung als Reservoir für neu zu beschreibende Organismen nutzte: Regentonnen, Tümpel, Staub aus den Wohnungen Cholerakranker, der Königlichen Bibliothek oder von einer Eiche im Tiergarten wurden analysiert. Gelehrte aus aller Welt sowie die Mitglieder des Königshauses und deren Gäste suchten ihn in seiner Gelehrtenstube im Wohnhaus Unter den Linden und später in der Französischen Straße auf, um die geheimnisvollen Organismen zu sehen. Forschungsreisende aus der ganzen Welt schickten ihm Proben, um sie vom immer bekannter werdenden Fachmann untersuchen zu lassen. Einer der Prominentesten war Charles Darwin (1809–1882), der sich durch die freundliche Korrespondenz »sehr geehrt fühlt« und Ehrenberg u.a. Probestücke aus den Chilenischen Kordilleren und Schlamm aus der Pampa schickte, verbunden mit der Bitte um Mitteilung der Untersuchungsergebnisse dieser Probensendungen.

Ehrenbergs Forschungsergebnisse fanden ihren Niederschlag in regelmäßigen Veröffentlichungen in den Schriften der Preußischen Akademie der Wissenschaften und der »Berliner Gesellschaft Naturforschender Freunde«. Seine großen zusammenfassenden Werke *Die Infusionsthierchen als vollkommende Organismen. Ein Blick in das tiefere Leben der Natur* (1838) und die den fossilen Kleinlebewesen gewidmete *Mikrogeologie* (1854–1856) waren damals und sind bis heute konkurrenzlos. Ehrenbergs Forschungen trugen dazu bei, eine Anzahl unerklärlicher Naturphänomene zu deuten. So erkannte er, dass der zeitweise auftretende Rote Schnee von einzelligen Grünalgen verursacht wird, und für das Meeresleuchten konnte er Dinoflagellaten als Verursacher ausmachen. Ehrenbergs Untersuchungen verschiedenster

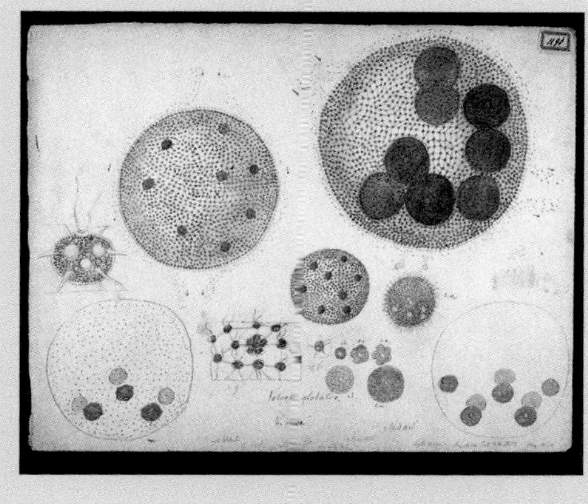

Abb. 3: *Originalzeichnung der Kugelalge Volvox globator aus der »Ehrenbergsammlung«*

geologischer Formationen bewiesen, dass diese teilweise aus einer Massenablagerung von toten Organismen, zum Beispiel den Schalen von Kieselalgen, gebildet wurden. Das berühmteste Beispiel für die Verwendung dieses Materials ist die Kuppel des Neuen Museums in Berlin, die aus Kieselgur-Ziegeln gebaut wurde.

Gelehrte aus aller Welt sowie Mitglieder des Königshauses suchten Ehrenberg auf, um die geheimnisvollen Organismen zu sehen.

Mit zunehmendem Alter und nachlassender Sehkraft unterstützte ihn seine Tochter Clara Ehrenberg (1838–1918), die sich exzellent in die wissenschaftlichen Untersuchungsmethoden und wissenschaftliches Zeichnen einarbeitete. Vater und Tochter bereiteten gemeinsam die Übergabe der Sammlung und ihrer Dokumentation an die Universität vor. Der Gelehrte starb am 27. Juni 1876. Seine Präparate, Probensammlung, Handzeichnungen, Briefe und wissenschaftlichen Werke sind bis heute bedeutende Zeugnisse für Ehrenbergs Forschungen. Ein Medaillon über dem Haupteingang des Museums für Naturkunde und zwei nach ihm benannte Berliner Straßen sichern ihm auch die Aufmerksamkeit von Laien.

Karl August Möbius und sein revolutionäres Museumskonzept

Sabine Hackethal und Annette Kinitz Karl August Möbius (1825–1908; Abb. 1), über den der Geologe von Richthofen sagte, dass er das Ideal eines deutschen Gelehrten sei, wurde im Jahre 1887, im Alter von 62 Jahren, an das Berliner Museum für Naturkunde berufen, um das Amt des Direktors des Zoologischen Museums und ein Jahr später auch den Lehrstuhl für Systematische und Geographische Zoologie zu übernehmen. Dies geschah nicht ohne Grund: Möbius hatte sich bei der Gestaltung von Museen als ideenreicher Fachmann erwiesen. Und das Berliner Museum stand kurz vor seinem Umzug vom Hauptgebäude der Friedrich-Wilhelm-Universität Unter den Linden in den Neubau des Museums für Naturkunde an der Invalidenstraße. Hatte die ursprüngliche Planung noch vorgesehen, die Sammlungen in ihrem gesamten Umfang für das Publikum zugänglich zu machen, wie es zu der Zeit für naturkundliche Museen üblich war, fand durch Möbius ein Paradigmenwechsel statt. Karl Möbius realisierte in Berlin ein neuartiges Museumskonzept, das einerseits auf der Trennung von Schau- und wissenschaftlicher Sammlung beruhte, andererseits aber auch innovative Formen der Präsentation beinhaltete. Erste Erfahrungen mit der Umsetzbarkeit dieses Konzepts brachte er von der Einrichtung des Kieler Zoologischen Museums 1881 mit.

Abb. 1: *Karl August Möbius (1825–1908). Gemälde von E. Hildebrand, 1895*

Das Berliner Museum für Naturkunde wurde zum Vorbild für die Konzeption von Naturkundemuseen auf der ganzen Welt.

Möbius rechtfertigte seinen Ansatz mit der Aufgabenstellung zoologischer Museen, die er wie folgt beschrieb: Sie sollten Exemplare aller Arten in systematischer Ordnung aufbewahren und jederzeit für Forscher zugänglich machen, zugleich aber auch »dem gebildeten Publikum die Mannigfaltigkeit der Formen, den inneren Bau, die Lebeweise, Eintheilung und geographische Verbreitung der Thiere durch eine didaktisch zweckmässig ausgewählte Schausammlung vorführen«. Die erste Aufgabe versuchte er durch Ankäufe, Tauschverkehr mit anderen Sammlungen, durch Aussendung von Zoologen zum Sammeln und Beobachten etc. zu erfüllen. Gemeinsam mit seinen Zoologen-Kollegen verfasste Möbius eine *Anleitung zum Sammeln, Conserviren und Verpacken von Thieren für die zoologische Sammlung des Museums für Naturkunde*. Die zweite, nicht weniger schwierige Aufgabe erforderte eine unermüdliche Schaffenskraft, wie sie Möbius zu eigen war. Es galt, aus der Fülle an Material eine Schausammlung zusammenzustellen und die Ausstellung so verständlich wie abwechslungsreich zu gestalten, ohne auf wissenschaftliche Korrektheit zu verzichten. Auf keinen Fall sollten Besucher durch endlose Aneinanderreihungen ähnlicher Tiere überfordert oder ermüdet werden. Auch diesbezüglich setzte Möbius neue Maßstäbe, indem er die Präsentation von Ausstellungsobjekten durch den Einsatz verschiedenster Medien unterstützte.

Die Schausammlung im Museum für Naturkunde folgte in ihrer Gliederung der zoologischen Systematik und zeigte Tiere aller Klassen anhand ausgewählter Exemplare in sieben großen Sälen und zwei Treppenhäusern. Die Originalpräparate wurden durch Informationen zu ihrer Verbreitung, Anatomie und Biologie ergänzt. Ein wichtiges Thema war die geografische Verbreitung der Tiere, die sich gut durch einfache grafische Mittel (farbige Etiketten, schematische Verbreitungskarten) veranschaulichen ließ. Anatomische Einzelheiten erläuterte Möbius anhand von Skeletten und speziell dafür angefertigten Präparaten und Modellen (Abb. 2). Tiere, die sich wegen ihrer geringen Größe oder ihrer Beschaffenheit nicht für die Präparation eigneten, ließ er durch vergrößerte Modelle oder lebensgroße Nachbildungen ersetzen (Abb. 3). Modelle und Lehrtafeln, die ursprünglich für den akademischen Unterricht entwickelt wurden, zeigten Entwicklungsreihen und Biologie einzelner Tiergruppen. Auch die von dem berühmten Fotografen Ottomar Anschütz (1846–1907) erstmals 1883 veröffentlichten Momentaufnahmen von Tieren nutzte Möbius, um die funktionelle Anatomie der Bewe-

Abb. 2: *Modell der Mundwerkzeuge des Goldlaufkäfers Carabus violaceus von Paul Osterloh, 1889*

gung zu demonstrieren (Abb. 4). Daneben zeigte er beispielsweise eine Reihe von Wachsmodellen der Sturmmöwe, die die verschiedene Haltung der Flügel während des Fluges demonstrierten.

Karl Möbius, der in seiner 1877 veröffentlichten Arbeit *Die Auster und die Austernwirtschaft* den Begriff Biocönose für eine ökologische Lebensgemeinschaft prägte und damit einen wichtigen Beitrag zur Entwicklung der Meeresökologie leistete, gestaltete in der Berliner Ausstellung zwei Beispiele eben solcher Lebensgemeinschaften. Die Tierwelt einer Austernbank und eines Korallenriffs (Abb. 5) wurden in großen Glasvitrinen gezeigt. Dabei ergänzte er Originalpräparate durch Modelle und grafische Darstellungen der natürlichen Umwelt.

Möbius avancierte nicht zuletzt aufgrund des Konzepts der Trennung von öffentlicher Wissenspräsentation und nichtöffentlichem Sammlungs- und Forschungsbereich zu einem der profiliertesten Museumsreformer des Kaiserreichs, und so wurde das Berliner Museum für Naturkunde zum Vorbild für die Konzeption von Naturkundemuseen auf der ganzen Welt. Nach einer Rundreise durch die größten naturkundlichen Museen Europas schrieb der Direktor des British Museum of Natural History, W. H. Flower über seinen Besuch des Berliner Museums für Naturkunde im Jahr 1889: Der neue Direktor Möbius habe »den kühnen Plan« realisiert, die öffentlichen Ausstellungen auf das Erdgeschoss zu beschränken und die oberen Stockwerke gänzlich für die wissenschaftlichen Sammlungen und Arbeitsräume zu reservieren. Dieser Schritt sei »eminently satisfactory«. Wenn die Einrichtung des Museums nach dem vorgesehenen Konzept fertiggestellt sei, werde das Haus »the most practical and conveniently arranged museum of natural history at present existing«.

Abb. 4: *Geparden im Zoo von Breslau, Foto von O. Anschütz, 1888*

Abb. 3: *Glasmodell der Leuchtqualle* Pelagia noctiluca *von Blaschka 1887*

Abb. 5: *Nachbildung eines Korallenriffs in der Berliner Schausammlung, 1893*

Von »biologischen« Arten und ihrer Entdeckung: Traditionsreiche Forschung zur Arten-Frage am Berliner Museum für Naturkunde

Matthias Glaubrecht

»Das Berliner Museum kann mit Recht auf seine Teilnahme an der synthetischen Theorie stolz sein. Die Hauptgedanken meines 1942-Buches stammten aus meiner Berliner Lehrzeit.« (Ernst Mayr, 1987).

Wohl kaum eine andere Frage hat Evolutionsbiologen und Systematiker während der vergangenen zwei Jahrhunderte mehr beschäftigt als die nach dem Ursprung und Wesen von Arten. Seit den ersten Anfängen der Berliner naturkundlichen Sammlungen bis hin zu den aktuellen Forschungen heute haben namhafte Wissenschaftler am Museum für Naturkunde immer wieder entscheidende Beiträge zur sogenannten Art-Problematik geliefert und damit zugleich die Grundlage für die moderne synthetische Theorie der Evolution gelegt. Zu den prominentesten Forschern gehören in dieser Hinsicht die beiden Zoologen und Systematiker Erwin Stresemann und Ernst Mayr. Mayr wurde sogar – ohne übertriebenes Pathos und völlig zu Recht – als der »Darwin des 20. Jahrhunderts« bezeichnet. Ebenso wie Leopold von Buch, der ein Jahrhundert zuvor in Berlin wirkte und sich vor allem als Geologe einen Namen machte, lieferten Stresemann und Mayr wichtige Beiträge zu einem wahrlich epochalen Thema der Biologie: der Frage, was Arten eigentlich sind und wie sie entstehen.

Seit den Anfängen zoologischer Systematik Ende des 18. Jahrhunderts folgte man dabei meist den Ansichten des schwedischen Altmeisters biologischer Klassifikation, Carl von Linné (1707–1778), der Arten als diskrete und konstante Ordnungskategorien auffasste. Mit der im 19. Jahrhundert einsetzenden naturkundlichen Erforschung immer weiterer Erdregionen wuchs jedoch nicht nur stetig die Zahl der weltweit erfassten und beschriebenen Arten; es mehrte sich auch die Anzahl der Fälle, bei denen eine Abgrenzung sich ähnelnder Arten schwierig wurde. Arten wären demnach weniger diskret und konstant als es Linné postuliert hatte. Dieses Problem fiel in Berlin auch dem Dichter und Botaniker Louis Charles Adelaide de Chamisso de Boncourt auf, bekannt geworden als Adelbert von Chamisso (1781–1838). Er war von 1812 bis 1815 als Gehilfe des Museumsdirektors Martin Heinrich Carl Lichtenstein (1780–1857) mit dem Ordnen und Einrichten der Sammlungen des Museums der Berliner Universität betraut, bevor er 1815–1818 eine Weltumsegelung auf dem russischen Schiff »Rurik« unternahm und später Leiter des Herbariums am Botanischen Garten in Berlin wurde. In einer 1824 verfassten Schrift (die indes erst 1827 erschien) vertrat Chamisso die Ansicht, dass zu einer Art all diejenigen Individuen gehören, »die sich untereinander fruchtbar zu begatten fähig sind«, während er richtig erkannte, dass sich Arten nicht dadurch bestimmen lassen, dass man zu ihnen die »Gesamtheit aller Individuen, die in wesentlichen Merkmalen miteinander übereinstimmen« rechnete. Chamisso merkte sehr früh an, dass das Kriterium der »wesentlichen Merkmale« willkürlich und biologisch

Abb. 1: *Bislang unveröffentlichtes Aquarell des Berliner Geologen Leopold von Buch (1774–1853), entstanden während seiner Reise auf die Kanarischen Inseln 1815. Es zeigt den Teide-Vulkan, den höchsten Berg der Insel Teneriffa.*

Abb. 2: *Porträt des Berliner Geologen und Paläontologen Leopold von Buch. Kopie eines Kupferstichs nach einem 1850 von Carl Begas (1794 – 1854) ausgeführten Gemälde*

nicht fassbar sei, ganz im Unterschied zum Kriterium gemeinsamer Fortpflanzung. Für ihn beruhten Arten also nicht auf Annahmen, wie viele seiner Zeitgenossen und späterer Forscher immer wieder behaupteten; vielmehr billigte Chamisso »Arten in der Natur Wesentlichkeit« zu, wie er schrieb, und war seiner Zeit damit weit voraus.

Als einen der bedeutendsten Wegbereiter eines derart biologisch begründeten Artbegriffs und zugleich wichtigen Vorläufer der Darwinistischen Evolutionstheorie ist indes Leopold von Buch zu sehen, dessen Nachlass (darunter Tagebücher und Briefe) ebenso im Berliner Museum für Naturkunde archiviert ist wie seine Sammlung von Fossilien und Gesteinen.

Als Naturforscher auf den Kanaren – Leopold von Buch (1774–1853)

Porträt & Kurzbiografie:	
1774	geboren wird Christian Leopold von Buch, Freiherr von Gellmersdorf, am 26. April auf Schloss Stolpe an der Oder bei Angermünde (Uckermarck), seit 1423 Herrensitz der Familie von Buch.
1790–1793	Studium an der sächsischen Bergakademie in Freiberg, gemeinsam mit Alexander von Humboldt (mit dem ihn eine lebenslange Freundschaft verbindet)
1793–1796	Studium der Kameralistik in Halle und Göttingen
1796–1797	Bergreferendar am Oberbergamt in Schlesien
ab 1797	Privatgelehrter, Reisen in Europa (u.a. Italien, Frankreich, Skandinavien), geologische Studien zum Vulkanismus
1815	Reise zu den Kanarischen Inseln, gemeinsam mit dem norwegischen Botaniker Christen Smith
1825	Veröffentlichung von *Physicalische Beschreibung der canarischen Inseln*
1826	erste geognostische Karte Deutschlands (in 24 Blättern)
1839	erscheint in Buchform die wissenschaftliche Definition des Gesteinssystems des Jura
1853	am 4. März stirbt Leopold von Buch in Berlin; begraben ist er im Schlosspark Stolpe.

Ihn halte er für einen der geistreichsten Forscher der Natur, meinte Alexander von Humboldt, als sein guter Freund, Studienkollege und Reisegefährte, Leopold von Buch im Jahre 1853 starb. Tatsächlich ist von Buch eine schilllernde Figur nicht nur der Wissenschaft im Preußischem Reich und Berlin; sein Leben zu schildern, so schrieb einst ein Biograf, heiße, die Geschichte der Geologie und Paläontologie in der ersten Hälfte des 19. Jahrhunderts zu schreiben. Zu Recht gilt von Buch als einer ihrer bedeutendsten Vertreter. Da er auch als Paläontologe wichtige Beiträge leistete und der sich erst allmählich entwickelnden Biologie wichtige Impulse gab, sehen wir in Leopold von Buch, wie sich damals in einer einzelnen Person die Geowissenschaften mit den Biowissenschaften verbanden. In bis heute überaus sinnbildlicher Weise schmückt seine Statue daher die linke Seite des Eingangsportals des Berliner Museums für Naturkunde.

Als Leopold von Buch während einer mehrmonatigen Reise 1815 auf den Kanarischen Inseln die verschiedenartigsten Pflanzengesellschaften studierte, machte er eine seiner vielleicht bedeutendsten Entdeckungen. Diese formulierte er zuerst 1819 in einem Vortrag vor der Königlich-Preußischen Akademie der Wissenschaften in Berlin und später in seiner Naturgeschichte der Kanarischen Inseln 1825 folgendermaßen:
»Die Individuen der Gattungen auf Continenten breiten sich aus, entfernen sich weit, bilden durch Verschiedenheit der Standörter, der Nahrung und des Bodens Varietäten, welche, in ihrer Entfernung nie von anderen Varietäten gekreuzt und dadurch zum Haupttypus zurückgebracht, endlich constant und zur eigenen Art werden. Dann erreichen sie vielleicht auf anderen Wegen auf das Neue die ebenfalls veränderte vorige Varietät, beide nun als sehr verschiedene und sich nicht wieder mit einander vermischende Arten«.

Abb. 3: *Statue Leopold von Buchs über dem Eingangsportal des Museums für Naturkunde in Berlin*

Es ist dies die früheste Formulierung dessen, was später das Kernkriterium des biologischen Artkonzepts ausmacht. Zugleich nahm Leopold von Buch in dieser Passage die Idee der Artenbildung durch räumliche Sonderung vorweg, die Ernst Mayr später ausführlich als allopatrische Speziation begründen sollte.

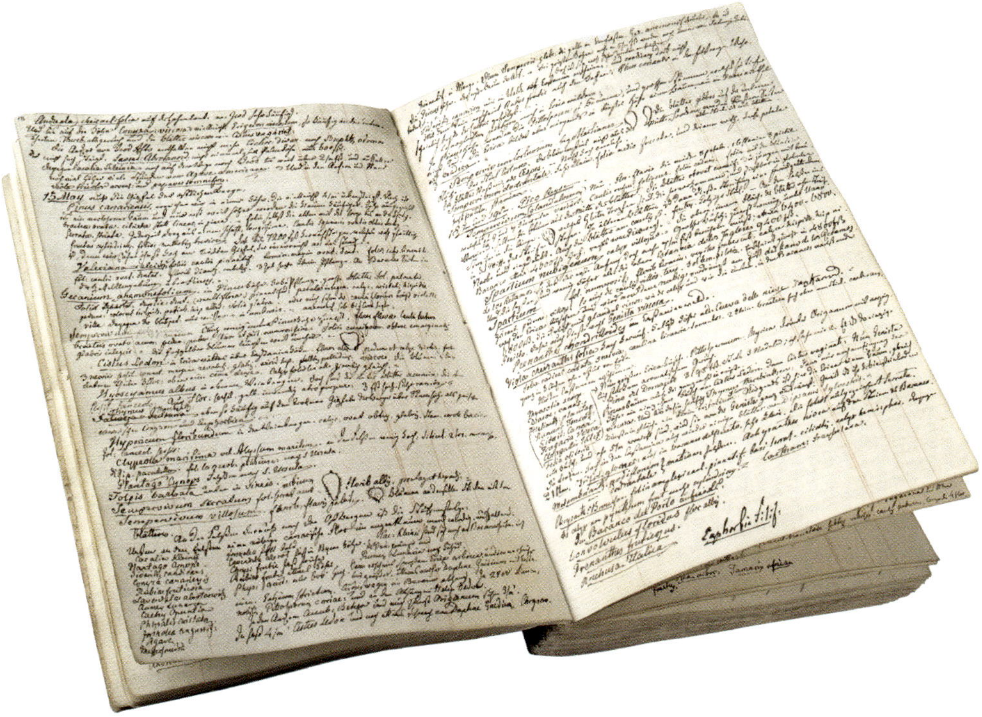

Abb. 4: Originalseite aus dem Tagebuch Leopold von Buchs, geschrieben 1815 während seiner Reise auf die Kanarischen Inseln.

Nach der Erforschung des Vulkanismus und der Tektonik wandte sich von Buch der Stratigrafie und Paläontologie zu und widmete den Rest seines Lebens der Ausarbeitung der Gebirgsbau-Theorie. Dabei erkannte er die chronologische Bedeutung der in den Gesteinsschichten enthaltenen Fossilien etwa für die Altersdatierung. Er begründete die systematische Untersuchung der Versteinerungen und schuf damit die Basis für die heutigen Auffassungen zur Stratigrafie und Erdgeschichte. Er prägte Begriffe wie »Leitmuschel« bzw. »Leitfossil«, »Caldera« und »subtropisch«, lieferte 1839 die wissenschaftliche Definition des Gesteinssystems des Jura und entwarf als erster eine geologische Karte für Russland. Leopold von Buch starb am 4. März 1853 in Berlin. In Kanada ist ein Kap nach ihm benannt, in Australien gründeten Auswanderer »Buchsfelde«, sogar auf dem Mond erinnert der »Buch-Krater« an ihn; und seit 1946 verleiht die Deutsche Geologische Gesellschaft (die er mitbegründete und deren erster Vorsitzender er seit 1848 war) die Leopold-von-Buch-Plakette.

In der Biologiegeschichte wurde bisher verkannt, dass Leopold von Buch mit seinen Beobachtungen auf den Kanaren bereits in der ersten Hälfte des 19. Jahrhunderts eine wichtige Grundlage für spätere Einsichten in das Wesen biologischer Arten und die Mechanismen bei der Entstehung neuer Arten legte. Gleichwohl war Evolution für von Buch noch kein Thema. Doch der britische Naturforscher Charles Darwin sollte 1837 in seinen wichtigen Notizbüchern die »*admirable discussion*« zur Artenfrage bei von Buch loben. Und obgleich auch der Mitentdecker des Prinzips der natürlichen Selektion, Alfred Russel Wallace, ausdrücklich Leopold von Buchs kanarische Beobachtungen zitierte, geriet von Buch unter Evolutionsbiologen bald wieder in Vergessenheit. Erst ein Jahrhundert später berief sich Ernst Mayr bei der Definition der biologischen Art explizit auf von Buchs frühen Beitrag.

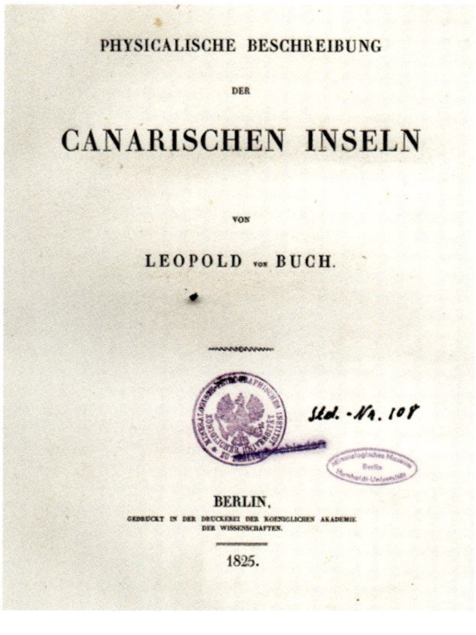

PHYSICALISCHE BESCHREIBUNG

DER

CANARISCHEN INSELN

VON

LEOPOLD VON BUCH.

Std.-Nr. 108

BERLIN,

GEDRUCKT IN DER DRUCKEREI DER KOENIGLICHEN AKADEMIE DER WISSENSCHAFTEN.

1825.

Abb. 5: Titelseite des 1825 erschienenen Werks von Leopold von Buch zur Naturgeschichte der Kanarischen Inseln

Der Star der Ornithologie – Erwin Stresemann (1889–1972)

Porträt & Kurzbiografie:	
1889	Am 22. November in Dresden geboren
1908	Studium der Medizin in Jena, dann (1909) in München, später Freiburg
1910–1912	Expedition zu den Molukken
1914–1918	Teilnahme am Ersten Weltkrieg
1918–1921	Wissenschaftlicher Hilfsarbeiter an der Zoologischen Staatssammlung München, formuliert erste Beiträge zum biologischen Artbegriff
1920	Promotion
ab 1921	Assistent am Museum für Naturkunde Berlin
1924–1961	Kurator und Leiter der Ornithologischen Abteilung des Berliner Museums
1927–1934	»Aves«-Beitrag für das Handbuch der Zoologie als Grundlage der modernen Ornithologie
1939–1941	Begründet in Die Vögel Celebes eine historisch-dynamische Zoogeografie
1949–1967	Präsident der Deutschen Ornithologen-Gesellschaft
1972	Erwin Stresemann stirbt am 20. November in Berlin; begraben ist er als Berliner Ehrenbürger.

Auch Erwin Stresemann, sicherlich der namhafteste Kurator am Berliner Naturkundemuseum, befasste sich früh mit der Art-Problematik und dem Artbegriff (wie übrigens zuvor in zwei Arbeiten 1874 und 1886 auch Karl August Möbius, der ein einflussreicher Direktor dieses Museums war; siehe Seite 42–43). Und es war Stresemann, dem dabei der entscheidende Schritt gelang. Er war nicht nur einer der bedeutendsten Systematiker und Ornithologen (Vogelkundler), sondern auch ein charismatischer Biologe, der in den 1920er bis 1930er Jahren am Berliner Naturkundemuseum die sogenannte Neue Systematik begründete. Bereits als 24-Jähriger, damals noch Zoologie-Student in München, wurde er 1914 vom späteren Direktor des Berliner Naturkundemuseums, dem angesehenen Zoologen Willy Kükenthal, eingeladen, den Beitrag über *Aves* (Vögel) für dessen später berühmtes *Handbuch der Zoologie* zu verfassen. Bis dahin hatte Stresemann bereits durch mehrere exzellente faunistische und taxonomische Arbeiten zur Vogelwelt der indonesischen Inselgruppe der Molukken, die er zuvor bei einer selbst finanzierten Expedition untersucht hatte, auf sich aufmerksam gemacht. Mit seinem Meisterwerk des *Aves*-Bandes, der zwischen 1927 und 1934 erschien und als *»the most important single-volume compilation of ornithology ever published«* (wichtigste je veröffentlichte einbändige Sammlung zur Ornithologie) gilt, begründete Stresemann die Ornithologie als eine der richtungsweisenden biologischen Disziplinen. Mit seiner 1939–1941 erschienenen tiefschürfenden Analyse zur Ausbreitung der Vogelwelt

***Abb. 6:** Porträt des Berliner Zoologen und Systematikers Erwin Stresemann (1889–1972), 1921–1961 Kurator für Ornithologie am Museum für Naturkunde Berlin, aufgenommen ca. 1933/34*

auf der indonesischen Insel Sulawesi entwickelte Stresemann zudem ein solides Theoriengebäude zur Historischen Zoogeografie.

Stresemann wurde 1921 ans Berlin Naturkundemuseum berufen, wo er eine Gruppe junger Studenten und Doktoranden um sich versammelte, die sich später sämtlich einen Namen als einflussreiche Zoologen machen sollten, allen voran Ernst Mayr (siehe unten) und Bernhard Rensch (1900–1990) als Mitbegründer der modernen Synthetischen Evolutionstheorie. In der Zeit des Nationalsozialismus bereits erschwert, beendeten

Abb. 7: *Erwin Stresemann im Oktober 1911 während der privat finanzierten Freiburger Expedition zu den Molukken-Inseln. Er lässt sich bei Sukaradja auf der Insel Ceram mit einem Zierzeichen tätowieren.*

der Zweite Weltkrieg und sein Ausgang den Einfluss dieser bis dahin so erfolgreichen Berliner Schule der Systematik und Zoogeografie um Erwin Stresemann. Nachdem Stresemann in einer lebensgefährlichen Aktion Ende März 1945 (und damit bereits unter Beschuss durch die Russische Armee) die ausgelagerte Bibliothek des Museums aus dem Oderbruch gerettet hatte, blieb er Berlin trotz der Versuchung durch das Angebot einer Professur in den USA weiterhin treu – und dies, obgleich es ihm hier während der (auch persönlich) entbehrungsreichen Nachkriegsjahre unmöglich war, an frühere wissenschaftliche Erfolge anzuknüpfen. Auch nach der Teilung Berlins 1961 durch den Mauerbau war Stresemann am Museum tätig, bis der Tod 1972 eine durch 680 Artikel und

Erwin Stresemann begründete die Ornithologie als eine der richtungsweisenden biologischen Disziplinen.

13 Bücher gekrönte, ebenso reiche wie glanzvolle Wissenschaftlerkarriere beendete.

Die durch den kenntnis- und einflussreichen Erwin Stresemann geprägte »Berliner Schule« bereitete das Fundament für spätere Arbeiten über Artkonzepte und die Frage nach der Entstehung neuer Arten in der Evolution. Anders als viele seiner Vorgänger (und die meisten seiner Zeitgenossen) versuchte Stresemann nicht nur möglichst viele Tierarten zu beschreiben und in einer Museumssammlung abzulegen. Vielmehr ging

Abb. 8: *Porträt Erwin Stresemann, entstanden im Jahre 1955 am Museum für Naturkunde.*

es ihm darum, in der Fülle der Natur eine Ordnung zu erkennen und auf natürliche Weise Grenzen zu ziehen. Stresemann fasste die von ihm untersuchten Varianten je nach Grad der Verwandtschaft zu sogenannten Rassen- und Artenkreisen zusammen. Dazu untersuchte er die genauen geografischen Vorkommen einzelner Formen unter Abgleich der Morphologie.

Abb. 9: *Erwin Stresemann mit seinem ehemaligen Schüler Ernst Mayr (rechts), auf einem internationalen Ornithologen-Kongress in Oxford, 1966*

So zog er Formen zu einer einzigen Spezies oder Artengemeinschaft zusammen, wenn eine geografisch-genetische Beziehung nahe zu liegen schien. Die Fülle von Sammlungsmaterial im Berliner Naturkundemuseum, das über mehr als ein Jahrhundert dort zusammengetragen worden war, bildete bei dieser Arbeit eine unverzichtbare Grundlage. Nur dank umfassender Museumssammlungen konnte es überhaupt gelingen, die Arbeitsweise der Evolution zu verstehen und zu klären, wie die schier überbordende biologische Vielfalt entstanden ist.

Nur dank umfassender Museumssammlungen konnte es überhaupt gelingen, die Arbeitsweise der Evolution zu verstehen und zu klären, wie die schier überbordende biologische Vielfalt entstanden ist.

Stresemann fasste Arten als dynamische Einheiten im geografischen Kontext auf und formulierte bereits in den Jahren 1919 und 1920 erste theoretische Überlegungen, die für das Verständnis der Entstehung neuer Arten und der Hybridisierung – also das Kreuzen zweier Tiere, die zu unterschiedlichen Populationen bzw. getrennten Arten gehören – richtungsweisend wurden. Auch erkannte er die Bedeutung der räumlichen Trennung und kleiner Populationsgrößen (die später von Ernst Mayr in der Theorie der *founder population* und der allopatrischen und peripheren Speziation ausgeführt werden). Wie Ernst Mayr später mehrfach betonte, verdankte er seinem akademischen Lehrer, Mentor und lebenslangem Freund Erwin Stresemann die Idee der reproduktiven Isolation bzw. die der Fortpflanzungsgemeinschaft als das entscheidende Kriterium bei der Definition biologischer Arten.

Der Darwin des 20. Jahrhunderts – Ernst Mayr (1904–2005)

Porträt & Kurzbiografie:	
1904	Am 5. Juli wird Ernst Walter Mayr in Kempten im Allgäu geboren
1923	Nach Schuljahren in Würzburg und München Reifezeugnis in Dresden
1923–1925	Medizin-Studium bis zum Physikum in Greifswald
1925–1926	Studium und Promotion an der Universität in Berlin
1926–1931	Assistent am Museum für Naturkunde in Berlin
1928–1930	Expeditionen nach Holländisch- und Deutsch-Neuguinea sowie auf die Salomoninseln
1931	Assoziierter Kurator am American Museum of Natural History (AMNH) in New York
1942	Veröffentlichung von Systematics and the origin of species
1944	Kurator der Whitney-Rothschild Collection am AMNH
1953–1975	Berufung als Alexander-Agassiz-Professor an das Museum of Comparative Zoology der Harvard University, Cambridge bei Boston, Massachusetts; später Berufung zum Museumsdirektor
2005	Am 3. Februar stirbt Ernst Mayr im Alter von 100 Jahren in Bedford bei Boston

Ernst Mayr war zweifellos der einflussreichste Evolutionsbiologe des 20. Jahrhunderts. Er hat diese Wissenschaft als Systematiker, Zoogeograf, Wissenschaftshistoriker und Biophilosoph entscheidend geprägt, nicht zuletzt dank seines imponierenden wissenschaftlichen Werkes (das mehr als 850 Publikationen umfasst, darunter 25 Bücher) und seiner Fähigkeit, aus einer beinahe unübersehbaren Fülle von Belegen die prägnantesten zu wählen und zu einer kohärenten Synthese zu bringen. Diese Arbeiten als Systematiker und Evolutionsbiologe gehören heute zu den Grundlagen der aktuellen Forschung von Wissenschaftlern auch am Museum für Naturkunde in Berlin.

Am Berliner Museum hat sich Mayr auch seine ersten wissenschaftlichen Meriten als Ornithologe und Systematiker erworben. Begonnen hat er als *naturalist* – als einer jener oft verkannten Naturforscher im Wortsinn, denen bis heute zu Unrecht das Image des Schmetterlingsfängers und Beinchenzählers anhaftet, weil ihre Arbeitsgrundlage die Systematik und Taxonomie ist. Und stets ist Mayr ein »Museumsmann« geblieben, formal mit den großen naturkundlichen Sammlungen zuerst in Berlin, dann New York und später in Harvard assoziiert. Zwar hat er nach seiner Ausbildung, Doktorarbeit und Assistenzzeit am Berliner Museum für Naturkunde später vor allem in den USA gewirkt, doch zeigt die Verleihung der Ehrendoktorwürde durch die Humboldt-Universität im Jahre 2000 und die Einrichtung der Ernst Mayr Lectures der Berlin-Brandenburgischen Akademie der Wissen-

Abb. 10: *Ernst Mayr (1904–2005), einer der bedeutendsten und einflussreichsten Evolutionsbiologen des 20. Jahrhunderts, war in den 1920er Jahren am und für das Berliner Naturkundemuseum tätig. Noch als 100-Jähriger war er an seinem Schreibtisch in einem Seniorenheim bei Boston unermüdlich tätig.*

schaften und des Wissenschaftskollegs die enge Verbundenheit Mayrs mit Berlin und dem Museum für Naturkunde, das er nach der Wende mehrfach besuchte.

Einer Familientradition folgend, studierte Mayr zuerst in Greifswald Medizin. Nach dem Physikum Anfang 1925 wechselte er jedoch nach Berlin und begann dort Biologie zu studieren, nachdem ihn Erwin Stresemann (mit dem Versprechen, ihn auf eine Expedition in die Tropen zu schicken) dazu überredet hatte. Am Berliner Naturkundemuseum fertigte Ernst Mayr in Rekordzeit

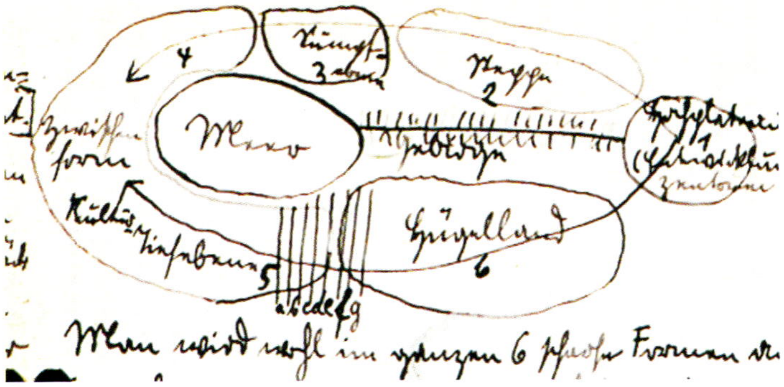

Abb. 11: *Skizze des 19-jährigen Ernst Mayr, die der Medizinstudent einem Brief vom 12. Mai 1924 an den Ornithologen Erwin Stresemann in Berlin beifügte. Sie illustriert seine Vorstellungen zur Entstehung geografischer Variation und Artenbildung durch räumliche Isolation. (Reproduktion nach dem Original in der Staatsbibliothek Preußischer Kulturbesitz Berlin).*

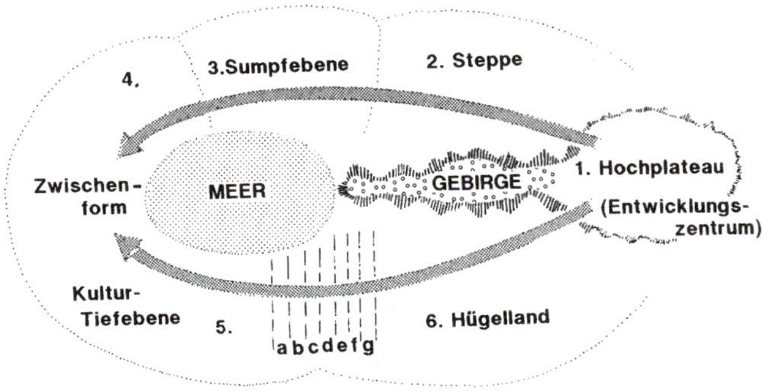

Abb. 12: *Umzeichnung und Transkription der Handzeichnung Mayrs (nach Haffer, 1997)*

eine Doktorarbeit über die Ausbreitung des Girlitz (*Serinus serinus*) an und wurde im Juli 1926 Assistent. »Ich verdanke dem Berliner Museum fast alles, was ich auf dem Gebiete der systematischen Zoologie gelernt habe«, schrieb er später über die Berliner Jahre. Tatsächlich war Mayr durch die Stresemann-Schule sehr früh zu grundlegenden Ideen gekommen, wie etwa jene zur historisch und ökologisch bedingten Entstehung geografischer Variation bei Tieren und der damit verknüpften Speziation.

Abb. 13: *Der junge Ernst Mayr mit einem mantri, einem einheimischen Begleiter, auf Vogeljagd im Südwestpazifik. Juni 1928 bei Kofo, nahe der Anggi-Seen, Nordwest-Neuguinea.*

Durch Stresemanns Vermittlung und auf Veranlassung Lord Walter Rothschilds unternahm Ernst Mayr eine zweijährige Expedition zur Erforschung der Vogelwelt Neuguineas und anschließend der Salomon-Inseln. Von Februar 1928 bis Februar 1930 sammelte und beobachtete Mayr die Vögel des Südpazifiks und bereiste dabei auch Regionen, die zuvor kein Europäer erreicht hatte. Während der erste Teil der Reise ihn bis Oktober 1928 in die Bergregionen im Nordwesten Neuguineas (Arfak-, Wandammen- und Cyclopen-Gebirge) führte, wo er im Auftrag und mit finanzieller Unterstützung Rothschilds sowie des American Museum of Natural History unterwegs war, setzte Mayr seine Expedition von November 1928 bis Juni 1929 unter höchst abenteuerlichen Umständen im damaligen Deutsch-Neuguinea fort (Saruwaged- und Herzog-Gebirge, Abb. 14). Dann schloss er sich der Whitney South-Sea Expedition des American Museum of Natural History zu den Salomon-Inseln an. Schon wenige Monate nach seiner Rückkehr nach Berlin im Mai 1930 erhielt er das Angebot vom Amerikanischen Naturhistorischen Museum in New York, deren bedeutende Sammlung von Vögeln aus dem Südpazifik zu betreuen. Obgleich vorerst nur befristet angestellt, erhielt Mayr dort dank einer Verkettung glücklicher Umstände eine Festanstellung.
Die ornithologische Arbeit als Kurator in Museumssammlungen ebenso wie seine Felderfahrungen sollten

Abb. 14: *Die Reiseroute Ernst Mayrs in Neuguinea und auf den Salomoninseln, Februar 1928 bis April 1930. Rekonstruiert u.a. nach Daten seiner Korrespondenz im Archiv der Staatsbibliothek Berlin. Mayr unternahm drei ausgedehnte Expeditionen in eine damals wie heute in zoologischer Hinsicht weitgehend unbekannte Region der Erde. Sein Ziel war es, die genauen Verbreitungsgrenzen insbesondere von Vögeln in Bergregionen festzustellen. Blau: April bis Oktober 1928 Rothschild-Expedition nach Niederländisch-Neuguinea (heute: Irian Jaya). Rot: Oktober 1928 bis Juni 1929, Expedition der Universität Berlin nach Neuguinea. Grün: Juli 1929 bis Februar 1930, Teilnahme an der Whitney South Sea Expedition*

in der Folge entscheidend für Mayrs Werk werden. Täglich war er mit taxonomisch-systematischen Fragen zur Abgrenzung von Vogelarten konfrontiert und versuchte, eine Balance zu finden zwischen der notwendigen Absonderung distinkter Arten und der geografischen Variabilität innerhalb von Arten. Wo indes für viele Systematiker die Arbeit endete, war für Mayr das eigene Untersuchungsobjekt zugleich Ausgangspunkt für generelle evolutionsbiologische Schlussfolgerungen. Während er noch systematische Forschung betrieb, begann er sich zunehmend mit den theoretischen Grundlagen seiner empirischen Arbeit zu beschäftigen. Mit seinem 1942 publizierten Werk *Systematics and the origin of species* weitete sich sein Blick auf biologische Konzepte und Theorien. Das Werk behandelt die neue Systematik der Berliner Schule um Stresemann und Rensch sowie eine Analyse der Frage, wie Arten entstehen, wobei es die unterschiedlichen individuellen und geografischen Varianten, insbesondere bei Vögeln, untersucht. Erstmals legte Mayr auch die Konzepte der biologischen Art (Biospezies) und der räumlich bedingten Artenbildung (allopatrische Speziation) dar, mit denen sein Name seitdem untrennbar verbunden ist. Schließlich begründete er in dem 1963 erschienenen Buch *Animal Species and Evolution* das Denken in Populationen, wies den typologischen Ansatz in der Systematik zurück und stellte das Konzept der biologischen Art einem weiten Leserkreis vor. Dazu untersuchte er an einer überwältigenden Fülle von Beispielen die für die Biologie fundamentale Frage, wie sich einzelne Gruppen von Organismen – also reproduktiv isolierte Arten – voneinander abgrenzen, wie neue Biospezies und damit die Biodiversität entstehen. Mayr machte darin auch die wichtige konzeptionelle Zusammenführung der Vorgänge der Anpassung von Populationen (Anagenese) und der Entstehung neuer Arten als Grundlage der biologischen Vielfalt (Kladogenese) deutlich.

In diesen Synthesen vollendete er den Brückenschlag zwischen den zuvor scheinbar unvereinbaren Ansätzen

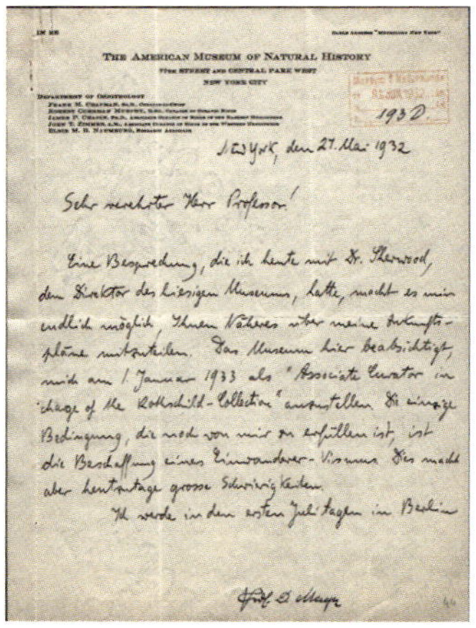
The American Museum of Natural History
77th Street and Central Park West
New York City

New York, den 27. Mai 1932

Sehr verehrter Herr Professor!

Eine Besprechung, die ich heute mit Dr. Sherwood, dem Direktor des hiesigen Museums, hatte, macht es mir endlich möglich, Ihnen Näheres über meine Zukunftspläne mitzuteilen. Das Museum hier beabsichtigt, mich am 1. Januar 1933 als "Associate Curator in charge of the Rothschild-Collection" anzustellen. Die einzige Bedingung, die noch von mir zu erfüllen ist, ist die Beschaffung eines Einwanderer-Visums. Dies macht aber heutzutage grosse Schwierigkeiten.

Ich werde in den ersten Julitagen in Berlin

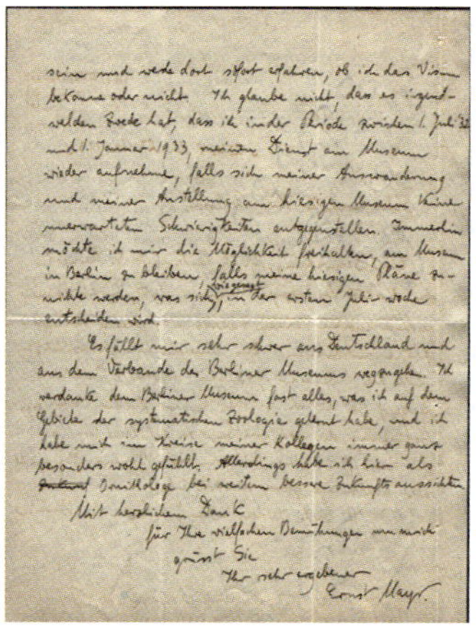
sein und werde dort sofort erfahren, ob ich das Visum bekomme oder nicht. Ich glaube nicht, dass es irgendwelchen Zweck hat, dass ich in der Periode zwischen 1. Juli 32 und 1. Januar 1933 meinen Dienst am Museum wieder aufnehme, falls sich meiner Auswanderung und meiner Anstellung am hiesigen Museum keine unerwarteten Schwierigkeiten entgegenstellen. Immerhin möchte ich mir die Möglichkeit freihalten, am Museum in Berlin zu bleiben, falls meine hiesigen Pläne zunichte werden, was sich, wie gesagt, in der ersten Juliwoche entscheiden wird.

Es fällt mir sehr schwer aus Deutschland und aus dem Verbande des Berliner Museums wegzugehen. Ich verdanke dem Berliner Museum fast alles, was ich auf dem Gebiete der systematischen Zoologie gelernt habe, und ich habe mich im Kreise meiner Kollegen immer ganz besonders wohl gefühlt. Allerdings habe ich hier als Ornithologe bei weitem bessere Zukunftsaussichten.

Mit herzlichem Dank für Ihre vielfachen Bemühungen um mich grüsst Sie

Ihr sehr ergebener
Ernst Mayr.

Abb. 15: *Originalbrief von Ernst Mayr, geschrieben aus New York im Mai 1932. Mayr teilt dem Museum für Naturkunde in Berlin mit, dass er eine Anstellung als »associate curator« am American Museum of Natural History annehmen wird.*

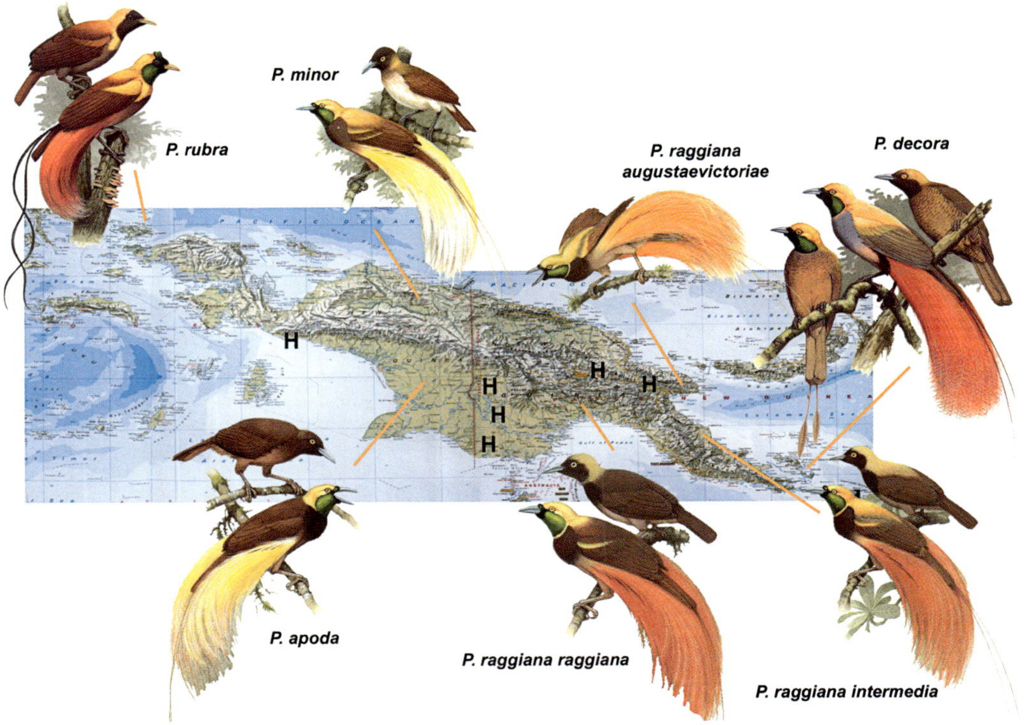

Abb. 16: *Die Verbreitung der Paradiesvögeln auf Neuguinea, anhand derer Mayr die geografisch bedingten Mechanismen der Artenbildung demonstrieren konnte. Die Gefiederfärbung dieser Vögel variiert am deutlichsten beim Lavendelparadiesvogel (P. decora) und dem Rotparadiesvogel (P. rubra) auf kleinen vorgelagerten Inseln. Dort, wo einzelne Formen aus der Verwandtschaft des Großen Paradiesvogels (Paradisaea apoda) miteinander in Kontakt kommen, bilden sie ausnahmsweise Hybride (H).*

der Genetiker und den Naturbeobachtern unter den Biologen, indem er den Dualismus von spontanen genetischen Veränderungen (Mutationen) und dem von Darwin vorgeschlagenen Mechanismus der natürlichen Selektion betonte. Während Darwin mittels des Prinzips von Variation und Selektion zudem erklärt hatte, wie es zum evolutionären Wandel innerhalb einer Art kommt, gelang es Mayr aufzuzeigen, was Arten eigentlich sind und wie überhaupt neue Arten entstehen. Durch seine Arbeiten vor allem in den 1930er und 1940er Jahren wurde Ernst Mayr als einer der Architekten der sogenannten Modernen Synthese der Evolutionstheorie bekannt. Er trug wesentlich dazu bei, Darwins Gedankengebäude sowie neuere Befunde der Systematik und Biogeografie mit der Genetik und Paläontologie in Einklang zu bringen. Mayrs Bücher von 1942 und 1963 waren von fundamentaler Bedeutung für die Entwicklung der Evolutionsforschung in Amerika wie in Europa. Tatsächlich hat er mehr als jeder andere seit Charles Darwin an unserem Verständnis von Evolution gearbeitet und jene Rolle zu klären versucht, die die Evolutionsbiologie für unsere Vorstellung von der lebendigen Welt spielt. Mit seiner Interpretation des Darwinismus und der Mechanismen der Evolution hat Mayr Generationen von Biologen geprägt. Zudem verfasste er 1982 eine Geschichte der Biologie und wurde durch richtungsweisende Essays seit Ende der 1980er Jahre zum Begründer einer organismisch orientierten Biophilosophie.

Ernst Mayr hat mehr als jeder andere seit Charles Darwin an unserem Verständnis der Evolution gearbeitet.

Es waren vor allem diese Werke, in denen er mit höchster Konsequenz die Synthese scheinbar konträrer Forschungsinhalte verfolgte, die Mayrs Ruf als einer der großen Biologen des 20. Jahrhunderts begründen. Wie einst Darwin mit der Entwicklung seiner Evolutionstheorie der entscheidende Schritt in ein Neuland des Denkens gelang, so hat Mayrs Lebenswerk maßgeblich dazu beigetragen, dass wir heute die Mechanismen der Evolution in vielen Einzelheiten und auf verschiedenen Ebenen der biologischen Organisation – von der genetischen Struktur über die Population bis zum Ökosystem – verstehen. Mayr, noch in der Epoche der Dampfschiffe geboren, schuf Theorien, welche die Biologie sogar im Zeitalter der Genforschung dominieren. Denn er hat deutlich gemacht, dass die Evolutions-

Abb. 17: *Originaletikett (oben) von Ernst Mayr an einem Exemplar des Paradiesvogels Paradisae raggiana (unten); Fundort »Sattelberg« im heutigen Papua-Neuguinea.*

theorie keine bloße Weltanschauung ist, die sich als »Darwinismus« (als bloßes Dogma oder Lehre) verunglimpfen ließe, sobald ihre Befunde nicht dem persönlichen Ermessen oder subjektiv Wünschenswerten entsprechen; vielmehr konnte er ihre Bedeutung als integrative Wissenschaftstheorie aufzeigen und zugleich die Biologie als eigenständige naturwissenschaftliche Disziplin etablieren.

Durch die Betonung der historischen Perspektive der Wissenschaft vom Leben hob Mayr die Autonomie der Biologie hervor und versuchte damit nicht zuletzt, den Biologen ein Bewusstsein für die Identität ihrer eigenen Disziplin sowie ihre Position im Verhältnis zur Philosophie zu vermitteln. Mayr hat der gesamten Biologie damit zugleich ihren konzeptionellen Rahmen gegeben. In mehreren Büchern, zuletzt in dem 2005 erschienenen Band *Konzepte der Biologie*, hat Mayr diese selbstbewusste Vision einer modernen Biologie vorgestellt. So wie Kopernikus einst die Erde aus dem Mittelpunkt des Universums herausrückte und Darwin später den Menschen als nur mehr arrivierten Affen und keineswegs als Krone der Schöpfung entlarvte, so begründete Ernst Mayr in seinem umfangreichen Lebenswerk die Biologie als eigenständige und in zunehmendem Maß zentrale Wissenschaft. Als solche rückte er sie in den Blickpunkt der Wissenschaftsphilosophie und -geschichte. Diese Diskussion nicht nur ausgelöst, sondern sie über ein Jahrhundert hinweg mit dem nötigen Rüstzeug versorgt zu haben, bleibt Mayrs unsterbliches Verdienst. Für diese Leistungen wurde er gleich mit drei – dem Nobelpreis durchaus vergleichbaren – Auszeichnungen gewürdigt (einen Nobelpreis für Grundlagenforschung in der Biologie selbst gibt es nicht), darunter 1983 dem Balzan-Preis Italiens und der Schweiz für Evolutionsbiologie, 1994 dem Japan-Preis für Arbeiten zur Systematik und 1999 dem Crafoord Prize der Schwedischen Akademie der Wissenschaften. All dies sind Früchte seines beispiellosen wissenschaftlichen Schaffens und einer einzigartigen Karriere als Evolutionsbiologe, die einst am Berliner Museum für Naturkunde ihren Anfang nahm.

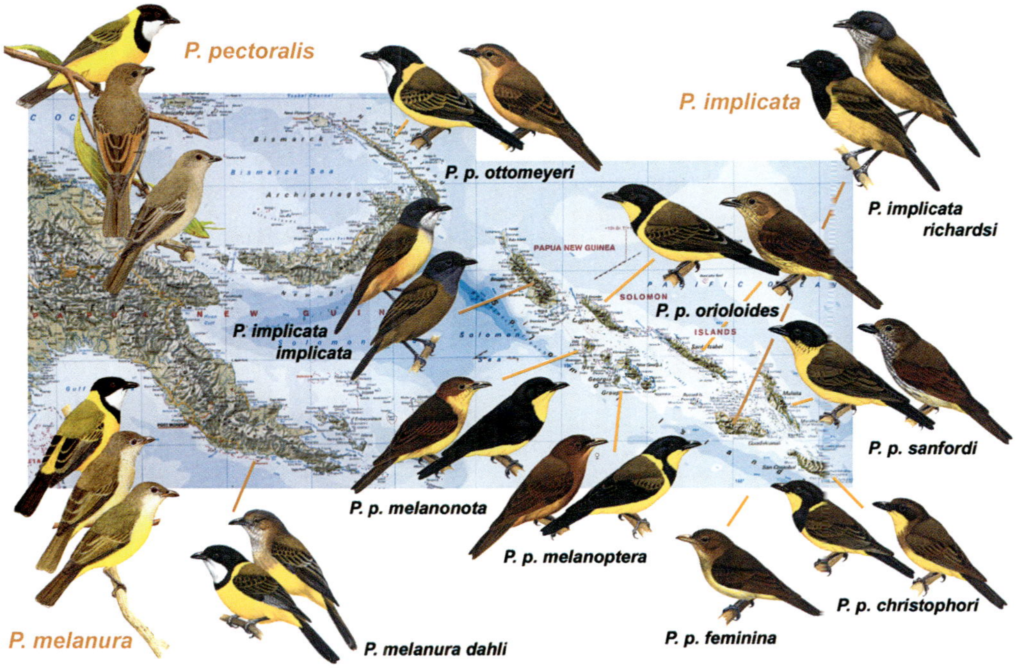

Abb. 18: *Die Verbreitung der Gelbbauch-Dickköpfe Pachycephala pectoralis im Vergleich zu den nächsten Verwandten P. melanura und P. implicata im Inselarchipel zwischen Neuguinea und den Salomoninseln. Die komplexe Differenzierung der Gefiederzeichnung bewog Ernst Mayr, die offensichtlich nächstverwandten aber geografisch isolierten Populationen zu einer Superspezies Pachycephala (pectoralis) zusammenzufassen, da hier der Artbildungsprozess noch nicht abgeschlossen ist. Studien wie diese zum räumlichen Vorkommen einzelner nahe verwandter, aber variierender Formen liefern den Schlüssel.*

Tendaguru: Auf den Spuren versunkener Welten in Ostafrika

Wolf-Dieter Heinrich und Stephan Schultka

Tendaguru – steiler Berg –, das klingt nach Afrika, Abenteuern, Geheimnissen und Faszination, vor allem für den Paläontologen. Wurde doch dort vor 100 Jahren eine der ganz großen paläontologischen Entdeckungen gemacht, welche die Fachwelt bis heute in Atem hält. Wie nicht selten in der Geschichte großer Entdeckungen hatte auch hier der Zufall seine Hand im Spiel, als der deutsche Bergbauingenieur Bernhard Sattler im Jahre 1906 am Berg Tendaguru in Ostafrika völlig unverhofft auf einen riesigen, freigewitterten Saurierknochen stieß und damit eine der bedeutendsten Dinosaurier-Lagerstätten der Erde entdeckte. Ein weiterer Zufall wollte es, dass sich 1907 der angesehene Stuttgarter Paläontologe Eberhard Fraas in Ostafrika aufhält. Obwohl er schwer erkrankt ist und eigentlich schon nach Deutschland zurückkehren will, bricht er mit einer Trägerkolonne von der Hafenstadt Lindi zum Tendaguru auf, um Sattlers Entdeckung vor

Abb. 1: *Historische Karte von Deutsch-Ostafrika, heute Tansania. Die Dinosaurier-Lagerstätte Tendaguru liegt etwa 60 km nordwestlich der Hafenstadt Lindi. Das Fundgebiet, in dem die Deutsche Tendaguru-Expedition zwischen 1909 und 1913 Saurierknochen barg, ist mit einer Punktlinie umrandet.*

Ort zu überprüfen (Abb. 1). Was er dort vorfindet, übertrifft seine Erwartungen. An manchen Stellen ist der Erdboden mit versteinerten Knochenbruchstücken von Dinosauriern geradezu übersät. Solche Mengen an riesigen Saurierknochen hatte man bisher noch nirgendwo in Afrika gefunden! Mit zahlreichen versteinerten Knochen im Expeditionsgepäck kehrt der Forscher nach Deutschland zurück.
1908 horcht die Fachwelt auf: Eberhard Fraas legt einen aufsehenerregenden Bericht über die Riesensaurier vom Tendaguru vor. Die Gebeine gleich zweier Vorzeitriesen werden beschrieben: *Gigantosaurus robustus* (heute *Janenschia robusta*) und *Gigantosaurus africanus* (heute *Tornieria africana*). Wie ein Lauffeuer verbreitet sich die Nachricht, Fachleute wie Laien sind begeistert. Um die Fundstätte für künftige Ausgrabungen zu sichern, wird der Tendaguru noch im gleichen Jahr durch die deutsche Reichsregierung zum geschützten Gebiet erklärt. Wenn man am Tendaguru in nur wenigen Tagen so großartige Funde bergen kann, welch unermessliche Schätze müssen dann noch unentdeckt im ostafrikanischen Boden ruhen?
Genau diese Frage geht dem Direktor des Geologisch-Paläontologischen Instituts der Berliner Friedrich-Wilhelms-Universität, Professor Wilhelm von Branca (Abb. 2), nicht mehr aus dem Kopf. Er hat den Bericht seines Stuttgarter Kollegen und Freundes wieder und wieder studiert. Beide sind sich einig, dass der Schatz am Tendaguru von deutschen Paläontologen möglichst

Abb. 2: *Professor Dr. Wilhelm von Branca (1844–1928), Organisator der Deutschen Tendaguru-Expedition (1909–1913). Von Branca war 1899–1917 Direktor des Geologisch-Paläontologischen Instituts der Friedrich-Wilhelms-Universität in Berlin. Aus seiner Feder stammen wegweisende Arbeiten zur Paläontologie und Vulkanologie. Er zählte zu den führenden Geologen und Paläontologen seiner Zeit.*

schnell gehoben werden muss. Aber wie? Da das Stuttgarter Museum nicht über die erforderlichen Kapazitäten verfügt, soll das Berliner Geologisch-Paläontologische Institut eine große Grabungsexpedition ausrichten und nach Ostafrika schicken. Doch bis es endlich soweit ist, sind die denkbar größten Schwierigkeiten zu überwinden.
Damals wie heute stellt die Geldbeschaffung für Expeditionen das Haupthindernis dar. Da der preußische Staat zunächst keine Mittel zur Verfügung stellt, droht das Vorhaben zu scheitern, bevor es überhaupt begon-

Abb. 3: *Professor Dr. Werner Janensch (1878–1969), Leiter der Deutschen Tendaguru-Expedition. Nach dem Studium der Geologie und Paläontologie war er zunächst als Assistent (1901–1906), danach als Kustos am Geologisch-Paläontologischen Institut der Friedrich-Wilhelms-Universität in Berlin tätig (1906–1950). Zahlreiche grundlegende Arbeiten machten ihn zu einem der größten Dinosaurierforscher seiner Zeit.*

Abb. 4: *Professor Dr. Edwin Hennig (1882–1977), engster Mitarbeiter Werner Janenschs bei den Ausgrabungen am Tendaguru. Hennigs Tatkraft und Organisationstalent trugen wesentlich zum Erfolg der Ausgrabungen am Tendaguru bei. Sein umfangreiches wissenschaftliches Werk wird ergänzt durch eindrucksvolle wie einfühlsame Beschreibungen der Expedition sowie von Land und Leuten.*

Abb. 5: *Professor Dr. Hans von Staff (1883–1915), Geologe und Paläontologe, Weggefährte von Werner Janensch und Edwin Hennig am Tendaguru. In den Jahren 1909–1911 war er Privatdozent am Geologisch-Paläontologischen Institut der Friedrich-Wilhelms-Universität in Berlin. Er starb am 8. Juni 1915 in Groonfontein (Südwestafrika) an Typhus.*

Abb. 6: *Professor Dr. Hans Reck (1886–1937), Leiter der Ausgrabungen am Tendaguru in den Jahren 1912 und 1913. 1910 wurde er Assistent am Geologisch-Paläontologischen Institut der Universität in Berlin und 1912 mit der Fortführung der Ausgrabungen am Tendaguru beauftragt. Reck kehrte nach dem Ersten Weltkrieg nach Afrika zurück, um seine wissenschaftlichen Arbeiten unter dem Engländer Louis Leakey weiterzuführen.*

nen hat. Ein Tendaguru-Komitee wird ins Leben gerufen, das die Öffentlichkeit eindringlich zu Spenden aufruft. Der Appell findet schnell Gehör, da das Interesse an den ostafrikanischen Dinosauriern erstaunlich groß ist. Aus allen Schichten der Bevölkerung treffen Spenden ein, ergänzt durch finanzielle Zuwendungen verschiedener Institutionen und Sachspenden mehrerer deutscher Firmen. Jetzt stehen für den Anfang ausreichend Mittel in Höhe von rund 37 500 Reichsmark zur Verfügung. Wilhelm von Branca kann planen. Erst viel später wird auch der preußische Staat beträchtliche finanzielle Mittel für die Geländearbeiten am Tendaguru und die Präparation der Saurierknochen bereitstellen.

Jetzt ist Eile geboten, denn die Grabungen sollen 1909 mit Einsetzen der Trockenzeit beginnen. Die Geländeausrüstung – Werkzeuge, Fotoapparate, Messinstrumente, Zelte, Lebensmittel – wird beschafft. Die Leitung der Expedition soll der Kustos Werner Janensch (Abb. 3) übernehmen, ihm wird der Assistent Edwin Hennig (Abb. 4) zur Seite gestellt. Beide kommen aus dem Geologisch-Paläontologischen Institut, das seinen Sitz im Museum für Naturkunde in Berlin hat. Später kommen Hans von Staff (Abb. 5) sowie Hans und Ina Reck (Abb. 6) hinzu.

Am 16. April 1909 erreicht die Deutsche Tendaguru-Expedition mit Werner Janensch und Edwin Hennig den Tendaguru. Dort bezieht man ein Feldlager, das

Abb. 7: *Blick auf den Tendaguru. Auf dem Hügel eine Hütte der Grabungsleiter, im Hintergrund links das Lager der Deutschen Tendaguru-Expedition*

Abb. 8: *Edwin Hennig (links), Werner Janensch (Mitte) und der einheimische Gehilfe Saidi (rechts) vor Hennigs Hütte am Tendaguru*

nach und nach immer weiter ausgebaut wird (Abb. 7). Hütten für die Grabungsleiter (Abb. 8), Geräteschuppen, Knochenmagazine und Werkstätten entstehen. Schon die ersten Begehungen verlaufen aufregend. Überall in der Umgebung des Tendaguru-Hügels

Es gibt keine paläontologische Expedition, an der jemals so viele Menschen beteiligt waren.

stoßen die beiden Paläontologen auf freigewitterte Saurierknochen. Die beiden deutschen Forscher sind begeistert. Unverzüglich wird mit den Grabungen begonnen.

Es wäre allerdings ein hoffnungsloses Unterfangen gewesen, hätten Werner Janensch und Edwin Hennig alleine versucht, die Saurier aus dem Erdreich zu holen, denn die Zahl der zu bergenden Skelettreste ist riesig groß, ihre Freilegung schwierig, mühevoll und langwierig. Nur zu oft stecken die Saurierknochen in festem Gestein. Hinzu kommt die Sonne, die Tag für Tag erbarmungslos vom Himmel brennt. Daher werden zahlreiche Afrikaner als Grabungshelfer in Dienst genommen, so Stammesangehörige der Wamuera, Wandonde, Wayao und Wangoni, von denen viele mehrere Tagesmärsche entfernt vom Tendaguru leben. Da sich viele Freiwillige melden, gibt es keinen Mangel an Arbeitskräften. Zeitweise werden bis zu 500 Afrikaner in die Feldarbeiten einbezogen und selbst im letzten Grabungsjahr (1912) arbeiten nochmals über 150 einheimische Helfer am Tendaguru. Rechnet man die Familienangehörigen mit, dann halten sich zeitweise wahrscheinlich mehr als 900 Menschen am Tendaguru auf. Getrennt nach ihrer Stammeszugehörigkeit, leben sie in eigens für sie errichteten Dörfern (Abb. 9). Es gibt keine andere paläontologische Expedition, an der jemals so viele Menschen beteiligt waren. Und noch heute fragt man sich, wie es den deutschen Expeditionsleitern eigentlich gelang, die Grabungen zu beaufsichtigen, die einheimischen Helfer gesundheitlich zu betreuen und so viele Menschen mit Nahrungsmitteln und Wasser zu versorgen (Abb. 10). Täglich findet eine Sprechstunde statt, in der Verletzungen versorgt, gegebenenfalls auch Medikamente ausgegeben werden. Sogar eine Verkaufstelle (Duka) wird eingerichtet, wo Nahrungsmittel, Kleider und Stoff direkt am Tendaguru erworben werden können. Dieses Verantwortungsbewusstsein der deutschen Expeditionsleiter ihren afrikanischen Grabungshelfern gegenüber, das

Abb. 9: *Dorf der einheimischen Grabungshelfer*

so ganz und gar nicht den damaligen kolonialen Gepflogenheiten in Afrika entspricht, ist sicher ein Schlüssel zum großen Erfolg der Grabungsexpedition. Die Bezahlung der Arbeitskräfte erfolgt nach landesüblichen Sätzen in Hellern und Rupien. Einfache Grabungshelfer bekommen im Monat etwa fünf Rupien, Präparatoren und Aufseher sechs bis sieben Rupien, was einem Monatslohn von rund 9,50 bis 12,20 Reichsmark entspricht. Nur Oberaufseher Boheti bin Amrani (Abb. 11), der sich besonders umsichtig für die Sauriergrabungen einsetzt, erhält einen höheren Monatslohn. Von den 231 000 Reichsmark, die der Deutschen Tendaguru-Expedition insgesamt zur Verfügung stehen, werden etwa 90 000 für Lohnzahlungen verwendet. Ausgrabungen können nur in den Trockenzeiten vorgenommen werden, etwa von April bis Dezember,

Abb. 10: *Willkommene Abwechslung im Speiseplan: eine erbeutete Rappenantilope*

Abb. 11: *Oberaufseher Boheti bin Amrani, der zuverlässigste und umsichtigste afrikanische Expeditionsteilnehmer*

Abb. 12: *Saidi Abdallah an der Lagertrommel. Beginn und Ende der Geländearbeiten am Tendaguru wurden durch laute Trommelschläge signalisiert.*

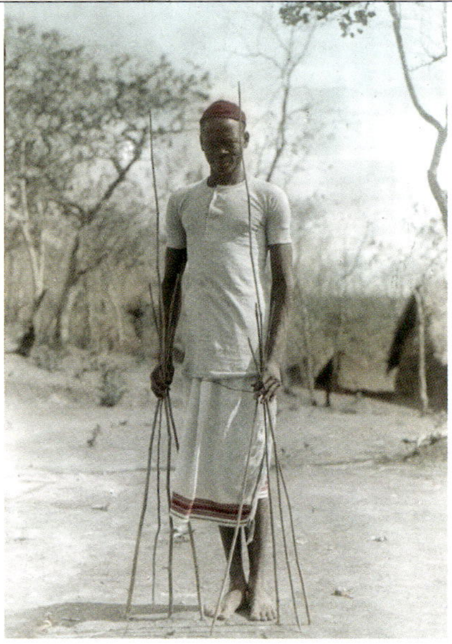

Abb. 15: *Ein afrikanischer Melder berichtet im Lager über neue Funde. Die Bambusstäbe sind auf die Länge der entdeckten Saurierknochen zugeschnitten.*

Abb. 13: *Einheimische Grabungshelfer legen einen Suchgraben an. Da die Saurierknochen an der Geländeoberfläche meist verwittert und zerbrochen waren, wurde in größeren Tiefen nach besser erhaltenen Skelettresten gesucht.*

Abb. 16: *Der afrikanische Präparator Fundi bei der Arbeit. Hier wird gerade ein riesiger Oberarmknochen von Brachiosaurus mit Hammer, Meißel und Messer freigelegt.*

Abb. 14: *Afrikanische Grabungshelfer beim Freilegen riesiger Saurierknochen, die dicht unter der Geländeoberfläche liegen.*

denn dann sind die Gräser und Sträucher so trocken, dass sie abgebrannt werden können. Der Arbeitsablauf ist preußisch organisiert: Trommelwirbel signalisiert den Beginn und das Ende der täglichen Arbeitszeit (Abb. 12). Suchgräben werden angelegt (Abb. 13). Manchmal sind diese Gräben mehr als 100 Meter lang, bis zu zwei Meter breit und über drei Meter tief.

An den einzelnen Fundstellen arbeiten kleine Mannschaften, die einem einheimischen Aufseher unterstehen (Abb. 14). Da gleichzeitig an mehreren, oft weit voneinander entfernten Fundplätzen gearbeitet wird, müssen Melder den Expeditionsleitern im Lager die neu entdeckten Skelettreste anzeigen (Abb. 15). Geschickte

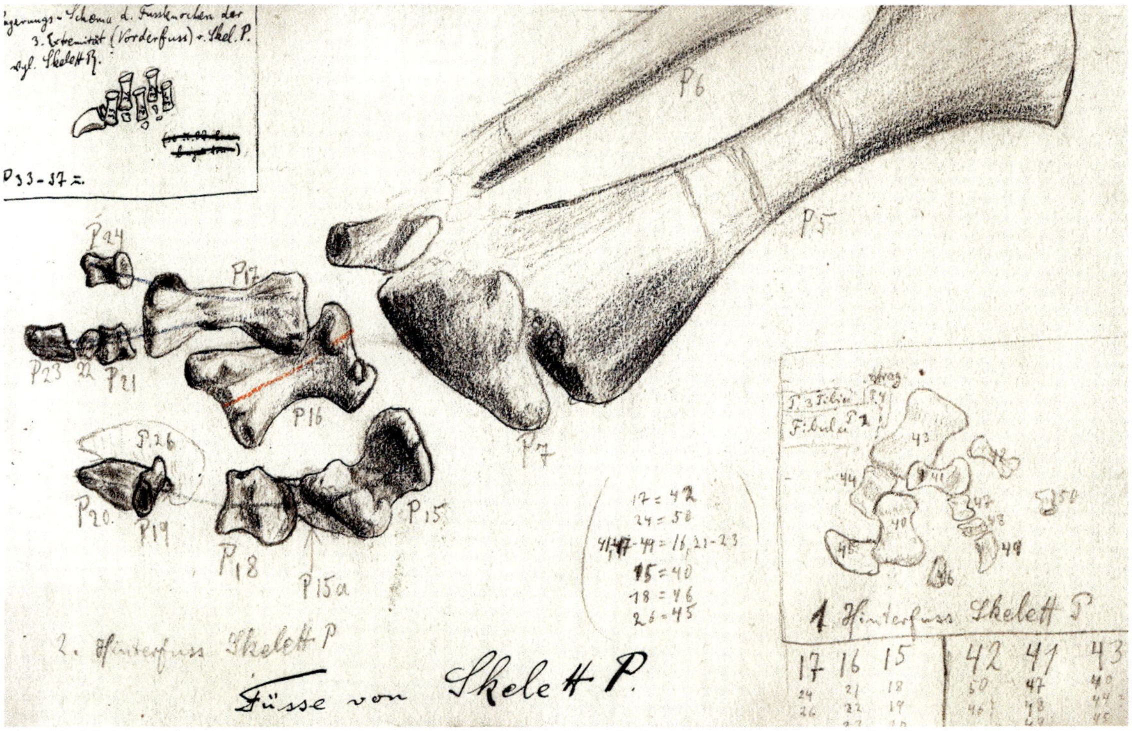

***Abb. 17:** Grabungsskizze von Werner Janensch. Dokumentiert sind Skelettreste des Riesensauriers Janenschia robusta, die unweit des Tendaguru gefunden wurden.*

Grabungshelfer sind als Präparatoren tätig, die mit Messer, Hammer und Meißel Saurierknochen freilegen (Abb. 16). Alle Knochenfunde werden beschriftet und in Feldbüchern registriert. Die Fundsituation wird von den Expeditionsleitern in Grabungsskizzen (Abb. 17), z. T. auch in Fotografien festgehalten. Strichzeichnungen von Skelettresten ergänzen diese Dokumentation (Abb. 18). Von besonders schönen Fundstücken fertigt Ina Reck im letzten Grabungsjahr vor Ort farbige Aquarelle, von einzelnen Grabungsstätten sogar Ölbilder an.

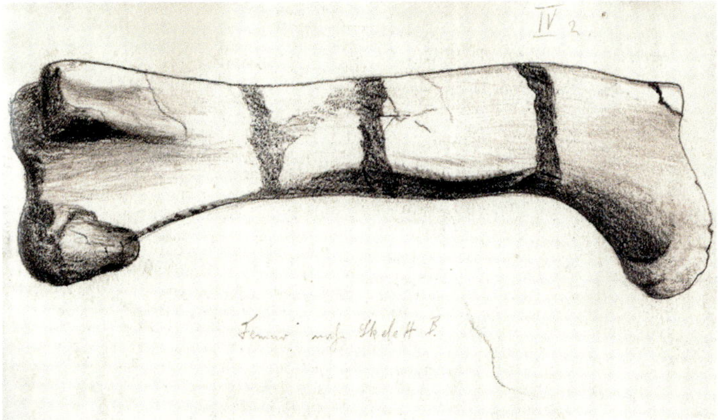

***Abb. 18:** Fundskizze. Bleistiftzeichnung von Werner Janensch*

Die Sicherheit der geborgenen Funde geht über alles. Zerbrochene Knochen werden geklebt, bandagiert und anfangs mit Gips, später aus Kostengründen nur noch mit Lehm umhüllt, um Schäden beim Transport zu vermeiden (Abb. 19). Kostbare kleine Fundstücke werden in den harten Fruchtschalen des Affenbrotbaums untergebracht, der überall in der Umgebung des

***Abb. 19:** Sicherheit geht über alles. Hier werden die geklebten und bandagierten Knochen mit Lehm umhüllt, dem Gummi arabicum zugefügt wurde. In der Sonne getrocknet, ergibt das Gemisch einen steinharten Mantel, der die Funde beim Transport wirksam vor Schäden schützt.*

Abb. 20: *Werner Janensch und der afrikanische Grabungshelfer Salim Tombali an einer Fundstätte mit Saurierknochen*

Abb. 21: *Der Transport der Saurierknochen erfolgt in Behältern, die von Grabungshelfern aus Bambus und Baumscheiben am Tendaguru hergestellt werden.*

Tendaguru anzutreffen ist (Abb. 20, 33). Anschließend werden alle Funde in handliche Transportbehälter verpackt, die zuvor im Lager von Grabungshelfern aus Bambus hergestellt worden sind (Abb. 21).

Schnell füllen sich die Knochenmagazine. Diese erfreuliche Tatsache stellt die Grabungsleiter vor weitere schwierige Aufgaben: Wie kann man die Unmengen an Saurierknochen vom Tendaguru möglichst schnell und sicher zum Hafen von Lindi transportieren? Um dies richtig verstehen zu können, müssen wir uns an den Beginn des 20. Jahrhunderts zurückversetzen. Vieles, was uns heute ganz einfach erscheint, ist damals ein großes Problem, denn es gibt im Hinterland von Lindi weder feste Straßen noch Autos. Trag- und Zugtiere, wie beispielsweise Rinder oder Pferde, stehen wegen der Tsetsefliege, die die gefürchtete Schlafkrankheit überträgt ebensowenig zur Verfügung. Daher müssen alle Funde von einheimischen Trägern mühevoll auf Kopf und Schultern auf schmalen Pfaden durch den afrikanischen Busch und Dschungel zum Seehafen von Lindi transportiert werden, was manchmal drei bis vier Tage dauert (Abb. 22). Erst später werden mit Unterstützung der Kolonialbehörden Wege ausgebaut und behelfsmäßige Brücken über Schluchten angelegt, wodurch sich der Transport erheblich erleichtert und die Wegezeiten verkürzen. Dennoch stellt die Beförderung der schweren Saurierknochen eine enorme Belastung für die Träger dar (Abb. 23).

In Lindi werden die Knochenlasten in Holzkisten, die dort zuvor in einer Handwerksschule hergestellt wurden, umgepackt und auf kleine arabische Lastensegler (*Dhaus*) verladen (Abb. 24). Diese bringen die Fracht zu den im tieferen Wasser ankernden Dampfschiffen. Der eigentliche Überseetransport von Daressalam nach Hamburg erfolgt durch die Deutsche Ost-Afrika-Linie, die zu den Förderern der Deutschen Tendaguru-Expedition gehört. Von Hamburg aus gelangen die Saurierknochen per Bahn nach Berlin.

Abb. 22: *Eine Trägerkolonne vor dem Abmarsch. Die verpackten Saurierknochen müssen auf schmalen Pfaden durch unwegsames Gelände transportiert werden.*

Abb. 23: *Besonders anstrengend ist der Transport der riesigen Knochen von Brachiosaurus, die nicht selten 4–5 Zentner und mehr wiegen.*

Abb. 24: *Im Hafen von Lindi werden die Versandkisten auf kleine arabische Lastensegler (Dhaus) verladen, die sie zu größeren Dampfschiffen bringen.*

Die Ausgrabungen dauern vier Jahre, von April 1909 bis Januar 1913. Dabei werden über 100 Dinosaurier-Fundstellen entdeckt, die sich über einen Geländestreifen von rund 100 Kilometern Länge und etwa 20 Kilometern Breite verteilen. Die meisten Fundstätten befinden sich in der näheren Umgebung des Tendaguru. Da nicht nur Saurierknochen ausgegraben und Fossilien gesammelt, sondern auch geologische Untersuchungen vorgenommen werden, finden Werner Janensch und Edwin Hennig schnell heraus, dass es am Tendaguru nicht nur eine, sondern drei mächtige, übereinander lagernde Schichten mit Saurierknochen gibt, die durch fossilführende Meeresablagerungen voneinander getrennt sind (Abb. 25). Hier müssen also Dinosaurier in grauer Vorzeit nicht nur einmal, sondern mindestens dreimal über längere Zeitabschnitte hinweg gelebt haben! Mehr und mehr gibt die Urzeit Ostafrikas ihre Geheimnisse preis!

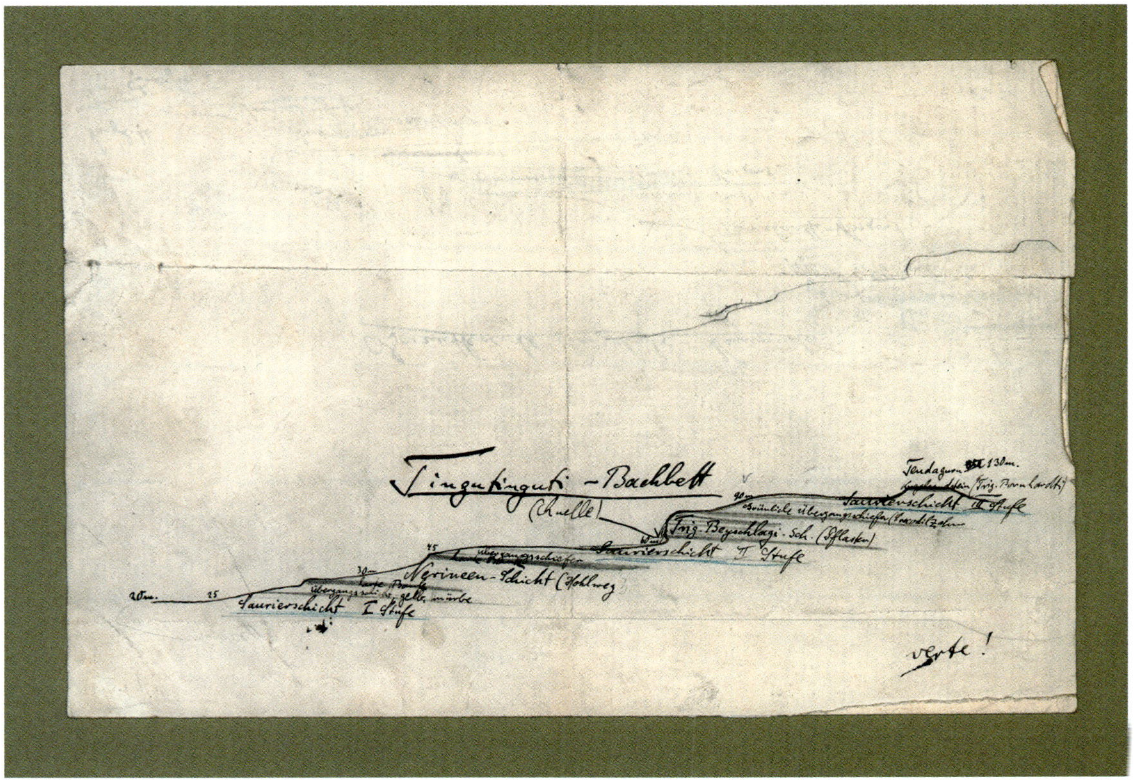

Abb. 25: *Historische Geländeskizze zum Aufbau der Tendaguru-Schichten*

Abb. 26: Grabungsstelle am Tendaguru mit Skelettresten von *Brachiosaurus brancai*. Deutlich zu erkennen sind die riesigen Abmessungen der versteinerten Knochen.

Die Ausbeute an Saurierknochen übertrifft alle Erwartungen. 1909 wird ein gewaltiger Oberarmknochen von *Brachiosaurus* freigelegt, der 2,10 Meter lang ist! Nie zuvor wurde auf der Erde ein so unglaublich langer Gliedmaßenknochen von einem Landtier geborgen. Nach und nach kommen gewaltige, fast vollständige Skelette von Riesensauriern ans Tageslicht (Abb. 26), deren Freilegung und Bergung oft Wochen, Monate, ja Jahre dauert. So wird zwar beispielsweise das riesige *Brachiosaurus*-Skelett, das heute in der Saurierhalle des Berliner Naturkundemuseums zu bewundern ist, schon 1909 entdeckt, aber erst 1911 gelingt es den Ausgräbern, die letzten Knochen aus dem Gestein herauszumeißeln und zu bergen (Abb. 27).

Die Reihe der Überraschungen reißt nicht ab. Immer wieder kommt es zu spektakulären Entdeckungen. 1910 stoßen die Ausgräber nordwestlich vom Tendaguru bei der Ortschaft Kindope auf gewaltige Massenansammlungen von Knochen eines Stegosauriers (*Kentrosaurus*). Die Anreicherungen von Knochen haben solche Ausmaße, dass die Ausgräber vermuten, hier seien einst ganze Dinosaurierherden bei einer Katastrophe ums Leben gekommen. Nicht weniger aufsehenerregend ist eine benachbarte Fundstelle, wo mehr als 20 000 Knochen eines kleinen Dinosauriers (*Dysalotosaurus*) aus dem Erdreich geborgen werden. Doch das ist längst noch nicht alles. Kurz darauf entdecken die Ausgräber ein weiteres großes Skelett, wieder von einem bis dahin völlig unbekannten Riesensaurier, der später den Namen *Dicraeosaurus hansemanni* erhalten wird (Abb. 28). Dennoch wird die Euphorie dieser Tage getrübt. Bei den meisten Saurierskeletten fehlt der Schädel. So achten die Ausgräber vermehrt auf jeden Hinweis, der sie endlich zum Fund eines Schädels führen könnte. Dann – fast sind die Geländearbeiten für das Jahr 1910 beendet – meldet ein Grabungshelfer endlich den lang ersehnten Fund, und zwar, wie sich bald herausstellt, den

vollständigen Schädel eines *Brachiosaurus*! Die Sensation ist perfekt.
Bei den meisten ausgegrabenen Dinosauriern handelt es sich um Pflanzenfresser. Knochen von Raubsauriern sind deutlich seltener, nur ihre Zähne werden häufiger gefunden. Manche sind so groß, dass sie von wahren Riesentieren stammen müssen. Daneben nehmen sich die übrigen Funde fast kärglich aus. Aber auch diese Fossilreste, die von Fischen, Krokodilen, Flugsauriern und Säugetieren stammen, sind wissenschaftlich hoch wertvolle Funde, ebenso die unzähligen Korallen, Brachiopoden, Muscheln, Schnecken und Ammoniten, die in den Meeresschichten gesammelt wurden. Sie liefern viele wichtige Informationen zum erdgeschichtlichen Alter und der ehemaligen Umwelt der Riesensaurier.

Anfragen von Museen ein, die sich nach Grabungsmöglichkeiten erkundigen, so aus Pretoria, Südafrika. Daraufhin wird das Tendaguru-Gebiet mit seinen zahlreichen Saurierfundstätten im Jahre 1910 zum Kronland erklärt, um deutschen Museen und Institutionen die Grabungsrechte zu sichern.
Das Jahr 1911 stellt eine Wendemarke für die Tendaguru-Expedition dar. Die Mittel sind erschöpft. Obwohl bis dahin lediglich ein Bruchteil der riesigen Dinosaurierlagerstätte erkundet und ausgebeutet worden ist, müssen die Grabungsarbeiten im Herbst desselben Jahres eingestellt werden. Werner Janensch, Edwin Hennig und Hans von Staff reisen zurück nach Deutschland. Das Ende der Ausgrabungen am Tendaguru bedeutet dies freilich nicht, denn jetzt springt das Preußische Kultusministerium mit Geldern ein, und

Abb. 27: *Blick auf die Grabungsstelle am Tendaguru, wo das Grundskelett von Brachiosaurus brancai gefunden wurde, das heute in der »Saurierhalle« des Berliner Naturkundemuseums steht.*

Abb. 28: *Grabungshelfer Isa bin Salim am freigelegten Skelett von Dicraeosaurus hansemanni. Das weitgehend vollständig erhaltene Skelett wurde 1930 im Lichthof des Berliner Naturkundemuseums aufgebaut.*

In Deutschland verfolgt man in der Fachwelt und in der breiten Öffentlichkeit die Geländearbeiten der Deutschen Tendaguru-Expedition mit dem größten Interesse. Aufmerksam werden die jährlichen Grabungsberichte studiert. Die Presse macht die Entdeckungen in Schlagzeilen bekannt, und so spricht sich der große Erfolg der Ausgrabungen in Ostafrika schnell herum, nicht nur in Deutschland. Aus dem Ausland treffen

auch das Tendaguru-Komitee kann noch einmal zur Finanzierung beitragen. Daher kann Hans Reck mit seiner Ehefrau Ina nach Ostafrika reisen und 1912 die Ausgrabungen am Tendaguru fortführen. Erneut werden zahlreiche Saurierreste geborgen, darunter kostbare Funde von Flugsauriern. Erst im Januar 1913 wird das Feldlager am Tendaguru endgültig aufgegeben. Allerdings kehrt Hans Reck im Sommer des

gleichen Jahres nochmals kurz mit 20 Arbeitern zu den Grabungsstellen zurück. Er soll Saurierknochen für eine Landesausstellung in Daressalam sammeln.
Auch danach gerät die Fundstelle nicht in Vergessenheit. 1924 beginnt eine englische Expedition des British Museum (Natural History) unter der Leitung von W. E. Cutler am Tendaguru zu graben. Die Engländer werden acht Jahre bleiben, aber nicht annähernd so erfolgreich sein wie ihre Vorgänger unter W. Janensch. Insgesamt gelangen in den vier Grabungsjahren (1909–1913) etwa 5 000 Traglasten mit einem Gesamtgewicht von etwa 250 Tonnen in das Berliner Naturkundemuseum. Die Keller, Böden, Flure und Sammlungsräume werden regelrecht von Saurierknochen überschwemmt! Auf dem Hof des Museums muss eine Baracke errichtet werden, um der Knochenflut Herr zu werden.
Während Hans und Ina Reck noch am Tendaguru nach Saurierknochen graben, wird in Berlin bereits intensiv geforscht. Erst jetzt zeigt sich wirklich, welche kostbaren Schätze am Tendaguru zusammengetragen wurden.

Die Keller, Böden, Flure und Sammlungsräume werden regelrecht von Saurierknochen überschwemmt.

Anhand der mitgebrachten Gesteinsproben und der Aufzeichnungen im Gelände kann die Schichtenfolge am Tendaguru genau rekonstruiert werden. Sie ist mehr als 100 Meter mächtig und besteht aus drei Meeres- und drei Saurierschichten, die miteinander verzahnt sind.
Die gesammelten versteinerten Korallen, Muscheln, Schnecken und Ammoniten verraten den Paläontologen weitere Einzelheiten über die Urzeit Ostafrikas. Ihre Untersuchung zeigt, dass die Tendaguru-Schichten in der späten Jura- und frühen Kreidezeit entstanden und somit ungefähr 145 bis 150 Millionen Jahre alt sind. Die Meeresschichten, das erkennen die Forscher, wurden in einem küstennahen Flachsee mit Korallenriffen und Sandbarren, die Saurierschichten dagegen in einer Lagune abgelagert. Diese war landwärts von einem flachen Küstenstreifen mit Strandseen, Flüssen und Sümpfen begrenzt, wo sich die Dinosaurier zeitweise aufgehalten haben sollen.
Kopfzerbrechen bereitet den Forschern die Frage, wie denn der riesige Dinosaurierfriedhof am Tendaguru überhaupt entstehen konnte. Werner Janensch vermutet, dass die Dinosaurier bei Ebbe die Lagune aufgesucht haben, im Schlick steckengeblieben und dort umgekommen sein könnten. Hin und wieder soll die zurückkehrende Flut sogar ganzen Saurierherden den Rückweg abgeschnitten und ein katastrophales Massensterben verursacht haben, denn anders als so sei das Zustandekommen der gewaltigen Massenansammlungen von Saurierknochen kaum zu erklären. Dennoch bleibt diese Deutung umstritten.
Die Untersuchungen an den Dinosauriern liefern geradezu sensationelle Ergebnisse: Nicht weniger als sechs verschiedene Arten von Riesensauriern (Sauropoda) können nachgewiesen werden, darunter ein wahrer Gigant, der zu Ehren Wilhelm von Brancas den wissenschaftlichen Namen *Brachiosaurus brancai* erhält. Deutlich kleiner, aber ebenfalls noch wahrhafte Riesen sind *Janenschia robusta*, *Dicraeosaurus hansemanni* und *Tornieria africana*. Bei einigen findet man sogar noch Magensteine! Hinzu kommen ein Stegosaurier (*Kentrosaurus*) ein Ornithopode (*Dysalotosaurus*) und acht verschiedene Arten von Raubsauriern, so zum Beispiel *Elaphrosaurus bambergi.*
Einzigartig erhalten, meisterhaft präpariert und montiert ist ein Schädel des riesigen *Brachiosaurus brancai*, der noch heute zu den größten Kostbarkeiten der Paläontologie gehört (Abb. 29). Bei diesem Vorzeitriesen kann

Abb. 29: *Vollständiger Schädel von Brachiosaurus brancai. Typisch sind die spangenartigen Knochen und der massive Unterkiefer. Der Fund gehört zu den größten Kostbarkeiten der Paläontologie, da viele Dinosaurierskelette zum Leidwesen der Paläontologen ohne Schädel gefunden werden. (Die Kopf-Hals-Verbindung stellt eine Schwachstelle dar, weshalb der Schädel oft schon vor der Einbettung des toten Tierkörpers vom Hals abgetrennt, weggeschwemmt und zerstört wird.)*

Abb. 30: *Nach jahrelanger Vorarbeit erfolgte 1937 der Aufbau des 12 m hohen und 23 m langen Skelettes von Brachiosaurus brancai im Lichthof des Berliner Naturkundemuseums. Zwischen einem Gewirr von Balken, Latten und Leitern erkennt man man große Teile des bereits montierten Skeletts.*

sogar ein versteinerter Ausguss des Innenohres mit seinen drei Bogengängen freigelegt werden. Ausgüsse von Hirnhöhlen, die man künstlich herstellt, lassen Rückschlüsse auf den Bau des Gehirns und den Verlauf der Blutgefäße im Schädel der Riesensaurier zu. Die Forscher schätzen, dass das Gehirn des riesigen *Brachiosaurus brancai*, der zu Lebzeiten 70 Tonnen gewogen haben könnte, nur etwa 200 Gramm schwer war!

Aber die Geschichte ist damit noch nicht zu Ende. Werner Janensch bleibt nicht bei der rein wissenschaftlichen Beschreibung der Tendaguru-Saurier stehen. Vielmehr werden unter seiner Leitung im Verlaufe von vier Jahrzehnten nach und nach fünf Dinosaurierskelette im Lichthof des Berliner Naturkundemuseums aufgebaut, darunter das im Jahre 1937 montierte *Brachiosaurus*-Skelett, die »Krone« der Deutschen Tendaguru-Expedition (Abb. 30, 31). Wie seine umfangreichen Monografien über die Tendaguru-Saurier sind auch sie einzigartige Meisterwerke, die noch heute ihresgleichen suchen. Inzwischen haben Millionen von Besuchern aus aller Welt die Dinosaurierskelette in der Saurierhalle des Berliner Museums für Naturkunde gesehen.

Überblickt man die Leistungen der Deutschen Tendaguru-Expedition, dann meint man eine einzigartige Erfolgsgeschichte vor sich zu haben. Es gibt aber auch bittere Rückschläge. So gehen bereits im Ersten Weltkrieg wertvolle Saurierreste verloren, die Hans Reck am Tendaguru für eine Landesausstellung in Daressalam ausgegraben hatte. Noch schlimmere Folgen hat der Zweite Weltkrieg. Mit Beginn der Bombenangriffe auf Berlin werden die Saurierskelette abgebaut. Der kostbare Schädel von *Brachiosaurus* wird von beherzten Mitarbeitern des Geologisch-Paläontologischen Insti-

Abb. 31: *Historische Aufnahme vom aufgebauten Skelett des Brachiosaurus brancai aus dem Jahr 1937. Die meisten Knochen des Skeletts stammen von einem Tier, die Schwanzwirbelsäule von einem zweiten. Fehlende Skelettteile sind durch Nachbildungen in Gips oder durch Knochen ersetzt worden, die man von diesen Vorzeitriesen an anderen Fundstätten in der Umgebung des Tendaguru gefunden hat. Das Skelett ist ca. 12 m hoch und 23 m lang.*

Abb. 32: *Geöffneter Transportbehälter mit Saurierknochen, die von einem Mantel aus Gips oder Lehm umhüllt sind.*

tuts an einer geheimen Stelle im Keller des Museums vergraben, wo er die Kriegswirren unbeschadet überdauert. Schlimmer ergeht es wertvollen Funden von *Kentrosaurus* und *Dysalotosaurus*, die 1943 einem Bombenangriff zum Opfer fallen. Dennoch setzt Werner Janensch seine Untersuchungen fort. 1953 wird der Sauriersaal des Berliner Naturkundemuseums wiedereröffnet, und 1958 kann trotz der schweren Kriegsverluste ein Skelett von *Dysalotosaurus* neu aufgestellt werden. Am 29.Oktober 1969 stirbt Werner Janensch in Berlin, mit ihm geht die große Zeit der Deutschen Tendaguru-Expedition zu Ende.

Geblieben ist jedoch die Faszination, die diese einzigartige Fundstätte bis heute auf Wissenschaftler aus aller Welt ausübt. Fast 30 Jahre nach dem Tod von Werner Janensch wird erneut eine Forschergruppe am Museum für Naturkunde in Berlin tätig, die viele neue Einzelheiten über das Leben und Sterben der Tendagurusaurier ans Licht bringt. Ein bisher völlig unbekannter Riesensaurier wird unter den Gebeinen entdeckt, die im Knochenkeller des Berliner Naturkundemuseums lagern: *Tendaguria tanzaniensis*. Mithilfe der Computertomografie, Fotogrammetrie und des Laserscannings werden neue Daten zur Anatomie, Physiologie und Lebensweise der Tendaguru-Saurier gewonnen. Sogar ein lang umstrittenes Problem kann anhand von unveröffentlichten Grabungsskizzen geklärt werden: Die riesigen Knochenlager von *Kentrosaurus* und *Dysalotosaurus*, die seinerzeit die Ausgräber in helle Aufregung versetzten, gehen aller Wahrscheinlichkeit nach nicht auf Katastrophen zurück, die zum plötzlichen Massentod ganzer Saurierherden führten, sondern auf den Tod vieler einzelner Tiere, deren Skelette über Jahrtausende, wenn nicht gar Jahrmillionen hinweg zusammengeschwemmt und eingebettet wurden.

Eine wahre Fundgrube für den Paläontologen sind die noch ungeöffneten Transportbehälter voller Gesteinsproben und Saurierknochen, die seit dem Ende der Deutschen Tendaguru-Expedition im Knochenkeller des Museums für Naturkunde lagern (Abb. 32, 33). Fast

Abb. 33: *Sesam öffne dich: Nach fast 100 Jahren gibt diese Fruchtschale vom Affenbrotbaum, die am Tendaguru mit Saurierknochen gefüllt wurde, am 1. Dezember 2006 im Berliner Naturkundemuseum ihre Kostbarkeiten frei, darunter 21 kleine Wirbel vom Schwanzende des Gazellensauriers Dysalotosaurus lettow-vorbecki.*

100 Jahre vergehen, bis die von Werner Janensch, Edwin Hennig, Hans und Ina Reck geborgenen Gesteinsblöcke Farbe bekennen und ihre Schätze freigeben müssen. Hunderte dieser Blöcke mit einem Gesamtgewicht von etwa einer Tonne werden mithilfe von Essigsäure aufgelöst, die Rückstände ausgewaschen und akribisch auf jedes Knöchelchen, jedes noch so kleine Zähnchen durchgesehen. Was da zutage kommt, lässt die Herzen der Paläontologen höher schlagen. Es werden nicht nur winzige Knochen und Zähne kleiner Landwirbeltiere gefunden, die einst im Schatten der Riesensaurier lebten, wie beispielsweise Amphibien, Eidechsen und Säugetiere, sondern auch kleine Muschelkrebse (Ostra-

Die eigentliche Sensation aber ist der Unterkiefer eines winzigen, kaum spitzmausgroßen Ursäugetieres.

coden). Selbst zahlreiche Pflanzenreste, unter anderem Kutikulen, Gyronite von Charophyten (Armleuchteralgen) und verkohltes Holz (Fusit) werden unter dem Mikroskop aus den Schlämmrückständen ausgelesen. Daneben lassen sich sogar Pollen, Sporen und Dinoflagellaten in einzelnen Gesteinsproben nachweisen.
Die eigentliche Sensation aber ist der Unterkiefer eines winzigen, kaum spitzmausgroßen Ursäugetieres, bei dem das Trommelfell noch nicht am Schädel sitzt, wie bei den heutigen Säugetieren, sondern noch am Unterkiefer befestigt ist, so wie bei den Vorfahren der Säugetiere, den säugetierähnlichen Reptilien des Erdmittelalters! Es erhält den wissenschaftlichen Namen *Tendagurutherium dietrichi*. Dieser Fund sowie Zähne von anderen rätselhaften Säugetieren des Erdmittelalters (Haramiyiden), von denen man annahm, sie seien bereits vor 200 Millionen Jahren an der Wende von der Trias- zur Jura-Zeit ausgestorben, werfen neues Licht auf die Stammes- und Verbreitungsgeschichte der Säugetiere auf der Südhalbkugel der Erde (Abb. 34). All dies zeigt, wie wenig wir noch immer von der versunkenen Tier- und Pflanzenwelt des Tendaguru wissen.

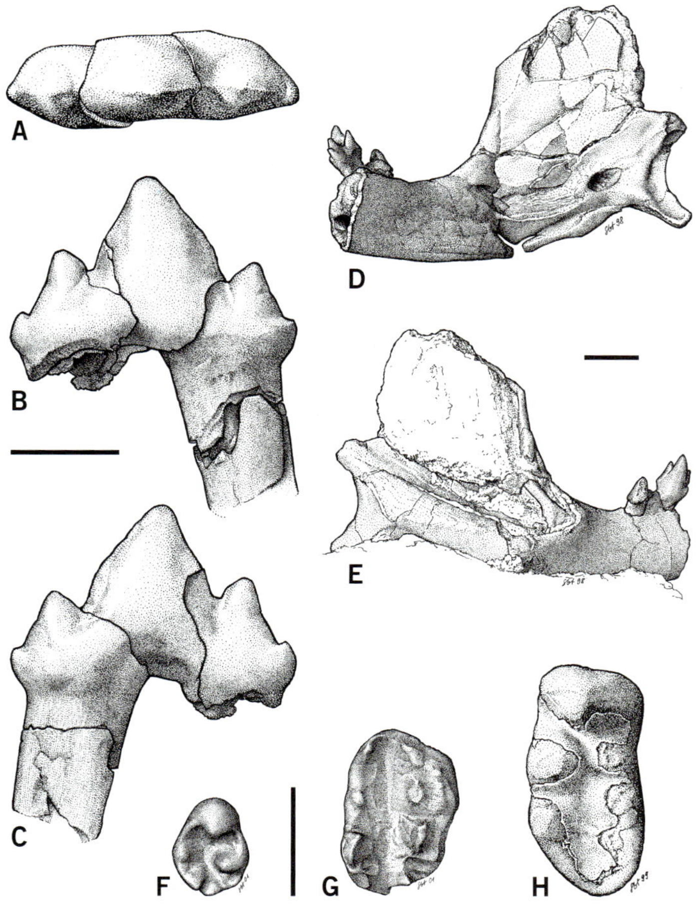

Abb. 34: *Klein und unscheinbar, aber wissenschaftlich außerordentlich bedeutsam sind die Funde von Säugetieren aus den Tendaguru-Schichten. Abgebildet sind winzige Backenzähne von Tendagurodon janenschi (A–C) und Allostaffia aenigmatica (F–G) sowie ein Unterkieferbruchstück von Tendagurutherium dietrichi (D–E). Maßstableisten: 1 mm.*

Wir schreiben das Jahr 2000. Wieder nähert sich eine Expedition dem Tendaguru. Mühsam bahnen sich fünf Geländewagen der Deutsch-Tansanischen Tendaguru-Expedition ihren Weg durch das karge, trockene Buschland. Am 2. September gegen Mittag ist das Ziel erreicht (Abb. 35). Wie damals, vor fast 100 Jahren, wird am Fuße des Tendaguru ein Lager errichtet. Ziel der Deutsch-Tansanischen Expedition, der elf Wissenschaftler aus Deutschland, Tansania und Kanada sowie fünf einheimische Fahrer angehören, ist es, die Dinosaurier-Lagerstätte Tendaguru genauer als bisher zu untersuchen. Die Finanzierung erfolgt durch die Deutsche Forschungsgemeinschaft und – wie seinerzeit auch – durch Sponsoren. Allerdings stehen diesmal

Abb. 35: Der Tendaguru. Ziel der Deutsch-Tansanischen Tendaguru-Expedition im September 2000. Wie vor 100 Jahren ragt der Hügel aus dem trockenen Buschland hervor.

nicht so sehr die Dinosaurier im Blickfeld der Paläontologen, sondern all das, was einst zwischen den Füßen dieser Urweltriesen lebte. Außerdem sollen das erdgeschichtliche Alter der Tendaguru-Schichten durch moderne Untersuchungen an Mikrofossilien und Mollusken geklärt und das Ökosystem rekonstruiert werden, in dem die Dinosaurier während der späten Jura-Zeit lebten.

Wieder wird gesucht und gegraben. Täglich müssen sich die Expeditionsteilnehmer durch unzugängliches, trockenes Buschland kämpfen und stoßen dabei oft auf alte Grabungsstellen der Deutschen Tendaguru-Expedition, die wie kleine Krater versteckt in der Landschaft liegen. Reste von steinernen Hüttenfundamenten auf dem Tendaguru und eine Abfallhalde am Fuße dieses Hügels sind weitere Zeugnisse der früheren Grabungen (Abb. 36). Seit der deutschen (1909–1913) und der britischen Expedition (1924–1931) sind am Tendaguru keine Ausgrabungen mehr vorgenommen worden. Freigewitterte riesige Saurierknochen, die hier und dort noch immer an der Oberfläche liegen, zeigen, dass man noch heute in der weiteren Umgebung des Tendaguru erfolgreich nach Dinosauriern graben könnte (Abb. 37). Das Hauptaugenmerk der Deutsch-Tansanischen Tendaguru-Expedition gilt aber den Bachrissen, die sich seit Jahrtausenden tief in die Tendaguru-Schichten eingeschnitten haben und

somit seltene Einblicke in die Erdgeschichte bieten. Sie werden besonders intensiv untersucht.
Dabei gibt es immer wieder Überraschungen. In einem Bachriss am Fuße des Tendaguru wird erstmals eine Fundschicht mit verkohlten Holzresten entdeckt, die später wichtige Rückschlüsse auf die Vegetation und das Klima in der Jurazeit liefern. Für nicht weniger Aufsehen sorgen dicke Blockpackungen und grobkörnige Sedimente in den Meeresschichten, die die drei Saurierschichten voneinander trennen. Für das Vorkommen solcher Ablagerungen gibt es nur eine Erklärung: Hier müssen Tsunamis, Riesen- oder Monsterwellen ihre katastrophalen Spuren hinterlassen haben. Kein Zweifel, schon damals wurde das küstennahe Festland zeitweise von verheerenden Tsunamis heimgesucht, wenn auch dafür in den mehr kontinentalen Saurierschichten noch keine Anhaltspunkte gefunden werden konnten.

Abb. 36: *Die Versorgung der Europäer am Tendaguru war offenbar sichergestellt, wie der Rest einer Maggiflasche am Tendaguru belegt. Auch wurden leere Flaschen als Probenbehälter genutzt (fast alkoholfreies Bier!).*

Abb. 37: *Noch heute kann man Tendaguru-Saurierknochen finden. Hier wird ein riesiges Exemplar freigelegt und für das Nationalmuseum in Daressalam geborgen.*

An über 100 Stellen werden Fossilien und Gesteinsproben gesammelt. Eile ist geboten, denn auch diesmal sind die Mittel mehr als knapp. Umso erfreulicher ist die Ausbeute, die von zahllosen Korallen und Brachiopoden über Muscheln und Schnecken bis hin zu Ammoniten reicht (Abb. 38). Bei der Suche nach den Skelettresten kleinster Landwirbeltiere und den praktisch unsichtbaren, winzig kleinen Mikrofossilien (Pollen, Sporen, Ostracoden, Foraminiferen), die wichtige Anhaltspunkte auf das erdgeschichtliche Alter der Tendaguru-Schichten liefern können, sind die Paläon-

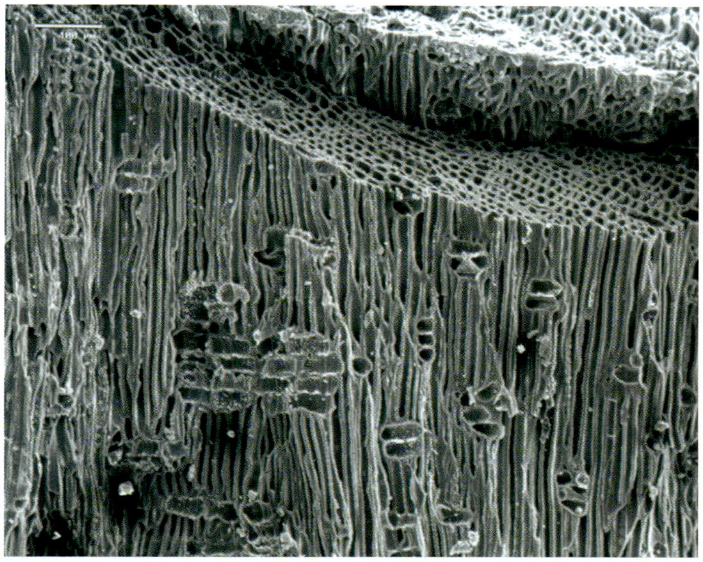

Abb. 38: *Neben dem Beleg für sehr artenreiche Nadelwälder auf dem Festland geben Holzkohlenstückchen vom Tendaguru auch Hinweise auf das damalige Klima: kurze Trockenzeiten – wenig Spätholz; lange, unregelmäßige Regenzeiten – breites, stark differenziertes Frühholz.*

tologen ganz auf ihr Gespür angewiesen, denn erst in den Laboren in Daressalam und Berlin wird sich zeigen, ob das mühevolle Sammeln der Proben erfolgreich war. Mit völlig überladenen Geländewagen verlässt die Expedition am 18. September 2000 den Tendaguru. Etwa eine Tonne Gestein und zahlreiche Versteinerungen gelangen in das Berliner Naturkundemuseum. Gleich nach der Rückkehr beginnt die Auswertung der Geländearbeiten. Wieder gibt der Tendaguru lang gehütete Geheimnisse preis. In den Gesteinsproben werden Skelettreste von Haien, Rochen, Amphibien, Krokodilen, Flugsauriern und Säugetieren gefunden, die die reiche Meeresfauna mit Korallen, Muscheln usw. ergänzen. Hinzu kommen Foraminiferen und Muschelkrebse (Ostracoden). Anhand von Pollen, Sporen und verkohlten Holzresten werden vor allem Nadelgehölze wie Steineiben-Verwandte und Zypressengewächse nachgewiesen (Abb. 39), aber auch Palmfarne, Samenfarne, Süßwasseralgen und Dinoflagellaten können die Paläobotaniker belegen.
Erstmals kann ein detailliertes geologisches Standardprofil (Richtprofil) für die Tendaguru-Schichten erar-

Abb. 39: *Austern (Actinostreon henningi), Korallen (Meandrophyllia oolitotithonica) und Muscheln (Indotrigonia ex gr. smeei) finden sich nicht selten in den marinen Ablagerungen am Tendaguru*

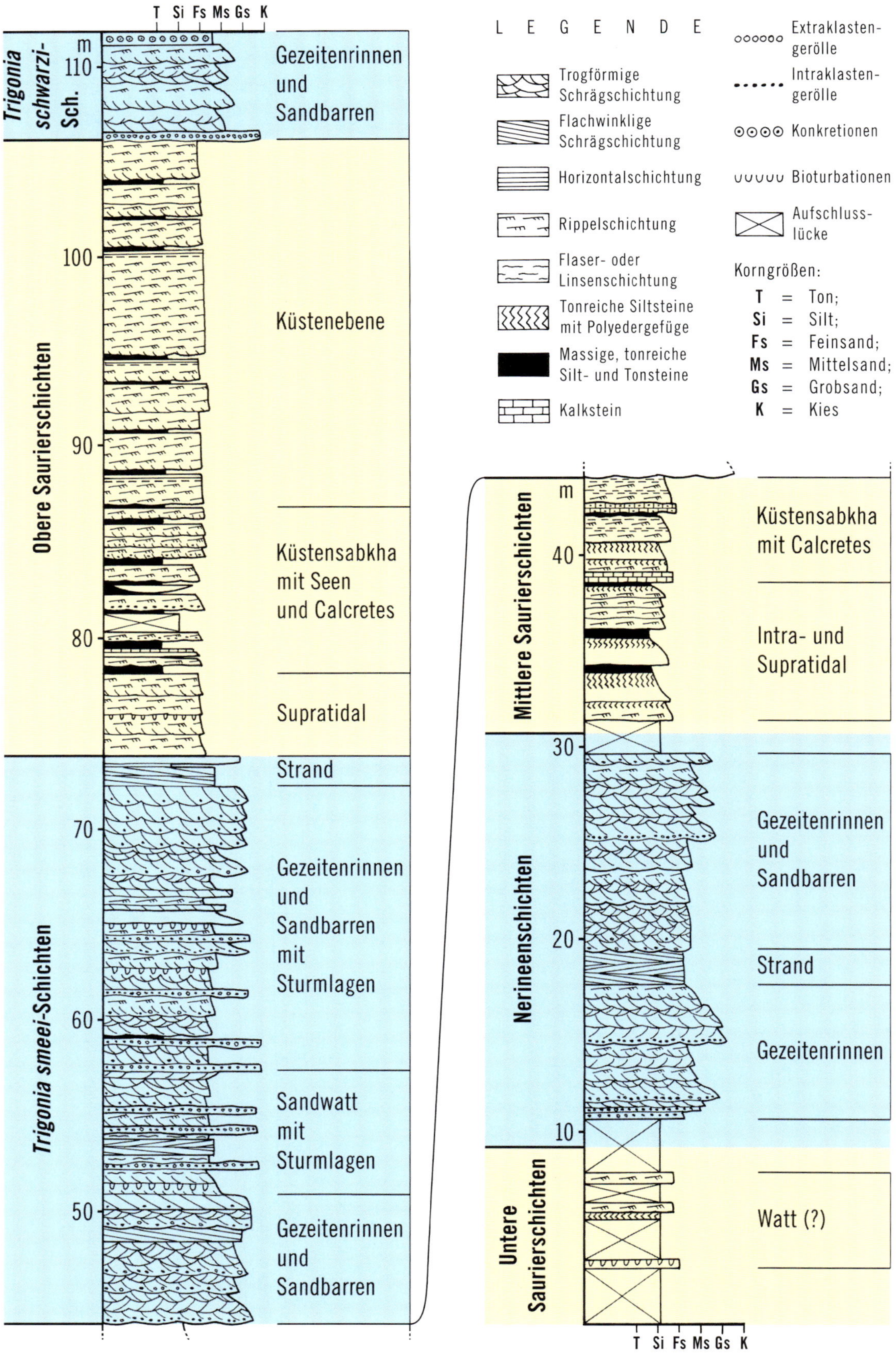

Abb. 40: Geologisches Richtprofil der Tendaguru-Schichten mit den Lebensräumen, die in der Abfolge dokumentiert sind

beitet werden, das, genauer als jemals zuvor, ein präzises »Einpassen« aller gesammelten Proben und Funde in die Erdgeschichte gestattet, aber auch die Rekonstruktion einstiger Lebensräume ermöglicht (Abb. 40). Dazu gehören Lagunen, Küstenebenen und ein Hinterland, dessen Nadelwälder von Dinosauriern und anderen Landtieren bewohnt waren. Die Sedimente und Fossilien zeugen davon, dass die Tendaguru-Schichten in der späten Jura- und frühen Kreidezeit in einem warmen Klima mit sehr kurzen Trocken- und langen, unregelmäßigen Regenzeiten entstanden. Damit bietet der Tendaguru ungewöhnlich tiefe Einblicke in die Erd- und Lebensgeschichte Ostafrikas. Zugleich wird klar, dass an diesem magischen Ort der Paläontologie noch immer viele wissenschaftliche Schätze verborgen sind, die auf ihre Entdeckung warten.

Lebensraum Tendaguru

Wolf-Dieter Heinrich und Stephan Schultka
Seit etwa 100 Jahren werden am Tendaguru Fossilien gesammelt. Ebenso lange versucht man bereits, den Lebensraum der Dinosaurier zu rekonstruieren. Obwohl noch immer Fragen offen sind, lassen die bisherigen Daten eine Momentaufnahme der späten Jurazeit (vor etwa 150 Millionen Jahren) zu. Damals herrschte ein subtropisches bis tropisches Klima. Im Jahresverlauf gab es kurze, extreme Dürre- und lange, unregelmäßige Regenzeiten. Insgesamt lässt sich das Gebiet um den Tendaguru in drei große Lebensräume unterteilen:

- Lagunenartige, marine Flachwasserbereiche. Dieser Lebensraum, der gegen das offene Meer durch Sandbänke, Ooidbarren und Korallen-Austernbänke abgegrenzt war, wurde von Ebbe, Flut und Stürmen beeinflusst, gelegentlich sogar von Tsunamis heimgesucht. Im flachen Wasser der Lagune lebten neben verschiedenen Fischarten, darunter Haie und Rochen, vor allem Korallen, Muscheln und Schnecken.
- Ausgedehnte Wattgebiete und flache Küstenebenen, die durch Strandseen sowie durch Flüsse und Bäche untergliedert wurden. Aus diesem Bereich sind die meisten Dinosaurier überliefert. Einige könnten beim Betreten der Wattgebiete steckengeblieben, dort umgekommen und eingebettet worden sein. Sicherlich sind aber auch Kadaver aus dem Landesinneren durch Flüsse eingeschwemmt worden. Die Gewässer wurden von Krokodilen und Fischen bewohnt, der Luftraum von Flugsauriern beherrscht.
- Hinterland mit Nadelwäldern. Dort wuchsen vor allem Nadelbäume wie Stieleiben- und Sumpfzypressengewächse sowie Palm- und Samenfarne. Verkohlte Holzreste in den Fundschichten weisen auf gelegentliche Waldbrände hin, die möglicherweise durch Blitzschlag verursacht wurden. Flüsse und Bäche untergliederten die Landschaft. Für die Existenz dieses Hinterlandes gibt es heute nur noch wenige Belege, da der festländische Lebensraum längst abgetragen wurde.

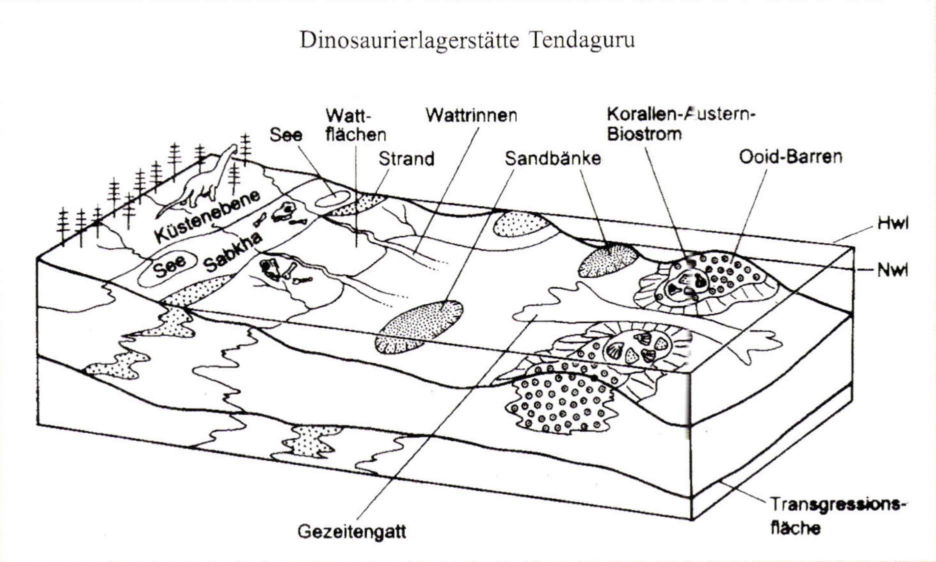

***Abb. 1:** Modell der Ablagerungsräume, wie sie in der Gesteinsabfolge am Tendaguru dokumentiert sind*

Diese Lebensräume, die von einer diversen Tier- und Pflanzenwelt besiedelt wurden, waren nicht stabil, sondern änderten sich ständig. Sedimentgesteine und Fossilien belegen ein mehrfaches Verlagern der Küstenlinie. Dreimal drang das Meer auf das Festland vor, dreimal zog es sich von dort zurück. Hand in Hand damit verschoben sich die Lebensräume land- bzw. seewärts.

Abb. 1: *Grabungsstelle (WJ), die wohl größte und reichhaltigste Fundstelle am Tendaguru, Ölbild von Ina Reck, 1912*

Eine Frau am Tendaguru – Ina Reck

Stephan Schultka und Wolf-Dieter Heinrich Mit Ende des dritten Grabungsjahres ist die Kraft der Ausgräber weitgehend erschöpft. Janensch – malariageschwächt – und Hennig kehren im November 1911 nach über zwei Jahren im afrikanischen Busch nach Berlin zurück.

Beide stehen für eine weitere Grabungskampagne nicht mehr zur Verfügung. Kurz nach ihrer Rückkehr nimmt der junge Geologe und Vulkanologe, Hans Reck, die ihm angebotene Grabungsleitung ohne Zögern an. Mit ihm reist seine Frau Ina nach Ostafrika.

Die gebürtige Hamburgerin Victorine (Ina) Helene Natalie von Grumbkow ist bereits expeditionserprobt. 1908 nimmt sie an einer Rettungsaktion in Island teil, die unter extremen Bedingungen die Suche nach ihrem damaligen Verlobten, Walter von Knebel, zum Ziel hat. Der Geologe ist im Jahr zuvor bei Geländeuntersuchungen auf der Insel verschwunden. Die Suchexpedition muss erfolglos abgebrochen werden, aber die Zähigkeit der 36-Jährigen, die alle Reisestrapazen klaglos erträgt, ringt ihren männlichen Begleitern großen Respekt ab. Einer davon ist der 14 Jahre jüngere Hans Reck.

Es ist Juni 1912 als die frisch Vermählten Ina und Hans Reck am Tendaguru ankommen. Zuerst scheint es so, als sehe sie nur das geheimnisvolle Afrika, das Abenteuerliche und künstlerisch Stimulierende einer solchen Reise, als sie bei Ankunft am Tendaguru schreibt: »Wenn die Sonne sinkt und die fernen Hügel von Namwiranje in violetten Tönen malt, gleitet ihr letzter Schein wie ein rötlicher Schleier über die Ebene der Mbemkuru-Niederung ...« Aber bald stellt sich heraus, dass diese patente Frau weitaus mehr Fähigkeiten und Ambitionen hat, als üblicherweise eine interessierte Europäerin, die ihren Mann nach Afrika lediglich begleitet. Dieser hat eine Vielzahl wissenschaftlicher Aufgaben in der Kolonie Deutsch-Ostafrika, unter anderem ist er beauftragt, die Geologie Ostafrikas zu erkunden – d.h. eine Fläche von etwa einer Million Quadratkilometern!

Er ist daher oft wochenlang unterwegs. Während dieser Zeit übernimmt Ina Reck alle organisatorischen und leitenden Tätigkeiten an der Grabungsstelle, die sich in den ersten Grabungsjahren Janensch und Hennig teilten: Planung der Grabungsarbeiten, Organisation von Lebensmitteln, Auszahlung der Löhne, Schlichtung von Streitigkeiten und anderes mehr. Sie lebt häufig als einzige Europäerin unter mehr als 150 einheimischen Arbeitern mit ihren Familien am Tendaguru. Diese Zeiten scheint sie zu genießen, wie aus ihren Reiseskizzen hervorgeht: »Es gibt nichts Schöneres als auf Safari (=Reise) zu sein und zu wissen: jetzt hat man zehn Tage lang auf zehn Stunden im Umkreis keinen Europäer!«
Neben den umfassenden organisatorischen Aufgaben fühlt sie sich den am Tendaguru lebenden Familien gegenüber auch sozial verpflichtet. Auf Bitten der Arbeiter schreibt sie viele Briefe, denn fast alle der eingestellten Arbeitskräfte sind Analphabeten. In ihren Reiseskizzen spricht sie liebevoll von »Kindern«, deren Charakterzüge sie beeindrucken: »Könnte man von ihrem Überschuss an Frohsinn, von ihrer bescheidenen Genügsamkeit der gequälten Volksseele unseres

»Es gibt nichts Schöneres als auf Safari (=Reise) zu sein und zu wissen: jetzt hat man zehn Tage lang auf zehn Stunden im Umkreis keinen Europäer!«

jetzigen Deutschlands ein Quantum einimpfen!« Die ihr verbleibende »Freizeit« nutzt sie für ausgedehnte Erkundungsmärsche und hält Beobachtungen und Landschaftseindrücke in Zeichnungen und Gemälden fest (Abb. 1, 2). Einige ihrer Bilder befinden sich in der Tendaguru-Sammlung des Museums für Naturkunde in Berlin.
Dank Ina Reck gehen die Ausgrabungsarbeiten zügig und erfolgreich voran, und gegen Ende der Kampagne 1912/13 können 1400 bis 1500 Traglasten nach Lindi zum Weitertransport in die kaiserliche Reichshauptstadt geschafft werden. Am 19. Januar 1913 werden die Grabungen abgebrochen und Ina Reck kehrt nach Berlin zurück. Ihr Mann unternimmt im Auftrag der Kolonialverwaltung im Laufe des Jahres 1913 Expeditionen in den Norden der Kolonie und ist für fast einen Monat noch einmal am Tendaguru. Kaum ist er im Februar 1914 nach Berlin zurückgekehrt, reist er bereits Mitte Mai zusammen mit seiner Frau zurück. Durch den Ausbruch des Ersten Weltkrieges werden sie voneinander getrennt. Ina Reck wird im September 1916 in Daressalam von den Engländern interniert und 1919 nach Berlin abgeschoben, wohin auch ihr Mann im gleichen Jahr aus der Kriegsgefangenschaft in Ägypten zurückkehren kann.

Abb. 2: *Tuschezeichnung von Ina Reck*

Während Hans Reck ab 1931 wieder in Afrika forscht, wo er 1937 in Mosambik an den Folgen eines Herzversagens stirbt, bleibt Ina Reck in Berlin. Sie stirbt 1942 im Alter von 70 Jahren.
Trotz ihrer Verdienste um die Grabungen am Tendaguru wird der Name Ina Reck im Zusammenhang mit dem außerordentlichen Erfolg der Expedition nie genannt. Nur ihre eigenen Veröffentlichungen *Mit der Tendaguru-Expedition im Süden von Deutsch-Ostafrika* (1924) und *Auf einsamen Märschen im Norden von Deutsch-Ostafrika* (1925) zeugen von der erfolgreichen Tätigkeit dieser mutigen Frau in einem unerschlossenen, fremden, von europäischer Kultur weitgehend unberührten Land.

Vom Werden und Vergehen

Von der Entstehung der ersten lebensfähigen Zellen bis zur Existenz des Homo sapiens, der sich selbst gern als »Krone der Schöpfung« bezeichnet, sind etwa 3,3 Milliarden Jahre vergangen. In dieser Zeit sind unzählige Arten entstanden oder haben sich weiterentwickelt und so die Grundlage für neue Arten geschaffen. In der gleichen Zeit sind aber auch zahllose Arten für immer vom Erdboden verschwunden.

Die Geschichte der Entwicklung des Lebens ist eine Geschichte von Geburt und Tod. Beides war und wird durch das Leben selbst, aber auch durch abiotische Faktoren beeinflusst, etwa durch geologische Prozesse, das Klima, Naturkatastrophen und anderes.

Evolution und Biodiversität – die Vielfalt des Lebens – sind Kernpunkte der Forschung am Museum für Naturkunde in Berlin, die weit über die reine Dokumentation des Lebendigen hinausgeht. Dabei spielt die Untersuchung der Ursachen einschneidender Aussterbeereignisse, wie etwa die Auswirkung von massiven Meteoriteneinschlägen, eine ebenso große Rolle wie der Vergleich fossiler und rezenter Bewohner bestimmter Lebensräume, etwa von Korallenriffen, die Schlüsse auf die Entwicklung ganzer Ökosysteme zulassen.

Ein Ökosystem auf Reisen: Die Evolution der Korallenriffe

REINHOLD LEINFELDER

Faszination Riff

Wer einmal schnorchelnd oder gar tauchend ein Korallenriff erlebt hat, wird diesen Eindruck sicherlich nie vergessen. Eine völlig andere Welt eröffnet sich direkt unter der Wasseroberfläche – tropische Korallenriffe wachsen im flachen Wasser, manchmal findet man nicht einmal genügend Zwischenraum, um über die Korallen zu schwimmen. Am größten sind Farbenpracht und Formenreichtum oberhalb von 10–15 Metern Wassertiefe, unterhalb von 30 Metern reduziert sich die Vielfalt der Rifflebewesen bald. Dem ästhetischen Reiz der unterschiedlichen Stein- und Weichkorallenformen wird sich niemand entziehen können, auch die bunte Vielfalt der Korallenfische ist bemerkenswert. Wer dann noch einem riesigen, fettlippigen Napoleonsfisch, einem majestätischen Manta, einem dahindümpelnden und in gesunden Riffen wegen immer gut gesättigtem Magen fast nie gefährlichen Riffhai begegnet oder sich

Abb. 2: *Acropora-Korallenriff, Aqaba, Rotes Meer. Die Steinkorallen wachsen bevorzugt in die Höhe und formen Verstecke und Substrate für eine unglaubliche Fülle weiterer Rifforganismen.*

gar mit einer vorbeischwimmenden Meeresschildkröte oder Delfinen anfreundet, ist für immer ein Riff-Fan. Wohin man auch schaut, immer wieder findet man Neues, noch nie Gesehenes, und dies auch nach dem hundertsten Tauchgang. Kein Wunder, denn unsere heutigen tropischen und subtropischen Korallenriffe stellen das komplexeste marine Ökosystem dar. Kein anderer mariner Bereich umfasst vergleichbar viele Arten: über 60 000 sind bekannt, wissenschaftliche Schätzungen gehen jedoch von etwa einer Million lebender Arten in heutigen Riffen aus. In einem einzigen, wenige Dezimeter großen Stock einer ästigen Koralle leben häufig Hunderte verschiedener Arten von Würmern, Krebsen, Fischen und Weichtieren.

Abb. 1: *Farbenprächtige Riffwelt mit Weichkorallen, Lederkorallen, Steinkorallen sowie Rotalgenkrusten; Jamaika, Karibik*

Genauso faszinierend, aber weniger bekannt ist der geologische Aspekt von Korallenriffen. Milliarden von am Boden festgehefteten, meist sogar festzementierten Tieren und Algen bauen sich selbst ein Kalkskelett,

Wissenschaftliche Schätzungen gehen von etwa einer Million lebender Arten in heutigen Riffen aus.

wodurch über Hunderte, Tausende und sogar Zehntausende von Jahren untermeerische Kalkfelsen entstehen. Diese sind nicht zuletzt von der Schifffahrt gefürchtet, denn so manches Piratenschiff, aber auch viele Passagier- und Frachtschiffe sind schon darauf aufgelaufen. Allen voran bauen die Steinkorallen diese Felsen, auch manche Muscheln sowie Algen mit Kalkskelett und andere können nachhaltig dazu beitragen.

Vom Nutzen der Riffe

Über geologische Zeiträume türmten Rifforganismen gewaltige, häufig mehrere Kilometer mächtige Gesteinskomplexe aufeinander – sie wurden durch Senkungen des Meeresspiegels, durch Anhebung des Untergrundes oder durch Auffaltung oftmals zu hohen Gebirgen angehoben – die Dolomiten, aber auch die bayerisch-tirolischen Kalkalpen, die Schwäbisch-Fränkische Alb, die Eifel oder der Harz sind voller fossiler Riffe. Dem Geowissenschaftler berichten sie sehr genau über Zustand und dynamische Veränderung der Erde in längst vergangenen Zeiten. Viele Riffe aus der erdgeschichtlichen Vorzeit können jedoch nicht an der Erdoberfläche untersucht werden, denn sie wurden von jüngeren Sedimenten überlagert und durch Erdkrustenabsenkung tief in den Untergrund versenkt, ohne später wieder angehoben worden zu sein. Kilometer unter der Erdoberfläche bilden hochporöse Riffgesteine und benachbarte Lagunengesteine übrigens die größten Erdöl- und Erdgasspeicher der heutigen Erde. Die dort gespeicherten Kohlenwasserstoffe sind nicht in den Riffen entstanden, sondern in ganz anderen Ablagerungen, denen es an Sauerstoff mangelte: Algenmarschen, schlickige Wattflächen, aber auch tiefe Meeresbereiche oder Aufströmgebiete mit besonders hoher Bioproduktion. Die Kleinstlebewesen wurden in derartigen Sedimenten nur unvollständig zersetzt, bei Krustenversenkung entstand unter Überlagerungsdruck und Hitze Bitumen, welches sich zu

Korallenriffe sind wahrhafte Apotheken der Natur.

Rohöl oder Gas umwandelte, dann in die porösen Riffgesteine wanderte und sich dort zur Förderung bereit hält. Auch als Grundstoff für die Zementherstellung sowie die pharmazeutische Industrie werden gerne fossile Riffgesteine abgebaut. Ein hochreiner, feingemahlener Riffkalk in der Zahnpasta schmirgelt außerdem unsere Zähne blitzblank, und dies besonders schonend. Fossile Riffe sind also tatsächlich von höchstem ökonomischen Wert, und das gilt durchaus auch für die in bergigen Gegenden überlieferten Beispiele. Was wäre der Tourismus in Südtirol ohne die Riffberge der Dolomiten, und ohne Riff wäre die Zugspitze nicht der höchste Berg Deutschlands!

Aber auch die heutigen Korallenriffe sind von unschätzbarem gesellschaftlichen und ökonomischen Wert. Die natürlichen Wellenbrecher der Korallenriffe schützen Zigtausende Kilometer von Insel- und Festlandsküsten vor tropischen Stürmen. Wo diese fehlen, etwa weil man sie zum Zweck der Zementgewinnung abgebaut hat, treffen die Sturmwellen mit ungebremster Wucht auf die Küsten. Doch der Nutzen moderner Riffe geht viel weiter. Tourismus zu tropischen Stränden ist ein Megabusiness. Viele Touristen sind gar nicht direkt an den Riffen interessiert, ja wissen vielleicht nicht einmal, dass ihr Lieblingssandstrand und ihre Lieblingslagune von einem Korallenriff gesäumt wird. Ohne die Riffe aber gäbe es meist überhaupt keine Lagunen mit ruhigem Wasser, in denen feiner Sand angespült wird – so entstehen weiße, palmenbestandene Traumstrände. Das Sandmaterial stammt von Organismen aus Riff und Rifflagune und wird dort durch Wellenschlag und Bohrorganismen laufend gebildet und nachgeliefert.

Korallenriffe sind auch wahrhafte Apotheken der Natur. Kein Wunder, dass die Evolution Abwehrgifte, natürliche Antibiotika und eine Vielzahl anderer natürlicher Wirkstoffe entwickelte, wenn Millionen von Tieren und Algen auf engstem Raum zusammenleben. Weichkorallen ohne Kalkskelett, aber auch Schwämme, Seesterne, Raubschnecken und viele andere Tiere produzieren Wirkstoffe von höchstem medizinischen Wert. Schmerzmittel, Herz- und Kreislaufmedikamente, Mittel zur Linderung von Geburtsschmerzen, Antibiotika, ja sogar Mittel im Kampf gegen Krebs und Aids gibt es daraus bereits oder sind in der Entwicklung. Allerdings produzieren teilweise sehr ähnliche Arten durchaus nicht alle gewünschten Substanzen, andere Arten produzieren interessante

Wirkstoffe nur in bestimmten Situationen, etwa wenn sie sich verteidigen müssen. Um also gezielt fündig zu werden, sind Spezialisten gefragt, wie sie am Berliner Museum für Naturkunde arbeiten.

Weiterhin tragen Korallenriffe Wesentliches zur Klimaforschung bei – wichtig in Zeiten zunehmender Anzeichen eines bevorstehenden, umfassenden Klima-

Abb. 3: *Studierende im Riff*

wandels. Riffkorallen formen Jahresringe in ihrem Kalkskelett. In diesen wird die Temperatur des Wassers in Form eines chemischen Signals, nämlich dem temperaturabhängigen Verhältnis der natürlich vorkommenden Sauerstoffisotope (d. h. Sauerstoffatome mit unterschiedlichen Neutronenzahlen) gleichsam aufgezeichnet. Dieses Signal kann von Spezialisten identifiziert und so auf viele Hunderte Jahre, durch Kombination verschieden alter Korallen auch auf Jahrtausende zurück abgelesen werden. Korallenskelette sind also gewissermaßen ein Klimaarchiv mit sehr hoher Auflösung und ergänzen Klimaaufzeichnungen, die aus polaren Eiskernen oder aus Tiefseesedimenten gewonnen werden. Wozu ist dies gut? Nun, die Häufigkeit und Regelmäßigkeit von Klimaschwankungen in der jüngeren Vergangenheit zu erkennen ist wesentlich, um Klimaprozesse zu verstehen und die mathematischen Modelle, mit denen wir die zukünftigen Klimaentwicklungen vorhersagen wollen, zu testen und zu verbessern.

Selbst im Zusammenhang mit einem Grundbedürfnis der Menschheit, der Ernährung, begegnen wir den Riffen. Viele Speisefische, die in Lagunen oder auch auf hoher See gefangen werden, finden ihre Speisekammer oder zumindest ihre Kinderstuben im Dickicht der Korallenriffe. Ohne intakte Riffe können viele dieser Fische nicht überleben. Dies gilt sowohl für die tropischen Flachwasser-Korallenriffe wie auch für die zunehmend bekannter werdenden Tiefwasser-Korallenriffe (siehe Seite 91).

Das Ökosystem Korallenriff – eine sich selbst versorgende Unterwasserstadt

Stadtplaner sollten Korallenriffe studieren, denn sie sind ein ausgezeichnetes Modell für ein funktionierendes Stadtsystem. Die Hauptbaumeister sind die Korallen, kleine Polypentiere, die im Prinzip vor allem aus einem hohlen Gewebeschlauch bestehen und deshalb auch zur Gruppe der Hohltiere gehören. Der Schlauch ist mehrfach längs gefaltet und weist an einem Ende eine Öffnung auf, die gleichzeitig Mund und After darstellt. Um diese Öffnung gruppieren sich kleine Tentakeln, die mithilfe hochwirksamer Nesselzellen Kleinlebewesen, insbesondere Plankton einfangen. Der Schlauch steckt bei den riffbauenden Steinkorallen in einem vom Polypen ausgeschiedenen Korallenskelett, in das sich der Korallenpolyp fast komplett zurückziehen kann. Die Polypen teilen sich häufig, wodurch große Korallenkolonien entstehen, die vielgestaltigen Häuser der Korallenstadt. Wie für eine große Stadt üblich, wird auch hier wegen Platzmangel bevorzugt in die Höhe gebaut, Baugrund ist rar. Nun leben die Riffkorallen jedoch häufig weitab von den Küsten, also mitten in den Nährstoffwüsten der Ozeane, wo es viel zu wenig Plankton gibt. Dennoch leben Millionen dieser Korallenpolypen in einem einzigen Riff. Wie ist so etwas möglich? Durch dezentrale Versorgung mit Solarenergie! Das funktioniert so:

Abb. 4: *Korallenpolypen; zu sehen sind die Tentakeln sowie die schlitzförmige Mundöffnung.*

Die Korallenpolypen nehmen in ihrem Gewebe einzellige Algen auf. Diese Photosymbionten, auch Zooxanthellen genannt, sind »Untermieter«, die zwar in den Korallengeweben gut aufgehoben sind, aber einen hohen »Mietzins« zahlen müssen. Als Pflanzenartige produzieren sie durch Photosynthese aus Wasser sowie im Wasser gelöstem Kohlendioxid wertvolle Nährsubstanzen, wie zum Beispiel verschiedene Zucker oder fettartige Substanzen. Sie müssen allerdings, gewissermaßen als Wuchermietzins, bis zu 90 Prozent der synthetisierten Nährsubstanzen an den Korallenwirt abgeben. Immerhin kümmert sich der Wirt auch seinerseits um seine Untermieter, er optimiert ihre Wohnungen nicht nur hinsichtlich der Lichtver-

Abb. 5: *Mäanderkoralle. Die Polypen sind überwiegend zurückgezogen. Die grüne Gewebefarbe rührt von den Pigmenten der symbiontischen einzelligen Algen her. Weiterhin sind zwei Meergrundeln zu sehen.*

sorgung, sondern gibt auch noch seine Abfallstoffe, nämlich Phosphor- und Zuckerlösungen an sie ab. Dass die Koralle quasi ihre Toilette an die Untermieter entsorgt, ist keine Zumutung für diese. Im Gegenteil, sie sind in den Nährstoffwüsten, in denen sie leben, von diesem Dünger abhängig, denn zum Eiweißaufbau sind diese Stoffe zwingend nötig – ein optimales Recyclingsystem. Die Unterwasserstadt beherbergt aber nicht nur Korallen und ihre einzelligen Algenuntermieter. Andere Algen wachsen auch vielfach in Form fädiger Blaualgen oder blattartiger Weichalgen auf den Korallenskeletten. Diese »Gemüsegärten« sind Nahrungsgrundlage für viele pflanzenfressende Fische, Seeigel und andere Rifforganismen. Sie weiden diese Algenflächen ab, die sich ansonsten übers Riff ausbreiten und die Korallen überwuchern würden. Sie betreiben also gleichsam das »Gartenbauamt« im Riff. Natürlich sind sie gleichzeitig auch der Fleischproduzent für die räuberischen Fische. Es gibt eine Vielzahl weiterer Service-Einrichtungen mit entsprechenden Berufen. Die »Zahnärzte« im Riff sind die Putzerfische und Putzergarnelen, sie entfernen Speisereste und Parasiten aus den Mäulern der Raubfische, die sich geduldig an den Putzerstationen anstellen. Totes organisches Material, wie Fischschuppen, Gewebereste oder ganze Tierleichen, werden von der »Müllabfuhr« im Riff – bestehend aus bestimmten Einsiedlerkrebsen, vielen weiteren Krustentieren, manchen Seegurken oder den Schlangensternen – beseitigt. Myriaden von filtrierenden Tieren halten das Wasser sauber, indem sie ihm Plankton entnehmen. Hierzu zählen die meisten Riffmuscheln, aber auch Haarsterne und vor allem die Schwämme. Letztere sind wahre »Kläranlagen« im Riff, ein einzelner bechergroßer Schwamm pumpt bis zu 120 Liter Wasser pro Stunde durch sich hindurch und filtriert es dabei. Davon profitieren wiederum die Korallen, die extrem klares Wasser benötigen, damit ihre einzelligen Algenuntermieter genügend Licht bekommen. Selbst »Abbruchunternehmen« gibt es im Riff, denn die mit viel Energie aufgebauten Kalkskelette sind zu wertvoll, um nach einem

Abb. 6: *Langstachliger Riffseeigel aus der Gruppe der Cidariden. Cidariden sind eine sehr altertümliche Gruppe, sie werden manchmal auch als »lebende Fossilien« bezeichnet.*

Abb. 7: *Putzerfische reinigen eine Muräne.*

eventuellen Absterben der Korallenpolypen nicht weiterverwendet zu werden: bestimmte Muscheln, Würmer, Schwämme und andere Organismen bohren sich auf der Suche nach Schutz in die kranken und abgestorbenen Korallen und zerlegen das Kalkskelett so nach und nach. Der anfallende Kalkkies und Kalksand rieselt in die Riffhöhlen und stabilisiert die tieferen Bereiche der löchrigen Riffe. Er wird dort von Bakterienmatten überwuchert, deren Schleime dann wieder verkalken, wie dies auch die Bakterienfilme auf unseren Zähnen tun. Dieser »Zahnstein des Riffs« verhärtet das Riff von innen heraus. Auf der Oberfläche der Riffe verbleibendes lockeres, unverfestigtes Material wird ebenfalls stabilisiert, denn bei Wellenschlag würde es sonst lebende Korallenpolypen wie Sandpapier abschleifen: Kalkrotalgen überwachsen dieses Lockersediment und verfestigen es damit. So entsteht ausgezeichneter neuer Baugrund, auf dem sich gerne Korallenlarven niederlassen und neue Korallenhäuser gründen.

Diese Beispiele aus der faszinierenden Lebewelt der Riffe zeigen schon deutlich, wie hier jeder von jedem abhängt. Natürlich müssen deshalb die Lebensbedingungen für Korallenriffe klar definiert sein, damit diese derart ausbalancierte Unterwasserstadt auch funktioniert. Hat man die Bedürfnisse der Riffbewohner verstanden, ist es einfach vorherzusagen, wo tropische Korallenriffe heute vorkommen. Sie brauchen warmes Wasser, um die enormen Kalkabscheidungen der Korallen auch möglich zu machen. Das Wasser muss flach und klar genug sein, damit genügend Licht für die lebensnotwendigen Algenuntermieter der Steinkorallen vorhanden ist. Klar ist das Wasser nur, wenn wenig Plankton und überhaupt wenig Nährstoffe und Schlammpartikel im Wasser schweben. So wachsen tropisch-subtropische Korallenriffe zwischen etwa 30 Grad nördlicher und südlicher Breite auf untermeerischen Erhebungen und vor Inselküsten, also dort, wo das Wasser auch im Winter nicht unter 25–20 Grad abkühlt. Vor Festlandsküsten kommen sie nur vor, wenn dort keine großen Flüsse münden, die zu viel Schlamm und zu viele Nährstoffe eintragen. So wachsen sie zum Beispiel nicht vor der Amazonas-Mündung, obwohl es dort warm und flach genug wäre. Auch in den großen Wasserauftriebsgebieten vor den West-

Keine Regel ohne Ausnahme – die Tiefwasser-Korallenriffe

Reinhold Leinfelder Die Beschreibung der Riff-Unterwasserstädte im Haupttext dieses Kapitels gilt nur für die typischen tropisch-subtropischen Warmwasserriffe. Seit langer Zeit weiß man, dass auch im kalten und mehrere Hundert Meter tiefen Wasser spezielle daran angepasste Steinkorallen wachsen, aber erst seit wenigen Jahren ist bekannt, in welcher Menge und Ausbreitung sie in bestimmten Regionen auftreten können. Nur wenige Korallenarten sind an der Bildung dieser Tiefwasser-Riffe, die auch als Korallen-*mounds* bezeichnet werden, beteiligt. Warmwasserriffe und Korallen-*mounds* sind völlig verschiedene Ökosysteme. Während die Korallen der Warmwasser-Riffe durch Symbiose mit Photosynthese treibenden Algen nur wenig Nahrung von außen aufnehmen müssen und dadurch optimal an die planktonarmen tropischen Flachmeere angepasst sind, wachsen Tiefwasser-Riffe dort, wo besonders viel Plankton herabregnet. Dies ist zum Beispiel im Bereich abschmelzender Eisberge der Fall, weshalb sehr viele Tiefwasser-Korallenriffe vor der Küste Norwegens auftreten. Photosynthese ist im Lebensraum der Tiefwasserkorallen nicht mehr möglich, denn in mehreren Hundert Metern Wassertiefe gibt es Sonnenlicht nicht in ausreichender Intensität, als dass eine Symbiose mit einzelligen Photosynthese treibenden Algen möglich wäre. Um zu überleben, müssen sich die Tiefwasserkorallen von Plankton ernähren. In diesem Zusammenhang ergibt sich die Frage nach der genauen Herkunft dieser Nahrung. Im Rahmen eines EU-geförderten Großprojektes mit Namen OASIS (»Oceanic Seamounts: An integrated Study«) wird dieser Fragestellung nun mit Hilfe von Isotopenanalysen und in Zusammenarbeit mit dem Museum für Naturkunde nachgegangen.

Ähnlich ihren Verwandten in den Tropen bilden die Korallen der Tiefsee durchaus artenreiche Lebensräume. Ihre aus Kalk aufgebauten Skelette stellen selbst nach dem Absterben der Korallenpolypen einen reich strukturierten, dreidimensionalen Untergrund dar, der von einer Vielzahl wirbelloser Tiere besiedelt und überwachsen wird. Als Teilnehmer einer Tiefsee-Expedition mit dem Forschungsschiff »Sonne« konnten Mitarbeiter des Museums für Naturkunde sich ein genaues Bild vom Artenreichtum der Tiefsee-Korallenriffe machen. Die Probennahme im Südwest-Pazifik vor der Südinsel Neuseelands verdeutlichte, dass die in 500–700 Metern Tiefe riffbildende Koralle *Goniocorella dumosa* insbesondere für Borstenwürmer, Muscheln, Weichkorallen und Brachiopoden einen idealen Lebensraum bietet.

Tropische Flachwasser-Riffe und Tiefsee-Korallenriffe haben sich in langer Evolution als unterschiedliche Systeme ausgebildet und an ihre Lebensräume angepasst. Korallen aus tropischen Flachwasserriffen kann man daher keinesfalls in die kalten Tiefwasserriffe verpflanzen oder auch umgekehrt.

Photosynthese ist im Lebensraum der Tiefwasserkorallen nicht mehr möglich.

Abb. 1: *Tiefwasser-Korallenriff*

küsten der Kontinente kommen sie nicht vor, da dort kaltes, nährstoffreiches Tiefenwasser auftritt. Allerdings ist die Natur immer für Überraschungen gut. Neben den bisher beschriebenen tropisch-subtropischen Flachwasser-Riffen weiß man heute, dass es auch noch eine ganz andere Art von Korallenriffen gibt, die ein durchaus eigenständiges Ökosystem darstellt (siehe Seite 91).

Gefährdung der Korallenriffe

Der Fortbestand unserer Korallenriffe ist extrem gefährdet: Weit über zwei Drittel aller Riffe sind ernsthaft bedroht, kein einziges völlig intaktes Riff ist bekannt. Schuld ist der Mensch, der den an ganz bestimmte Lebensbedingungen angepassten Korallen das Leben schwer macht. Tropische Korallenriffe freuen sich keinesfalls über zusätzliche Nährstoffzufuhr in Form von überdüngten Abwässern, wie sie aus Städten, Landwirtschaft und vielen Touristenhotels in die Meere geleitet werden (siehe Seite 93). Davon profitieren nur die Weichalgen, die gut gedüngt das Riff überwuchern und alles sonstige Leben ersticken. Auch schlammbeladene Flüsse sind eine große Gefahr – Regenwaldabholzung, aber auch Straßenbau und Besiedlungen sind hier die Ursache. Die Korallen werden verschmutzt,

Weit über zwei Drittel aller Riffe sind ernsthaft bedroht, kein einziges völlig intaktes Riff ist bekannt.

und der für Korallenlarven benötigte, steinharte Untergrund wird durch Absatz von Schlamm vernichtet. Überfischung, Dynamitfischerei und Giftfischerei dezimieren die Fischbestände – das Gartenbauamt im Riff kann seiner Aufgabe, die Algen kurz zu halten, nicht mehr nachkommen. Falsches Verhalten beim Rifftauchen, Ankern im Riff und vor allem der stark zunehmende Souvenirhandel mit Rifforganismen, für den ganze Riffe mit Baggern abgebaut werden, tragen auch dazu bei. Von besonderer, da globaler Gefahr ist jedoch der Klimawandel. Überhitzung des Wasser führt zu Stressreaktionen bei den Korallen: sie werfen ihre Untermieter, die für sie lebenswichtigen Zooxanthellen, aus ihrem Gewebe. Das bewirkt das gefürchtete Korallenbleichen, denn die Korallen erhalten ihre Farbe von den Pigmenten ihrer Untermieter. Ohne die Nahrungsproduktion durch Untermieter verhungern sie innerhalb kurzer Zeit. Auch steigt der Kohlendioxidgehalt in der Atmosphäre so rasch, dass sich zu viel davon als Kohlensäure im Meerwasser löst. Dadurch wird die Kalkabscheidung der Korallen behindert, eine weitere zusätzliche Gefahr für unsere Korallenriffe ...

Von den Anfängen des Lebens – die Riffe waren schon dabei

Korallen gibt es seit etwa 500 Millionen Jahren, das Leben ist aber vielleicht vor knapp vier Milliarden Jahren entstanden. Wann war die Geburtsstunde der Riffe? Die Erdgeschichte zeigt uns, dass es nicht nur Korallenriffe – die heute dominierende Riffform – gab, sondern eine Fülle anderer Riffe. Riffe sind für den Paläontologen und Geologen Gesteinskörper, in der Regel aus Kalk, die von Organismen verursacht wurden, und zwar von am Untergrund festgewachsenen Tieren oder Algen. Das trifft auch für viele Bakterien und Blaualgen zu. Bakterien gab es wohl schon vor 3,8 Milliarden Jahren, die Blaualgen, auch Cyanobakterien genannt, kamen rasch hinzu. Sie bildeten in geeignetem Milieu hügelige Strukturen, da der Schleim der Mikrobenfilme durch die Stoffwechsel- und (im Falle der Cyanobakterien) Photosyntheseprozesse verkalkt, wobei sich Film über Film in hügeliger Form zu kalkigen, domartigen Mikrobenmatten zusammenfügt, den Stromatolithen. Diese gibt es seit 3,5 Milliarden Jahren, vor 2,5 Milliarden Jahren bis ca. 600 Millionen Jahren waren sie extrem weit verbreitet. Auch danach gab es zu allen erdgeschichtlichen Zeiten Stromatolith-Riffe, ja sie bilden sich auch heute noch, allerdings nur dort, wo es komplexere Riffe nicht aushalten, also zum Beispiel im übersalzenen Wasser der Haifischbucht von Australien, im Gezeitenbereich

Isotope als Frühwarnsystem

Ulrich Struck Tropische Korallenriffe in der Nähe von menschlichen Ballungsräumen sind oft der Zufuhr von ungereinigten Abwässern aus kommunalen und industriellen Quellen schutzlos ausgeliefert. Die Bedrohung rührt nicht nur von der Einleitung von Giften wie Schwermetallen und biochemischen Schadstoffen her, auch die vermehrte Zufuhr von gelösten und dadurch unsichtbaren Düngern in diese sonst nährstoffarmen Flachwasserriffe birgt nicht zu unterschätzende Gefahrenpotenziale für die Riffgemeinschaft in sich. Das Tückische an dieser Belastung ist also, dass man sie erst einmal gar nicht wahrnimmt.

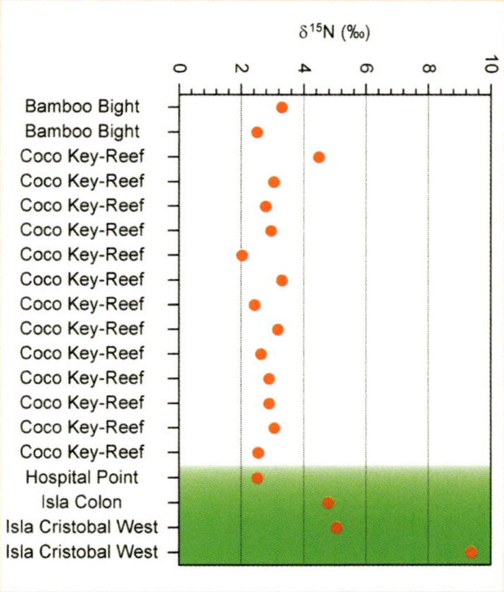

***Abb. 1:** Stickstoffisotopenverteilung im Korallengewebe in Proben aus der Bahia Almirante, Panama. Die erhöhten $\delta^{15}N$ – Werte insbesondere vor der Westküste der Isla Cristobal deuten auf den Einfluss menschlicher Abwässer aus der Region der Stadt Almirante hin.*

Nur sehr selten sind direkte Hinweise auf den Einfluss von Abwässern in den sensiblen Riffen frühzeitig nachweisbar. Meist sind die Riffe in der Nähe von menschlichen Ballungsräumen schon weitgehend geschädigt oder gar zerstört, bevor die zuständigen Stellen reagieren. Damit also rechtzeitig Maßnahmen zum Schutz der Riffe ergriffen werden können, muss der menschliche Einfluss möglichst frühzeitig und direkt an Rifforganismen nachweisbar sein.

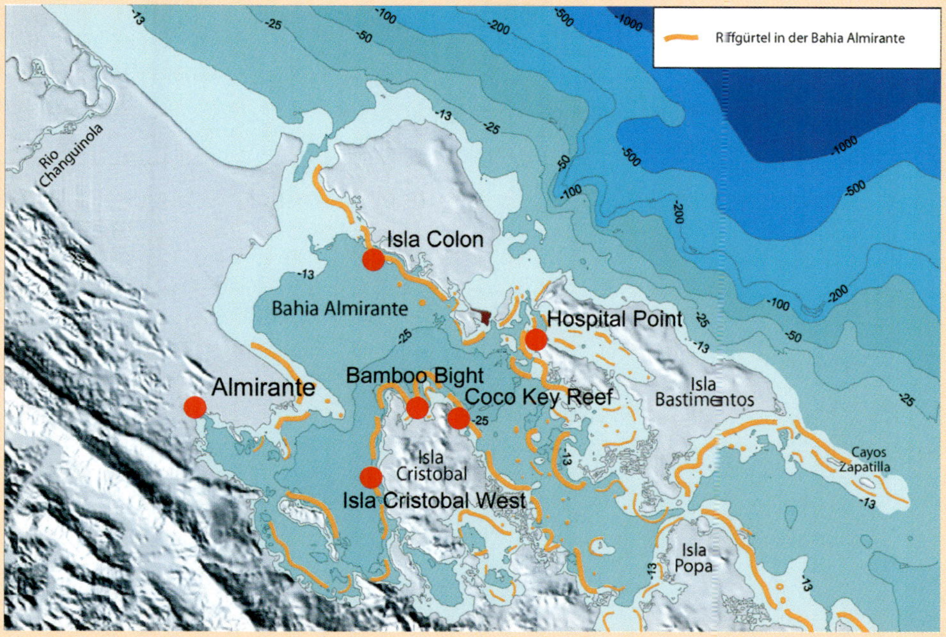

***Abb. 2:** Bucht von Almirante (Panama, Karibik) mit den Messpunkten der Isotopenanalyse*

Einen neuen Ansatz zur Überwachung gefährdeter Riffe bietet die Untersuchung der Mengenverhältnisse der verschiedenen Stickstoffisotope in Gewebeproben der gefährdeten Korallen. Dies ist erstmals im Rahmen einer Forschungsinitiative der Riffarbeitsgruppe um Prof. Leinfelder am Museum für Naturkunde für Riffe nahe der Stadt Almirante (Panama) gelungen. Der Gehalt an schweren Stickstoffisotopen (^{15}N) im Korallengewebe gegenüber den leichten ^{14}N-Isotopen (der sog. $\delta^{15}N$-Wert) war dort um so höher, je näher das Riff dem Einflussbereich von Almirante (Panama) lag.

> *Meist sind die Riffe in der Nähe von menschlichen Ballungsräumen schon geschädigt oder zerstört, bevor die zuständigen Stellen reagieren.*

Zudem konnte eine weitere Studie von der Insel Curaçao aus der Karibik bestätigen, dass sich ein Einfluss von menschlichen Abwässern in Korallengewebe durch erhöhte $\delta^{15}N$-Werte nachweisen lässt. Vermutlich ergibt sich durch diese Erkenntnisse eine ganz neue Methodik zum verbesserten Schutz von Korallenriffen in der Nähe von Ballungsräumen.

Dieser sehr sensitive Nachweis für den menschlichen Einfluss in Korallenriffen beruht vermutlich auf einer besonderen Anpassung der Korallen an die meist überaus nährstoffarmen Bedingungen in heutigen Korallenriffen: Bei dem Mangel, der gewöhnlich an Nährstoffen im Riff herrscht, nehmen die Korallen ohne Verzögerung die Nährstoffe aus unseren Abwässern auf und inkorporieren so die schweren Stickstoffisotope in ihrem Gewebe. So lassen sich schon erste Einflüsse dieser Einleitungen auch über größere Distanzen ermitteln, und man kann entsprechend frühzeitig Gegenmaßnahmen ergreifen.

der Bahamas oder auch im Süßwasser mancher bayerischen Bäche und Flüsse. Der Riff-Oldtimer hat sich also durchaus als Erfolgsmodell erwiesen, wenn er auch auf Reisen gehen und sich in ganz spezielle Lebensräume zurückziehen musste. Damit war dieser Rifftyp zwar der erste, aber nicht der einzige in Sachen »Ökosystem auf Reisen«.

Das Auf und Ab der fossilen Riffe – die Riffstadt mit unterschiedlichen Baumeistern?

Riffe, die nicht nur von Bakterien und Blaualgen gebaut wurden, gibt es seit etwa 600 Millionen Jahren. Die ersten bildete ein Tier, dessen Wesen uns gänzlich fremd ist, es sind nur schlauchförmige, dicht an dicht gelagerte Kalkröhren überliefert. Dieses *Cloudina* genannte Tier ist das erste mit einem echten Kalkskelett, es könnte ein Wurm oder auch ein Schwamm gewesen sein. Schwämme traten dann jedoch rasch in den Vordergrund, und zwar insbesondere wiederum Formen mit einem kalkigen Skelett. Nach einer ganz speziellen, rasch wieder ausgestorbenen Gruppe, den sogenannten Archaeocyathiden im unteren Kambrium, kamen die Stromatoporen, eine weitere Schwammgruppe, von der man dachte, sie sei längst ausgestorben, bis man 1959 lebende Vertreter fand, die sich allerdings ähnlich wie die Stromatolithen auf einen ganz speziellen Lebensraum zurückgezogen haben. Im Fall der Stromatoporen, die man zur Gruppe der Gemeinschwämme mit basalem Kalkskelett stellt, sind es die Höhlensysteme heutiger Riffe, in die sie sich vor den heute besser angepassten Korallen zurückgezogen haben. Die Stromatoporen waren die wichtigsten Riffbauer einer Zeit, die vor etwa 470 Millionen Jahren begann und vor ca. 370 Millionen Jahren zu Ende ging. Allerdings waren sie nicht alleine, sondern wurden auch schon damals von einer gewaltigen Fülle von Korallen begleitet, die ebenfalls ihre erste Blüte erlebten. Etliche Male gab es große Aussterbeereignisse, wir zählen in den letzten 545 Millionen Jahren fünf Großereignisse, bei denen unvorstellbar viele Organismengruppen ausstarben (siehe Seite 115). Immer wieder dezimieren sie auch die Rifforganismen: So waren vor 370 Millionen Jahren derart viele Korallen- und Stromatoporenarten ausgestorben, dass sie 140 Millionen Jahre lang keine größeren Flachwasser-Riffe mehr bilden konnten. Vor 251 Millionen Jahren starben auch noch die letzten der alten Korallenformen aus, danach entwickelten sich die modernen Steinkorallen, und zwar ziemlich sicher aus unverkalkten Vorläufern, einer Gruppe der Seeanemonen. Aber auch diese modernen Steinkorallen wurden immer wieder dezi-

Abb. 8: *Über 2 Milliarden Jahre alter, stark eisenhaltiger Stromatolith, gebildet aus Cyanobakterien und anderen einfachen Mikroben. Michigan, USA, Slg. P. Copper, Sudbury, Breite 30 cm*

Abb. 9: *Kugeliger Süßwasser-Stromatolith (sogenanntes Onkoid) aus der Alz des Chiemsees. Die Mikrobenkruste ist auf der Unterseite dünner als auf der Oberseite (rot).*

miert, so zum Beispiel an der Trias-Jura-Grenze und an der Kreide-Tertiär-Grenze, an der auch die Dinosaurier ausstarben. Daneben gab es – vor allem in Zeiten, in denen der Meeresspiegel besonders hoch war – auch noch viele andere Rifftypen, die auf dem tieferen Schelf wuchsen. Meist waren diese in Sachen Artenvielfalt nicht allzu spektakulär – neben bestimmten Formen von Schwämmen gab es vor allem wieder die uns schon bekannten Bakterienmatten, die Kalkschlamm stabilisieren konnten und damit sogenannte Schlammhügel-Riffe bildeten. Aber auch manche Muschelgruppen, wie die Rudisten der Kreidezeit, passten sich mit dicken, asymmetrischen Kalkschalen an einen Rifflebensraum an. Auch Austernriffe gibt es schon seit langer Zeit. Sie leben in Milieus, in denen Korallenriffe nicht existieren können. Austernriffe brauchen nährstoffreiches Wasser, es darf auch gerne mit etwas Süßwasser vermischt, also brackisch sein.

Wenn wir dies alles so betrachten, können einem als Riff-Evolutionsforscher schon graue Haare wachsen. Sind die Selektionsmechanismen der Evolution derart zufällig, dass keine Trends ersichtlich werden? Ist alles nur durch zufällige globale Aussterbeereignisse oder Schwankungen des Meeresspiegels gesteuert? Oder hat die Entwicklung des Ökosystems Riff doch irgendwie System?

Innovation und Nachbesserung – die Triebfeder der Riffevolution

Moderne Ergebnisse der Riffforschung, die gerade auch am Museum für Naturkunde durchgeführt wird, zeigen, dass durchaus System in der Korallenriff-Evolution steckt – es ist allerdings ein dynamisches, sich selbst steuerndes System, welches sich laufend selbst neu definiert. Zu tun hat es mit den Grundbedürfnissen aller Organismen, sich erstens zu ernähren und sich zweitens dort einzunischen, wo die Nachfahren die höchsten Überlebenschancen haben. Schauen wir dazu nochmals auf unsere alten Bekannten, die uralten Stromatolithriffe als erdgeschichtlich erstem Rifftyp. Zuerst waren nur die Bakterien da, sie lebten

Abb. 10: Die Stromatoporen wurden erst in den 1950er Jahren als »lebende Fossilien« wiederentdeckt. Das kalkige Skelett von Ceratoporella zeigt das typische Kanalmuster jurassischer und paläozoischer Stromatoporen. Ceratoporella lebt in den Höhlensystemen karibischer Korallenriffe.

in einer komplett sauerstofffreien Atmosphäre und ernährten sich von vorhandenen organischen Substanzen sowie vermutlich anderen Bakterien. Sie mussten also Vorhandenes »fressen«. Daher lebten sie dort, wo es viel gab, also in nährstoffreichen Gewässern. Konkurrenz gab es nicht. Dies änderte sich, als die Cyanobakterien entstanden und das Riffsystem für sich entdeckten. Diese Blaualgen konnten ja via Photosynthese ihre eigene Nahrung produzieren, so wie dies auch alle heutigen Algen und Pflanzen tun. Damit erschlossen sie sich ungeahnte neue Möglichkeiten, insbesondere eben die bislang von Bakterien unbesiedelbaren, nährstoffarmen Regionen der Meere. So ganz nebenbei produzierten die Blaualgen quasi als Abfallprodukt Sauerstoff, erst einmal ein gefährliches Gift für weitere Lebensformen, später die Grundlage für die Entwicklung höheren Lebens. Etwas plakativ, aber dennoch richtig könnte man deshalb sagen: ohne die frühen Stromatolithriffe gäbe es auch den Menschen nicht. Die Cyanobakterien-Stromatolith-Riffe hatten sich allerdings ein Problem geschaffen. Sie mussten im Flachwasser wachsen, da es nur dort genügend Licht gab, wo sie allerdings auch dem Wellenschlag stärker ausgesetzt waren. Dadurch wurden laufend

Abb. 11: *Steinkorallen aus der höheren Jura Zeit (ca. 150 Millionen Jahre alt): Stockkoralle Ovalastrea (oben), Einzelkoralle Rhipidogyra (Mitte), filigrane Dendroidkoralle (unten)*

Stromatolithen zu Kalksand zerrieben. Die Gefahr war groß, dass diese Lebenwesen wegen des eingeschränkten Höhenwachstums im eigenen Schutt »erstickten«. Während also ein Problem gelöst war, nämlich das der Nährstoffverfügbarkeit, war ein anderes entstanden – große Verschüttungsgefahr.

Dieses Problem wurde durch die höheren mehrzelligen Tiere gelöst, die sich nun bildeten. Es waren *Cloudinia*, die Schwämme und bald auch die Korallen, die nun am Boden festwuchsen und in die Höhe strebten. Damit erlangten sie die Möglichkeit, herabrieselnde Kleinstlebewesen, also Plankton, leichter dem Nachbarn wegzufangen. Das Kalkaußenskelett wurde wohl zur Entgiftung von zu hohen Calciumwerten entwickelt, denn Calcium ist in hohen Konzentrationen, wie sie in den Urmeeren ursprünglich auftraten, ein schädliches Zellgift. Dieses Entsorgungsprodukt erwies sich als überaus geeignet zur Stabilisierung bei Höhenwachstum sowie als Schutz gegen die zunehmend häufig auftretenden räuberischen Organismen. Nun also war das Problem der Verschüttung durch verstärktes Höhenwachstum gelöst, allerdings war dadurch wieder ein anderes Problem aufgetaucht: Die Mehrzeller waren vom Plankton als Nahrung abhängig und so auf nährstoffreiche und damit planktonreiche Regionen angewiesen. Dort wollten sich dann auch möglichst viele Organismen ansiedeln, es kam zu Enge, Höhenwachstum und als Folge zu Riffen. Diese Strategie haben die Tiefwasserkorallenriffe übrigens bis heute. Im Flachwasser, insbesondere in den Tropen und Subtropen, sind jedoch seit jeher sehr wenig Nährstoffe vorhanden, und Nahrungs-Nachschub war der limitierende Faktor. Dieses Problem wurde erst durch Erfindung der Photosymbiose gelöst, also der Aufnahme von einzelligen Algen ins Gewebe des Wirts, wie wir es als Hauptenergiequelle für die heutigen tropischen Riffkorallen kennengelernt haben. Wahrscheinlich geschah dies bereits im Paläozoikum, vielleicht vor etwa 420 Millionen Jahren. Allerdings wurde die Photosymbiose damals ziemlich sicher nicht von den Riffkorallen, sondern eher von den Stromatoporen, also den bereits

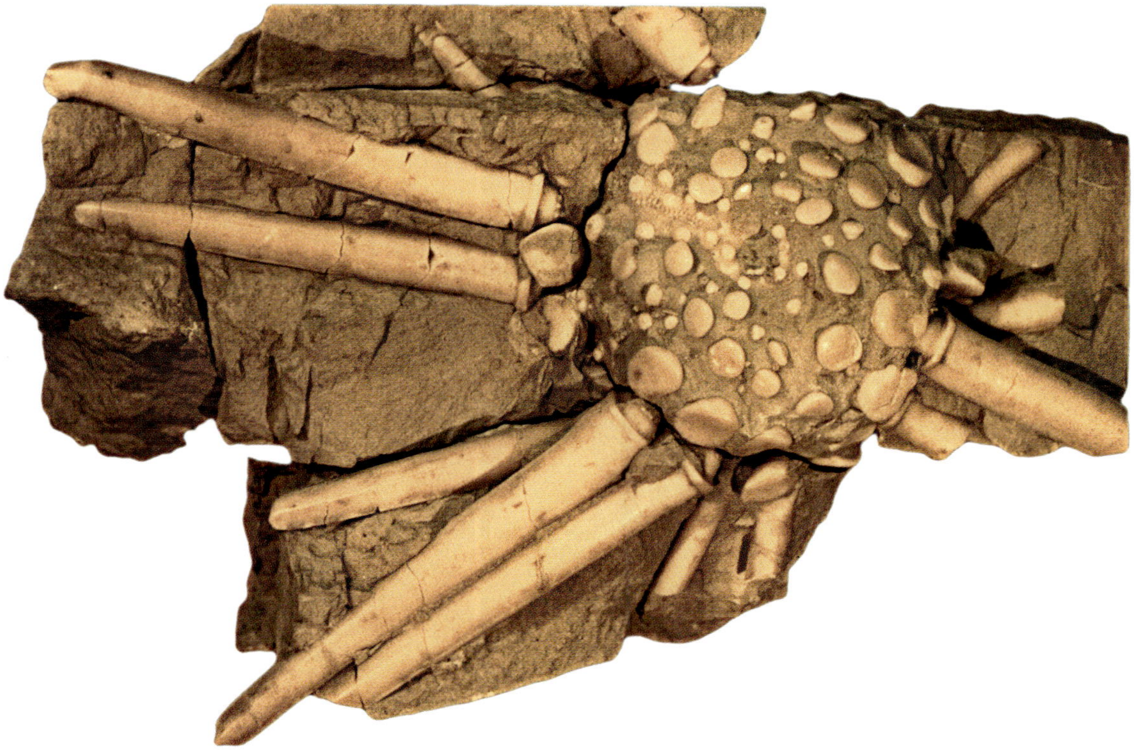

Abb. 12: *Riffseeigel Acrocidaris nobilis aus der höheren Jurazeit (150 Millionen Jahre alt). Privatsammlung Zbinden, Bern.*

vorgestellten Schwämmen mit Kalkskelett erfunden. Dies erklärt, dass die Stromatoporen die dominanten Riffbildner waren und die Korallen damals nur untergeordnet auftraten, es sei denn, in nährstoffreichen Milieus, in denen sie dann wieder über die Stromatoporen dominierten. Damit begann also die Reise der Riffe aufs Neue. Vom nährstoffreichen, meist tieferen Wasser der archaischen Bakterienriffe ging die Reise in die Flachwasserregionen der von Blaualgen gebildeten Stromatolithriffe, von dort wieder zurück in mäßig tiefe, planktonreiche Regionen der kambrischen Schwammriffe, dann zunehmend auch in nährstoffärmere ozeanische Flachwasserareale der Stromatoporen-Riffe.

Wie aber sieht es mit den direkten Vorfahren unserer heutigen Korallenriffe aus? Nach dem durch eine Umweltkatastrophe unvorstellbaren Ausmaßes bedingten Aussterben der paläozoischen Stromatoporen und Korallen vor 370 Millionen Jahren gab es offenbar einen langanhaltenden Rückschlag. Die modernen, seit etwa 240 Millionen Jahren existierenden Korallengruppen, mussten wieder in nährstoffreichen Milieus beginnen, um ihr Auskommen zu finden. Nach einer weiteren Umweltkatastrophe zum Beginn der Jurazeit, also vor 210 Millionen Jahren, breiteten sich die modernen Korallen immer mehr aus, es kam zu einer Artenvielfalt, die höher war als heute. Es gibt viele konkrete Hinweise darauf, dass sich zu dieser Zeit die Photosymbiose der Korallen entwickelte. Allerdings war dies ein überaus langwieriger Prozess. Die Wuchsformen und Skelettfeinheiten der damaligen Korallen verraten uns, dass zwar schon Photosymbionten im Gewebe der Korallen vorhanden waren, jedoch lassen die an den Jahresringen ablesbaren Wachstumsraten erkennen, dass die Effizienz der Photosymbiose noch längst nicht so hoch war wie heute: Jurakorallen wuchsen deutlich langsamer als moderne Riffkorallen. Die Muster der Artverteilung, die Zusammensetzung der Riffsedimente und die Position innerhalb der damaligen Weltmeere zeigen sehr anschaulich, dass es vor etwa 150 Millionen Jahren viele Korallenriffe gab, die in recht nährstoffreichen Milieus wuchsen, ja es gab sogar einen Korallenrifftyp, der im Brackwasser wuchs – undenkbar für heutige Korallenriffe. So findet man

bestimmte Korallenrifftypen sogar zusammen mit Dinosauriern – die Riffe wuchsen offensichtlich extrem küstennah, oftmals sogar in der Nähe von Flussmündungen, durch die Dinosaurierknochen eingespült werden konnten. Solche Situationen kennt man etwa aus Portugal oder auch von der großen Dinosaurierfundstelle des Berliner Naturkundemuseums am Berg Tendaguru in Tansania. Die Jurakorallen waren also überaus experimentierfreudig, um möglichst viele Lebensräume besiedeln zu können. Auch die Abwanderung mancher Korallenarten in die Nährstoffwüsten der Hochsee begann zu dieser Zeit – andere Organismengemeinschaften kennzeichnen diese aus heutiger Sicht besonders fortschrittlichen Riffe, bei denen nun die Korallen offensichtlich zum ersten Mal die Nährstoffmangelgebiete eroberten – im Paläozoikum waren dies ja die Stromatoporen-Schwämme. Letztendlich haben sich zwei Anpassungsstrategien der Korallen durchgesetzt: Zum einen die Anpassung der Korallen an die Nährstoffwüsten der Hochsee, dieser Weg führte zu den heutigen tropisch-subtropischen Flachwasserriffen. Zum anderen das Aufsuchen besonders nährstoffreicher Regionen. Nur wenige Korallenarten beschritten diesen Weg, der zu den modernen Kaltwasser-/Tiefwasser-Korallenriffen führte.
Damit war die Geschichte der Korallenriff-Reise jedoch noch nicht zu Ende. Um die für Korallen erfundene Photosymbiose besonders effizient nutzen zu können, mussten die Korallenriffe möglichst lichtdurchflutet sein, also bevorzugt im besonders flachen Wasser wachsen. Damit stieg natürlich die Gefahr der zerstörerischen Einflüsse von Stürmen. Gerade schnell wachsende Korallen sind sehr zerbrechlich. An sich regenerieren sich die Korallen zwar rasch, jedoch ist es gefährlich, wenn zerbrochene Korallenfragmente durch Wellenschlag über die Rifforganismen hin- und hertransportiert werden – diesem andauernden Schmirgeleffekt hält keine lebende Koralle lange stand. Zwar können Cyanobakterien-Matten und Kalkrotalgen das Lockermaterial zementieren und damit unschädlich machen. Im höchstenergetischen Wasser funktionierte dies jedoch bis in die jüngere Tertiärzeit hinein nicht. Erst vor vielleicht 30 Millionen Jahren adaptierten sich manche Kalkrotalgen an dieses Milieu. Sie können seitdem nicht nur Lockermaterial im extrem hochenergetischen Milieu überwachsen, sondern bilden häufig auch Wälle aus Kalkalgen, hinter denen das eigentliche Korallenriff besser geschützt ist. Seit der jüngeren Tertiärzeit reisten die Korallenriffe also auch in die Regionen weiter, die durch häufige tropische Wirbelstürme charakterisiert sind, wo sie nun auch im extrem seichten Wasser wachsen können.
Letztendlich sind die Korallenriffe allerdings auch hier nicht am Ende ihrer Reise angekommen, denn durch das Vordringen in diese extremen Flachwasserregionen haben sie sich einer neuen Gefahr ausgesetzt. Überhitzungsereignisse sind im besonders flachen Wasser natürlich deutlich häufiger. Die Korallen reagieren darauf mit Bleichungserscheinungen und Absterben, sofern die Überhitzungsereignisse zu oft vorkommen bzw. zu lange anhalten. Werden die Korallenriffe auch diese Herausforderung bewältigen? Die Erdgeschichte zeigt, dass wir prinzipiell durchaus damit rechnen dürfen. Sie zeigt allerdings auch, welch lange Zeiträume für eine derartige Anpassung notwendig sind. Tatsächlich scheinen Korallen, welche ein Bleichungsereignis überlebt haben, bevorzugt Zooxanthellen einzufangen, die besser an Hitze angepasst sind. Dies ist jedoch ganz offensichtlich ein sehr langwieriger, auf Versuch und Irrtum basierender, wechselseitiger Anpassungsprozess – wir nennen ihn Co-Evolution.
Es ist leider überaus wahrscheinlich, dass wir durch die rasche, auch vom Menschen verursachte globale Klimaänderung und sonstige menschenbedingte Umweltbeeinträchtigungen den Korallen die Chance rauben, sich wieder einmal selbst zu optimieren, mit allen tragischen Konsequenzen, die dies für die Menschheit hätte. Vielleicht aber hilft ein besseres Verständnis der Bedeutung dieses faszinierenden Ökosystems doch noch, das Ruder herumzureißen, sodass die lange Evolutionsreise der Riffe durch die Erdgeschichte weitergehen kann.

Abb. 13: *Verbreitung der heutigen tropischen Korallenriffe*

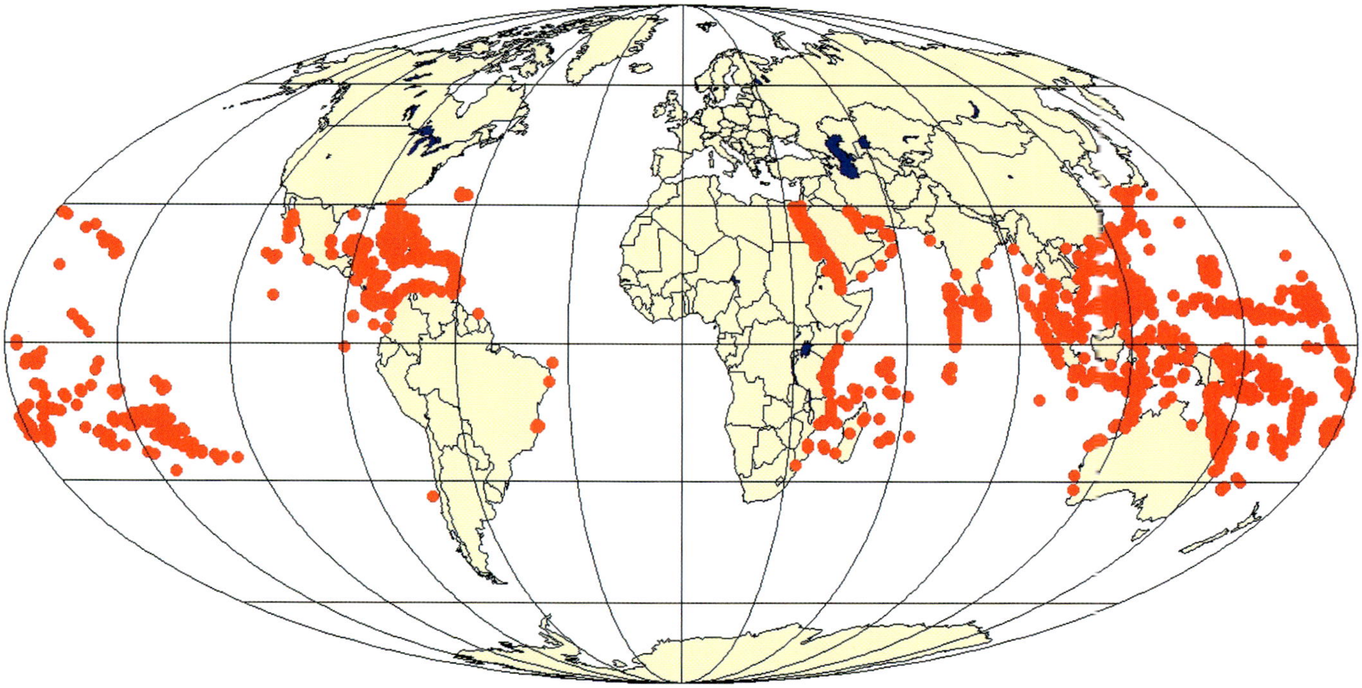

Abb. 14: *Verbreitung der Riffe vor 150 Millionen Jahren (höhere Jurazeit). Korallenriffe mit Anzeichen für warmes Wasser traten auch in hohen Breiten auf (z. B. Südargentinien und Patagonien). Dies deutet auf die enorme klimapuffernde Wirkung eines sehr hohen Meeresspiegels hin.*

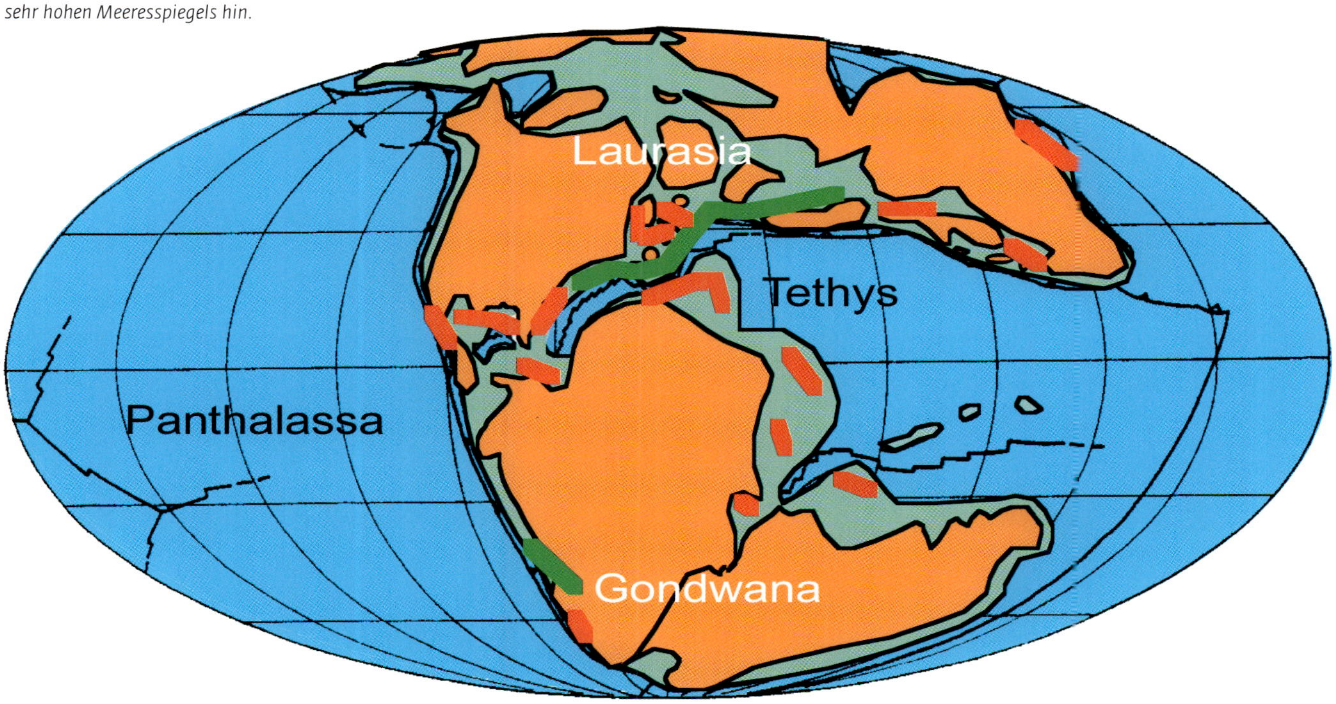

Korallenriffe im Flachwasser

Korallenriffe im flachen Wasser & Kieselschwammriffe im tiefen Wasser

Aufbruch und Untergang: Vom Werden und Vergehen des Lebens

Wolfgang Kiessling

Startschuss und Durstphasen

Das Leben hatte einen leichten Start. Wahrscheinlich reicht die Entstehung der ersten Lebensform auf der Erde in eine Zeit zurück, aus der überhaupt noch keine Gesteine erhalten sind, die es uns erlauben würden, deren Überbleibsel nachzuweisen. Schon die ältesten Sedimentgesteine, die einen Nachweis erbringen, sind voller Fossilien. Die 3,5 Milliarden alten Lebewesen sind zwar äußerlich einfach und winzig, aber sie bildeten bereits komplexe Lebensgemeinschaften und nutzten vielfältige Möglichkeiten, um an Energie zu kommen. Besonders interessant ist der Nachweis von Formen, die sich durch nichts von heutigen Cyanobakterien (Blaualgen) unterscheiden. Cyanobakterien betreiben Photosynthese. Ihre biochemisch komplizierte Methode, Kohlendioxid mithilfe von Sonnenlicht zum Aufbau organischen Materials zu nutzen und als Nebenprodukt Sauerstoff zu produzieren, ist dieselbe, die wir auch von heutigen Pflanzen kennen.

Abb. 1: *Stromatolithen aus dem fast 3,5 Milliarden Jahre alten Strelley-Pool Chert von West-Australien.*

Nach dem schwungvollen Anfang war die weitere Entwicklung wesentlich schwerfälliger. Zumindest sehen wir für über eine Milliarde Jahre keine markanten Veränderungen in der Gestalt der überlieferten Fossilien. Erst vor etwa zwei Milliarden Jahren gab es wieder eine deutliche Veränderung. Zu diesem Zeitpunkt wurden die Einzeller erheblich größer, was darauf hindeutet, dass sie einen Zellkern hatten; die Eukaryota waren entstanden. Es dauerte nochmals über eine Milliarde Jahre, bis sich vielzelliges Leben entwickelte. Als vor etwa 600 Millionen Jahren die ersten Tiere erschienen, kam erneut Schwung in die Evolution. Vielleicht scheint das auch nur so. Die oft einfache Gestalt der Einzeller zeigt kaum Veränderungen, auch wenn sich im Stoffwechsel und anderen biochemischen Prozessen ein erheblicher Wandel vollzog, während genetische Veränderungen bei den Vielzellern meist mit einer morphologischen Veränderung verknüpft ist. Die biochemische Evolution des früheren Präkambriums wurde also durch eine Evolution abgelöst, die sich in enormen Veränderungen der äußeren Gestalt ausdrückt. Als dann vor 545 Millionen Jahren auch noch die ersten Skelette auftauchten, wurde der Gang der Evolution gewissermaßen in Stein gemeißelt und somit für Paläontologen viel leichter fassbar als in Hinsicht auf frühere Phasen. Die Zeit des Phanerozoikums war angebrochen.

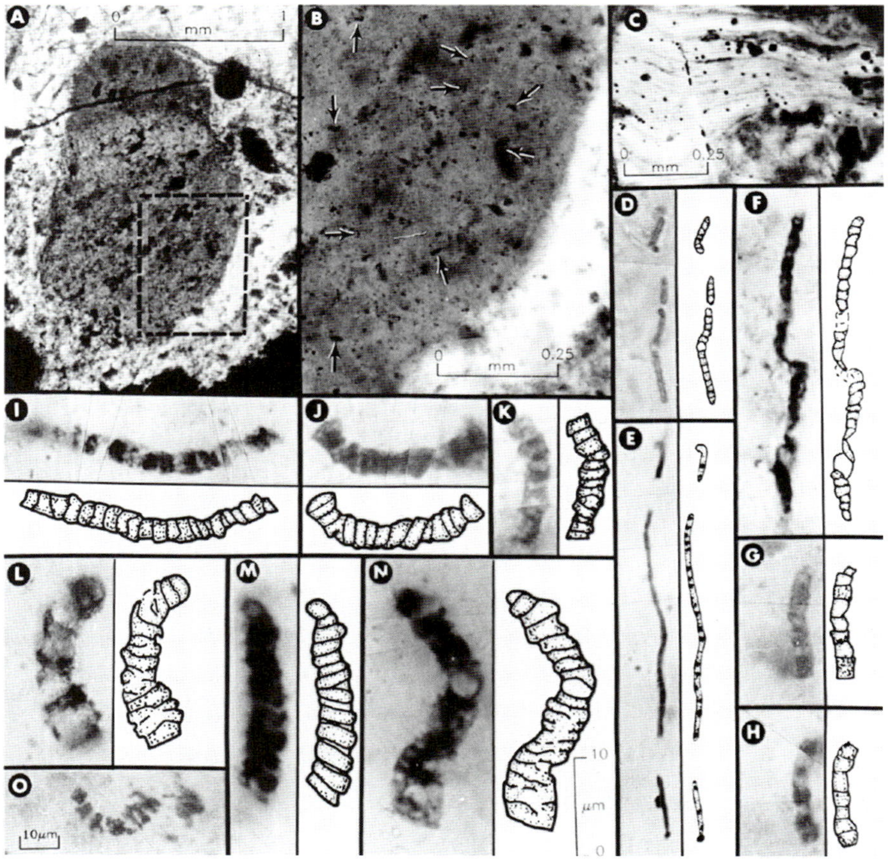

Abb. 2: *Cyanobakterien aus dem 3,5 Milliarden Jahre alten Apex Chert von West-Australien*

Abb. 3: *Rekonstruktion von Vernanimalcula, dem ältesten bekannten Vertreter der Bilateria aus der fast 600 Millionen Jahre alten Doushantuo-Formation in Südchina. Das Tier war nicht einmal 0,2 mm groß.*

Bereits im Präkambrium wechselten sich Phasen rascher Veränderung mit langen Phasen ab, in denen anscheinend kaum etwas geschah. Dieses Muster setzte sich im Phanerozoikum fort und kann aufgrund des Fossilreichtums sehr genau untersucht werden. Es kristallisiert sich zunehmend heraus, dass ein Aufbruch des Lebens kaum ohne eine vorherige Krise zu haben ist.

Aufbruch zu neuen Ufern – Von den ersten Tieren zur kambrischen Explosion

Begeben wir uns für den großen Aufbruch der Tierwelt zunächst nach China. Einmalige Erhaltungsbedingungen in der Doushantuo-Formation in der südchinesischen Guizhou-Provinz erlauben einen Einblick in das Aufkeimen tierischen Lebens. Die fast 600 Millionen Jahre alten dolomitischen Phosphorite enthalten alle möglichen Reste von Cyanobakterien und Algen. Daneben gibt es aber auch Zellklumpen, die stark an die früheste Embryonalentwicklung von Tieren erinnern. Diese erst 1998 gemachte Entdeckung lockte zahlreiche Forscher nach Südchina, wo sie inzwischen auch Reste von Schwämmen, kleine Korallen und besonders die ersten Vertreter der Bilateria ausmachen konnten. Bilateria sind Tiere, die spiegelsymmetrische linke und rechte Körperhälften haben. Dazu gehören beinahe alle Tiere (inklusive uns Menschen) außer den Nesseltieren und Schwämmen. Der 2004 entdeckte erste Vertreter der Bilateria ist *Vernanimalcula*, mit nicht einmal 0,2 Millimetern Länge ein Winzling. Mit Ausnahme vielleicht einiger früher Schwämme bewegte sich alles tierische Leben im mikroskopischen Bereich. Obwohl die Suche in der Doushantuo-Formation fortgestetzt wird, ist nicht zu erwarten, dass aus dieser Zeit noch wesentlich größere Fossilien gefunden werden.

Umso erstaunlicher sind die großen Fossilien, die wenige Millionen Jahre später zutage kamen. Bereits 1947 von dem Geologen Reg Sprigg in Südaustralien in Nähe der kleinen Station Ediacara entdeckt und inzwischen weltweit aus 575 bis 542 Millionen Jahre alten Ablagerungen bekannt, stellen die Fossilien der

Es kristallisiert sich zunehmend heraus, dass ein Aufbruch des Lebens kaum ohne eine vorherige Krise zu haben ist.

Ediacara-Fauna für die Paläontologen bis heute ein Rätsel dar. Bis zu einen Meter große, federartige Strukturen, quallenähnliche Gebilde und Abdrücke, die wie Würmer aussehen, machen den Hauptteil der vielfältigen Fauna aus. Sind die Organismen tatsächlich Seefedern, Medusen und polychaete Würmer, wie die meisten Forscher früher geglaubt haben? Vermutlich eher nicht. Doch die Annahme, dass die Organismen gar keine echten Tiere sind, sondern riesige Einzeller, die wie Luftmatratzen aufgebläht waren, trifft wahrscheinlich auch nicht zu. Wir gehen mittlerweile davon aus, dass es sich um sogenannte Stammgruppen der heutigen Tierstämme handelt. Sie sind Vorfahren der lebenden Tierstämme, gehören aber nicht im engeren Sinne dazu. Zwei wichtige

Abb. 4: *Fossilien und Lebensbild der Ediacara-Fauna vor 570 Millionen Jahren: Tribrachidium, Parvancorina, Kimberella, Charniodiscus, Lebensbild mit Charniodiscus, Dickinsonia und verschiedenen Medusen.*

Abb. 5: *Xenusion auerswaldae* aus dem frühesten Kambrium, eines der ersten beweglichen Tiere mit Stacheln zur Feindabwehr. Original im Museum für Naturkunde.

Gemeinsamkeiten haben alle Tiere der Ediacara-Fauna: Erstens lagen sie alle bewegungslos auf dem Meeresboden, waren festgewachsen oder als Plankton mit den Strömungen verdriftet worden, und zweitens hatten sie kein Skelett, weder innen noch außen. Beide Beobachtungen lassen wichtige ökologische Schlüsse zu. Wenn sich die Tiere nicht bewegen konnten, waren ihre Möglichkeiten zur Interaktion sehr eingeschränkt. Die Ernährung der Ediacara-Tiere verlief vermutlich über einfache Filterapparate, mit denen sie kleine Partikel aus dem Meerwasser fischten. Sie wären Räubern hilflos ausgeliefert gewesen, doch es gab offenbar noch keine. Zumindest sind keine Bissspuren oder sonstige Verletzungen zu erkennen, die auf einen Angriff durch Fleischfresser hinweisen würden. Das Fehlen von Raubtieren erklärt vielleicht zum Teil auch, warum die Tiere keine Schalen hatten. Der aufwändige Schutz durch eine dicke Kalkschale, wie zum Beispiel bei Schnecken und Muscheln, war zu dieser Zeit einfach nicht nötig. Man kann diese Welt mit einem friedvollen Garten vergleichen, dem Garten von Ediacara. Gegen Ende der Ediacara-Zeit änderte sich vor etwa 555 Millionen Jahren das Bild rasch. Wo zuvor noch unberührter, mit Algenmatten bewachsener Boden war, entstanden nun vielfältige Spuren auf dem und im Sediment. Aktive Bewegung war erfunden worden. Vor etwa 550 Millionen Jahren entstanden die ersten Kalkschalen, und die ersten Spuren räuberischer Ernährung kennen wir aus derselben Zeit. Die Ediacara-Fauna verschwand recht plötzlich vor 542 Millionen Jahren an der Wende zum Kambrium.

Das Leben explodiert im Kambrium

Mit dem Beginn des Kambriums können wir eine zweite rasche und extrem starke Entfaltung des Lebens beobachten. Zunächst brach die Zeit der kleinen Schalen-Faunen an. Millimeterkleine Kalkschalen und Zähnchen finden sich überall auf der Welt. Sie gehörten offenbar zu größeren Tieren, aber wie diese aussahen, ist weitgehend unbekannt. Eine Ausnahme ist *Xenusion*, eines der wertvollsten paläontologischen Stücke des Museums für Naturkunde in Berlin. Das etwa zehn Zentimeter lange Tier war vermutlich ein früher Stummelfüßler (Onychophore). Dieser Tierstamm gilt als Vorläufer der Gliederfüßer (Arthropoda), die später im Kambrium eine erste Blüte erlebten. *Xenusion* ist das erste körperlich erhaltene Tier, das sich aktiv bewegen konnte. Die Stacheln auf seinem Rücken dienten wahrscheinlich der Feindabwehr. Ob *Xenusion* selbst räuberisch lebte, wie einige heutige Stummelfüßler, ist unklar. Seine aktive Bewegung und die Stacheln dokumentieren aber den ökologischen Umbruch vom Ediacara-Garten zum Rüstungswettlauf. Ein möglicher Auslöser dafür ist erst 1981 korrekt als Superräuber identifiziert worden. *Anomalocaris* war mit etwa 60 Zentimetern Körperlänge, aktiver Schwimm-

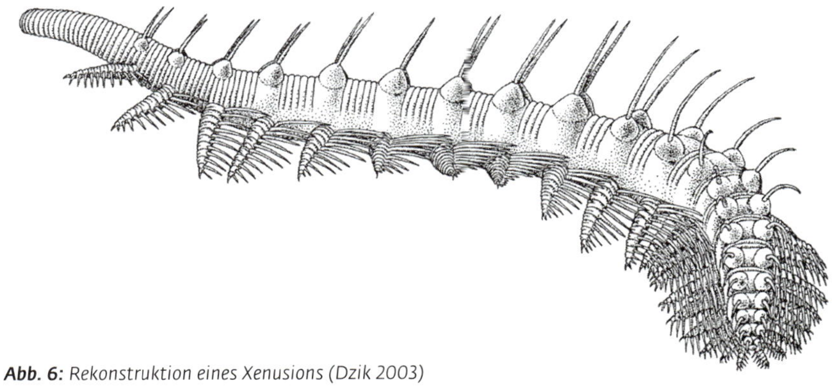

Abb. 6: *Rekonstruktion eines Xenusions (Dzik 2003)*

Abb. 7: *Rekonstruktion von Anomalocaris auf der Jagd nach einem kambrischen Fischchen.*

Abb. 8: *Haikouichthys, einer der ältesten kieferlosen Fische aus dem Unterkambrium Chinas*

weise und einem großen ringförmigen Maul ein Schrecken der kambrischen Meere. Es dauerte vor allem deshalb so lange, den Top-Räuber zu erkennen, weil zunächst seine einzelnen Teile als ganz verschiedene Organismen bestimmt worden waren. Zusammen mit *Anomalocaris* trat im jüngeren Unterkambrium vor etwa 520 Millionen Jahren eine Vielzahl von Tieren auf, die aus früheren Epochen gänzlich unbekannt sind.

Eine Fossilfundstätte erster Güte aus dieser Zeit ist wieder einmal in Süd-China lokalisiert, diesmal in Chengjiang in der Provinz Yunnan. Diese Fundstätte ist noch ergiebiger als die bekanntere am Burgess-Pass in Kanada, die uns vor allem in den 1970er und 1980er Jahren aufregende Entdeckungen lieferte. Und die Chengjiang-Fauna ist noch älter. Umso spannender ist es, dass hier, wie in Burgess, fast alle heutigen Tierstämme nachweisbar sind. Und zwar sowohl solche ohne Skelett, wie zum Beispiel verschiedene Würmer, Rippenquallen und Seeanemonen, als auch Tiere mit Hartschalen (Muscheln, Brachiopoden und Trilobiten). Besonders aufregend ist der Nachweis der ältesten Wirbeltiere, die in der Chengjiang-Fauna in Form kieferloser Fische schon zahlreich vertreten waren. Dominant waren aber hier, ebenfalls wie in Burgess, die Gliederfüßer, deren oft bizarre Formen die Fantasie der Forscher anregten.

Insgesamt war die Vielgestaltigkeit der Lebensformen zu dieser frühen Zeit schon mindestens so hoch wie heute. Die kambrische Explosion war also vor allem eine Diversifizierung auf hoher Ebene: Neue Baupläne entstanden und füllten sich mit Leben. Einige der extravaganten Formen erloschen später wieder, aber nach dem Kambrium kam kaum noch etwas fundamental Neues hinzu.

Die Entfaltung der Diversität im Ordovizium

Nach dem Kambrium waren es zunächst die Arthropoden, die zu einer großen Formenvielfalt gelangten. Besonders Trilobiten (Dreilapper) dokumentieren deren Aufstieg. Diese zeigen aber auch, wie unruhig die Evolution im Kambrium verlief. Immer wieder gab es große Artensterben, gefolgt von einem neuen Aufblühen aus den wenigen Überlebenden. Der Nettozuwachs der Artenvielfalt war nur mäßig. Mit Beginn des Ordoviziums vor 490 Millionen Jahren änderte sich das entscheidend. Neue Arten entstanden in fast allen Tiergruppen. Die Aussterberaten blieben auf niedrigem Niveau, sodass eine erhebliche Zunahme der Biodiversität in den Meeren möglich wurde. Nicht nur die Artenzahl stieg an, auch neue Lebensräume wurden erobert oder durch Organismen gebildet. Graptolithen – koloniebildende, polypenähnliche Tiere – verließen den

Boden und schafften als Plankton eine weltweite Verbreitung. Korallen und Moostierchen entfalteten sich und bauten gegen Ende des Ordoviziums erstmals Riffstrukturen. Ältere Riffbauten waren nur aus Mikroben und Urschwämmen (Archaeocyathen) aufgebaut. Die ordovizische Radiation kam durch das erste große Massenaussterben des Phanerozoikums zu einem abrupten Ende. Danach ist im Meer kein wesentlicher Zugewinn an Diversität mehr zu verzeichnen. Erst die Eroberung des Landes im Silur (444–416 Millionen Jahre) ermöglichte eine weitere Zunahme der Artenvielfalt (siehe Kapitel »Wie der blaue Planet grün wird«).

Ursachen des Aufbruchs

Vor dem Hintergrund der langen präkambrischen Zeit, in der scheinbar so wenig geschah, drängt sich natürlich die Frage auf, ob es für die eben beschriebenen Entfaltungen des Lebens einen besonderen Auslöser gab. Warum traten sie gerade zu dieser Zeit auf und waren derart intensiv? Gehen wir zunächst zurück zu Phase eins und betrachten genauer die Fundsituation der Doushantuo-Formation. Unter den dolomitischen Phosphoriten, die die einzigartigen Fossilien beherbergen, liegt ein dickes Gesteinspaket, in dem metergroße, kantige Blöcke chaotisch in eine feinkörnige Matrix eingebettet sind. Solche Ablagerungen werden von Geologen als Tillite bezeichnet und sind nichts anderes als versteinerte Moränenablagerungen. Die chinesischen Tillite sind damit ein sicherer Hinweis auf mächtige Gletscher unmittelbar vor den ersten Anzeichen tierischen Lebens.

Und das nicht nur in China. Heute kennen wir ähnliche Gletscherablagerungen von allen Kontinenten außer der Antarktis. Befanden sich die Kontinente zu dieser Zeit alle in so hohen Breiten, dass sie, ähnlich wie die Antarktis und Grönland heute, von großen Eisschilden bedeckt waren? Die Vermutung zu den Eisschilden trifft offenbar zu, aber paläomagnetische Daten sprechen eher dafür, dass sich die meisten Kontinente in Äquatornähe befanden. Die Eiszeit – oder besser Eiszeiten, denn es gab mindestens vier davon in einer Zeit von 710 bis 580 Millionen Jahren – war also global. Sogar auf den Meeren bildete sich dickes Eis. Das wissen wir aus der Untersuchung riesiger Felsbrocken, die das Eis zunächst in den offenen Ozean transportierte und beim Abschmelzen fallen ließ. Aus dem Weltraum muss unser Planet zeitweise wie ein gigantischer Schneeball ausgesehen haben, so die Annahme vieler Geologen. Wie es zu den Eiszeiten kam und wie das Eis sich derart ausbreiten konnte, ist noch nicht ganz geklärt. Wahrscheinlich trug gerade die äquatoriale Lage und Zerstückelung der Kontinente dazu bei. Die geringe Größe der Kontinente sorgte dafür, dass Niederschläge auf relativ große Landflächen fallen konnten (große Kontinente sind im Landesinneren oft durch Wüsten markiert), während die Wärme die chemische Verwitterung verstärkte. Bei chemischer Gesteinsverwitterung wird der Atmosphäre das uns heute so lästige Treibhausgas Kohlendioxid entzogen. Damals waren aber hohe Kohlendioxid-Konzentrationen der einzige Schutz vor Kälte, da die Sonne noch eine wesentlich geringere Strahlkraft hatte als heute. Die Bindung des Treibhausgases führte zu

Abb. 9: *Trilobit Ceratarges armatus aus dem Devon Marokkos (Sammlung MfN)*

Abb. 10: *Die globale Vereisung der Erde vor etwa 600 Millionen Jahren war vermutlich verantwortlich für die Entwicklung der Tierwelt.*
Oben: Szenario zur Entstehung einer Schneeball-Erde
Unten: Heutige Antarktis

Abkühlung und zunächst zu Eisbildung in höheren Breiten. Die helle Farbe verstärkte die Reflexion der Sonnenstrahlen, und durch positive Rückkoppelung schlitterte die gesamte Erde in eine katastrophale Eiszeit. Erst als sich die Atmosphäre durch vulkanische Gase wieder mit Kohlendioxid anreichern konnte, war eine Erwärmung möglich. Der Rückgang der Eisschilde und die Wärme führten dann aber wiederum zu einer verstärkten Gesteinsverwitterung, womit die nächste Eiszeit schon vorprogrammiert war. Als die Kontinente dann endlich in höhere Breiten wanderten und sich zu größeren Schilden zusammenfügten, konnte dieser Teufelskreis durchbrochen werden.

Die Geologen haben aus diesen Befunden einen ursächlichen Zusammenhang mit dem ersten Aufblühen tierischen Lebens hergestellt. Nach diesen Vorstellungen hatten die Eiszeiten globale Krisen zur Folge, in deren Gefolge neue Entwicklungen der Evolution eine größere Chance hatten sich durchzusetzen als zuvor. Nicht nur die starke Abkühlung und Lichtreduzierung unter dem Eis, sondern auch die erhebliche Verminderung des Sauerstoffgehalts durch den unterbundenen Austausch mit der Atmosphäre müssen sich katastrophal auf die Lebewelt ausgewirkt haben. Tatsächlich haben Paläontologen schon lange eine Diversitätskrise des einzelligen Meeresplanktons zu dieser Zeit festgestellt. Vor den »Schneeball«-Eiszeiten erreichte das Plankton schon eine erste Blüte, die durch die Vereisung ein rapides Ende nahm. Dem Schneeball-Szenario zufolge überdauerte das Leben in Reliktpopulationen, vielleicht unter Lücken im Eis oder in der Umgebung lokaler Wärmequellen. In diesen Refugien hatten evolutive Experimente eine größere Chance zu überdauern als in einer weniger fragmentierten Welt. In einer dieser Reliktpopulationen – wo genau, werden wir wohl niemals erfahren – wurde schließlich die Vielzelligkeit entdeckt. Möglicherweise erwies es sich als nützlich, verschiedenen Zellen in einem zunächst losen Verbund spezialisierte Aufgaben zuzuweisen, um die knappen Nährstoffe effektiv zu nutzen. Die Datenlage ist leider noch zu dürftig, um das zu beurteilen. Obwohl einige Wissenschaftler ein solches Szenario ablehnen – die Argumente reichen von alternativen Klimamodellierungen, die keine globale Vereisung zulassen, bis zu fehlenden Diversitätseinschnitten in manchen Regionen –, ist der zeitliche Zusammenhang zwischen Tillit-Ablagerungen und Aufkommen der Ediacara-Fauna einfach zu eng, um nicht auch als kausal betrachtet zu werden. Stabile Kohlenstoff-Isotope in den Sedimenten belegen außerdem wiederholte globale Krisen und Erholungsphasen des Lebens (siehe Seite 114). Somit mag der globale Stress durch die gigantischen Eiszeiten tatsächlich als wesentlicher Auslöser für die erste Aufbruchphase der Tierwelt verantwortlich sein.

Aber die noch gewaltigere kambrische Explosion ist damit nicht zu erklären. Dafür verging zu viel Zeit, in der sich die Tiere zwar rasch entwickelten, aber nicht in die Richtung, die später eingeschlagen wurde. Um das scheinbar plötzliche Auftreten moderner Tierstämme im Unterkambrium zu erklären, kommen wir nicht umhin, mehrere Faktoren zu berücksichtigen: genetische, geologische und ökologische. Der wichtigste genetische Faktor liegt in der zu dieser Zeit noch großen Flexibilität. Die Kernbereiche genetischer Regulationsnetzwerke, welche die Baupläne der Tiere steuern, konnten damals noch umgestaltet werden. Danach waren diese Kernbereiche fixiert und genetische Veränderungen konnten erfolgreich nur noch außerhalb der Kernbereiche stattfinden. Für den großen, zeitlich koordinierten Umschwung brauchen wir aber noch Aulöser. Unter den ernst zu nehmenden geologischen Einflüssen ist besonders der steigende Sauerstoffgehalt der Atmosphäre zu nennen. Erst dieser ermöglichte eine größere Aktivität der Organismen und unterstützte auch die Ausscheidung von Kalkskeletten. Die wichtigsten Faktoren scheinen aber doch die Erfindung der Prädation und ein evolutionäres Wettrüsten gewesen zu sein: Irgendein Tier kam wohl durch Zufall darauf, dass es, anstatt für die Ernährung auf vorbeidriftendes Plankton zu warten, auch den Nachbarn anknabbern könnte. Diese Nachbarn mussten ihrerseits etwas erfinden, um der Bedrohung auszuweichen, oder sie wären alle gefressen worden. Die Möglichkeiten lagen im Schutz durch Stacheln oder harte Schalen, Beweglichkeit oder Gift. Alle diese Mechanismen wurden in der kambrischen Explosion verwirklicht. Die Räuber mussten daraufhin ebenfalls Mechanismen erfinden, um diesen Schutz zu überwinden. Fertig war die Rüstungsspirale, die wahrscheinlich ganz wesentlich zur kambrischen Explosion beitrug. Das fast vollständige Aussterben der Ediacara-Fauna am Beginn des Kambriums zeigt, dass auch dieser Aufbruch mit einer Lebenskrise in Verbindung stand.

Dass die Diversität im Ordovizium nochmals erheblich zunahm, bedarf im Grunde keiner weiteren Erklärung. Zwar ist die ordovizische Radiation im Detail recht komplex und mehrere auslösende Faktoren werden diskutiert. Aber letztlich war sie eine logische Folge der kambrischen Explosion. Die Möglichkeiten, ökologische Nischen zu besetzen, waren durch die neu entstandenen Baupläne vorgegeben. Somit was es nur eine Frage der Zeit, bis sich auch die feine Nischenbesetzung vollzog und noch ungenutzte Ressourcen ausgeschöpft werden konnten. Die Frage ist nur, warum die Radiation nicht sofort nach der kambrischen Explosion stattfand, sondern erst 50 Millionen Jahre später? Wahrscheinlich musste nach der unruhigen kambrischen Zeit erst eine Stabilisierung eintreten, in der sich rasche Diversifizierungen mit plötzlichen Aussterbe-Ereignissen abwechselten.

Massenaussterben

Bislang habe ich ausgewählte Fossilfunde herangezogen, um die großen evolutiven Aufbrüche in den Ozeanen zu schildern. Aber die Geschichte des Lebens ist auch eine Geschichte des Sterbens. Die allermeisten Arten (99 Prozent), die je unseren Planeten bevölkert haben, sind ausgestorben. Wie verlief das historische Artensterben? Was können wir daraus für unsere heutige Welt lernen? Um das Potenzial der fossilen Überlieferung vollständig zu nutzen, müssen riesige Datenmengen zusammengetragen werden. Geologen haben das schon sehr früh getan. Die Definition der erdgeschichtlichen Perioden beruht ja hinsichtlich des Phanerozoikums auf den unterschiedlichen Fossilien in den Sedimentgesteinen. Wenn die Geologen des 19. Jahrhunderts durch umfassende Aufsammlungen ausreichend Unterschiede im Fossilinventar gefunden hatten, begründeten sie ausführlich die Einführung einer neuen Periode oder Formation, wie der Begriff dafür seinerzeit lautete. Im Wesentlichen hat sich die

99 % der Arten, die je unseren Planeten bevölkert haben, sind ausgestorben.

damalige Einteilung bis heute erhalten. Die deutlich verbesserte Datenlage zeigt aber, dass die Unterschiede zwischen den Perioden sehr variabel sind. Während zum Beispiel zwischen Karbon und Perm keine sehr großen Unterschiede bestehen, ist zwischen Perm und der darauffolgenden Trias ein derart großer Umbruch zu verzeichnen, dass man meinen könnte, die Organismen seien vollständig ausgetauscht worden. Auch das war bereits im 19. Jahrhundert bekannt, aber erst ein Forscher des späten 20. Jahrhunderts machte sich die Mühe, alle paläontologischen Daten detailliert zusammenzutragen und die Umbruchphasen in Zahlen zu fassen.

Jack Sepkoski von der Universität Chicago hat sein Forscherleben damit zugebracht, die zeitlichen Reichweiten von Fossilien zusammenzutragen. Bis zu seinem Tod 1999 hatte er die Lebensdauer von 4100 Familien und über 36 000 Gattungen mariner Tiere zusammengetragen und analysiert. Bis heute sind seine Daten die Grundlage für die Beurteilung von Aufbruch und Untergang der Tierwelt. Eine erste Analyse der Familien-Daten, von David Raup und Jack Sepkoski 1982 in *Science* publiziert, prägte den Begriff »Big Five« für die fünf großen Aussterbeereignisse, die in den letzten 500 Millionen Jahren deutlich herausragen (siehe Abb. 11 und Seite 115). Zusätzlich belegen die Auswertungen der Daten ein deutliches Gefälle in den Aussterberaten. In früheren Zeiten starben im Durchschnitt prozentual deutlich mehr Tiergattungen pro Zeiteinheit aus als in späteren Zeiten. Vielleicht waren früher die Umweltveränderungen stärker. Wahrscheinlicher ist aber eine Zunahme der Anpassungsfähigkeit der Arten.

Trotz seines enormen Fleißes konnte Sepkoski nicht der Kritik begegnen, dass seine Daten durch die Unvollständigkeit des Fossilberichts stark verfälscht waren. Um Heterogenitäten der Überlieferung auszugleichen, ist es nötig, nicht nur die zeitlichen Reichweiten der Arten zu untersuchen, sondern auch die beobachteten Fossilvorkommen innerhalb der Reichweiten zu berücksichtigen. Nur mit diesen Daten ist es möglich, statistische Verfahren anzuwenden, durch die scheinbare Aussterbeereignisse, auf die zum Beispiel plötzliche Lücken im Fossilbericht hinzuweisen scheinen (z. B. durch Meeresspiegelschwankungen), von biologisch reellen Aussterbeereignissen zu unterscheiden. Diese Daten zusammenzutragen, ist aber für einen einzelnen Menschen unmöglich. Daher gibt es die paläobiologische Datenbank, die unter wesentlicher Mitwirkung des Museums für Naturkunde seit 1999 aufgebaut wird (http://paleodb.org). Neben dem Berliner Naturkundemuseum wirken weltweit über 100 Institutionen an diesem Projekt mit. Die Auswertung dieser riesigen Datenbank mit fast drei Millionen marinen Fossilien erbrachte viel Neues hinsichtlich der Entwicklung der Diversität. Die Artenvielfalt im Meer hat seit der ordovizischen Radiation kaum zugenommen, während

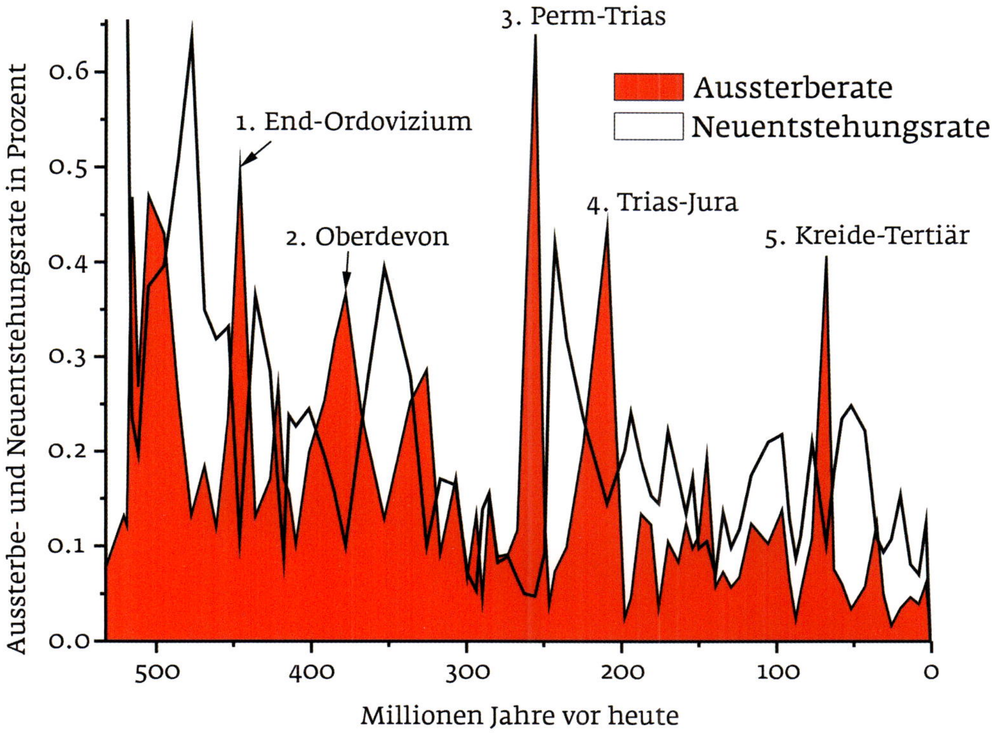

Abb. 11: *Aussterbe- und Neuentstehungsraten mariner Tiergattungen pro geologischer Stufe in den letzten 550 Millionen Jahren. (Daten: Sepkoski, 2002; Auswertung: W. Kießling)*

nach Sepkoskis Daten eine fast exponentielle Zunahme in den letzten 100 Millionen Jahren zu verzeichnen wäre. Was die Aussterberaten betrifft, kann Sepkoskis Analyse allerdings weitgehend bestätigt werden. Das katastrophale Aussterben zu bestimmten Zeiten ist eine biologische Realität!

Das nach allen Analysen am deutlichsten herausstechende Ereignis ist die Perm-Trias-Grenze. 64 Prozent aller Gattungen und etwa 90 Prozent aller Arten starben am Ende des Perms vor 251 Millionen Jahren aus. Diese Zahlen gelten streng genommen nur für das Meer, an Land lassen sich jedoch ganz ähnliche Verhältnisse feststellen. Besonders stark betroffen waren die Wirbeltiere und sogar die Insekten. Selbst mit einiger Fantasie fällt es schwer sich auszumalen, welch gewaltige Umwälzungen stattgefunden haben müssen, um eine solche Katastrophe herbeizuführen. Wahrscheinlich wirkten mehrere Faktoren zusammen: eine plötzliche Klimaerwärmung und gigantische Mengen an Lava, die halb Sibirien bedeckten, werden schon länger als Ursachen vermutet. Dazu kam ein rapider Rückgang im Sauerstoffgehalt der Atmosphäre und die Freisetzung von Schwefelwasserstoff.

Das prominenteste Massenaussterben am Ende der Kreidezeit, das neben den Dinosauriern an Land auch viele Opfer im Meer forderte, hatte eine ganz andere Ursache: Ein Meteoriteneinschlag im Golf von Mexiko beförderte riesige Mengen an Staub, Kohlendioxid und Sulfat-Aerosolen in die Atmosphäre, was zunächst zu einer Verdunkelung und sehr starken Abkühlung, danach aber zu einer raschen Erwärmung führte. Das Aussterben vollzog sich gewissermaßen von unten nach oben. Die Einstellung der Primärproduktion durch Phytoplankton und Landpflanzen verursachte eine Nahrungsknappheit, die vor allem Tiere mit hohem Nahrungsbedarf betraf. Schon diese beiden Beispiele zeigen, dass es wohl nicht *den* ultimativen Auslöser von Massenaussterben gibt. Ein jedes hat wohl seine eigenen Ursachen (siehe Seite 115), wobei rasche Klimaveränderungen als unmittelbare Auslöser auffallend häufig sind, seien sie nun durch Vulkanismus, die plötzliche Freisetzung von Kohlendioxid und Methan aus den Sedimenten oder durch einen Meteoriteneinschlag bedingt. Die Geschwindigkeit der Veränderung ist wohl ausschlaggebend, während es nicht so wichtig ist, ob es kälter oder wärmer wird. Eine

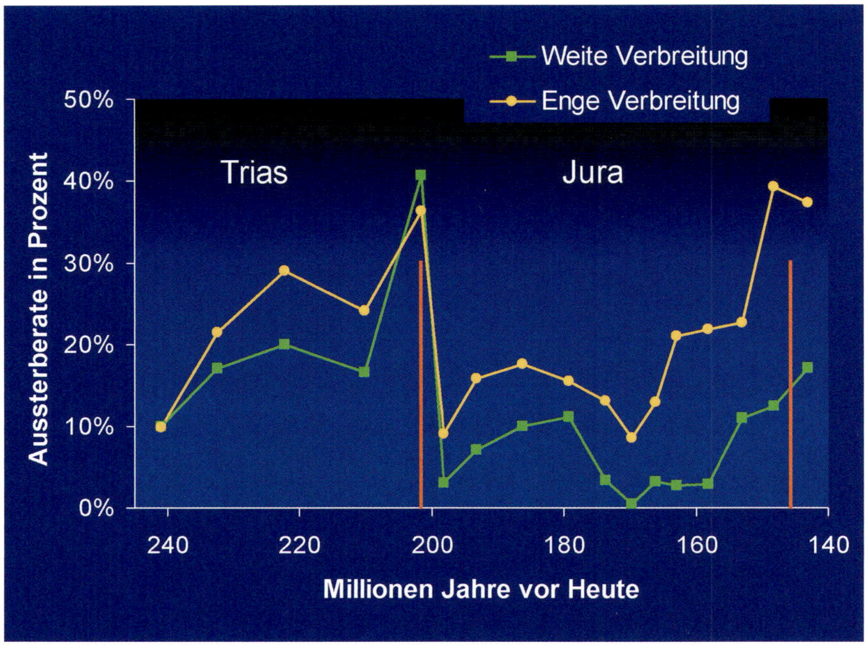

Abb. 12: *Aussterberaten mariner Tiergattungen in Trias und Jura. Gattungen mit einer engen geografischen Verbreitung sind fast immer stärker betroffen als solche mit einer hohen Verbreitung. Eine wichtige Ausnahme ist das Massenaussterben am Ende der Trias.*

Erwärmung kann ebenso katastrophal wirken wie eine Abkühlung, wenn die Veränderung deutlich schneller verläuft als sich die Organismen anpassen können. Paläontologen hatten lange gehofft, aus den Aussterbemustern mehr über die Ursachen des Aussterbens zu erfahren. Zu normalen Zeiten ist dieser Ansatz meist zielführend. Aus den ökologischen Ansprüchen und Verbreitungsmustern der Arten lässt sich deren Aussterbeempfindlichkeit vorhersagen. So haben Arten mit einer weiten geografischen Verbreitung längere Lebensdauern und sind deutlich weniger vom Aussterben bedroht als solche, die nur in einer Region vorkommen. Leider werden die Regeln, die normalerweise das Aussterberisiko beeinflussen, zu Zeiten von Massenaussterben teilweise außer Kraft gesetzt. Die Häufigkeit und geografische Verbreitung der Arten etwa spielte anscheinend keine Rolle (Abb. 12). Solche Beobachtungen verleiteten manche Wissenschaftler dazu, die großen Massenaussterben mit einem Rasenmäher zu vergleichen, der alles gleichmäßig schneidet, unabhängig davon, wie gut die Arten sonst im evolutiven Wettbewerb dastehen. Ganz zufällig verliefen aber selbst die größten Katastrophen nicht, sodass die Auswertung der Fossildaten einen wichtigen Beitrag für die Ursachenforschung leisten kann. An der Kreide-Tertiär-Grenze, so die Resultate einer Forschungsgruppe am Naturkundemuseum Berlin, waren Muscheln, die totes organisches Material aus dem Sediment fraßen oder Symbionten hatten, weniger stark betroffen als solche, die auf lebendes Plankton als Nahrung angewiesen waren – eine Unterstützung der Hypothese, nach der ein Meteoriteneinschlag das Aussterben verursachte. Doch mehr als die Ursachen interessiert die Paläobiologen, welche evolutiven Konsequenzen die großen Aussterbeereignisse der Erdgeschichte hatten.

Abb. 13: *Rekonstruktion von Dicynodon, einem säugetierähnlichen Reptil, das zu den Opfern des Aussterbens an der Perm-Trias-Grenze gehörte.*

Aussterben als Chance

Es mag makaber klingen, Aussterbeereignisse als Chance zu bezeichnen. Aber genau das sind sie – zumindest aus der Warte der Überlebenden. Schon der zeitliche Vergleich von Aussterbe- und Neuentstehungsraten belegt das. Ein deutlicher Anstieg der Neuentstehungsraten ist fast immer an vorherige Spitzen in den Aussterberaten gekoppelt. Die einzige Ausnahme bildet die Kreidzeit (145–65 Millionen Jahre), während derer die Neuentstehungsraten unabhängig von den Aussterberaten gewesen zu sein scheinen. Teilweise brauchte die Tierwelt geraume Zeit, um sich zu erholen und die frei gewordenen ökologischen Nischen neu zu besetzen – oder besser gesagt: neu zu erfinden.

Obwohl die Zahlen für sich sprechen, geben sie nicht die ganze Geschichte wieder. Das evolutive Potenzial der Aussterbeereignisse wird erst deutlich, wenn wir uns die Profiteure genauer ansehen. Besonders eine Regel ist gut belegt: Wenn eine dominierende Tiergruppe ausstirbt, wird eine andere Gruppe deren ökologische Rolle übernehmen. Ein Musterbeispiel sind die Säugetiere, die in geringer Artenvielfalt über 150 Millionen Jahre im Schatten der Dinosaurier lebten, nach deren Aussterben aber sehr schnell zu großer Blüte kamen. Das gelang ihnen, obwohl sie an der Kreide-Tertiär-Grenze ebenfalls sehr große Einbußen hinnehmen mussten. Dieser Austausch der Vorrangstellung kann auch stattfinden, wenn die alten Gruppen nicht völlig verschwinden, sondern nur wesentlich stärker vom Aussterben betroffen sind als andere. Nach der Perm-Trias-Katastrophe breiteten sich zum Beispiel die Muscheln rasch aus, während die stärker betroffenen Brachiopoden nie mehr ihre frühere Bedeutung zurückerlangten. Manchmal finden sich die Profiteure aber auch innerhalb der gleichen Tiergruppe: Ammoniten etwa waren seit dem Devon von allen Aussterbeereignissen stark betroffen. Unter den Überlebenden schafften einige evolutionäre Linien aber immer wieder eine neue Radiation, während andere kurze Zeit später ebenfalls zu Opfern wurden.

__Abb. 14:__ Ikonen des Aussterbens an der Kreide-Tertiär-Grenze. Rudist Hippurites, Ammonit Hoploscaphites, Dinosaurier Triceratops

Stabile Kohlenstoff-Isotope als Hinweis auf Lebensaktivität

Wolfgang Kießling Das für das Leben essenzielle Element Kohlenstoff kommt in mehreren Isotopen vor, die sich chemisch fast gleich verhalten, aber durch eine unterschiedliche Anzahl von Neutronen im Atomkern ein unterschiedliches Atomgewicht haben. Das seltene, radioaktive Isotop ^{14}C wird zur Altersdatierung archäologischer Funde benutzt. Wichtiger für die Geologie sind die stabilen Isotope ^{12}C und ^{13}C, die den Hauptteil des natürlichen Kohlenstoffs ausmachen.

Der Nutzen dieser Isotope liegt vor allem darin, dass alle Lebewesen bevorzugt mit dem leichteren Isotop (^{12}C) hantieren und das schwerere außen vor lassen. Gegenüber der Luft oder dem Meerwasser ist deshalb der Kohlenstoff in organischer Materie isotopisch leichter. Je mehr organisches Material gebildet wird, desto mehr leichter Kohlenstoff wird dem Meerwasser entzogen. Das Meerwasser und daraus abgeschiedene anorganische Kohlenstoffverbindungen, wie zum Beispiel Kalk ($CaCO_3$), werden dadurch isotopisch schwerer. Somit liefern die Isotopenwerte in Kalken ein indirektes Maß für die organische Produktivität. Ist das Isotopenverhältnis von $^{12}C/^{13}C$ gegenüber einem Standard (einem Fossil aus der Kreidezeit) niedrig, kann man davon ausgehen, dass die Primärproduktion niedrig war. Globaler Rückgang ist ein Hinweis auf den weltweiten Rückgang der Biomasse.

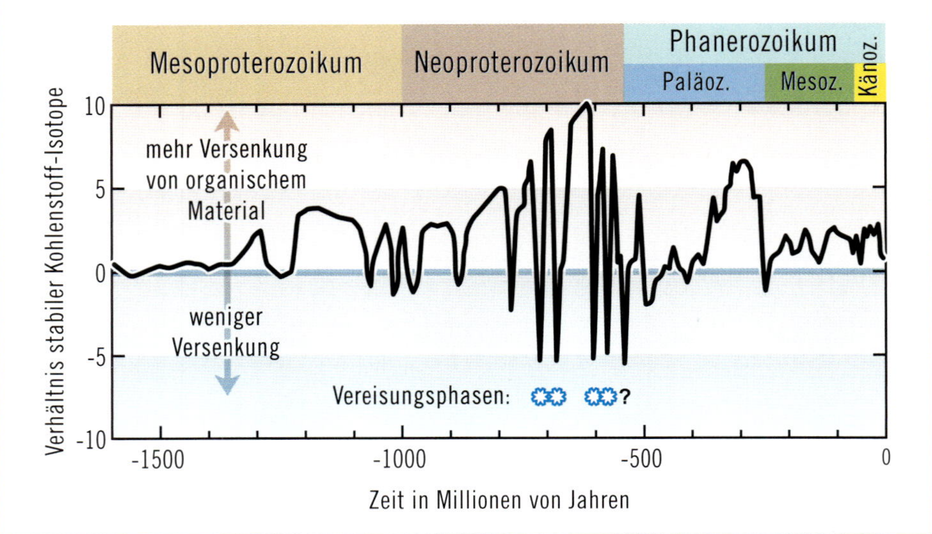

Abb. 1: Veränderungen im Verhältnis stabiler Kohlenstoff-Isotope von Kalksteinen in den letzten 1600 Millionen Jahren. Niedrige Werte bedeuten geringe organische Produktivität, vermutlich infolge eines Rückgangs der globalen Biomasse.

Die meisten großen Massenaussterben zeigen diesen isotopischen Fingerabdruck. Kalke und Kalkschalen mit normalen Werten werden unmittelbar vor der Krise gebildet. Unmittelbar nach dem Aussterbeereignis fallen die Werte plötzlich rapide ab und kehren dann langsam wieder auf den Normalwert zurück.

Die größten Isotopenschwankungen der Erdgeschichte wurden im Zusammenhang mit den globalen Vereisungen gegen Ende des Präkambriums gemessen. Sehr niedrige Werte während der Eiszeitphasen wurden durch sehr hohe Werte nach den Eiszeiten abgelöst. Ein Normalzustand lässt sich zu dieser Zeit kaum ermitteln. Ein letzter starker Rückgang folgte unmittelbar an der Grenze zum Kambrium.

Der Kreis schliesst sich

Der Fossilbericht zeigt, dass die Evolution nicht gleichmäßig schnell abläuft. Stabile Phasen wechseln mit Phasen rapider Veränderung, die vor allem nach Massenaussterben zu beobachten sind. Das heutige, fast allein durch den Menschen verursachte Artensterben wird von manchen Forschern bereits als Massenaussterben bezeichnet. Obwohl das sicher etwas hoch gegriffen ist, besteht durchaus die Gefahr, dass wir bald Aussterberaten wie zu Zeiten der »Big Five« erreichen. In diesem Fall können wir danach eine Beschleunigung der Evolutionsmaschine erwarten. Die Artenvielfalt wird sich deshalb in einigen Millionen Jahren erholen, aber welche Organismen dann vorherrschen, ist nicht absehbar. Sicher wird die Welt dann ganz anders aussehen, als wir sie vor Beginn des anthropogen verursachten Artensterbens kannten.

In einigen Millionen Jahren wird sich die Artenvielfalt erholen, aber welche Organismen dann vorherrschen, ist nicht absehbar.

Big Five: Die großen Massenaussterben
Wolfgang Kießling

Oberes Ordovizium (444 Millionen Jahre)	
Zeit	Zwei sehr plötzliche Krisen folgen im Abstand von weniger als einer Million Jahre aufeinander.
Ursachen	Rasche Abkühlung (Vereisung) und anschließende Erwärmung
Opfer	Fast alle Meeresorganismen, besonders Trilobiten, Riffbewohner und Brachiopoden. Ökologische Veränderungen sind trotz des massiven Aussterbens nicht sehr stark.
Isotope	Kohlenstoffisotope steigen während der Vereisungsphase an und fallen in der anschließenden Erwärmung leicht unter vorherigen Wert. Die globale Produktivität scheint also trotz des Aussterbens zunächst zugenommen zu haben.

Oberdevon (374 Millionen Jahre)	
Zeit	Das Devon ist insgesamt eine evolutionär unruhige Zeit mit vielen Einschnitten. Die bedeutendste ist die sogenannte Kellwasser-Krise vor 374 Millionen Jahren. Der ökologische Umbruch durch das dauerhafte Absterben der Riffe und Umwälzungen im Plankton ist gewaltig.
Ursachen	Wahrscheinlich Sauerstoffknappheit und Abkühlung. Die tiefere Durchwurzelung des Bodens durch die ersten Wälder fördert die Freisetzung von Nährstoffen. Durch vermehrten Nährstoffeintrag ins Meer kommt es zu extremen Planktonblüten. Die Zersetzung des Planktons führt zu Sauerstoffknappheit im Meer, die Versenkung von Kohlenstoff zu einer Abkühlung.
Opfer	Viele Meeresorganismen, vor allem Riffbewohner
Isotope	Die Kellwasser-Krise zeigt starke positive Ausschläge. Die Primärproduktion nimmt wahrscheinlich kurzzeitig stark zu.

Perm-Trias-Grenze (251 Millionen Jahre)	
Zeit	Zwei Einschnitte folgen im Abstand von etwa acht Millionen Jahren aufeinander. Die große Katastrophe am Ende des Perms geschieht sehr plötzlich.
Ursachen	Sauerstoffknappheit, Vulkanismus, Klimaerwärmung?
Opfer	Fast alle Meeresorganismen und Landtiere, vielleicht auch Pflanzen. Die Perm-Trias-Katastrophe ist die erste, die auch das Landleben betrifft. Unter den Meeresorganismen erleben besonders Tiere der paläozoischen Fauna (Korallen, Brachiopoden, Ammonoiden) einen starken Einschnitt. Etwa 90 Prozent aller Tierarten sterben aus. Der ökologische Einschnitt ist ebenfalls gewaltig.
Isotope	Rascher Rückgang und langsame Erholung

Trias-Jura-Grenze (200 Millionen Jahre)	
Zeit	Wahrscheinlich plötzlich an der Trias-Jura-Grenze
Ursache	Vermutlich Vulkanismus und Klimaerwärmung
Opfer	Fast alle Meeresorganismen, vor allem Riffbewohner und Ammoniten. Abgesehen vom starken Einschnitt bei den Riffen sind die ökologischen Konsequenzen eher moderat.
Isotope	Rascher Rückgang und schnelle Erholung

Kreide-Tertiär-Grenze (65 Millionen Jahre)	
Zeit	Sehr plötzlich
Ursache	Meteoriteneinschlag im Golf von Mexiko. Staub und Schwefeloxide in der Atmosphäre führen zu Verdunkelung und starker Abkühlung.
Opfer	Viele Meeres- und Landbewohner, vielleicht auch Pflanzen. Vollständig sterben neben den Dinosauriern auch Ammoniten und Rudisten, korallenartig wachsende Muscheln aus.
Isotope	Rascher Rückgang und langsame Erholung

Erde auf Kollisionskurs: Meteoriteneinschläge als geologischer Normalfall

Thomas Kenkmann

Die Erde wird täglich von 100 Tonnen kleiner Staubpartikel aus dem All getroffen. Gegen solchen Kometenstaub und steingroße Brocken bildet unsere Atmosphäre einen wirkungsvollen Schutzschild. Doch Asteroiden und Kometen mit einem Durchmesser über 50–100 Meter schlagen ungebremst auf der Erdoberfläche ein und erzeugen mit ihrer ungeheuren Sprengkraft enorme Meteoritenkrater. Dabei haben regelrechte »Killerobjekte« von zehn Kilometern Größe durchaus globale Folgen und vernichten große Teile der Lebenswelt. Doch gerade diese katastrophalen Kollisionen haben die Evolution in der Vergangenheit gleichsam beflügelt.

Abb. 1: *Komet Hale-Bopp mit Koma und Schweif, März 1997*

Kometen: Boten vom Rande des Sonnensystems

Auf meinem nächtlichen Heimweg an der Spree entlang wäre ich fast in den Fluss gefallen. Denn wie hypnotisiert blickte ich lange zum Sternenhimmel über Berlin, der sich in dieser Nacht überaus klar präsentierte. Das ist durchaus ungewöhnlich für Berliner Verhältnisse, beschränkt sich die Sicht auf den Sternenhimmel doch normalerweise auf den Großen Wagen und wenige andere bekannte Sternbilder. Doch dort oben thronte er dann hell leuchtend, hoch über Moabit – der Komet Hale-Bopp. Unglaublich, dieser Schweif, der bis nach Wedding zu reichen schien!

Erinnern Sie sich an den Kometen Hale-Bopp? Man konnte ihn 1997 vor allem auf der Nordhalbkugel über viele Monate hinweg betrachten. Am 22. März 1997 war er der Erde am nächsten gekommen. Doch sein Abstand

Die Koma von Hale-Bopp war über eine Million Kilometer groß, fast so groß wie die Sonne.

blieb mit 180 Millionen Kilometern immer noch immens und größer als die Entfernung zur Sonne. Seine enorme Helligkeit verdankte er seiner ungewöhnlichen Größe. Der feste Kern des Kometen war mit etwa 50 Kilometern Durchmesser deutlich größer als die der meisten anderen. Dieser Kern besteht aus meteoritischen Staub- und Gesteinsbruchstücken, zusammengehalten durch Wassereis, Trockeneis, Methan und Ammoniak in fester Form. Aufgrund ihrer Zusammensetzung aus Eis und Staub kann man sich Kometen als schmutzige Schneebälle vorstellen. Was den Kometen für uns sichtbar machte, war weniger der Kern als seine leuchtende Umgebung, die Fachleute als Koma bezeichnen – und natürlich der Schweif. Die Koma entwickelt sich, sobald der Komet etwa so weit von der Sonne entfernt ist wie Jupiter. Nähert sich der Komet der Sonne, verdampfen die flüchtigen Bestandteile auf der sonnenzugewandten Seite und werden durch die starke Sonnenstrahlung ionisiert, beginnen zu leuchten und werden durch den Strahlungsdruck der Sonne sowie den Sonnenwind radial weggeblasen. Das Gleiche geschieht mit mitgerissenen Staubteilen.

Die Koma von Hale-Bopp wurde über eine Million Kilometer groß, fast so groß wie die Sonne, sein Schweif hatte eine Länge von mehr als 50 Millionen Kilometern. Hale-Bopp gehört zu den langperiodischen Kometen. Er wird erst in etwa 2500 Jahren wieder in die inneren Bereiche des Sonnensystems vordringen und von der Erde aus zu sehen sein, wenn er wieder Koma und Schweif entwickelt. Ob ihn die Menschheit dann noch beobachten können wird? Bis dahin legt er eine gewaltige elliptische Strecke quer durch unser Planetensystem zurück, vorbei an den Gasriesen Jupiter, Saturn, Uranus und Neptun, an den zahlreichen Zwergplaneten des Kuipergürtels jenseits der Umlaufbahn des Neptun, bis hinaus zur sogenannten Oortschen Wolke, der Heimat vieler dieser schmutzigen Schneebälle.

Der Komet Hale-Bopp ist zur Erde schön auf Distanz geblieben. Doch das tun nicht alle. Einige Kometen durchkreuzen mit ihrem Staubschweif die Umlaufbahn der Erde um die Sonne. Ihre Hinterlassenschaft sind massenhaft Staub und millimetergroße Gesteinspartikelchen vom Rande des Sonnensystems, durch die die Erde dann später wie über eine Straße mit Rollsplitt mit 30 Kilometern pro Sekunde rast.

Die Erde als Staubfänger

Glücklicherweise besitzt die Erde eine schützende Atmosphäre. Wenn sie durch einen Kometenschweif fliegt, werden die Millionen von Staubkörnern wirkungsvoll abgebremst. Wir Menschen freuen uns dann meistens über diese Meteorströme, denn es gibt massenhaft Sternschnuppen zu bewundern. Eine Häufung von Sternschnuppen gibt es alljährlich um den 17. November herum, die sogenannten Leoniden. Schon Alexander von Humboldt notierte auf seiner Südamerikareise im November 1799: »Tausende von Feuerkugeln und Sternschnuppen fielen hintereinander, vier Stunden lang ... alle Meteore ließen acht bis zehn Grad lange Lichtstreifen hinter sich zurück ... Die Feuerkugeln schienen wie durch Explosionen zu platzen ...«

Der Leoniden-Meteorschauer entsteht, wenn die Erde jährlich einmal durch den Staubschweif des kurzperiodischen Kometen Tempel-Tuttle fliegt. Der Komet selbst benötigt etwa zwölf Jahre für die Umrundung der Sonne. Die Leonidenschauer sind besonders intensiv, wenn der Komet kurz zuvor den Erdorbit gekreuzt hat. Das war auch 1966 der Fall. In den Morgenstunden des 17. November 1966 kamen die Beobachter im südlichen Arizona mit ihren Wünschen nicht mehr hinterher, denn es regnete förmlich Sternschnuppen. Die Faszinierten schätzten, dass innerhalb von 20 Minuten etwa 50 000 Sternschnuppen herabfielen. Donald Yeomans vom Jet Propulsion Laboratory der NASA veröffentlichte daraufhin Studien, die künftige Schauer genau vorhersagen sollten. Die Welt brachte ihre Teleskope in Stellung. Nur der Komet Tempel-Tuttle hielt sich nicht daran. Die exakte Bahnberechnung des Kometen ist schwierig, weil er bei jedem Umlauf eine nicht exakt im Voraus bestimmbare Menge an Masse verliert. So dürfen wir gespannt sein, wann der nächste große Leonidenschauer uns überrascht.

Sternschnuppen kann man im Prinzip zu jeder Zeit am nächtlichen Sternenhimmel beobachten, nur nicht in der hohen Anzahl wie bei den Leoniden. Das Aufleuchten eines Meteors beginnt in einer Entfernung von 200–100 Kilometern und dauert meistens nur eine

Abb. 2: *Leoniden-Sternschnuppen, aufgenommen in Tisbury, MA, USA 3:55AM EST;18.11.2001*

Sekunde, abhängig von der Größe und Geschwindigkeit des Partikels. Dieser fliegt für gewöhnlich zwischen 30 und 70 Kilometer pro Sekunde. Die Leuchterscheinung kommt dabei nicht durch das Verglühen des Staubpartikels zustande, wie vielfach angenommen wird, sondern durch Ionisierung einzelner Atome der schockartig komprimierten Luft im Umfeld des Korns. Die Elektronen der Gasmoleküle der Luft werden durch die Komprimierung in einen »angeregten« Zustand versetzt und geben diese zusätzliche Energie als Lichtblitz wieder ab. Erst durch die hohen Gastemperaturen beginnt das Kometenstaubkorn schließlich zu verdampfen.

Die meisten Sternschnuppen werden durch staub- bis sandkorngroße Partikel hervorgerufen. Täglich prasseln etwa 100 Tonnen hiervon auf die Erde nieder. In einem Jahr summiert sich das auf stattliche 36 500 Tonnen. Auf Berlin regnen etwa 175 Gramm Kometenstaub pro Tag nieder. Einige kilo- oder gar tonnenschwere Partikel und Gesteine dringen dagegen deutlich seltener in die Atmosphäre ein. Aufgrund der weithin sichtbaren Leuchterscheinung werden sie auch als Feuerkugeln oder Feuerbälle bezeichnet. Ihr Überschall-Flug durch die Atmosphäre verursacht ein donnerndes Geräusch. Solch ein gewaltiger Feuerball wurde beispielsweise 1992 an der Ostküste der USA gesichtet, als Teile des kosmischen Brockens in Peekskill, einem Vorort von New York, einschlugen.

Abb. 3: *Peekskill, 9. Oktober 1992. Durch den Peekskill-Meteorit demoliertes Auto*

Abb. 4: *Meteorit, der das Auto getroffen hat.*

Peekskill, 9. Oktober 1992

Um 23:48 UT (Universalzeit) wird über West Virginia ein Feuerball gesichtet. Er erscheint so hell und groß wie der Mond. Mit 15 Kilometern pro Sekunde rast er Richtung Nordwesten auf New York City zu. In einer Höhe von 41 Kilometern zerbricht die Feuerkugel plötzlich in eine Vielzahl kleinerer Körper, die sich durch unterschiedlich starke Abbremsung schnell voneinander trennen. Der Flug durch die Atmosphäre wird von zahlreichen Beobachtern in West Virginia, Pennsylvania, New Jersey und New York verfolgt, die auch rumpelnde Geräusche vernehmen. 40 Sekunden hält die Leuchterscheinung an. Ein 12,4 Kilogramm schweres kosmisches Fragment, das zur Gruppe der Steinmeteorite zählt, schlägt schließlich in ein parkendes Auto in dem New Yorker Vorort Peekskill ein; der Kotflügel ist zerstört. Doch Glück im Unglück für den Besitzer: Das alte Auto hat durch den kosmischen Crash eine ungeahnte Wertsteigerung erfahren.
Aus den Beobachtungen von verschiedenen Standorten konnte der Bahnverlauf des kosmischen Brockens bestimmt werden. Es zeigte sich, dass der Meteorit aus dem sogenannten Asteroidengürtel stammte. Dieser liegt zwischen der Umlaufbahn von Mars und Jupiter.

Asteroidengürtel: Heimat der Meteoriten und Asteroiden

Der Asteroidengürtel gilt als Herkunftsort der meisten Meteoriten, die man auf der Erde findet. Meteoriten sind also nichts anderes als Bruchstücke von Asteroiden. Im Gegensatz zu den Kometen handelt es sich bei Meteoriten und Asteroiden um silikat- und eisenreiche Gesteine, die im Laufe ihrer Entwicklungsgeschichte in unterschiedlichem Maße verändert oder sogar aufgeschmolzen wurden. Auch größere Brocken, die Meteoritenkrater erzeugen, sind hauptsächlich »Querschläger« aus dem Asteroidengürtel. Im Asteroidengürtel schwirren über 200 000 Gesteinsbrocken, Planetoiden und Kleinplaneten mit Größen von wenigen Metern bis zu 1 000 Kilometern umher. Kollidieren die Körper untereinander, geraten sie unter Umständen auf die »schiefe Bahn« und können dann der Erde gefährlich werden.
Eigentlich hätte sich dort, wo der Asteroidengürtel liegt, ein weiterer Planet bilden müssen. Das zumindest prognostizierte, von einer mathematischen Hypothese ausgehend, Johann Daniel Titius im Jahr 1766. Er forderte nicht nur die Existenz eines Planeten zwischen Mars und Jupiter, sondern berechnete auch die genaue Lage des damals noch unbekannten Planeten Uranus. Johann Elert Bode, damaliger Direktor des Berliner Observatoriums, gefiel Titius' Idee offenbar so gut, dass er sie sechs Jahre später kurzerhand unter seinem Namen publizierte, ohne auf Titius zu verweisen. Die

Abb. 5: *Asteroiden des Asteroidengürtels*

heute als Titius-Bode-Regel bekannte empirische Gesetzmäßigkeit findet ihre physikalische Erklärung darin, dass es in bestimmten Zonen zur bevorzugten Ansammlung von Gestein und damit Bildung von Planeten kam.

Was hat es nun mit diesem möglichen Planeten zwischen Mars und Jupiter auf sich? Es gibt ihn nicht, und es hat ihn nie gegeben. Denn durch die Anziehungskraft des Gasriesen Jupiter, der immerhin rund 70 Prozent der Masse aller Planeten in sich vereinigt, wurde die Bildung eines weiteren Planeten verhindert. Stattdessen taumeln die Bestandteile dieses »Geister-Planeten« umher. Der größte der Asteroiden ist mit 945 Kilometern Durchmesser Ceres, der als Erster entdeckt und auch zunächst für den fehlenden Planeten gehalten wurde. Doch als in der Folgezeit immer mehr Objekte entdeckt wurden, schnellte die Zahl der Planeten rasch in die Höhe. Nach einem Vorschlag Alexander von Humboldts wurde die Zahl der Planeten 1851 auf acht begrenzt; zugleich schuf er die Bezeichnung »Asteroid« für jene Kleinplaneten und Planetoiden. Diese Anzahl hat seit 2006 übrigens wieder Gültigkeit erlangt, nachdem Pluto zum Zwergplaneten degradiert wurde.

Inzwischen sind 220 000 Asteroiden entdeckt und katalogisiert. Sie erhalten eine fortlaufende Nummer sowie einen Namen, der vom Entdecker vorgeschlagen werden darf. Man hatte zunächst mit römischen und griechischen Göttinnen begonnen (1-Ceres, 2-Pallas, 3-Juno, 4-Vesta). Doch als durch zunehmende Entdeckungen die antiken Gottheiten rar wurden, mussten die Astronomen kreativer werden. Zwei beredte Beispiele: 1773-Rumpelstilz; 17744-JodieFoster. Auch der ehemalige Direktor des Museums für Naturkunde Berlin (1991–1999), Prof. Dr. Dieter Stöffler, findet sich als bedeutender Planetologe in der illustren Asteroiden-Gesellschaft wieder: 4283-Stoeffler ist ein fünf bis zehn Kilometer großer Asteroid.

Etwa zehn Prozent der bekannten Asteroiden bewegen sich außerhalb des Asteroidengürtels; dazu gehören beispielsweise die Kuipergürtel-Asteroiden. Diese schwirren jenseits des Neptun im äußeren Sonnensystem. Trojaner-Asteroiden nutzen die Orbits von Planeten wie Mars oder Jupiter. Diese beiden Gruppen von Asteroiden sind für die Erde ungefährlich. Nicht dagegen jene, die sich im inneren Sonnensystem befinden und die Erdumlaufbahn kreuzen. Dies sind die Asteroiden, die der Erde gefährlich werden können und die wir im Auge behalten müssen. Doch wie groß

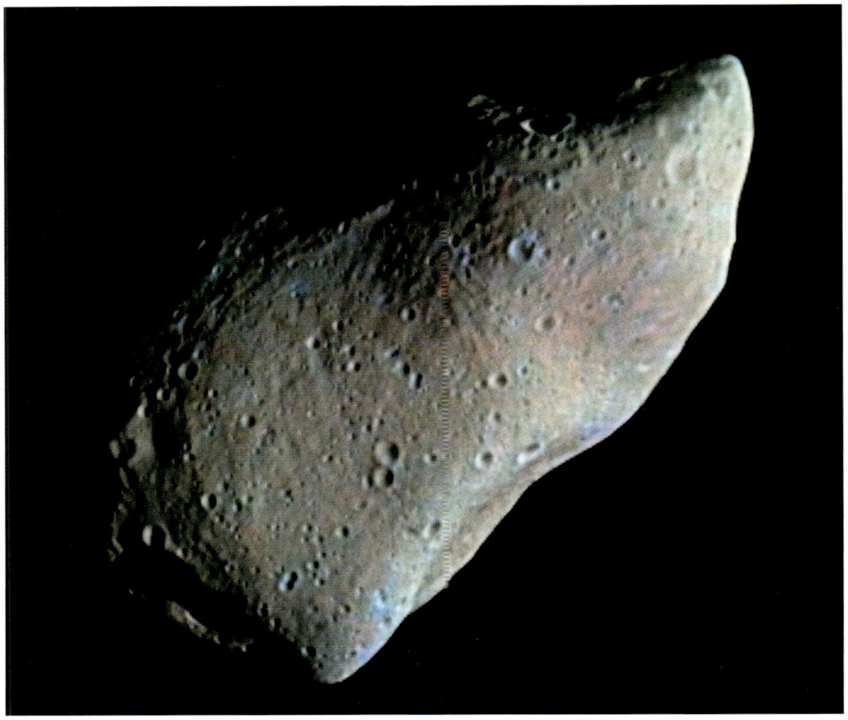

Abb. 6: *Asteroid 951 Gaspra, 9 × 12 × 11 km*

ist das Risiko tatsächlich, dass die Erde von einem Asteroiden oder Kometen getroffen wird? Um hierüber verlässliche Informationen zu gewinnen, führen Forschungsinstitute unter der Leitung der NASA seit etwa zehn Jahren Suchprogramme durch, die sich zum Ziel gesetzt haben, alle potenziell gefährlichen Asteroiden zu kartieren (siehe Seite 129).

Gibt es ein Entrinnen?

Ziel der Suche und Kartierung solcher kosmischen Geschosse ist es, für den Fall einer bevorstehenden Kollision genügend Zeit zugewinnen, um Gegenmaßnahmen zu ergreifen. Je weiter der Asteroid von der Erde entfernt ist, desto kleinere erzwungene Bahnabweichungen reichen aus, um eine Kollision zu verhindern. In Hollywood-Filmen wie *Deep impact* oder *Armageddon* wird ein bevorstehender Asteroideneinschlag auf der Erde inszeniert. Bei aller Überzeichnung haben die Filme bewirkt, dass sich die Menschen der tatsächlich existenten Bedrohung aus dem All bewusst geworden sind. Eine Zerstörung des Asteroiden oder Kometen nach dem Vorbild der Filme gehört zu denjenigen Maßnahmen, die unbedingt vermieden werden müssen, da sie die Wahrscheinlichkeit von mehreren Einschlägen auf der Erde erhöhen. Stattdessen wird man versuchen, durch oberflächliche Explosionen Druckwellen auszulösen, die zum Abplatzen von Gesteinsplatten führen. Der auf den Asteroiden übertragene Gegenimpuls würde zu einer geringfügigen Ablenkung führen. Alternativ ist die Montage von Sonnensegeln auf dem Asteroid im Gespräch. Der Sonnenwind ist in der Lage, den Körper etwas abzubremsen oder abzulenken, um ihn auf eine »erdfreundlichere« Bahn zu bringen.

Wie hat sich das Kollisionsrisiko im Laufe der Zeit entwickelt? Gab es das kosmische Bombardement auch in der Vergangenheit oder war es vielleicht sogar noch intensiver? Den Schlüssel zur Kollisionsgeschichte hält unser Erdmond bereit. Er ist ein Archiv der Meteoritenkrater und erzählt uns indirekt auch die Kollisionsgeschichte der Erde.

Krater überall: Kollisionsgeschichte von Erde und Mond

Die Meteoritenkrater auf dem Mond erkennt man mit bloßem Auge, selbst von Berlin aus. Mit Fernglas oder Fernrohr sieht man natürlich wesentlich klarer. Die Krater auf dem Erdmond sind jedoch nicht gleichmäßig verteilt. Man erkennt helle Gebiete, die sogenannten Hochländer, die eine hohe Anzahl an Kratern pro Flächeneinheit zeigen, und dunkel erscheinende Gebiete mit teilweise rundlicher Begrenzung. Dieses sind gigantische eingesenkte Kraterbecken, die zu einem späteren Zeitpunkt von basaltischer Lava geflutet wurden. Die dunklen Basaltebenen enthalten weit weniger Krater als die Hochländer. Die Kraterhäufigkeit pro Flächeneinheit ist ein Maß für das Alter der planetaren Oberfläche: Je länger sie dem Asteroiden-Bombardement ausgesetzt war, je älter sie also ist, desto dichter ist sie von Kratern übersät. Wir können daraus schlussfolgern, dass die dunklen Basaltebenen nach den hellen Hochländern entstanden sind. In den 1960er und 1970er Jahren wurden im Rahmen der verschiedenen »Apollo«-Missionen der NASA und der »Luna«-Missionen der Sowjetunion zahlreiche Proben

Abb. 7: *Der Erdmond. Man erkennt die hellen, kraterreichen Hochländer sowie die dunklen Mare-Becken, die weniger Krater aufweisen und demnach jünger sind.*

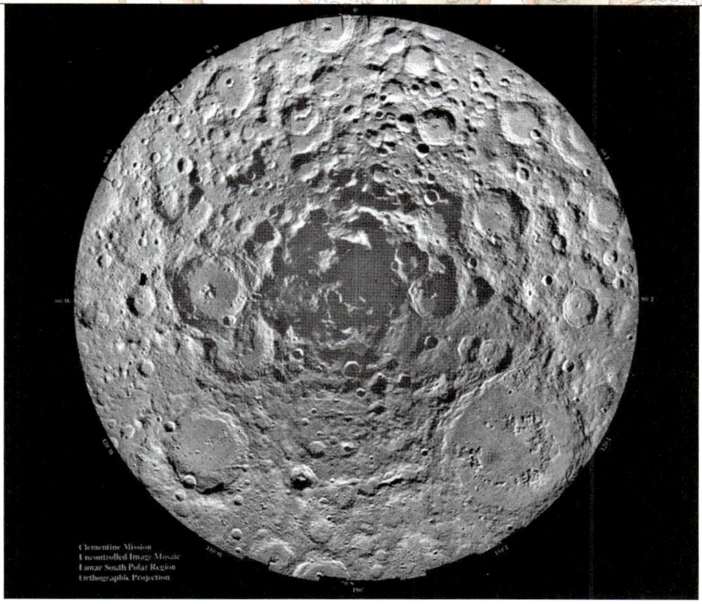

Abb. 8: *Südpolansicht des Erdmondes mit zahlreichen Hochland-Kratern*

sowohl von den Hochländern als auch den dunklen Basaltebenen gesammelt und anschließend im Labor datiert: Durch eine radiometrische Altersbestimmung konnten die unterschiedlichen Kraterdichten zeitlich kalibriert werden. Das Hochland hat danach ein Alter von etwa 4,4 Milliarden Jahren, während die dunklen Basalt-Ebenen mit drei Milliarden Jahren vergleichsweise jung sind.

Inzwischen ist es möglich, die für den Mond geeichte Altersbestimmung auch auf andere Planeten und Monde zu übertragen. Das wohl bedeutendste Ergebnis

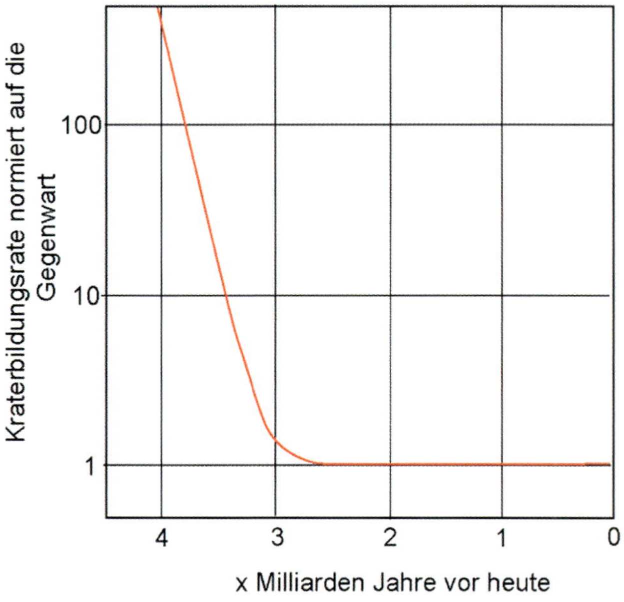

Abb. 9: *Kollisionsrate der letzten 4 Milliarden Jahre auf Erde und Mond*

der Untersuchung der Kraterhäufigkeit als Funktion der Zeit ist, dass die Kollisionsrate in den letzten drei Milliarden Jahren offenbar konstant geblieben ist.

In der Zeit von 4,5 bis drei Milliarden Jahren war die Kollisionsrate gegenüber heute um den Faktor zehn bis 1000 erhöht. Geht man noch weiter zurück, nähert man sich der Geburtsstunde der Planeten.

Kollisionen waren der alles bestimmende Prozess im Sonnensystem. Die Planeten selbst sind durch millionenfache Kollisionen zu ihrer heutigen Größe herangewachsen. Die Bildung des Erdmondes selbst geht auf die Megakollision der Erde mit einem Körper so groß wie der Mars zurück.

Die vom Erdmond abgeleitete Kollisionsgeschichte lässt sich zudem auch auf die Erde übertragen. Während der

Kollisionen waren der alles bestimmende Prozess im Sonnensystem.

Erdmond jedoch geologisch gesehen »tot« ist, finden auf der Erdoberfläche vielfältige Prozesse statt, die das Antlitz der Erde permanent umgestalten: Gesteine, die älter sind als drei Milliarden Jahre – die somit schon existierten, als das frühe, starke Bombardement noch in vollem Gange war – sind auf der Erde selten; ihr Vorkommen ist auf wenige Regionen in Westaustralien, Südafrika und Grönland beschränkt. Durch plattentektonische und gebirgsbildende Prozesse werden Gesteine der Erdkruste permanent umgestaltet, aufgeschmolzen oder wieder im Erdmantel verdaut. An der Erdoberfläche sind sie der Verwitterung und Erosion ausgesetzt. Da verwundert es nicht, wenn mit der Zeit auch Meteoritenkrater abgetragen werden oder unter jüngeren Sedimentbedeckungen verschwinden. Es gibt daher viel weniger Meteoritenkrater auf der Erde als auf dem Erdmond, der sein Antlitz nicht verändert hat. Die wenigsten Krater sind unverändert, die meisten wurden durch Erosion teils abgetragen oder vollständig unkenntlich gemacht.

Durch die Untersuchung spezifischer Gesteinsumwandlungen gelingt es den Experten dennoch, derartige

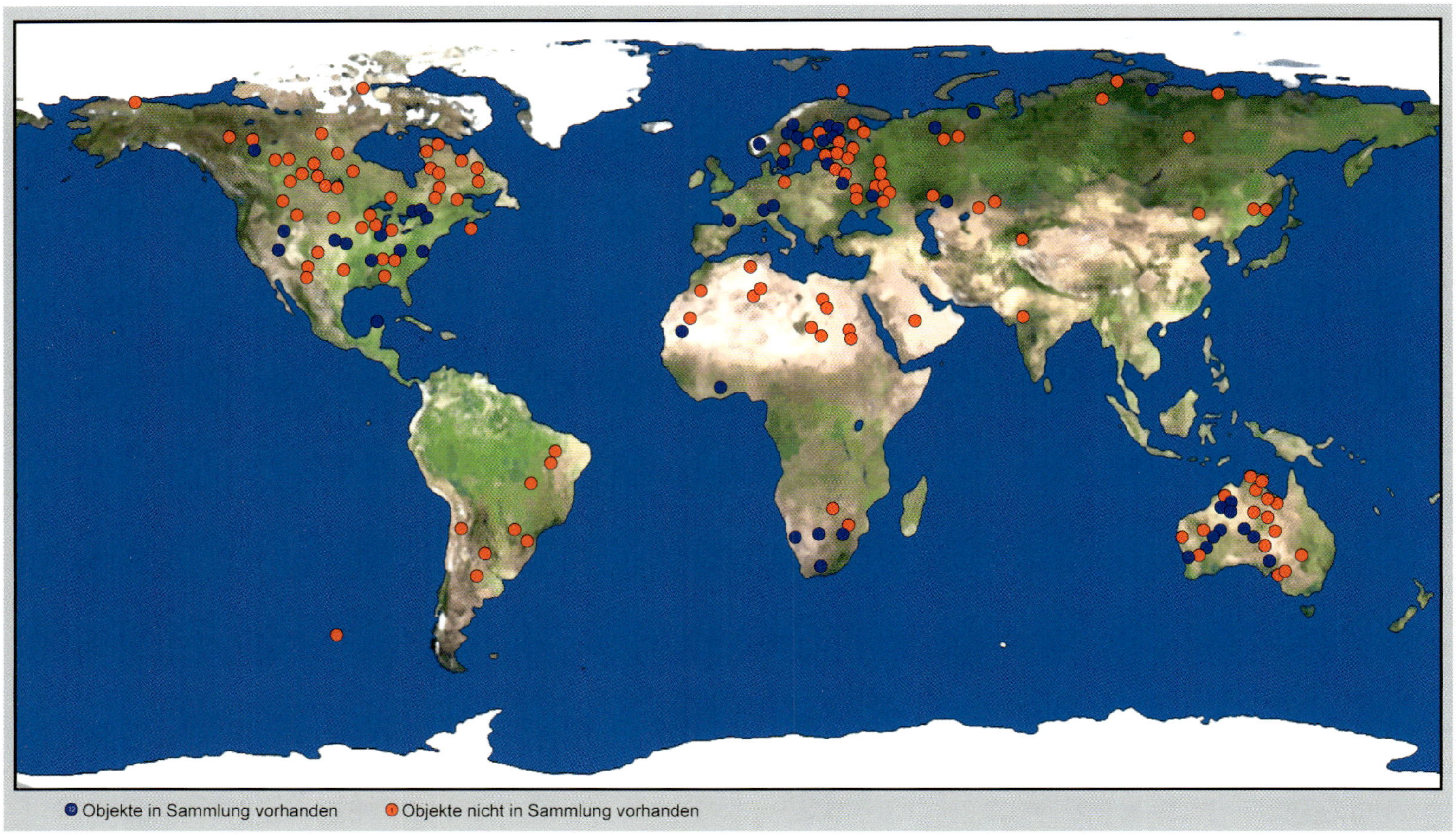

Abb. 10: *Bislang entdeckte Meteoritenkrater der Erde*

Strukturen dingfest zu machen. Krater, die unter Sedimentstapeln begraben sind, sind häufig besser erhalten, erfordern aber kostspielige Tiefbohrungen und geophysikalische Erkundungen, mit deren Hilfe der Untergrund durchleuchtet wird. Bislang sind auf der Erde 175 Meteoritenkrater bekannt, deren Größe zwischen wenigen zehn Metern und 250 Kilometern liegen; jährlich werden indes ein bis zwei neue entdeckt. Eine Reihe weiterer Strukturen könnten sich als Impaktkrater entpuppen, doch sind die bislang erzielten Ergebnisse noch nicht eindeutig. Es ist zu vermuten, dass auf der Erde noch Tausende von Kratern in der Erdkruste verborgen liegen – das Zeitalter der Entdeckungen ist für Kraterforscher noch längst nicht beendet, es hat gerade erst begonnen!

Bei der Suche nach irdischen Kratern muss man natürlich genau wissen, wonach man sucht. Dabei geht es nicht nur um das Aussehen der Krater, das durch Erosion oder anschließende Verformung bis zur Unkenntlichkeit verzerrt sein kann. Es geht auch um die innere Struktur der Krater und die Gesteine und Minerale, die in Kratern gebildet werden können. Forscher, die neue Krater entdecken wollen, müssen wissen, welche Prozesse bei einem Einschlag ablaufen. Das Museum für Naturkunde ist ein Zentrum, in dem Studenten und junge Wissenschaftler speziell in dieser Forschungsdisziplin ausgebildet werden.

Die »Sekunden-Geologie« der Kraterforscher

Wenn große Asteroiden oder Kometen auf Kollisionskurs mit der Erde gehen, die Erdatmosphäre ungebremst durchdringen und auf der Erdoberfläche aufschlagen, wird in Bruchteilen einer Sekunde ihre gesamte Bewegungsenergie auf die Umgebung übertragen. Die Bildung des Meteoritenkraters vollzieht

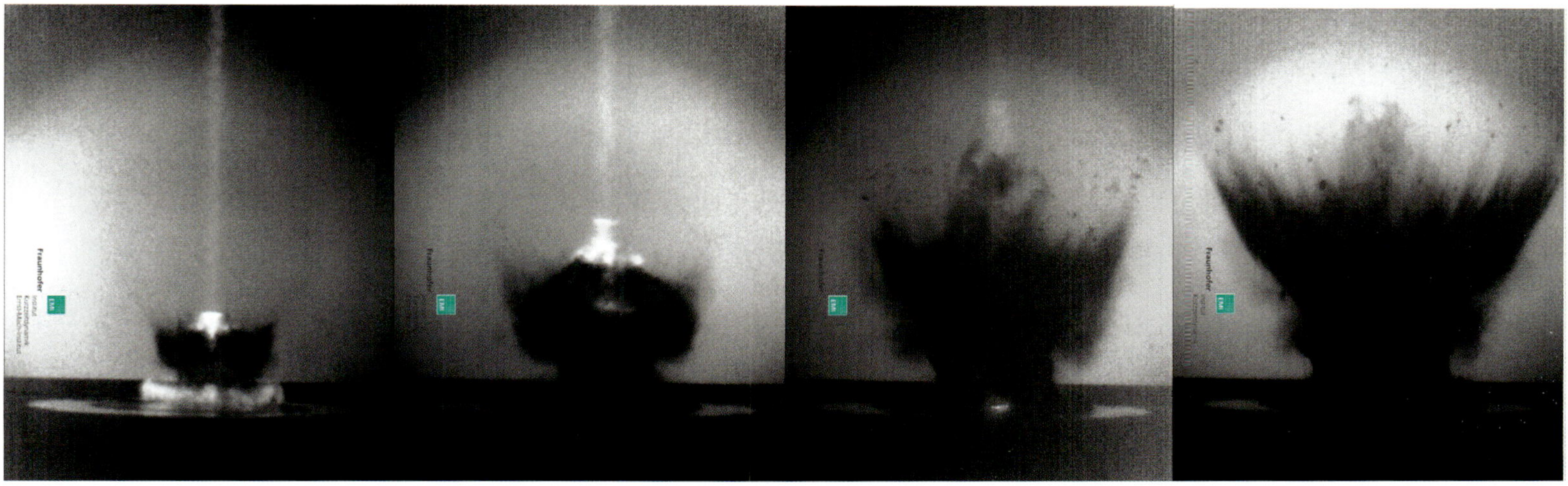

Abb. 11: *Meteoritenkrater-Experiment in einem Sandstein, durchgeführt am Ernst-Mach-Institut für Kurzzeitdynamik in Freiburg. Die Untersuchungen sind ein Kooperationsprojekt mit dem Museum für Naturkunde Berlin. Die Aufnahme zeigt vier Stadien des Auswurfs im Zeitraum von einer Millisekunde.*

sich mit Überschallgeschwindigkeit und ist in Sekunden bis Minuten abgeschlossen.
Geologen müssen gewaltig umdenken, wenn sie verstehen wollen, was da geschieht. Sie sind es gewohnt, in Zeitmaßstäben von Jahrmillionen zu denken, weil geologische Prozesse üblicherweise in dieser Skala ablaufen. Kraterforscher betreiben somit »Sekunden-Geologie«, eine noch sehr junge Forschungsdisziplin, die von Wissenschaftlern des Museum für Naturkunde in Berlin derzeit vorangetrieben wird. Das Instrumentarium hierfür sind einerseits Geländeuntersuchungen in Meteoritenkratern (siehe Seite 130–131) mit der anschließenden Untersuchung der Gesteine im Labor. Andererseits werden künstliche Krater in Schockexperimenten erzeugt und durch mathematische Modellierungen mithilfe leistungsfähiger Computer simuliert. Die Experimente gestalten sich sehr aufwendig, denn man muss die Meteorite auf hohe Geschwindigkeiten bringen. Zu diesem Zweck kooperieren die Mineralogen vom Naturkundemuseum mit Ingenieuren und Physikern des Fraunhofer EMI-Instituts in Freiburg. In einer 40 Meter langen Leichtgas-Beschleunigungsanlage, die zu den weltweit leistungsstärksten zählt, werden zentimetergroße Meteorite auf 20 000 Stundenkilometer beschleunigt, bevor sie ihr Ziel treffen. Die Kraterbildung wird mit Drucksensoren und Hochgeschwindigkeitskameras in allen Stadien aufgezeichnet, und die Ergebnisse werden auf »echte« Krater übertragen. In derartigen Schock-Experimenten können die Veränderungen der Minerale und Gesteine unter definierten Drücken analysiert werden. Auf diese Art geeicht, können diese Daten in natürlichen Meteoritenkratern gleichsam wie bei einem Barometer eingesetzt werden

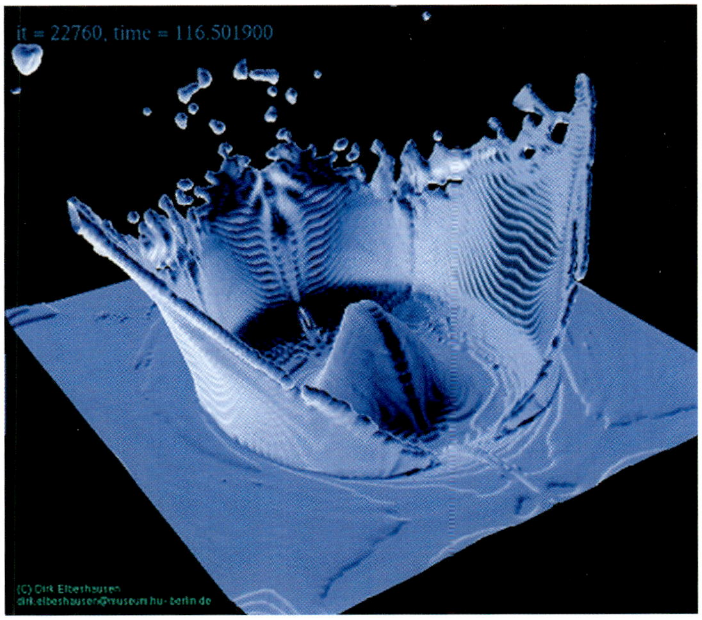

Abb. 12: *Numerische Modellierung eines Meteoriteneinschlags, der mit 45° auf die Erdoberfläche trifft. Die Modellierung von D. Elbeshausen und K. Wünnemann ist Teil der Untersuchungen zur Kraterbildung, die am Museum für Naturkunde Berlin durchgeführt werden.*

Abb. 13: *Blick vom Kraterrand des Wolfe Creek Kraters in Australien. Die Aufnahme entstand im Rahmen einer Geländeexpedition des Museums für Naturkunde.*

und dienen so der Rekonstruktion von Einschlagereignissen.

Die aus den Schockexperimenten gewonnenen Daten waren auch nötig, um ein Kollisions-Ereignis in der Erdgeschichte zu enträtseln, das seinesgleichen sucht. Dieser gewaltige und für uns Forscher höchst spannende Krater liegt in Mexiko und trägt den schwer aussprechbaren Namen Chicxulub. Er ist der drittgrößte bislang bekannte Meteoritenkrater auf der Erde. Zu wissenschaftlichem Ruhm kam er, weil er die Dinosaurier und viele andere Lebewesen »auf dem Gewissen« hat.

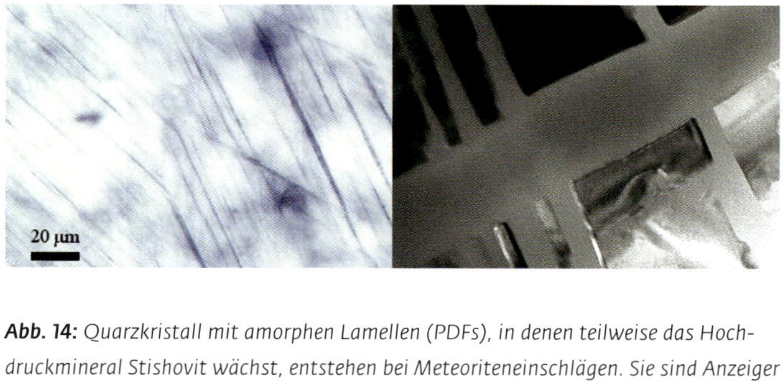

Abb. 14: *Quarzkristall mit amorphen Lamellen (PDFs), in denen teilweise das Hochdruckmineral Stishovit wächst, entstehen bei Meteoriteneinschlägen. Sie sind Anzeiger für Drucke von 13 bis 35 Gigapascal. Die Aufnahmen wurden mit einem Polarisationsmikroskop (links) und einem Transmissionselektronenmikroskop (rechts) am Museum für Naturkunde Berlin gemacht.*

Abb. 15 *Strahlenkegel aus dem Steinheim-Krater, Süddeutschland. Die Bruchstrukturen entstehen bei einer Schockbeanspruchung von 1–5 Gigapascal (ZERIN, MfN)*

Chicxulub, Mexiko – vor 65 Millionen Jahren

Das kleine, unscheinbare Fischerdorf Chicxulub auf der mexikanischen Halbinsel Yucatán wird Schauplatz einer der gewaltigsten Katastrophen, die es je auf der Erde gegeben hat: Ein zehn bis 15 Kilometer großer Asteroid rast mit etwa 70 000 Stundenkilometern auf die Erde zu. Durch die Wucht des Einschlags, die der unvorstellbaren Energie von etwa 87 Millionen Wasserstoffbomben entspricht, wird ein 180 Kilometer großer Krater in die Erdkruste gerissen. Das Alter dieses Kraters, der heute unter jüngeren Sedimenten verborgen ist, fällt mit 65 Millionen Jahren exakt zusammen mit dem Übergang von der Kreide- in die Tertiärzeit, der durch einschneidende Aussterbeereignisse der Flora und Fauna des Erdmittelalters gekennzeichnet ist. Dabei dauerte das gewaltige Ereignis nicht länger als zehn Minuten! Zunächst wurde das Gestein durch Schockeinwirkung blitzartig verändert. Dann wurde durch den Auswurf von zertrümmertem Gestein ein Loch von 35 Kilometern Tiefe gerissen, das einen Durchmesser von 100 Kilometern erreichte. In unmittelbarem Anschluss daran brach der Kratertrichter unter dem Einfluss der Schwerkraft in sich zusammen. Im Zustand der akustischen Verflüssigung türmte

Abb. 16: Einschlag eines 10 km großen Asteroiden auf der Erdoberfläche. Es entsteht ein großer Auswurfkegel, dem eine Schockwelle vorauseilt.

sich mitten im Krater ein 30 Kilometer hoher Berg auf, der sofort wieder in sich zusammenstürzte und im geschmolzenen Gestein versank. Das ausgeworfene, geschockte Gestein ist noch heute an vielen Stellen der Welt als zentimeterdicke Schicht im Übergang von Kreide- zu Tertiärschichten zu finden.

Schon seit langem nehmen Forscher an, dass der Aufprall einen tödlichen Cocktail von Gasen in der Atmosphäre freisetzte: Das Treibgas Kohlendioxid beispielsweise und Schwefeldioxid, das als saurer Regen auf die Erde niederging. Bei der Untersuchung eines 1500 Meter langen Bohrkerns durch den Krater, der im Jahr 2002 von einem international besetzten Forscherteam gezogen und analysiert wurde, machte ich eine unerwartete Entdeckung: Der Asteroid war in Gesteine eingeschlagen, die von Erdöl getränkt waren. Zu allem Überfluss sprengte der Asteroid also gewissermaßen ein riesiges Erdöllager in die Luft – mit entsetzlichen Folgen für die damalige Tier- und Pflanzenwelt.

Meteoriteneinschläge: Katastrophe und Chance zugleich

Ein Ereignis wie jenes in Chicxulub raffte etwa 70 Prozent der Flora und Fauna innerhalb kürzester Zeit

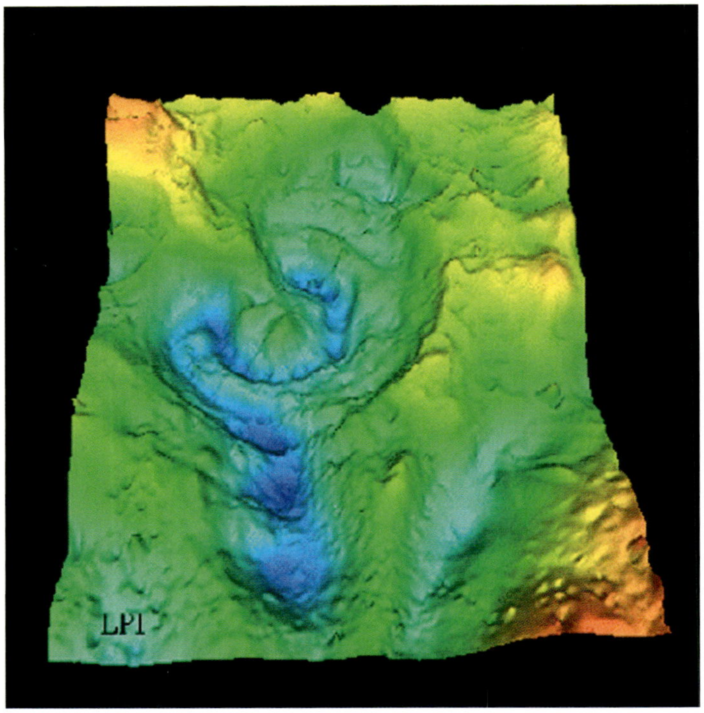

Abb. 17: *Schwerefeldkarte des 180 km großen Chicxulub-Kraters in Mexiko. Der Krater ist unter jüngeren Sedimentschichten verborgen (LPI).*

dahin, darunter auch die Dinosaurier. Nur die wenig spezialisierten und robusten Arten hatten eine Überlebenschance.

Diese Davongekommenen allerdings hatten danach gute Karten: Ihrer natürlichen Feinde entledigt, konnten sie prächtig gedeihen und sich fleißig ausbreiten. Wenn es den Chicxulub-Einschlag vor 65 Millionen

Die Erde hat, wie alle anderen Planeten und Monde des Sonnensystems, viele Einschlagskatastrophen durch Asteroiden und Kometen erlebt und überlebt.

Jahren nicht gegeben hätte, würde ich vermutlich diese Zeilen nicht schreiben, weil sich neben vielen anderen Organismen letztlich auch der Mensch nicht entwickelt hätte. Die Säugetiere fristeten nämlich bis zum Einschlag vor 65 Millionen Jahren ein eher kümmerliches Dasein (so die gängige Vorstellung) – sie lebten buchstäblich im Schatten der Dinosaurier. Vielfach wird vermutet, dass sie sich erst nach dem Einschlag rasch entwickeln konnten, als die Vorherrschaft der Dinos gebrochen war.

Die Erde hat, wie alle anderen Planeten und Monde des Sonnensystems, viele Einschlagskatastrophen durch Asteroiden und Kometen erlebt und überlebt. Statistisch gesehen, geschieht eine Katastrophe mit den Folgen der Entstehung des Chicxulub-Kraters etwa alle 200 Millionen Jahre. Vermutlich haben diese Einschläge auf der Erde der Evolution der Lebenswelt also wiederholt frischen Wind und neue Impulse verliehen, neue Lebensformen auszuprobieren.

Apropos Lebensformen: Wussten Sie, dass die himmlischen Geschosse auch als *die* Überträger lebenswichtiger Baustoffe wie Kohlenstoff, Sauerstoff, und Wasserstoff auf die Erde gelten? Kometen und einige Typen von Asteroiden, sogenannte kohlige Chondrite, enthalten beträchtliche Anteile hochpolymerer Kohlenwasserstoffverbindungen, darunter auch Aminosäuren. Sie haben vermutlich in der Frühphase der Erdentwicklung vor 4,6 bis 3,5 Milliarden Jahren eine entscheidende und stimulierende Rolle für die Entfaltung von Leben auf unserem Planeten gespielt. Daher gilt: Einschläge sind nicht nur destruktiv! Die Kollisionen fester Körper mit der Erde sind – planetologisch betrachtet – etwas völlig Normales und ein grundlegender Prozess im Sonnensystem. Ohne sie gäbe es keine Planeten – und vermutlich auch kein Leben auf der Erde.

Kosmischen Geschossen auf der Spur

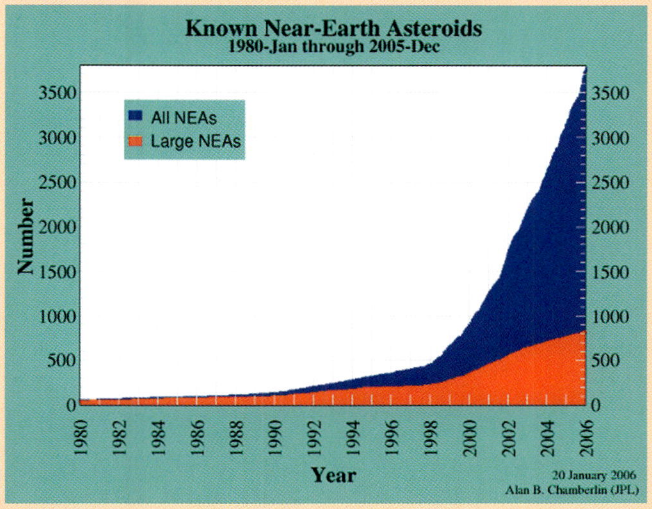

***Abb. 1:** Seit 1998 wächst die Anzahl der Asteroide, die die Erdbahn kreuzen, durch laufende Neuentdeckungen rapide an. Rot sind Asteroide gekennzeichnet, die über 1 km groß sind.*

Thomas Kenkmann Asteroiden-Suchprogramme wie LINEAR *(Lincoln Near Earth Asteroid Research)* oder SPACEWATCH laufen derzeit auf Hochtouren, um erdbahnkreuzende Asteroiden aufzuspüren, ihre Bahnverläufe exakt zu vermessen und das Risiko zukünftiger Kollisionen zu bestimmen. Wöchentlich werden neue Objekte erfasst. Die Fachleute bezeichnen diese Objekte als NEOs, *Near-Earth-Objects*. Deren Gesamtzahl beläuft sich zur Zeit (Stand 2006) auf etwa 3700, wovon knapp 800 einen Durchmesser von einem Kilometer und mehr haben. Die Anzahl der NEOs mit einem Durchmesser von mehr als einem Kilometer wird nicht wesentlich über 1000 anwachsen. Von den kleineren Asteroiden haben wir allerdings erst einen Bruchteil entdeckt.

Die NASA unterscheidet eine weitere Kategorie wirklich ernst zu nehmender Objekte, die sie als

Wissenschaftler sind in der Lage, die Wahrscheinlichkeit von Asteroideneinschlägen auf der Erde zu berechnen.

PHAs *(Potentially Hazardous Asteroids)* bezeichnet. Diese müssen mindestens 150 Meter groß sein und der Erde auf jeden Fall näher als 7,5 Millionen Kilometer kommen können. Von dieser Sorte der »Killer-Asteroiden« sind bislang 825 bekannt geworden. Die NASA-Homepage informiert stets über die aktuellen nahen Vorbeiflüge von NEOs und PHAs (http://neo.jpl.nasa.gov/ca). Das Einschlagsrisiko und die zu erwartende Schadenswirkung wird zudem in Bedrohungsskalen, der Palermo-Skala und Torino-Skala erfasst.

Nach dem heutigen Wissensstand könnten zwei Ereignisse für die Menschheit interessant werden: Für den 13. April 2029 ist der nahe Vorbeiflug des Asteroiden 99942-Apophis vorausberechnet, der sich der Erde bis auf 34 000 Kilometer nähern soll. Der 500 Meter große Asteroid 2004-VD17 hat eine Kollisionswahrscheinlichkeit mit der Erde von 1:1000 für das Jahr 2102, das entspricht der Stufe 2 der Torino-Skala.

Wissenschaftler sind mittlerweile in der Lage, die statistische Wahrscheinlichkeit von Asteroideneinschlägen bestimmter Größe auf der Erde zu berechnen. Sie bedienen sich hierzu nicht nur der Daten der Asteroiden-Suchprogramme, sondern auch der Häufigkeits- und Größenverteilung von Kratern auf dem Mond, die sehr gut mit der NEO-Größenverteilung korrelierbar sind: Ein Krater von einem Kilometer Größe, der durch ein 70 Meter großes Geschoss entsteht, wird demnach etwa alle 1000 Jahre einmal entstehen, ein 20 Kilometer großer Krater wird hingegen nur einmal pro Million Jahre geschlagen. Kollisionen mit zehn Kilometer großen Asteroiden, die Krater von 150–200 Kilometern Größe reißen, geschehen statistisch gesehen nur alle 100 bis 200 Millionen Jahre einmal.

***Tabelle 1:** Statistische Häufigkeit, mit der Meteoritenkrater einer bestimmten Größe entstehen.*

Asteroid Durchmesser	Energie in Megatonnen TNT	Krater Durchmesser	Häufigkeit (1 mal in x Jahren)	Beispiel
50 m	9,4	Streuellipse	610	Morasko, Polen
100 m	75	1 km	3100	Wolfe Creek, Australien
500 m	9400	8 km	130 000	Lockne-Krater, Schweden
1 km	75 000	20 km	620 000	Nördlinger Ries, BRD
5 km	940 000	65 km	26 000 000	Siljan-Krater, Schweden
10 km	75 000 000	120 km	130 000 000	Popigai, Russland

Meteoriten-Einschlag und die Folgen

Thomas Kenkmann Die Geschwindigkeit, mit der ungebremste Asteroiden und Kometen auf die Erde treffen, liegt zwischen 40 000 und 270 000 Stundenkilometern. Die meisten treffen schräg zur Erdoberfläche auf, aber auch Streifschüsse oder Frontalkollisionen sind möglich. Die Hauptrolle für die Kraterbildung spielt die Bewegungsenergie, die von der Masse und der Geschwindigkeit des Geschosses abhängt.

Ist der Asteroid oder Komet nur wenige Meter bis etwa 50 Meter groß, zerbricht er in der Regel in der Atmosphäre in viele einzelne Brocken – ja, er kann regelrecht explodieren! Die größeren Stücke werden durch die Atmosphäre schwächer abgebremst als die kleinen. Die einschlagenden Brocken bilden eine Vielzahl kleiner Krater, die zusammen ein elliptisches Streufeld bilden. Die Aufschlagsenergie reicht nicht aus, das meteoritische Gestein vollständig aufzuschmelzen und zu verdampfen, sodass in Krater-Streufeldern immer Reste des kosmischen Geschosses zu finden sind.

Es gibt eine Reihe von Krater-Streufeldern auf der Erde. Das jüngst von Hobbyforschern postulierte Krater-Streufeld im Chiemgau in Bayern hält dagegen einer wissenschaftlichen Begutachtung nicht stand, denn es wurden weder Bruchstücke des Geschosses gefunden, noch ist es möglich, dass eine Streu-Ellipse mit einer Breite von 27 Kilometern entsteht.

Asteroiden, die größer als 50 bis 100 Meter sind, zerbersten nicht mehr und rasen fast ungebremst durch die Atmosphäre auf die Erde zu. Die entstehenden Meteoritenkrater messen ein Vielfaches der Asteroidgröße. Mit dem Aufschlag auf die Erdoberfläche wird die Bewegungsenergie des Asteroiden oder Kometen in Sekundenbruchteilen auf die Erdoberfläche übertragen. Beide Körper werden schockartig verdichtet. Diese Schockwelle breitet sich mit Überschallgeschwindigkeit aus. Die entstehenden Drücke erreichen millionenfachen Atmosphärendruck, und die Temperaturen steigen so weit an, dass der Asteroid sowie das Gestein nahe dem Aufschlagpunkt verdampfen, in weiterer Entfernung schmilzt das Gestein. Den Asteroiden wird man also vergebens im Krater suchen. Weiter entferntes Gestein wird durch die Schockwelle in mannigfaltiger Weise verändert. Der atomare Aufbau der Minerale wird durch die Schockwelle teilweise so stark durcheinander gebracht oder zerstört, dass amorphe Gläser oder Hochdruckminerale wie Diamant entstehen. Außerdem setzt die Schockwelle das Gestein in Bewegung: Ein Teil des Gesteins wird herausgeschleudert, ein anderer Teil wird in den Krateruntergrund gepresst. Hierdurch entsteht eine tiefe, schüsselartige Hohlform, die etwa zur Hälfte mit zurückfallendem Auswurfmaterial verfüllt wird und einem Sprengtrichter ähnelt. Weil diese Krater relativ einfach aufgebaut sind, werden sie als »einfache Krater« bezeichnet. Auf der

Abb. 1: *Gesteinsglas, sogenannter Tektit, aus dem Nördlinger Ries (Impakt-Sammlung MfN)*

Abb. 3: *Strahlenkegel des Haughton Dome Meteoritenkraters (Impaktsammlung MfN)*

Abb. 2: *Angeschliffene Schmelzbombe aus dem Suevit des Nördlinger Ries Kraters (Impaktsammlung MfN)*

Abb. 4: *Polierte Gesteinsplatte aus dem größten Meteoritenkrater der Erde, Vredefort, Südafrika. Die dunklen Gesteinsbereiche waren aufgeschmolzen. (Impaktsammlung MfN)*

Abb. 5: *Der Wolfe Creek Krater in Australien hat einen Durchmesser von 850 m. Er gehört zu der Gruppe der »einfachen« Krater.*

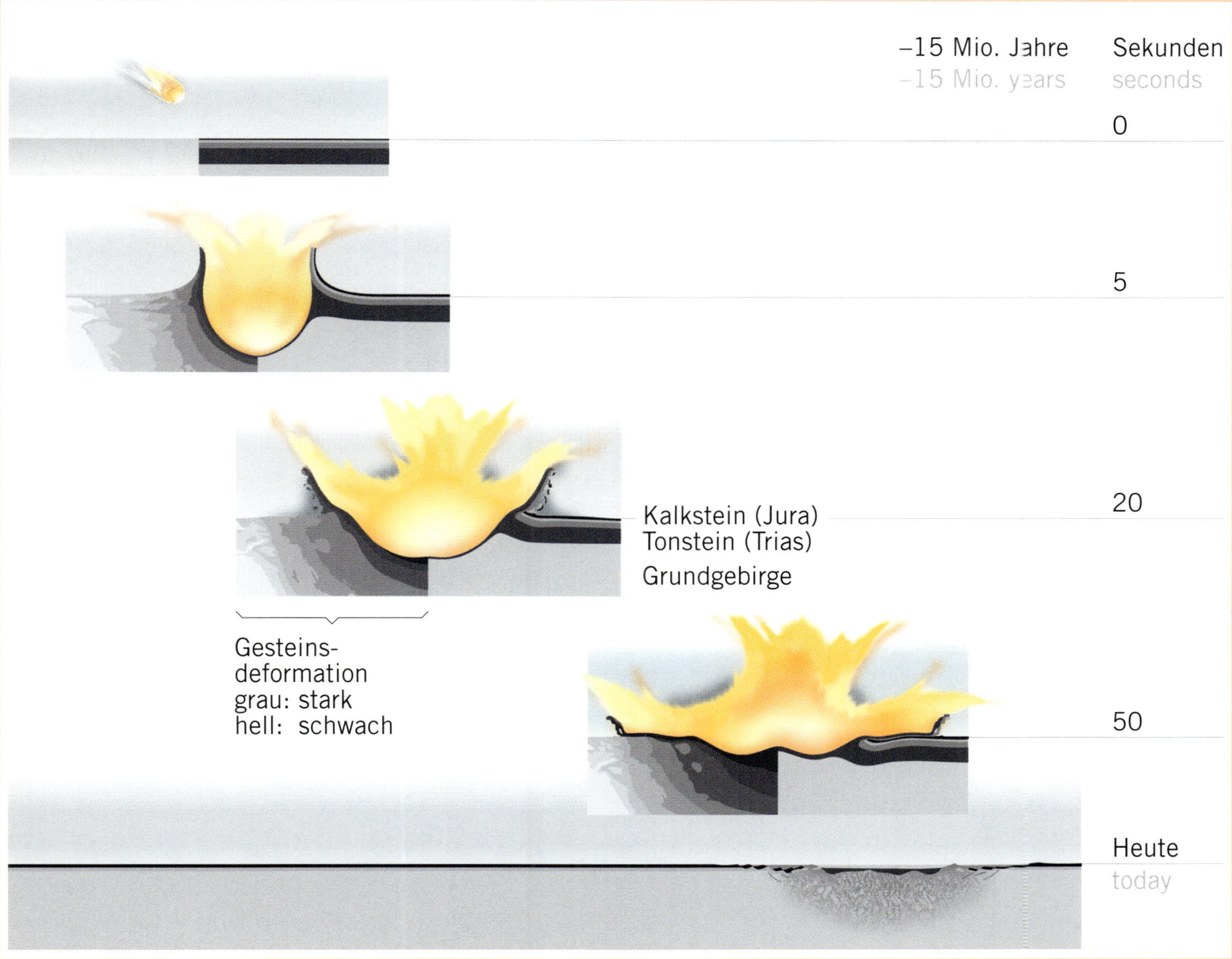

***Abb. 6:** Entstehung des 26 km großen Kraters Nördlinger Ries in Süddeutschland.*

Erde wurden viele einfache Krater entdeckt. Ein Beispiel ist der 850 Meter große Wolfe-Creek-Krater in Australien, dessen Zentrum später mit Sedimenten teilweise verfüllt wurde; er wurde während einer Expedition im Jahr 2006 von Wissenschaftlern des Berliner Naturkundemuseums untersucht.

Meteoritenkrater messen ein Vielfaches der Asteroidgröße.

Werden die Krater auf der Erde jedoch tiefer als einen Kilometer, werden sie unmittelbar nach ihrer Bildung instabil. Die Festigkeit dieser komplexen Krater ist kurzfristig herabgesetzt, weil sich das Gestein, nachdem es von der Schockwelle durchlaufen wurde, in einem »vibrierenden« Zustand befindet, der große Gesteinsblöcke regelrecht tänzeln lässt. Der gesamte Krater befindet sich somit kurzzeitig in einem Zustand »akustischer Verflüssigung«. Ähnlich einem Wassertropfen, der beim Auftreffen auf der Wasseroberfläche die Bildung eines nach oben schnellenden Tropfens auslöst, schwingt bei großen Kratern der Kraterboden nach der Bildung der Hohlform nach oben und lässt eine zentrale Aufwölbung entstehen. Gleichzeitig bricht der steile Kraterrand nach innen weg und vergrößert dadurch den Krater. Viele der irdischen Krater zeigen eine derartige Struktur. Geologen und Planetologen bezeichnen diese Strukturen als komplexe Krater. Das Nördlinger Ries in Süddeutschland ist ein Beispiel für einen derartigen Krater.

Meteorite: Bruchstücke fremder Welten

Ansgar Greshake

Meteoritenfälle sind spektakuläre Ereignisse. Ein Feuerball stürzt, begleitet von lautem Donner, gleißend hell aus dem Himmel und schlägt auf der Erdoberfläche ein. Es verwundert kaum, dass viele Menschen in derartigen Urgewalten Vorboten drohenden Unheils, ja sogar des Weltuntergangs sahen. Mit welcher Angst die Menschen Meteoriten begegneten, wird im Zusammenhang mit dem ältesten bezeugten Meteoritenfall Europas berichtet: Am Vormittag des 7. November 1492 fiel in der Nähe des elsässischen Ensisheim ein 127 Kilogramm schwerer Steinmeteorit mit gewaltigem Donner in ein Weizenfeld. Just an diesem Tage weilte der Kaiser des Heiligen Römischen Reiches Deutscher Nation, Maximilian I., in dem kleinen Ort. Sogleich ließ er den Stein zu sich bringen, ihn – da er teuflische Mächte im Spiel sah – in Ketten legen und in der Pfarrkirche aufhängen.

Abb. 1: *Blick in den Mineraliensaal des Museums für Naturkunde. Im Vordergrund steht ein 215 kg schweres Stück des Eisenmeteoriten Gibeon, der 1836 in Namibia gefunden wurde.*

Aber was fällt denn da eigentlich wirklich vom Himmel? Erst während der Aufklärung im 17. und 18. Jahrhundert begann man, Meteoritenfälle weniger mystisch zu betrachten. Allgemein bestand die Auffassung, die Steine werden entweder von Vulkanen ausgespuckt, in Wolken kondensiert, oder es handele sich um durch Blitze verkohlte Vögel. Eine außerirdische Herkunft war undenkbar, wider jegliche Vernunft, und derartigen Behauptungen wurde mit Spott und Hohn begegnet. Im Jahre 1794 jedoch veröffentlichte der Wittenberger Physiker Ernst Florens F. Chladni eine Schrift, in der er Belege für den kosmischen Ursprung der Meteorite präsentierte. Chladni hatte hierzu eine von dem Berliner Naturforscher Peter Simon Pallas in Russland beschriebene Eisenmasse, von der er ein Stück besaß, genau untersucht und zudem eine Fülle von Augenzeugenberichten über Meteoritenfälle studiert. Zunächst heftig angefochten, erfuhr Chladnis These schließlich ihre Bestätigung durch Forschungsberichte zu den Meteoritenfällen von Wold Cottage (1795) und vor allem von L'Aigle (1803). Heute gilt das Jahr 1794 allgemein als Gründungsjahr der wissenschaftlichen Meteoritenkunde, und die private Meteoritensammlung Chladnis – seinerzeit die größte der Welt – wird heute im Museum für Naturkunde in Berlin aufbewahrt.

Schnell folgten weitere Meilensteine der Erforschung von Meteoriten. So entdeckten der englische Chemiker Edward Howard und der Berliner Professor für Chemie Martin Klaproth, dass Eisenmeteorite Anteile von Nickel enthalten und daher wesentlich weniger schnell verrosten als reines Eisen. Einige Jahre später machten Guglielmo Thomson und Alois Beck von Widmannstätten die heute nach Letzterem benannten kristallographischen Strukturen von Eisenmeteoriten sichtbar. Schließlich veröffentlichte 1863 der Berliner Gustav Rose, Professor für Mineralogie und Direktor des Mineralogischen Museums (das heute Teil des Berliner Museums für Naturkunde ist), eine mineralogische Klassifikation der Meteorite. Diese gilt in Grundzügen heute noch. Rose hatte sich der Sammlung des Museums bedient und von den verschiedenen Steinmeteoriten Dünnschliffe herstellen lassen – wenige Hundertstel Millimeter dünne Gesteinsscheiben, durch die Licht fiel und die er mikroskopieren konnte. Er stellte fest, dass viele der untersuchten Steine kleine Schmelzkügelchen enthielten und benannte sie nach dem griechischen Wort für Korn *Chondren* und die Meteorite, die sie enthielten, *Chondrite*.

Basierend auf den Arbeiten von Rose und anderen unterscheiden wir heute drei Gruppen von Meteoriten: Steinmeteorite, Eisenmeteorite und Stein-Eisen-Meteorite, wobei Steinmeteorite mit Abstand am häufigsten vorkommen. Unter den Steinmeteoriten

Abb. 2: *Eine rechteckige Platte (~ 5 × 2 cm) und ein Federmesser (8,4 cm lang) aus dem Besitz E. F. F. Chladnis. Beide Objekte sind ein Geschenk v. Widmannstättens an Chladni und wurden aus dem Eisenmeteoriten Elbogen, der um 1400 in der Tschechischen Republik gefunden wurde, hergestellt.*

Abb. 3: *Polierte und angeätzte Scheibe des Eisenmeteoriten Carbo, der 1923 in Mexiko gefunden wurde. Deutlich sichtbar sind die sogenannten Widmannstättenschen Figuren aus hellem Taenit und dunklem Kamazit. Bildausschnitt ca. 3,5 cm.*

Abb. 4: *Dünnschnitt des Meteoriten Allende, der am 8. Februar 1969 in Mexiko auf die Erde fiel. Bei den weißlichen Objekten handelt es sich um Ca,Al-reiche Einschlüsse, die mit einem Alter von 4,57 Milliarden Jahren die älteste Materie unseres Sonnensystems sind. Die Objektbreite beträgt 3,1 cm.*

sind die von Rose benannten Chondrite am häufigsten zu finden. Diese Gesteine stellen die ursprünglichste, am wenigsten veränderte feste Materie dar, die wir aus dem Sonnensystem kennen. Ihre Bestandteile wurden durch Zusammenballung von Staub im frühen Solarnebel vor etwa 4,5 Milliarden Jahren zusammengefügt und danach nicht mehr verändert. Allerdings haben in den meisten Chondriten die Einwirkung von Wasser oder Eis und eine immer höher werdende Temperatur im Mutterkörper die chemische Zusammensetzung der Minerale und das Gefüge mehr oder weniger stark verändert.

Kohlige Chondrite, die ursprünglichsten der Chondrite, enthalten zudem bis zu wenige Zentimeter große weißliche Einschlüsse, die aus den ersten Mineralien aufgebaut werden, die bei der Abkühlung des heißen solaren Gases durch Kondensation entstanden sind. Diese sogenannten kalzium- und aluminiumreichen Einschlüsse stellen mit 4,57 Milliarden Jahren die älteste feste Materie des Sonnensystems dar. In einigen der kohligen Chondrite wurden sogar organische Moleküle entdeckt, darunter 74 verschiedene Typen von Aminosäuren, die heute als Ur-Bausteine des Lebens gedeutet werden.

Eine weitere faszinierende Entdeckung machten Wissenschaftler in diesen Meteoriten: Sie fanden winzige Kristalle von Diamant, Siliziumkarbid und inzwischen auch Silikaten, deren chemische Zusammensetzung belegt, dass sie von benachbarten Sternen stammen. Kurz vor der Bildung unserer Sonne und der Planeten wurden diese staubförmigen Überreste durch gewaltige Supernova-Explosionen in unseren solaren Urnebel geschleudert.

Neben den nahezu unveränderten Chondriten gibt es eine zweite große Gruppe von Steinmeteoriten, die man als Achondrite bezeichnet, weil sie keine Chondren enthalten. Sie sind in ihren Mutterkörpern durch teilweises oder vollständiges Aufschmelzen des ursprünglich chondritischen Materials entstanden. So findet man unter ihnen an der Oberfläche ausgeflossene Basalte und unter der Oberfläche kristallisierte Tiefengesteine. Typische Achondrite sind die Eukrite

Abb. 5: *Der Asteroid Ida hat eine Längsausdehnung von etwa 52 km, und seine Oberfläche ist mit Einschlagkratern übersät. Die meisten Meteorite, die auf die Erde fallen, stammen von derartigen Asteroiden.*
Quelle: NASA/JPL-Caltech

Abb. 6: Ein Individuum des Meteoriten Stannern, der als Schauer aus 66 Steinen am 22. Mai 1808 in der Tschechischen Republik niederging. Es ist ein Basalt, der von einem sehr großen Asteroiden stammt. Auf der schwarzen Schmelzkruste sind Flugspuren zu erkennen. Das Stück ist etwa 11 cm breit.

Abb. 7: Polierte Scheibe des Stein-Eisen-Meteoriten Esquel. Grünliche Olivinkristalle sind in Eisen-Nickel-Metall eingebettet. Meteorite dieser Gruppe werden nach dem Berliner Naturforscher Peter Simon Pallas Pallasite genannt. Die Scheibe misst 18,5 cm in der Breite.

(Basalte), Diogenite (Pyroxenite) und Howardite (»Mischgesteine« mit eukritischen und diogenitischen Anteilen), von denen man glaubt, dass sie von 4 Vesta stammen, dem mit etwa 540 Kilometern Durchmesser drittgrößten Asteroiden unseres Sonnensystems.
Achondrite, Eisenmeteorite und Stein-Eisenmeteorite belegen einen Prozess, den die Geologen als Differentiation bezeichnen. Bei vollständiger Aufschmelzung des Gesteins sinken unter dem Einfluss der Schwerkraft die Elemente und Verbindungen hoher Dichte in den Kern des jeweiligen Körpers, während die leichteren Bestandteile in seiner äußeren Hülle konzentriert werden. Die terrestrischen Planeten und einige große Asteroide sind daher aus einem metallischen Eisen-Nickel-Kern, einem Mantel aus schwerem und einer äußeren Hülle aus leichterem Silikatgestein aufgebaut.
Die bereits erwähnten Eukrite und Diogenite sowie die Eisen- und Stein-Eisen-Meteorite lassen sich daher unterschiedlichen geologischen Regionen der Himmelskörper zuordnen: Eukrite repräsentieren demnach Gesteine, die auf einem großen Asteroiden aus Magma kristallisierten, Diogenite Material, das in einer tiefer gelegenen Magmenkammer entstand, Stein-Eisenmeteorite Proben von der Mantel-Kern-Grenze und Eisenmeteorite Material aus dem Kern eines differenzierten planetaren Körpers.
Zu den Achondriten gehören die seltensten und spektakulärsten Meteorite, die bisher auf der Erde gefunden wurden. Sie stammen nicht aus dem Asteroidengürtel, sondern von unserem Mond und dem Mars. Bis heute wurden hauptsächlich in der Antarktis und in Wüstengebieten 46 Mond- und 38 Marsmeteorite gefunden – ein überaus kostbares Material.
Der größte Teil der Mondmeteorite sind sogenannte Brekzien, aus Bruchstücken verschiedener Minerale und Gesteine zusammengesetzt und durch eine glasige Schmelze zusammengehaltene Gesteine. Meist entstammen sie dem über vier Milliarden Jahre alten Hochland des Mondes. Nur einige wenige Mondmeteorite sind basaltisch und repräsentieren die jüngeren Mare-Gebiete des Mondes.
Marsmeteorite wurden lange Zeit nicht als Bruchstücke unseres Nachbarplaneten erkannt. Erst die Analyse kleiner Schmelzeinschlüsse in einigen dieser Gesteine gab den entscheidenden Hinweis. In ihnen fanden Wissenschaftler kleine, mit Gas gefüllte Blasen. Die Zusammensetzung dieses Gases entspricht derjenigen

Abb. 8: *Bruchstück des Marsmeteoriten Nakhla, der am 28. Juni 1911 als Schauer von 40 Steinen in Ägypten auf die Erde fiel. Die glänzend schwarze Schmelzkruste entstand beim Eintritt in die Erdatmosphäre. Das gezeigte Stück ist etwa 6 cm breit.*

der Marsatmosphäre, die man zum Beispiel aus Messungen der »Viking«-Landesonden kennt. Ein weiteres Argument für die Herkunft vom Mars ergab sich aus dem relativ jungen Alter der Marsmeteorite: einige sind nur etwa 160 bis 200 Millionen Jahre alt, andere kristallisierten vor 1,3 Milliarden Jahren. Im Gegensatz zum Mond oder zum Planeten Merkur herrschte auf dem Planeten Mars bis in geologisch jüngere Zeit ein aktiver Vulkanismus. Marsmeteorite sind bis heute die einzigen Proben unseres Nachbarplaneten und geben Zeugnis von der abwechslungsreichen geologischen und klimatischen Geschichte des Mars.
Wie spannend das Studium von Meteoriten sein kann, zeigen neueste Forschungsergebnisse amerikanischer Wissenschaftler. Diese konnten belegen, dass in bestimmten Meteoriten enthaltene organische Kügelchen schon in der Frühphase unseres Sonnensystems vor etwa 4,5 Milliarden Jahren gebildet wurden. Somit könnten Meteorite die entscheidenden Moleküle für die Entstehung des Lebens auf der Erde gebracht haben.
Auch in der Meteoritensammlung am Museum für Naturkunde, mit über 4600 Fundstücken weltweit eine der größten dieser Art und in Deutschland konkurrenzlos, lagern Meteorite, an denen ähnlich spannende und aktuelle Forschung betrieben wird wie die zur Frühphase unseres Sonnensystems. Im Mittelpunkt stehen dabei beispielsweise Marsmeteorite, die insbesondere hinsichtlich ihrer Mineralogie und der einsetzenden Veränderung während des Auswurfs vom Mars, der sogenannten Stoßwellenmetamorphose, untersucht wurden. Ziel der Studien ist es, die Drücke und Temperaturen während des Auswurfs sowie die Anzahl von Auswurfereignissen aufzuklären, um so Rückschlüsse auf die Herkunftsgebiete der Meteorite, auf eventuelle klimatische Einflüsse beim Auswurf und auf einen möglichen Transfer von primitiven Lebensformen durch die Meteorite zu ziehen. Die Ergebnisse für 18 untersuchte Marsmeteorite zeigen, dass die erreichten Drücke und Temperaturen zum Teil so niedrig waren, dass – zumindest theoretisch – primitive Lebensformen auf oberflächennahen Gesteinen des Mars einen solchen Einschlag überleben und so vom Mars entfernt werden könnten. Die Kombination mineralogischer Daten mit numerischen Modellierungen legt zudem nahe, dass der Auswurf von Marsmeteoriten stark durch das Klima des Mars bestimmt wird. So wird der Auswurf beispielsweise durch die Bedeckung der Oberfläche mit Gletschern sehr erschwert. Gletscherabdeckungen könnten erklären, warum überdurchschnittlich viele der Marsmeteorite junge Entstehungs-

Meteorite könnten die entscheidenden Moleküle für die Entstehung des Lebens auf die Erde gebracht haben.

alter haben, obwohl derartige geologisch junge Regionen auf dem Mars gar nicht so häufig vorkommen. Umgekehrt lässt sich durch das Auswurfalter dieser geologisch jungen Meteorite das Ende der letzten großen Eiszeit auf dem Mars genauer bestimmen.
So liefern in unseren Sammlungen vorhandene Marsmeteorite wichtige Informationen über unseren Nachbarplaneten, die sonst nur durch kostspielige Weltraummissionen zu erlangen wären.

Wechselspiel der Sphären: Fein verzahnte Kreisläufe steuern das System Erde

Thomas Kenkmann und Wolfgang Kiessling

Die Erde ist kompliziert – und keineswegs so fest und starr, wie die Menschen lange glaubten. Ob wir ins Erdinnere schauen oder hinauf zum Himmel: überall ist Materie in Bewegung, mal gemächlich und schleppend, mal turbulent. Auch das uns vertraute Bild der Kontinente und Ozeane ist nur eine Momentaufnahme. Seit Milliarden Jahren verschieben sich die Lithosphärenplatten, durch mächtige Wärmewalzen im Erdmantel angetrieben, und mit ihnen Kontinente und Ozeane. Sie schrammen aneinander vorbei, reißen auf oder schieben sich übereinander. Resultate dieser plattentektonischen Bewegungen sind Erdbeben, Vulkanausbrüche und Gebirge. Strömungen in den Ozeanen sowie Klima und Wetterphänomene in der Atmosphäre werden dagegen durch die Sonne in Bewegung gesetzt. Die Sphären der Erde – die Lithosphäre, die Hydrosphäre und die Atmosphäre – stehen untereinander in intensivem Stoffaustausch

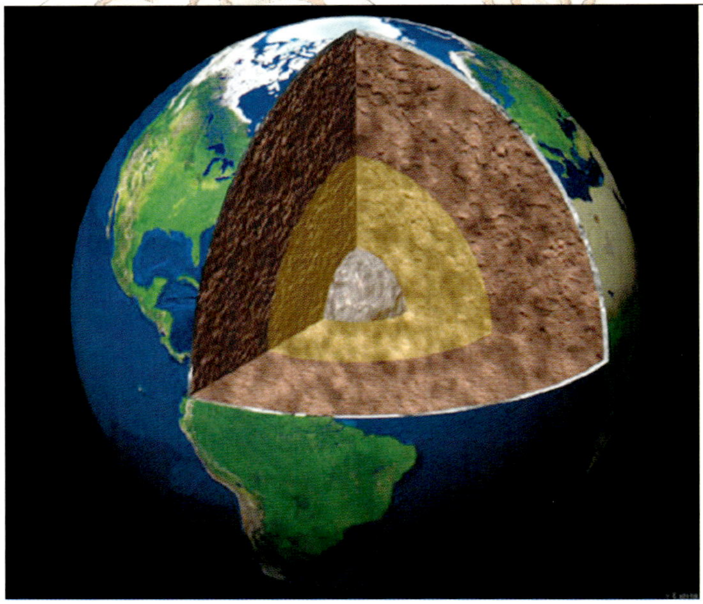

Abb. 1: *Der Schalenbau der Erde, bestehend aus Erdkruste (weiß), Erdmantel (rot) sowie äußerem, flüssigen Erdkern (gelb) und innerem, festen Erdkern.*

und bilden gemeinsam die Basis für die Entwicklung der Biosphäre. Die Lebenswelt selbst ist in der Lage, den eigenen Lebensraum zu verändern. So ist der lebensnotwendige Sauerstoff unserer Atmosphäre die Folge einer biologischen Überschussproduktion der Vorzeit. Wissenschaftler verschiedenster Fachrichtungen erforschen diese verzahnten und verzwickten Bewegungen und Kreisläufe der Erde, die auf vielfältige Weise ineinandergreifen und positive wie negative Selbstverstärkungs-Mechanismen auslösen, von denen einige der wichtigsten Kreisläufe hier vorgestellt werden. Aktuell bekommen wir diese verzahnten Kreisläufe zu spüren, denn eine Tierart – wir selbst, der Mensch – greift mittlerweile so massiv in die Stoffkreisläufe und das Wechselspiel der Sphären ein (ohne diese aber vollständig zu verstehen, geschweige denn kontrollieren zu können), dass sich das Klima der gesamten Erde verändert – und mit ihm die Lebensräume von Millionen anderer Tier- und Pflanzenarten.

Walzen im Erdmantel steuern die Gestalt der Erdoberfläche

Haben Sie schon einmal kochendes Wasser im Kochtopf beobachtet? Sie werden vielleicht bemerkt haben, dass das Wasser an einigen Stellen sprudelnd aufsteigt, während gleichzeitig andere Bereiche der Wasseroberfläche vergleichsweise ruhig sind. Insgesamt beschreibt das Wasser walzenartige Auf- und Abbewegungen. Am Boden des Kochtopfes wird es durch die Kochplatte erhitzt. Dadurch wird das Wasser dort leichter als in den überlagernden kälteren Schichten, erfährt Auftrieb und sucht sich einen Weg an die Oberfläche. Dort angekommen, kühlt das heiße Wasser allmählich wieder ab; es wird dabei schwerer und sinkt wieder ab. Dieses Phänomen des Wärmetransports wird Konvektion genannt.

Etwa das Gleiche passiert im Erdmantel, jener schalenartigen Zone der Erde, die sich in einer Tiefe von etwa 100 bis 2 900 Kilometern erstreckt. Hier allerdings haben wir es mit einem erdumspannenden Maßstab zu tun, und mit einer anderen Substanz. Statt Wasser handelt es sich um Gestein, das vorwiegend aus den Elementen Silizium, Magnesium, Aluminium, Eisen und Sauerstoff besteht und extrem dicht zusammengedrückt wird. Diese Elemente sind die Bausteine für Minerale wie Olivin, Pyroxen, Granat, die das Mantelgestein Peridotit aufbauen. Mit zunehmender Tiefe entstehen weitere Hochdruckminerale wie Perowskit und Spinell. Obwohl der Mantel weitgehend kristallin und fest ist, reagiert das Gestein auf lange Sicht extrem zähflüssig – und ist dennoch in der Lage, wenn auch sehr langsam, zu konvergieren. Das kochende Wasser in unserem Kochtopf benötigt Sekunden, um einmal aufzusteigen und wieder abzusinken; das hochviskose Gestein des Erdmantels benötigt für einen Konvektions-

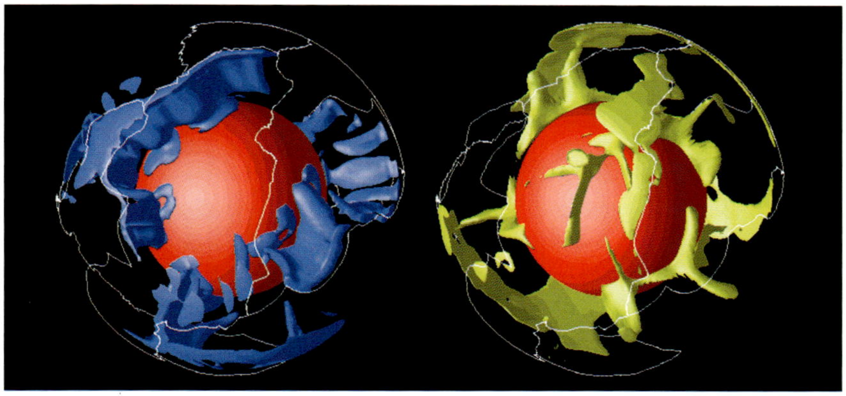

Abb. 2: *Konvektion im Erdmantel: Ergebnisse einer numerischen Simulation*

Abb. 3: Olivinreiches Gestein des Erdmantels, sogenannter Dunit (Gesteinssammlung MfN)

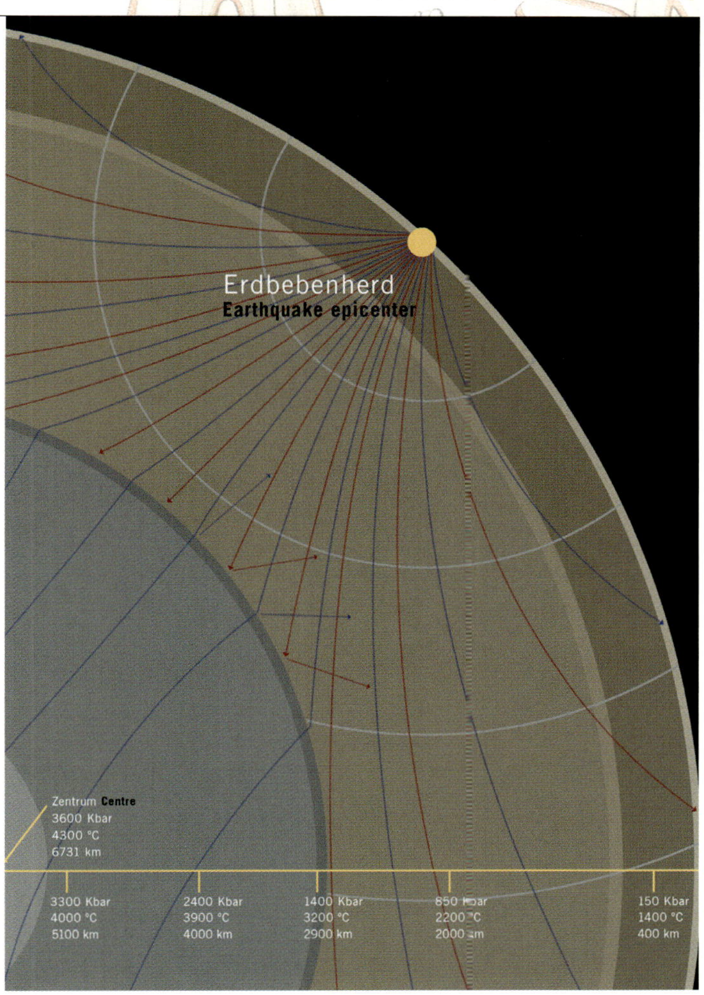

Abb. 4: Seismische Wellen treten als Kompressionswellen (p-Wellen, blau) und Scherwellen (s-Wellen, rot) auf und pflanzen sich vom Erdbebenherd ins Innere der Erde fort. Scherwellen sind nicht in der Lage, den flüssigen äußeren Erdkern zu durchlaufen. Aus der Fortpflanzungsgeschwindigkeit der Wellen lässt sich die Gesteinszusammensetzung sowie Dichte und Temperatur im Erdinneren ableiten.

umlauf allerdings etwa 100 Millionen Jahre. Tatsächlich können wir beobachten, dass die Temperatur in der Erde mit der Tiefe steigt, wie jeder weiß, der schon einmal in einem Bergwerk war. Wärmequellen sind die der Erde innewohnende Restwärme aus der Zeit ihrer Bildung sowie die Wärme, die bei dem Zerfall radioaktiver Elemente im Erdmantel abgestrahlt wird. Geophysiker untersuchen Lage und Größe der Konvektionszellen im Erdmantel. Sie bedienen sich dabei der zahllosen von Seismographen weltweit aufgezeichneten Erdbeben. Bei einem Erdbeben breiten sich vom Bebenherd seismische Wellen in alle Richtungen aus. Viele Wellen durchlaufen den Erdmantel, bevor sie am anderen Ende der Erde in einer seismischen Station registriert werden. Die Geschwindigkeit, mit der sich eine Schallwelle im Gestein fortpflanzt, wächst mit der Gesteinsdichte und sinkt mit zunehmender Temperatur. In besonders heißen Bereichen des Erdmantels wie den aufsteigenden Konvektionswalzen ist die Geschwindigkeit der seismischen Wellen gegenüber kühleren Regionen herabgesetzt. Die Schallwellen benötigen ein wenig länger, um die Erde zu durchlaufen. Untersucht man Tausende von Erdbeben, so erhält man detaillierte Informationen über kühlere und heißere Zonen des Erdmantels. Dennoch bleiben viele Fragen offen. So ist noch immer unklar, ob die einzelnen Konvektionswalzen den gesamten Erdmantel umspannen und von der Kern-Mantel-Grenze in 2900 Kilometern Tiefe bis zur Basis der Lithosphäre in etwa 100 Kilometern Tiefe reichen, oder ob es zwei getrennte Konvektions-Stockwerke im oberen und unteren Erdmantel gibt.

In jedem Fall: Die Bewegungen im unruhigen Erdmantel reichen aus, um die äußerste feste Gesteinshülle, die Lithosphäre, in einzelne Platten zu zerlegen und diese gegeneinander zu verschieben. Sie reichen auch aus, um Kontinente zu bewegen, Gebirge aufzutürmen und neue Ozeane zu erzeugen.

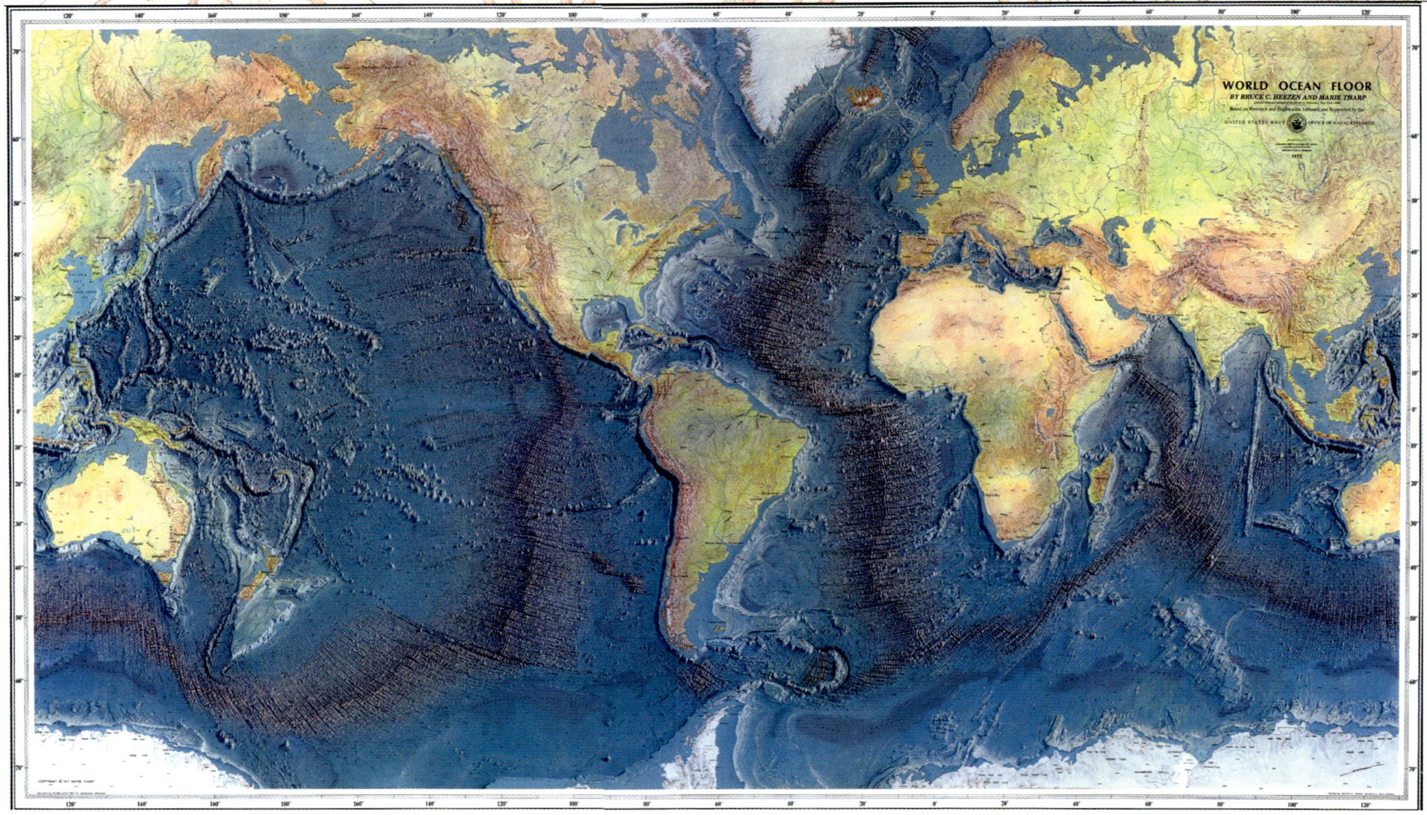

__Abb. 5:__ Das Relief der Ozeanböden zeigt deutlich das zusammenhängende, 60 000 km lange System der mittelozeanischen Rücken. Im zentralen Grabenspalt dieser untermeerischen Gebirgsrücken wird neue ozeanische Kruste angelagert.

__Abb. 6:__ Die Lithosphärenplatten der Erde und deren Driftgeschwindigkeiten

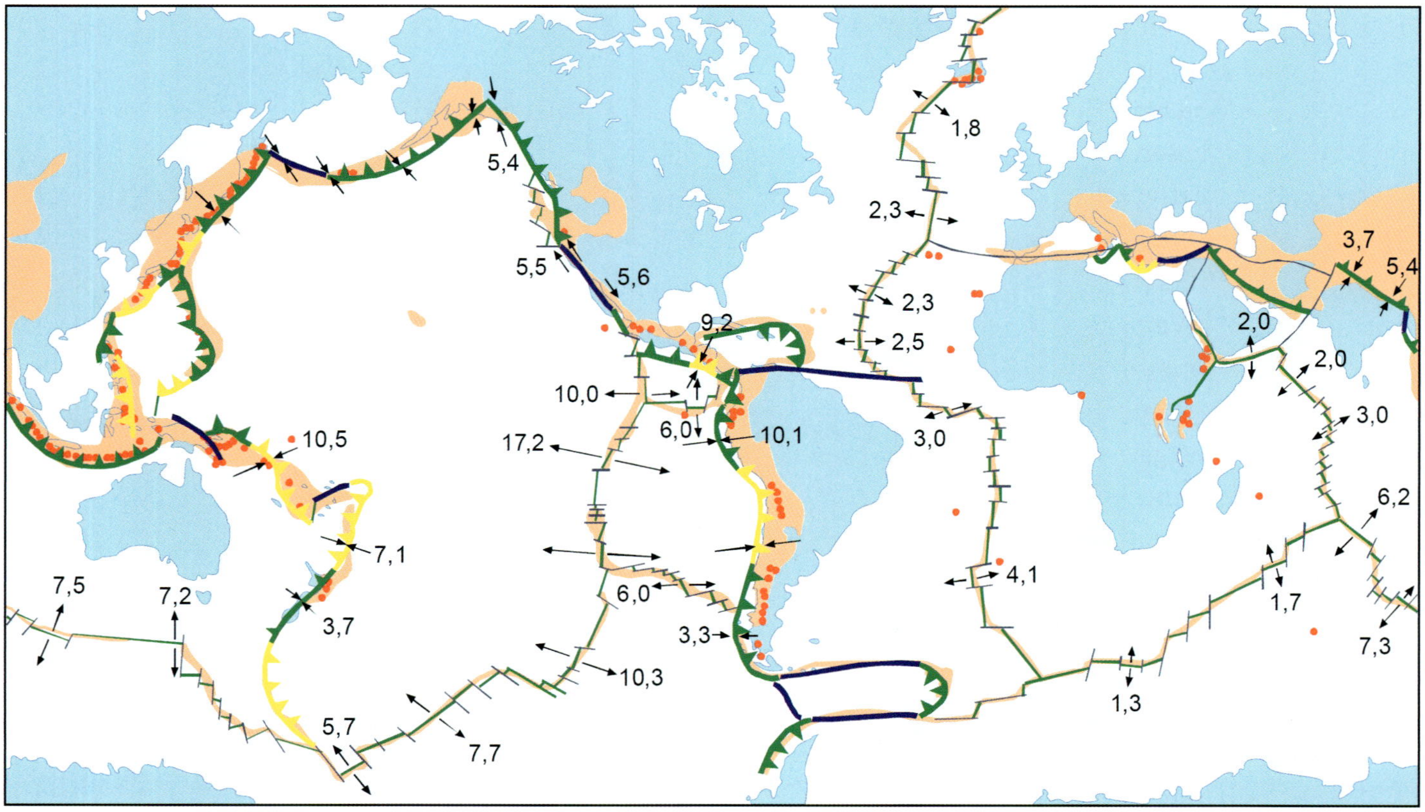

Plattentektonik: Vom Werden und Vergehen der Erdkruste

Die Vorstellung driftender Kontinente formulierte bereits 1915 der geniale Alfred Wegener, aber er machte sich keine Freunde damit. Die Geologen von damals nannten sich selbst »Fixisten«. Sie konnten sich einfach nicht vorstellen, dass sich ganze Kontinente verschieben lassen. In seinem epochalen Werk *Die Entstehung der Kontinente und Ozeane* führte Wegener die Ähnlichkeit der Küstenlinien beiderseits des südlichen Atlantiks, aber auch übereinstimmende Fossilien in den geologischen Schichten beider Kontinente an, die sich in Afrika und Südamerika wie benachbarte Puzzlestücke ergänzen ließen. Er postulierte die Existenz einer großen, zusammenhängenden Kontinentalmasse für die Zeit der Trias (vor ca. 250 Millionen Jahren). Doch erst in den 1960er Jahren setzte sich diese Theorie driftender Kontinente, inzwischen als Plattentektonik bezeichnet, allgemein durch. Das Konzept der modernen Plattentektonik vermag, verschiedenste Aspekte der Geowissenschaften – beginnend bei der Verteilung und dem Relief der Ozeane und Kontinente über Prozesse wie Erdbeben und Vulkanausbrüche bis hin zur Gebirgsbildung – in einen kausalen Zusammenhang zu stellen und befriedigend zu erklären. Demnach besteht die feste äußere Hülle der Erde ungefähr aus einem Dutzend relativ starrer Platten, der sogenannten Lithosphärenplatten, die aneinander vorbeigleiten, miteinander kollidieren oder auseinanderdriften. Diese starre Hülle ist im Vergleich zur Gesamt-Erde sehr dünn, ins Verhältnis gesetzt noch dünner als eine Eierschale im Verhältnis zum Ei. Die Lithosphärenplatten schwimmen gewissermaßen auf einem extrem zähflüssigen Erdmantel. Der Antriebsmotor für die Plattenbewegungen sind jene bereits erwähnten Konvektionsströme im Erdmantel, wobei die Bewegungen im Erdmantel über Reibung, Schub und Zug auf die Platten übertragen werden.

Heißes, aufquellendes Mantelgestein führt dazu, dass sich die Lithosphärenplatten regelrecht aufwölben und sich dabei auseinanderschieben. Solche Plattengrenzen

Abb. 7: *Das Blockbild verdeutlicht die Prozesse an konvergierenden Plattengrenzen. Die abtauchende Platte beginnt in einer Tiefe von 100 km zu schmelzen.*

werden durch untermeerische Gebirgsrücken – die mittelozeanischen Rücken – markiert. Sie treten mit einer Gesamtlänge von 60 000 Kilometern in allen Weltmeeren auf. In der Mitte dieser Rücken befindet sich in einem Grabenspalt die Plattengrenze, in die immer wieder basaltisches Magma eindringt und erstarrt. Durch nachströmendes Material wird die frisch entstandene Kruste nach beiden Seiten auseinandergeschoben und macht noch jüngerer Kruste Platz. Der Ozeanboden ist also im Zentrum

Abb. 8: *Kissen-Lava. Typische untermeerische Ausflussform basaltischer Lava am mittelozeanischen Rücken. Das Gestein wurde vom Forschungsschiff »Sonne« aus 2470 m Tiefe im Pazifik gehoben (Gesteinssammlung MfN).*

Abb. 9: *Eruption des Mount St. Helen, 18. Mai 1980. Bei dem Ausbruch rutschte die Nordflanke des Vulkans ab und verursachte eine Geröllawine sowie einen pyroklastischen Strom.*

des mittelozeanischen Rückens am jüngsten und wird mit zunehmendem Abstand von den mittelozeanischen Rücken älter. Im Bereich des Nordatlantischen Rückens werden auf diese Weise jährlich zwei bis drei Zentimeter neue Kruste gebildet, im Bereich des Südostpazifischen Rückens sind es dagegen fast zehn Zentimeter, die an jeder Seite angelagert werden. Die Spreizungsraten wurden früher durch die erworbene magnetische Orientierung der neu entstandenen ozeanischen Kruste ermittelt, heute dagegen ist eine

Abb. 10: *Stricklava des Vesuv, entstanden 1895 (Gesteinssammlung MfN)*

Abb. 11: *Die San-Andreas-Störung bildet die Grenze zwischen der Nordamerikanischen und der Pazifischen Platte. Durch Seitenverschiebungen kommt es immer wieder zu heftigen Erdbeben entlang der Grenze.*

Abb. 12: *Erdbeben in der Türkei, 2001. Das Beben der Stärke 7,1 auf der Richterskala wurde durch Bewegungen an einer Transformstörung der Nordanatolischen Verwerfung erzeugt.*

millimetergenaue Vermessung mithilfe von Satelliten und GPS möglich.

Der Neuzuwachs an ozeanischer Lithosphäre wird an anderer Stelle durch Abtauchen derselben ausgeglichen. An kollidierenden Plattengrenzen taucht kalte und damit schwere ozeanische Lithosphäre unter die leichtere kontinentale Lithosphäre in den Erdmantel ab. Die Westküste Südamerikas ist das klassische Beispiel für die Kollision einer ozeanischen mit einer kontinentalen Platte. Unter der Last des eigenen Gewichts zieht sich die ozeanische Kruste regelrecht selbst hinab – ein Prozess, der als Subduktion bezeichnet wird. Die Existenz einer solchen Plattengrenze verrät sich häufig durch das Vorhandensein einer Tiefseerinne wie dem elf Kilometer tiefen Marianen-Graben, der tiefsten Stelle der Weltmeere. Im Erdmantel wird die Platte erwärmt und in 100 Kilometern Tiefe teilweise aufgeschmolzen. Das Magma steigt auf und lagert sich von unten derjenigen Lithosphärenplatte an, die bei der Kollision die Oberhand behielt. Das Magma bleibt einerseits in der Erdkruste stecken und bildet nach Kristallisation mächtige Granitkörper, andererseits speist es explosive Hochrisikovulkane wie Mount St. Helen. Solche Vulkanbögen begleiten fast alle kollidierenden Plattengrenzen. Die magmatische Tätigkeit in der Oberplatte führt dazu, dass sie immer dicker wird. Durch diesen Prozess entsteht kontinentale Kruste.

Beim dritten Typ von Plattengrenzen gleiten die Lithosphärenplatten lediglich horizontal aneinander vorbei,

Die uns vertraute Verteilung von Kontinenten und Ozeanen, von Gebirgen und Tiefseerinnen ist nur eine Momentaufnahme in der Erdgeschichte.

ohne neue Lithosphäre zu bilden oder alte durch Verschluckung in den Erdmantel zu vernichten. Große Verwerfungszonen mit ruptuellen Bewegungen bilden sich in diesem Falle aus und werden als Transform-

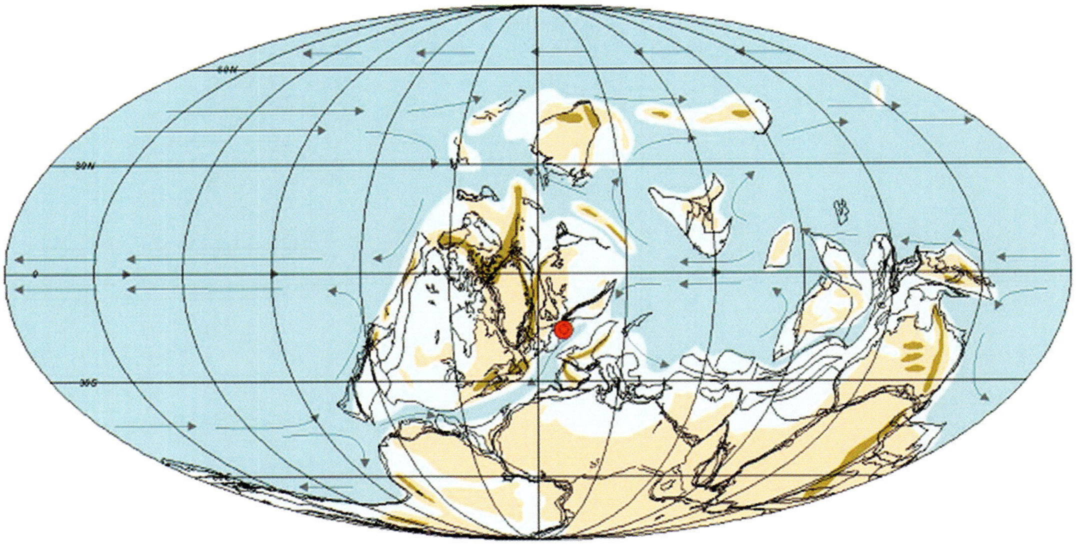

Abb. 13: *Die Welt im Oberdevon vor 370 Millionen Jahren. Berlin (roter Punkt) hätte damals südlich des Äquators gelegen, unmittelbar am Rande des Rheischen Ozeans, der sich bald schließen wird.*

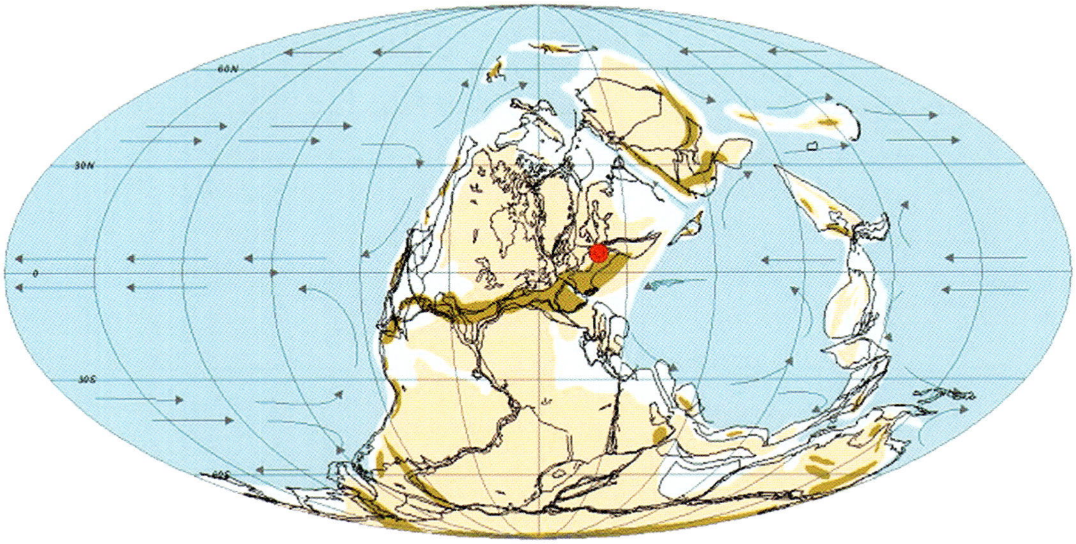

Abb. 14: *Die Welt im Oberkarbon vor 300 Millionen Jahren. Der Superkontinent Pangäa steht kurz vor der Vollendung.*

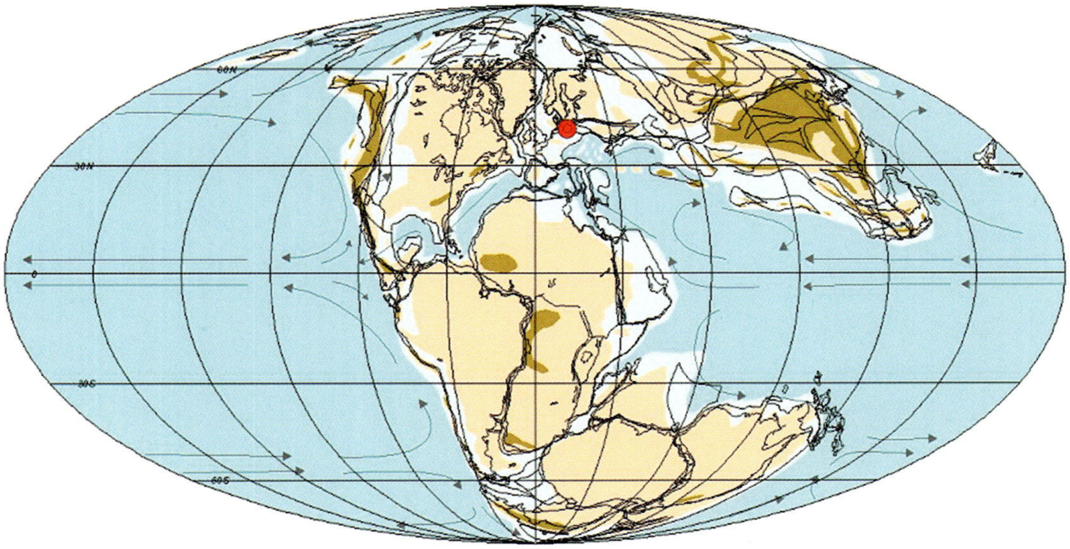

Abb. 15: *Die Welt vor 155 Millionen Jahren. Der Superkontinent Pangäa ist in Auflösung begriffen. Der Nordatlantik ist schon offen, Gondwana zerbricht.*

Störungen bezeichnet. Die wohl berühmteste Transform-Störung ist die San-Andreas-Störung in Kalifornien, die durch Los Angeles und San Francisco verläuft und dort in bestimmten Zeitabständen immer wieder katastrophale Erdbeben auslöst.

Das Antlitz der Erde ist das Produkt plattentektonischer Bewegungen und ihrer Folgen. Die Bewegungen dauern seit Milliarden von Jahren an. Die uns vertraute Verteilung von Kontinenten und Ozeanen, von Gebirgen und Tiefseerinnen ist lediglich eine kurze Momentaufnahme in der Erdgeschichte. Plattentektonische Bewegungen verliefen in der frühen Erdgeschichte schneller, weil im Erdinneren noch mehr Wärme gespeichert und die Mantelkonvektion daher intensiver war. In einigen Milliarden Jahren wird die Erde so weit ausgekühlt sein, dass Plattentektonik und Gebirgsbildung möglicherweise zum Erliegen kommen. Weil dann auch ein Stoffaustausch mit der Hydro- und Atmosphäre reduziert sein wird, werden sich auf dem Planeten möglicherweise lebensfeindliche Bedingungen einstellen. Dies ist ein Szenario, das wir bereits jetzt unserem planetaren Nachbarn, dem Mars, zuschreiben: Aufgrund seiner geringeren Größe kühlte er bereits vor vier Milliarden Jahren aus.

Ewiger Wandel: Der Kreislauf der Gesteine

Gesteine wie Granit sind extrem fest und scheinen unwandelbar für die Ewigkeit bestimmt zu sein. Für Zeiträume, in denen der Mensch für gewöhnlich denkt, mag dies zutreffen. Doch die Erde existiert seit 4,6 Milliarden Jahren, die direkten Vorfahren des Menschen leben auf ihr seit gerade einmal zwei Millionen Jahren. Geologen haben heute die gesamte Erdgeschichte im Blick und denken in Zeitspannen von Jahrmillionen. In diesen Dimensionen ist auch Granit keineswegs unveränderlich. An der Erdoberfläche ist er der Verwitterung ausgesetzt. Im täglichen Rhythmus wird das Gestein erwärmt und wieder abgekühlt. Feldspat, Quarz und Glimmer, die Minerale des Granits, dehnen sich bei Erwärmung unterschiedlich stark aus. Mit der

Abb. 16: *Magmatisches Gestein. Granite wie dieser bestehen aus Feldspat (rötlich und gelblich), Quarz (grau) und Glimmer (dunkel) (Gesteinssammlung MfN).*

Abb. 17: *Sedimentgestein mit Wellenrippeln (Gesteinssammlung MfN)*

Abb. 18: *Metamorphes Gestein. Die Bänderung dieses Gneises deutet auf eine plastische Verfaltung unter hohem Druck und hoher Temperatur hin (Gesteinssammlung MfN).*

Zeit wird hierdurch der Verband der Minerale gelockert. Gerät Feuchtigkeit in die so entstandenen kleine Risse, können chemische Reaktionen stattfinden, die vor allem dem Feldspat zusetzen. Auch Frost kann den Gesteinsverband aufsprengen. Durch physikalische, chemische und biologische Verwitterungsprozesse beginnt der Granit an der Erdoberfläche klüftig zu werden und allmählich zu zerbröseln. Er ist nun besonders anfällig für Erosion durch Wasser, Wind oder Eis – je nachdem, welche klimatischen Verhältnisse vorherrschen. Winderosion ist der in trockenen Wüstenregionen bestimmende Prozess, Gletschereis dagegen im Hochgebirge und den Polregionen. Beim Transport im Wasser werden aus metergroßen, kantigen Blöcken gerundete Kiesel und schließlich Sande geschliffen. Wasser verfrachtet Gestein durch Bäche und Flüsse vom Gebirge zu tiefer gelegenen Orten und lagert die Sedimentfracht in Seen, Deltas, Schelfmeeren oder den Ozeanen ab. Durch die anhaltende Anlieferung von Sedimenten wird das Ablagerungsgebiet immer schwerer. Es sinkt unter dem eigenen Gewicht ein und bleibt auf diese Weise tief gelegenes Ablagerungsgebiet: ein Selbstverstärkungsmechanismus, der vor allem an Schelfrändern auftritt und dazu führt, dass viele Tausend Meter mächtige Sedimentpakete akkumuliert werden. Das abgelagerte Sediment wird in solchen Gebieten rasch von nachfolgendem Material überdeckt. Druck und Temperatur steigen an und führen bei steter Kompaktion des Sediments dazu, dass Wasser herausgepresst wird. Aus dem lockeren Sand oder Ton wird ein fester Sandstein oder Tonstein. In einer Tiefe von zehn Kilometern ist der Druck auf das Dreitausendfache der Atmosphäre angewachsen, die Temperaturen liegen bei 250–300 Grad Celsius.

Dem Sedimentgestein wird allmählich mulmig zumute. Minerale wie Quarz beginnen sich plastisch zu verformen und zu »kriechen«. Tonminerale werden durch Glimmer ersetzt, die in dieser Umgebung prächtig wachsen. Kurz: das Gestein verändert sich sowohl in seinem Mineralbestand als auch in seinem Gefüge – das Sedimentgestein verwandelt sich in ein metamorphes Gestein. Aus dem Sandstein wird ein Quarzit, aus dem Tonstein ein Glimmerschiefer. In Gebirgen und Kollisionszonen kann die Versenkung des Gesteins so weit reichen, dass die Gesteine zu schmelzen beginnen. Bei 650 Grad Celsius setzt die Aufschmelzung von Quarz und Feldspat ein. Die Schmelze hat eine geringere Dichte als das übrige Gestein. Sie steigt auf und sammelt sich in Magmenkammern, die Vulkane an der Erdoberfläche speisen. Abkühlende Magmenkammern kristallisieren aus und erstarren zu großen Granitkörpern. Werden diese durch Erosion freigelegt, setzt die Verwitterung erneut ein. Ein neuer Kreislauf der Gesteine kann beginnen.

Gebirge und Klima: Wechselspiel auf hoher Ebene

Gebirge zählen zu den eindrucksvollsten Erscheinungen der Erde. Sie entstehen an kollidierenden Plattengrenzen, wo die horizontale Einengung eine Verdickung der Erdkruste durch Gesteins-Verfaltung und -Stapelung bewirkt hat. Doch erst wenn die durch Krustenverdickung bedingte Hebungsrate höher ist als die Abtragungsrate, kann ein Gebirge an Höhe

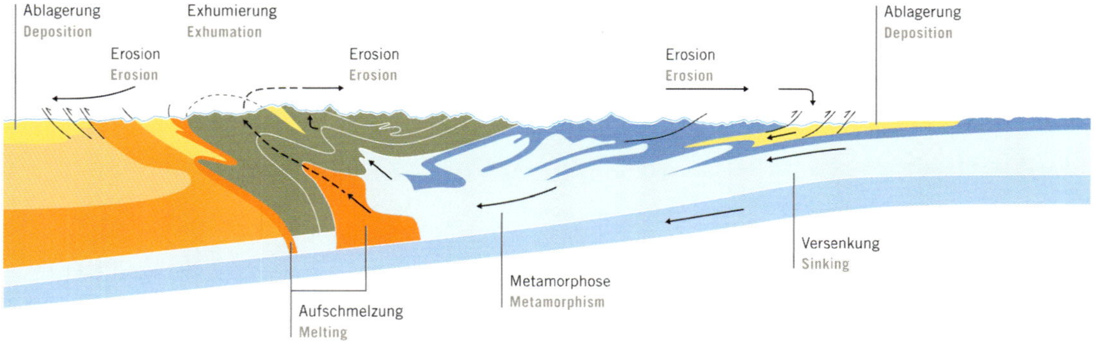

***Abb. 19:** Kreislauf der Gesteine in einem Gebirge*

Abb. 20: *Die Satellitenaufnahme zeigt die scharfe klimatische Barriere des Himalaja-Gebirges zwischen Indien und Tibet.*

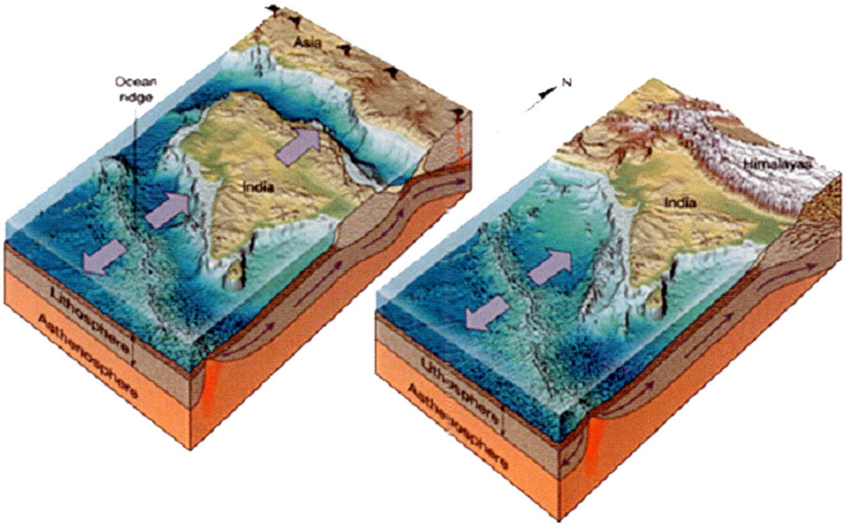

Abb. 21: *Das Himalaja-Gebirge ist durch die Kollision von Indien mit Asien entstanden.*

gewinnen und zum echten Hochgebirge werden. Ist die Erosionsrate dagegen höher als die Hebungsrate, wird das Gebirge allmählich zum hügeligen Mittelgebirge abgetragen. Dies ist in alten Gebirgen der Fall, in denen heute keine Krustenverkürzung mehr stattfindet.
Um zu verdeutlichen, was in einem Gebirge geschieht, mag uns hier ein Bulldozer dienen, der auf einer Sandpiste einen Sandhaufen vor sich herschiebt. Der Sandhaufen vor der Schubfläche wird im Querschnitt eine dreieckige oder keilförmige Form annehmen. Fährt der Bulldozer sehr schnell, wird der Sandhaufen ein steiles Gefälle bekommen. Fährt er dagegen langsam, wird der Sandhaufen allmählich wieder flacher. Würde der Bulldozer den Sandhaufen über einen sehr glatten Untergrund hinwegschieben, wie etwa eine Eisfläche, bekäme der Sand ein noch flacheres Gefälle. Stellt man sich schließlich vor, der Bulldozer schöbe keinen Sand, sondern Matsch vor sich her, kann man sich leicht ausmalen, dass der Haufen auseinanderfließen und noch flacher werden würde.
Was sagt uns all dies über Gebirge? Der Sandhaufen entspricht im Prinzip einem Gebirge. Auf das Himalaja-Gebirge übertragen, entspräche die Schubfläche des Bulldozers der Asiatischen Lithosphärenplatte, die sich über die Indische Platte hinwegschiebt. Dabei werden die oberen Gesteinsbereiche der Indischen Platte gewissermaßen abgehobelt. Wie beim Sandhaufen hängt die Form des Gebirges von der Festigkeit des zusammengeschobenen Gesteins ab und wird durch die Konvergenzrate, mit der die beiden tektonischen Platten sich übereinanderschieben, und die Reibung der Überschiebungsfläche bestimmt. Je geringer Konvergenzrate, Festigkeit und Reibung an der Basis sind, desto flacher steigt das Gebirge vom Vorland zum Hauptkamm an. Die Gestalt eines Gebirges ist also das Resultat aus Festigkeitseigenschaften und den von außen angelegten Kräften. Jedem Kräfteansatz und

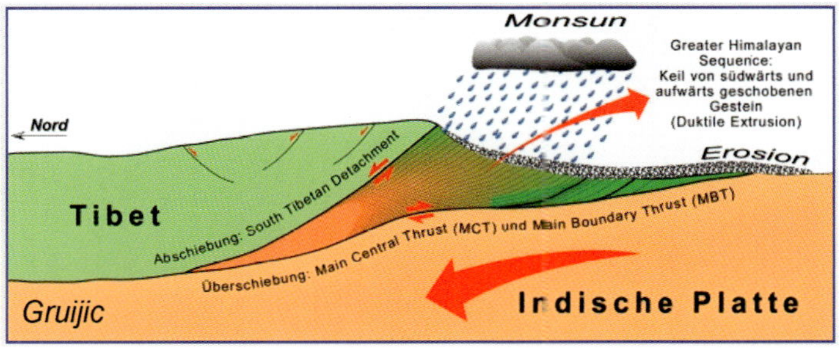

Abb. 22: *Das Himalaja-Gebirge verursacht starke Monsun-Niederschläge. Die hohen Niederschlagsraten auf der Südseite des Gebirges führen über hohe Abtragungsraten zu steilem Gefälle und zur Freilegung von Tiefengesteinen.*

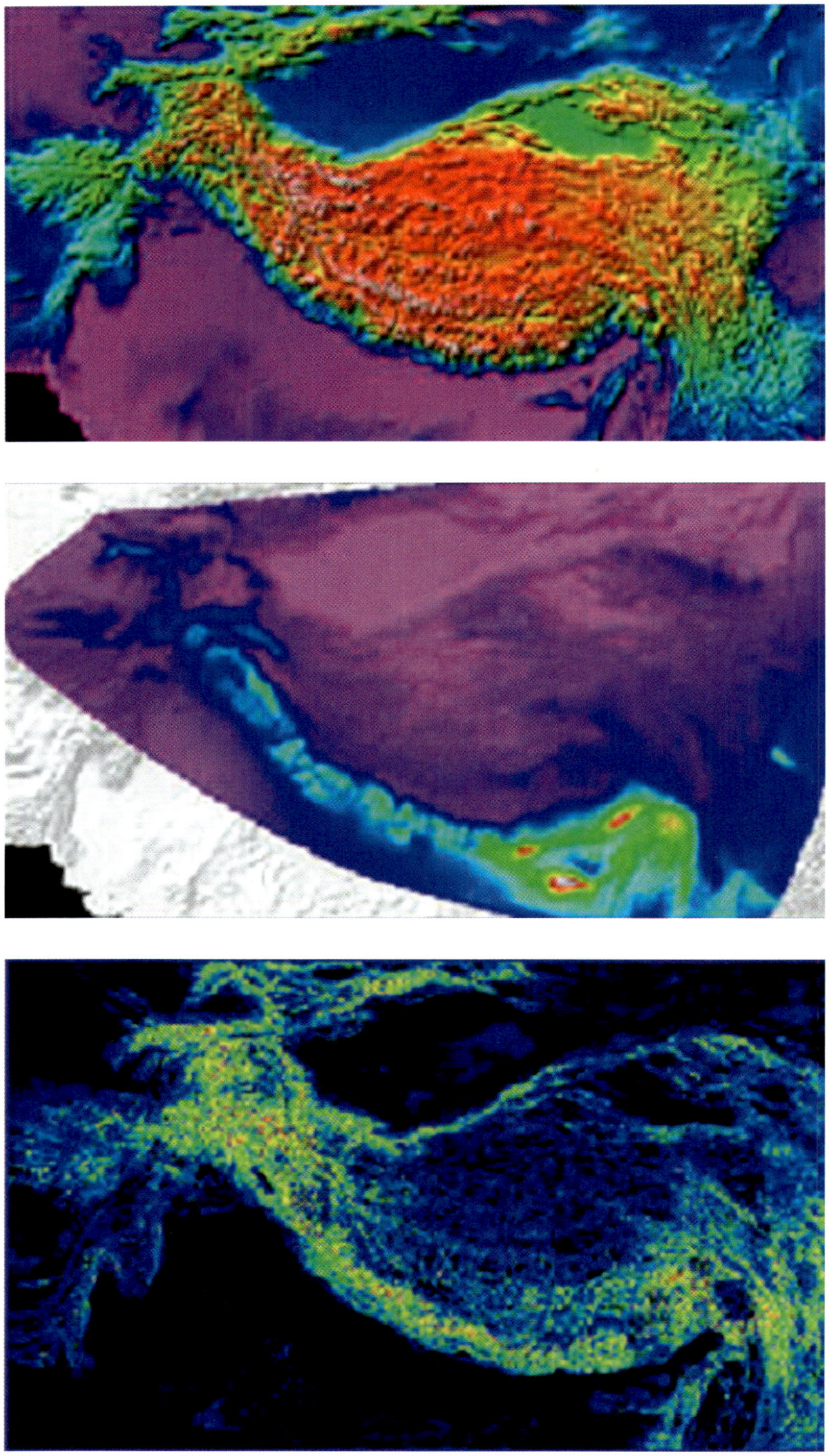

Abb. 23: *Das Himalaja-Gebirge und Tibet-Plateau. Oben ist das Relief dargestellt, in der Mitte die Niederschlagsverteilung, unten das mittlere Gefälle. Deutlich erkennt man die Korrelation von hohem Niederschlag und steilem Gefälle.*

allen Festigkeitseigenschaften entspricht eine »Gebirgs-Idealform«. Wird die Form des Gebirges beispielsweise durch Erosion verändert und ihr mittleres Gefälle damit zu flach, wirkt eine verstärkte Hebungsrate dem entgegen und stellt die kritische Geometrie wieder her. Hoch emporragende Gebirge wie die Alpen, Anden oder der Himalaja beeinflussen die globale Luftzirkulation und wirken zudem oft als Wetterscheiden. Wer kennt das nicht? Bei einer Durchquerung der Alpen erlebt man plötzlich einen Wetter-Umschwung, sobald man den Alpen-Hauptkamm etwa bei der Brenner- oder Gotthardt-Passhöhe überschritten hat. Die »Grau-in-Grau«-Wetterlage in Deutschland und Österreich weicht abrupt milden Temperaturen und sonnigem Wetter in den Dolomiten oder am Gardasee. Noch wesentlich stärker kontrastiert das Klima nördlich und südlich des Himalaja-Gebirges. Im Sommer strömen die über dem Indischen Ozean erwärmten Luftmassen Richtung Nordost. Das Himalaja-Gebirge wirkt als Hindernis. Die feuchten Luftmassen werden gezwungen aufzusteigen, kühlen dabei ab und können die Feuchtigkeit nicht mehr halten. Es kommt zu heftigen Monsun-Niederschlägen, die teilweise über 400 Millimeter Niederschlag pro Monat betragen. Überschreiten die Luftmassen den Hauptkamm, sind sie kalt und trocken. Niederschläge nördlich des Himalaya-Hauptkamms fehlen; die Folge ist ein wüstenhaft trockenes Klima auf dem Tibet-Hochplateau. Die starken Niederschläge auf der südlichen Seite des Himalaja begünstigen die Erosion. Bäche und Flüsse transportieren Gesteine aus dem Gebirge Richtung Vorland. Die einschneidende Kraft der Flüsse führt zur Bildung sehr schroffer, tiefer Täler. Niederschläge lösen Bergrutsche und -stürze aus. In höheren Lagen übernehmen Gletscher die Gesteinsabtragung. Nördlich des Himalaja-Hauptkamms ist die Erosion aufgrund drastisch verminderter Niederschläge sehr viel geringer. Wir erkennen einen Rückkopplungsmechanismus. Das aufsteigende Gebirge verändert die atmosphärische Zirkulation und bedingt durch heftige Niederschläge auf der Südseite erhöhte Abtragungsraten. Das selbst

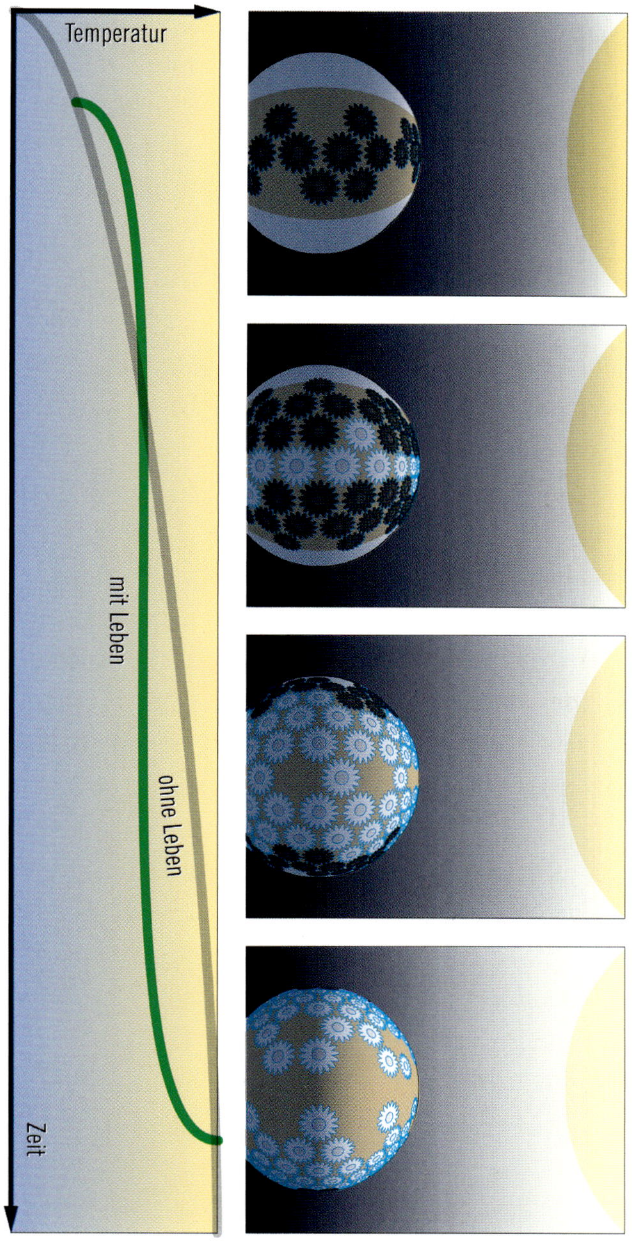

Abb. 24: *Das Daisyworld (Gänseblümchenwelt)-Modell erklärt die Selbstregulation unseres Planeten, ohne dass irgendein zielgerichtetes Handeln notwendig wäre. In seiner einfachsten Form besteht das Modell aus einem nackten Planeten und zwei Arten von Blumen, weißen und schwarzen. Die weißen Blumen reflektieren das Licht, die schwarzen absorbieren es. Das Modell geht von der begründeten Annahme aus, dass die Strahlungskraft der Sonne mit der Zeit zunimmt.*

geschaffene Klima bringt durch hohe Erosionsraten die kritische Gebirgsgeometrie jedoch durcheinander. Um die dem Kräfteansatz und den inneren Festigkeitseigenschaften entsprechende Gebirgsgeometrie wiederherzustellen, wird die hohe Abtragungsrate durch eine ebenso hohe Hebungsrate ausgeglichen, sodass schließlich Gesteine aus großer Tiefe an die Erdoberfläche befördert werden, die bei geringer Abtragungsrate noch in Tiefen von 20–50 Kilometern und mehr liegen würden. Über die Erosion diktiert das Klima also die Struktur und Architektur des Gebirges und der Lithosphäre, so wie das Gebirge das Klima diktiert: ein perfektes Wechselspiel der Sphären.

Unser Klima: eine Folge der Interaktion zwischen den Sphären

Für die Entwicklung der Lebenswelt sind moderate Oberflächentemperaturen und vor allem das Vorkommen von flüssigem Wasser entscheidend. Die Temperatur der Erdoberfläche ist die Bilanz aus Sonneneinstrahlung und Wärmeabstrahlung. Gäbe es keinen Treibhauseffekt, wäre die Wärmeabstrahlung in den Weltraum viel größer und die Erde durchschnittlich 33 Grad kälter. Unter solchen wahrlich unwirtlichen Polareisbedingungen könnte das Leben nicht gedeihen. Wichtige Gase des Treibhauses Erde und seiner Atmosphäre sind Kohlendioxid (CO_2), Wasserdampf (H_2O), Methan (CH_4), Ozon (O_3) und Fluorchlorkohlenwasserstoffe. Sie absorbieren den langwelligen Infrarot-Bereich des Lichtspektrums und speichern auf diese Art Wärme, die von der Erdoberfläche ausgestrahlt wird. Die Wärme bleibt somit der Erde erhalten, eben wie in einem Treibhaus. Wasserdampf ist zwar als Treibhausgas zehnmal stärker als CO_2, aber die Atmosphäre kann nur eine begrenzte Menge von Wasser halten, bevor dieses als Regen wieder zu Boden fällt. Da die anderen Gase mengenmäßig eher unbedeutend sind, wird das CO_2 also zu Recht als wichtigstes Agens zur Bestimmung des globalen Klimas angesehen.

Über die Erosion diktiert das Klima die Struktur und Architektur des Gebirges und der Lithosphäre, so wie das Gebirge das Klima diktiert.

Es trifft sich gut, dass die Uratmosphäre vor vier Milliarden Jahren einen sehr hohen Anteil an CO_2 hatte. Genau wissen wir es nicht, aber mehr als 5 Prozent dürften es gewesen sein (heute liegt der Gehalt gerade einmal bei 0,038 Prozent). Dazu kamen noch erhebliche Mengen an Methan und Ammoniak. Die hohe Konzentration der Treibhausgase sorgte zu dieser Zeit für ein warmes Klima, ideal für die Entstehung des Lebens. Der damals noch junge Stern Sonne hatte nämlich eine erheblich geringere Strahlkraft als heute. Seit ihrer Entstehung vor 4,6 Milliarden Jahren hat die Strahlkraft der Sonne um über 40 Prozent zugenommen und wird auch weiterhin zunehmen, bis ihr Fusionsmaterial Wasserstoff verbraucht ist. Ohne die Treibhausgase wäre es vermutlich zu kalt gewesen, um Leben gedeihen zu lassen. Erst die Erfindung der Photosynthese vor vielleicht 3,5 Milliarden Jahren sorgte dafür, dass CO_2 seltener wurde. Damit wurde die steigende Kraft der Sonne ausgeglichen. Und mehr als das: Hätten sich nicht Lebewesen ausgebreitet, die das von Bakterien und Algen erzeugte organische Material veratmet und damit wieder in CO_2 zurückgeführt hätten, wäre der

Die Ausbreitung der Lebensformen auf der Erde ist durch ihren Einfluss auf das Klima gewissermaßen vorprogrammiert.

Rückgang des Treibhausgases zu stark gewesen, um ein stabil-warmes Klima aufrecht zu erhalten.

Es scheint fast so, als hätte die Evolution dafür gesorgt, dass neue Erfindungen rechtzeitig umgesetzt wurden, um das Klima stabil zu halten. Ein Schelm, wer hier indes planmäßiges Handeln annimmt! Natürlich war es letztlich Zufall, was zu welcher Zeit entstanden ist. Aber die Ausbreitung der Lebensformen ist durch deren Einfluss auf das Klima gewissermaßen vorprogrammiert. Mit dem »Gänseblümchenmodell« von James Lovelock lässt sich dies eindrücklich demonstrieren: In den 1970er Jahren begründete Lovelock die Gaia-Hypothese, nach der das Leben so eng mit der unbelebten Natur verbunden ist, dass die Erde selbst als Superorganismus angesehen werden kann, der einen eigenen Stoffaustausch hat und seine Temperatur reguliert. Auf den Vorwurf, dass dies ein planmäßiges Handeln der Lebewelt erfordern würde, hat Lovelock mit einem Modell reagiert, in dem zwei Arten von Blumen die Temperaturentwicklung der Erde steuern.

In seiner einfachsten Form besteht Lovelocks »Gänseblümchenmodell« aus einem nackten Planeten und zwei Arten von Blumen, weißen und schwarzen. Die weißen Blumen reflektieren das Licht, während die schwarzen das Sonnenlicht absorbieren. Das Modell startet mit einer nackten, kalten Erde. Zunächst können nur schwarze Blumen gedeihen, da sie die Wärme besser absorbieren. Sie wachsen zunächst nur um den Äquator herum, da es dort am wärmsten ist. Durch die absorbierte Strahlung kann sich der Planet erwärmen und die schwarzen Blumen können sich ausbreiten, was zu weiterer Erwärmung führt. Dadurch haben jetzt auch die weißen Blümchen eine Chance. Sie gedeihen ebenfalls zunächst am Äquator, wo es den schwarzen Blumen schon zu heiß wird. Mit weiterer Zunahme der Sonnenkraft breiten sich dann die weißen Blumen ebenfalls in höhere Breiten aus. Die schwarzen sind nur noch in Polnähe zu finden. Schließlich wird es zunächst am Äquator und dann auch in höheren Breiten zu heiß, um Leben zu erlauben. Eine Selbstregulation ist nicht mehr möglich, und der Planet endet als nackte, heiße Erde. Natürlich sind es in Wirklichkeit nicht Gänseblümchen, die das Klima der Erde formen, sondern Bakterien und Algen.

Auch heute noch sorgt das Leben für eine Regulation des Klimas. Mikroskopisch kleines Plankton setzt bei der Photosynthese neben Sauerstoff auch organische Schwefelverbindungen frei, sogenanntes Dimethyl-Sulfid (DMS), das in die Atmosphäre gelangt. Dieses DMS fördert die Kondensation von verdunstetem Wasser und damit die Wolkenbildung über den offenen Ozeanen, wo Staub sehr rar ist, der normalerweise als Kondensationskern fungiert. Mehr weiße Wolken bedeuten eine höhere Reflexion der Sonneneinstrahlung und damit eine Abkühlung. Die Abkühlung und geringere Sonneneinstrahlung bewirkt wiederum eine geringere Photosynthese-Aktivität des Meeresplanktons, womit auch der DMS-Ausstoß gedrosselt wird. Der Kreislauf ist geschlossen.

Auch an Land sind zahlreiche Kreisläufe aktiv. Wenn durch günstige Klimabedingungen, wie beispielsweise große Wärme und vermehrter Niederschlag, viele Pflanzen gedeihen und durch rasche Versenkung zunächst dem ewigen Kreislauf zwischen Photosynthese und Atmung entzogen werden, wird der CO_2-Gehalt der Atmosphäre zurückgehen. Dadurch kann es zu einer starken Abkühlung kommen. Die vorletzte richtig große Eiszeitphase der Erde vor etwa 310 bis 280 Millionen Jahren ist vermutlich zum großen Teil darauf zurückzuführen, dass damals um den Äquator herum riesige tropische Regenwälder gediehen. Im Gegensatz zu den heutigen Regenwäldern, die sehr effektive Recycling-Maschinen sind, wurde damals ein großer Teil des gebildeten organischen Materials in das Sediment eingebettet und im Laufe der Zeit in Kohle umgewandelt. Die Ausbeutung dieser karbonischen Kohlevorkommen hat die industrielle Revolution des 19. Jahrhunderts in Europa und den USA im wahrsten Sinne des Wortes angefeuert.

Natürlich reguliert nicht das Leben allein alle Kreisläufe, die für das Klimageschehen wichtig sind. Auch die Rolle von anorganischen Prozessen ist gut belegt. Wenn zum Beispiel der CO_2-Gehalt in der Atmosphäre besonders hoch ist, wird durch den kohlensauren Regen die chemische Gesteinsverwitterung gefördert. Durch die chemischen Reaktionen wird das CO_2 in Bikarbonat umgewandelt, gelangt in gelöster Form ins Meer und fördert dort die Ausfällung von Kalkstein. Damit wird dem System effektiv CO_2 entzogen, sodass der Niederschlag weniger chemisch aggressiv ist und die Gesteinsverwitterung weniger stark ausfällt, wodurch sich CO_2 wieder in der Atmosphäre anreichern kann. Auch Vulkane pumpen gigantische Mengen an Gasen in das Meerwasser und in die Atmosphäre.

Regulation des Sauerstoffs

Die Tatsache, dass wir heute ausreichend Sauerstoff haben, um unseren Aktivitäten nachzugehen und nebenbei noch gigantische Mengen fossiler Brennstoffe zu verfeuern, ist gar nicht so selbstverständlich, wie es zunächst scheint. Natürlich sind es die photosynthetischen Bakterien, Algen und höheren Pflanzen, die uns den Sauerstoff liefern. Aber fast alles, was diese »grünen Lungen« an Sauerstoff produzieren, wird von anderen Bakterien, Pilzen und Tieren auch wieder verbraucht. Sobald mehr Pflanzen auch mehr Sauerstoff hervorbringen, werden sich auch mehr atmende Organismen an den Pflanzen gütlich tun und eben dieses Mehr an Sauerstoff wieder verbrauchen. Stabilisierend auf den Sauerstoffgehalt wirken zudem Waldbrände. Denn wenn durch gesteigerte Photosyn-

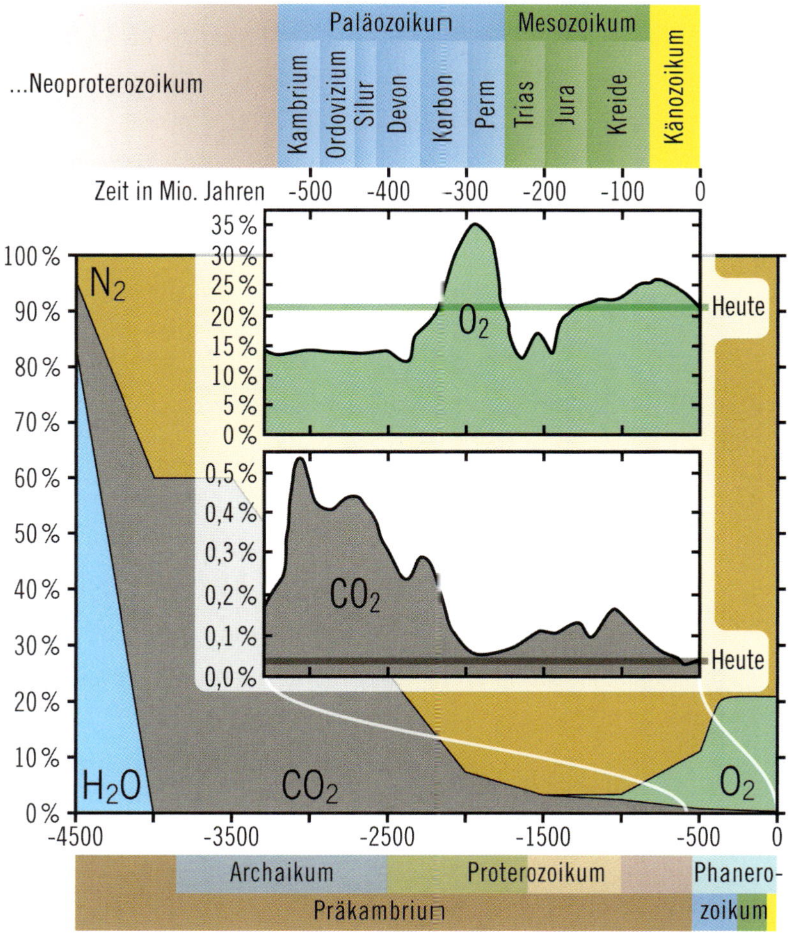

Abb. 25: Entwicklung der Atmosphäre über die gesamte Erdgeschichte. Der Zeitbereich des Phanerozoikums ist vergrößert.

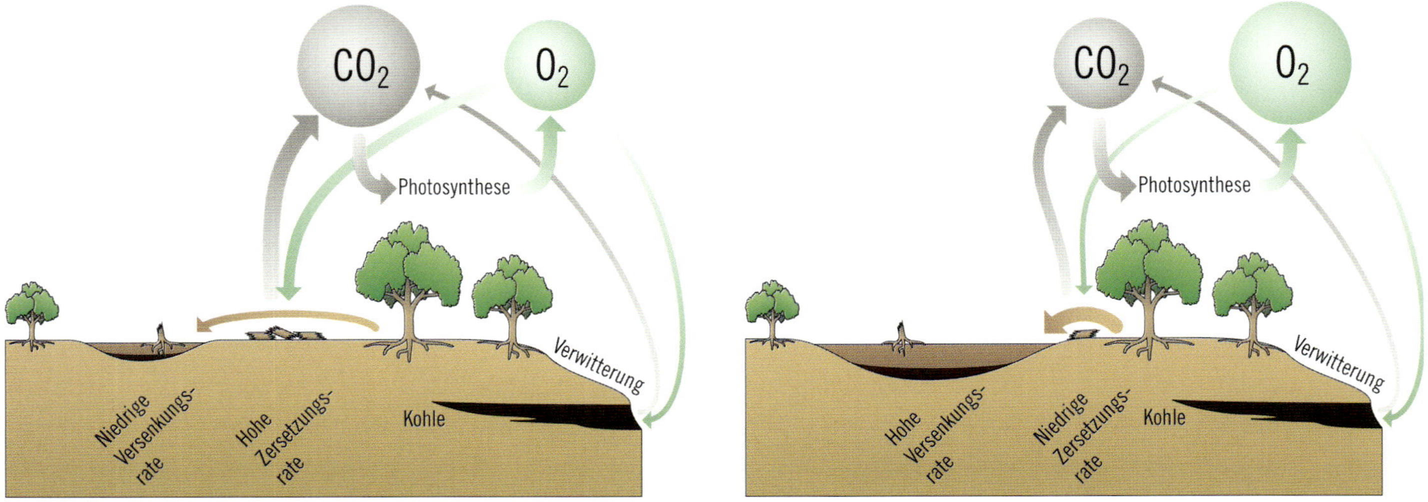

Abb. 26: *Serie CO_2 - O_2 Kreislauf*

these-Aktivität der Sauerstoffgehalt der Atmosphäre ansteigen sollte, wächst auch die Gefahr verheerender Waldbrände, da Feuer besonders leicht bei hohem Sauerstoffgehalt ausbrechen kann. Mehr Waldbrände indes bewirken einen Verbrauch des Sauerstoffs und die Freisetzung von CO_2.

Diese negativen Rückkopplungsmechanismen haben dafür gesorgt, dass sich der Sauerstoffgehalt der Atmosphäre seit über 500 Millionen Jahren relativ wenig verändert hat. Die heutige Sauerstoffmenge ist letztlich auf ganz kleine Ungleichgewichte in der Vergangenheit zurückzuführen, in denen neu gebildetes Pflanzenmaterial dem Kreislauf durch geologische Prozesse entzogen wurde. Es wurde in Sümpfen oder auf dem Meeresboden abgelagert und ist heute in Kohle oder Erdöl umgewandelt. Obwohl Photosynthese schon erdgeschichtlich sehr früh entstanden war, hat es sehr lange gedauert, bis sich größere Sauerstoffmengen in der Atmosphäre anreichern konnten. Zunächst mussten die vielen Mineralien, die in reduzierter Form auf der Erde existierten, oxidiert werden. Besonders wichtig ist dabei Eisen, das in zweiwertiger Form (Fe^{2+}) gut wasserlöslich ist und unter der sauerstofffreien Uratmosphäre in gigantischen Mengen in die Ozeane transportiert wurde. An den lokalen Sauerstoffquellen wurde das Eisen oxidiert und fiel gewissermaßen als Rost aus. Die größten Eisenlagerstätten der Welt stammen aus dieser Zeit vor drei bis zwei Milliarden Jahren. Diese präkambrischen Bändereisenerze (Itabirite), die zum Beispiel aus Brasilien eingeführt werden, sind heute auch in Deutschland die Hauptlieferanten von Eisen. Erst als der ständige Nachschub von reduziertem Eisen von den Festländern zum Erliegen kam, konnte sich Sauerstoff effektiv in der Atmosphäre anreichern. Die plötzlich auftretende Rotfärbung in kontinentalen Sandsteinen vor zwei Milliarden Jahren belegt den Anstieg des atmosphärischen Sauerstoffgehalts.

In den letzten 500 Millionen Jahren ist das Gleichgewicht zwischen Photosynthese und Verbrennung nur einmal aus dem Ruder gelaufen. Das Gedeihen der karbonischen Steinkohlewälder und deren Versenkung im Sediment hat vor ungefähr 300 Millionen Jahren so viel Sauerstoff in die Atmosphäre entlassen, dass

Abb. 27: *Bändereisenerz (Lagerstättensammlung MfN)*

der Sauerstoffgehalt für einige Millionen Jahre auf vermutlich über 30 Prozent ansteigen konnte. Der hohe Sauerstoffgehalt begünstigte als biologischer Nebeneffekt beispielsweise die Entwicklung gigantischer Insekten und Tausendfüßer, deren Größenwachstum aufgrund ihrer besonderen Tracheen-Atmung hauptsächlich durch den Sauerstoffgehalt limitiert ist.

Die Erde als Kreislaufmaschine

Die Vorgänge und Wechselwirkungen zwischen den Sphären der Erde wirken auf unglaublich komplexe Weise zusammen; letztlich aber greifen sie derart ineinander, dass – zumindest über einen betrachteten Zeitraum von Millionen von Jahren – ein stabiles System dabei entsteht. Für uns Geologen ist diese Erkenntnis das wirklich Faszinierende am System Erde. Alle Kreisläufe sind letztlich derart fein verzahnt, dass ein über Jahrmillionen zwar dynamisches, aber doch auch stabil wirkendes Gesamtsystem entsteht. Dies ist den zahlreichen negativen Rückkoppelungen zu verdanken, die gewissermaßen eine Versicherung gegen Veränderungen darstellen. Wenn eine der vielen physikalischen oder chemischen Stellgrößen stark ansteigt, sorgen diese Rückkopplungen für eine Pufferung. Entweder es stellt sich dadurch ein neues Gleichgewicht ein oder der Ausreißer wird wieder in den alten Zustand gebracht.

Nur wirklich außergewöhnliche Bedingungen können diese effizienten Rückkopplungsmechanismen auf langen Zeitskalen durcheinanderbringen und aushebeln. Ein Beispiel haben wir beim Sauerstoff kennengelernt, der vor 300 Millionen Jahren für vielleicht 30 Millionen Jahre den Rahmen sprengte, weil einfach zu viel Pflanzenmaterial in das Sediment gelangt war und es für ausgedehnte Waldbrände wahrscheinlich zu feucht war. Das katastrophalste »Aus-dem-Ruder-Laufen« der Erdgeschichte ist aber sicherlich ein Zustand, den die Fachleute derzeit als *Snowball Earth* diskutieren: Vor 700 bis 600 Millionen Jahren haben positive Rückkopplungen – bedingt durch eine unglückliche Lage der Kontinente in Äquatornähe, einen hohen

Abb. 28: *Rekonstruktion von Meganeura, einer Riesenlibelle der Steinkohlezeit mit über 60 cm Spannweite*

CO_2-Gehalt und eine vegetationsfreie Landoberfläche – dafür gesorgt, dass die Erde in mehreren Zyklen fast völlig vereiste und dann anschließend in ein Supertreibhaus-Stadium wechselte (vgl. Kapitel »Aufbruch und Untergang: vom Werden und Vergehen des Lebens«).

Gegenwärtig ist der Mensch eifrig dabei, die natürlichen Kreisläufe durcheinanderzuwirbeln. Zwar sind die derzeitigen Änderungen gegenüber der Vergangenheit minimal und stellen keine ernsthafte Bedrohung für die Funktionsweise des Erdsystems dar. Überhaupt müssen wir feststellen: Für die Erde dürfte es langfristig gesehen unwichtig sein, was wir – *Homo sapiens*, der vermeintlich so weise Mensch – mit ihr anstellen. Aber unsere Zivilisation ist derart genau auf den derzeitigen (oder besser: den vorindustriellen) Gleichgewichtszustand abgestimmt, dass wir künftigen Generationen erhebliche Schwierigkeiten bereiten, sich den feinen und selbst verursachten Verschiebungen auch rechtzeitig anzupassen.

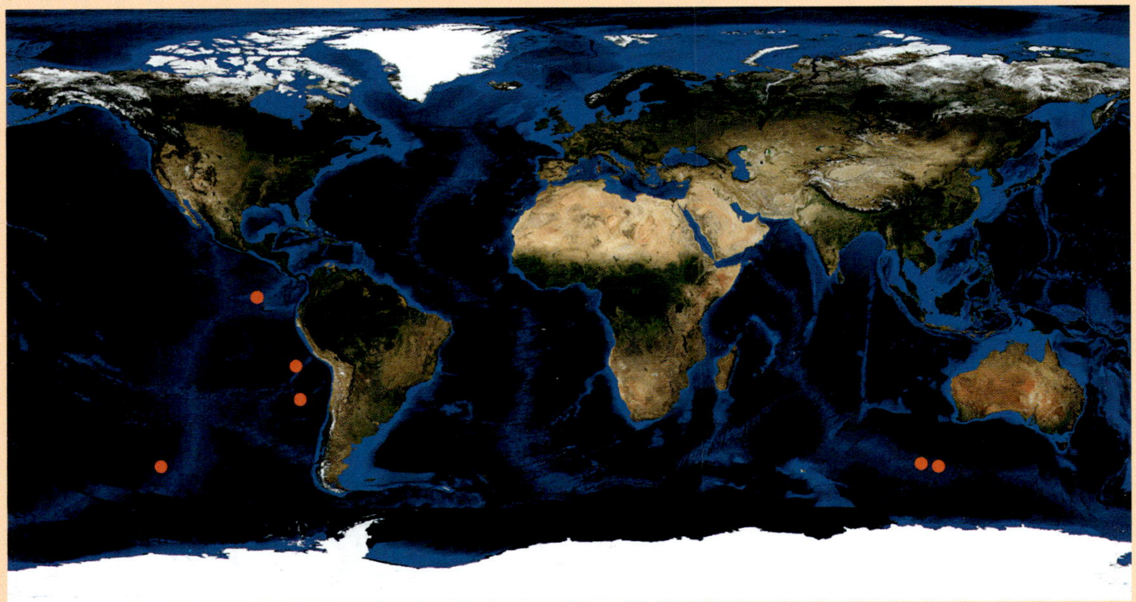

Abb. 1: *Das weltumspannende Netz der untermeerischen Gebirgszüge tritt in den Ozeanen deutlich hervor. Die roten Punkte zeigen Fundorte derselben Brachiopodenart Eucalathis macroctena, die sich als Larve entlang dieser Gebirge mit der Strömung ausbreitet und dadurch weltweites Vorkommen aufweist.*

Tiefsee-Autobahnen mit natürlicher Geschwindigkeitsbegrenzung

Carsten Lüter Eigentlich ist der Name unseres Planeten irreführend. Denn etwa 70 Prozent der Erdoberfläche sind vom Wasser der Ozeane bedeckt. Die Hälfte dieser Wasseroberfläche überspannt Meerestiefen von mehr als 4000 Metern. Diese Tiefseeregionen gehören zu den am wenigsten erforschten Lebensräumen unseres Planeten, denn insbesondere die Druckverhältnisse in großer Tiefe machen deren Exploration technisch und damit finanziell sehr aufwendig.

Noch bis in die Mitte des 19. Jahrhunderts glaubten die Wissenschaftler, dass es in großen Meerestiefen kein Leben geben könne. Vielmehr vermutete man, dass der Tiefseeboden vollständig durch Eismassen bedeckt sei. Die ersten Tiefsee-Expeditionen jedoch – allen voran die britische »Challenger«-Expedition – bewiesen, dass das Leben nicht nur bis in größte Meerestiefen vordringen kann, sondern vor allem, dass eine ungeheure Artenvielfalt im ewigen Dunkel der Ozeane existiert.

Die Oberfläche des Tiefseebodens gliedert sich im Wesentlichen in zwei unterschiedliche Lebensräume: unendlich weite Sedimentflächen und bis zu 2500 Meter hohe Basaltgebirge. Die Ozeankruste ist in viele tektonische, auf der zähflüssigen Asthenosphäre treibende Platten zerbrochen. Diese sind von den Tiefsee-Sedimenten bedeckt. An ihren Rändern, wo sie auf andere solche Platten stoßen und wo heißes Magma aus dem Erdmantel austritt, erheben sich die basaltischen Gebirge und formen das erdumspannende Netzwerk der mittelozeanischen Rücken. Dieses Netzwerk hat eine Gesamtlänge von etwa 60000 Kilometern und bildet damit den über weite Strecken gleichförmigen, größten zusammenhängenden Lebensraum der Erde.

Die Tiefseefauna gliedert sich ganz ähnlich den Bewohnern des Flachwassers in Weich- und Hartsubstratbesiedler. Während im und auf dem Sediment nur wenige Arten zu finden sind – diese dafür aber häufig in Massenansammlungen –, ist das Basaltgestein von einer ungleich höheren Artenvielfalt besetzt. Auf den Steinen siedeln fast ausnahmslos sessile, also festgewachsene Wirbellose. Da die Tiere selbst nicht mobil sind, haben sie ein besonderes Problem: die Verbreitung ihrer Art sicherzustellen. Die einfache wie geniale Lösung ist die Ausbildung frei schwimmender Larvenstadien, die als Teil des Planktons mit den Strömungen verdriften. Wenn sie nicht gefressen werden, lassen sie sich nach einer Weile auf dem Basaltgestein nieder, führen eine Metamorphose durch und beginnen ihren zweiten Lebensabschnitt wiederum als festsitzende Organismen. Das ist leichter gesagt als getan, denn Hartsubstrat ist in der Tiefsee Mangelware. Zwar erstrecken sich die untermeerischen Gebirge über Tausende von Kilometer auf dem Tiefseeboden, aber sie sind oft nur wenige Kilometer breit; der Lebensraum vor Ort ist also stark eingeschränkt. Zudem ist durch die lineare Anordnung der Gebirgszüge die Ausbreitungsrichtung der auf ihnen wohnenden Organismen vorgegeben. Nur eine Bewegung entlang der Rückenstrukturen gibt den Tieren kontinuierlich die Chance, einen Platz zur Ansiedlung zu finden. Würden sich die Organismen stattdessen quer zum Verlauf der untermeerischen Steinbänder orientieren, so liefen sie Gefahr, über Tausende Quadratkilometer Sedimentboden driften zu müssen, bis sie wieder einen untermeerischen Höhenzug erreichen. Das Risiko, vorher gefressen zu werden oder aufgrund anderer Unbill diese lange Reise nicht zu überleben, wäre sehr hoch.

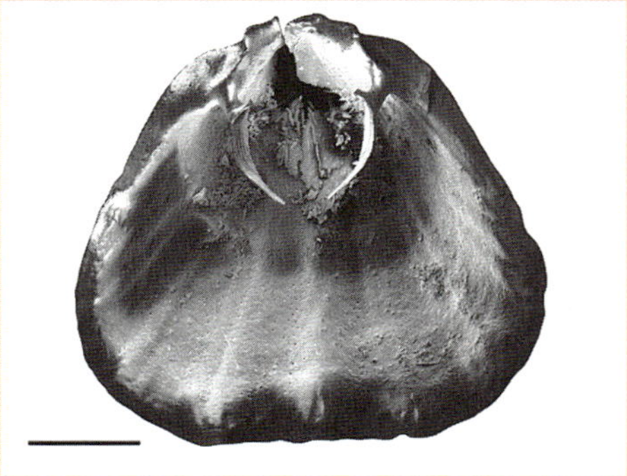

Abb. 2: *Von Bord des Forschungsschiffes »Sonne« wurden mithilfe sogenannter Dredgen Felsbrocken vom Untergrund losgerissen und an Deck gehievt. Auf diesen mitunter dicht bewachsenen, vulkanischen Basaltgesteinen fanden sich die Brachiopoden.*

Abb. 3: *Das Forschungsschiff »Sonne«*

Die mittelozeanischen Rücken wirken auch auf die herrschenden Wasserströmungen der Tiefsee ein. Untersuchungen haben gezeigt, dass Strömungen vorzugsweise parallel zu den Höhenzügen ausgerichtet sind. Das ist praktisch für die Ausbreitungsstadien der Gebirgsbewohner der Tiefsee, denn sie haben während ihrer Phase im Plankton dadurch »Rückenwind«, der es ihnen ermöglicht, große Stecken in relativ kurzer Zeit zurückzulegen.

Rein theoretisch wäre damit eine weltweite Verbreitung der Arten durch strömungsbegünstigtes Driften entlang der Höhenzüge möglich, die untermeerischen Rückenstrukturen würden als Tiefsee-Autobahnen für die Arten wirken. Tatsächlich sprechen etwa Funde konspezifischer, also immer wieder zur selben Art gehörender, Armfüßer (Brachiopoda) von Tiefseegebirgen aus unterschiedlichen Ozeanen genau für diese Hypothese.

Während einer Expedition zur Erforschung der Tiefseegebirge rund um die Galápagos-Inseln, an der Dr. Birger Neuhaus vom Berliner Museum für Naturkunde im Jahr 1999 teilnahm, wurden insgesamt 16 Brachiopoden-Arten entdeckt, darunter zahlreiche Vertreter der Gattung *Eucalathis*. Bei der Bearbeitung dieser Funde fielen mir zwei Exemplare mit ungewöhnlicher Schalenarchitektur sofort ins Auge. Die einzelnen Rippen dieser Schalen waren nicht, wie sonst bei Eucalathis üblich, gerundet, etwa wie bei Wellblech; stattdessen liefen sie bei diesen beiden Tieren wie die Falten eines Akkordeon-Balgs spitz zu. Dieses Merkmal war bereits 1981 bei *Eucalathis*-Funden aus dem Südost-Pazifik vor Chile aufgefallen. Sie wurden damals unter anderem aufgrund dieser ungewöhnlichen Schale als neue Art *Eucalathis macroctena* beschrieben. Offenbar hatten wir einige Tausend Kilometer vom Originalfundort entfernt weitere Exemplare dieser Art gefunden. Doch dabei blieb es nicht: Bereits Ende der 1980er Jahre wurden die Tiere aus subantarktischen Gewässern des Atlantiks beschrieben, und während einer amerikanischen Tiefsee-Expedition tauchten sie 1995 sogar in Proben aus dem Südost-Indischen Ozean auf. Die dadurch dokumentierte weltweite Verbreitung dieser Art wäre zunächst noch nichts Ungewöhnliches. Auffällig ist jedoch, dass die Tiere auf einen ganz bestimmten Lebensraum spezialisiert zu sein scheinen.

An den mittelozeanischen Rücken tritt Magma aus dem Erdmantel in direkten Kontakt mit dem kalten Wasser der Tiefsee. Der hohe Temperaturunterschied zum Wasser führt beim Erstarren des flüssigen Gesteins zur Entstehung von Hohlräumen durch Gasbildung. Diese Hohlräume, in denen sich zusätzlich vulkanisches Glas bildet, sind der Lebensraum von *Eucalathis macroctena*. Mit zunehmender Alterung des Gesteins und damit zunehmender Entfernung von der Magma-Austrittsstelle verwittert das Glas – die Tiere verschwinden. Nur der frische, glasige Basalt in unmittelbarer Nähe der sogenannten Rift- oder Spreizungs-Zone scheint für diese Brachiopoden als Untergrund akzeptabel zu sein. Durch die Spezialisierung auf diesen relativ jungen und vergänglichen Lebensraum sind die Tiere auf die Ausbreitung ihrer Larven auf der Tiefsee-Autobahn angewiesen.

So schnell, wie sich die Larven das möglicherweise wünschen würden, geht es allerdings nicht voran, denn auf dem Highway herrscht Geschwindigkeitsbegrenzung. Das Tempolimit ist nicht so sehr durch die äußeren Bedingungen vorgegeben, vielmehr liegt es in der Natur der Larven selbst begründet: Die frei schwimmenden Entwicklungsstadien von *Eucalathis macroctena* sind lecithotroph, das heißt, sie haben einen begrenzten Nährstoffvorrat aus der mütterlichen Eizelle mitbekommen – und der muss für ihr gesamtes Leben im Plankton ausreichen. Von außen nehmen die Larven keine Nahrung auf, weil ein funktionierender Verdauungstrakt erst nach der Metamorphose und der Festheftung der Tiere auf dem Untergrund ausgebildet wird. Sobald also der Proviant der kleinen Larven verbraucht ist, sind sie zur Besiedlung eines geeigneten Untergrundes gezwungen. Das kann bereits wenige Tage nach dem Schlüpfen der Fall sein, und die bis dahin auf der Tiefsee-Autobahn zurückgelegte Strecke kann entsprechend kurz ausfallen.

Abb. 4: *Akkordeon-Balg und Wellblech: Die spitz zulaufenden Schalenrippen von Eucalathis macroctena unterscheiden sich deutlich von den rundlichen Schalenrippen einer weiteren, bisher unbeschriebenen Eucalathis-Art, die während der Expedition gefunden wurde.*

Wandel des Lebens

Von Anfang an hatte das Leben auf unserem Planeten vielfältige Herausforderungen zu meistern. Zunächst im Wasser entstanden, bedeutete vor allem der »Schritt« an Land für Pflanze oder Tier eine enorme Anpassungsleistung. Hatten sich die Pionierarten erst einmal etabliert, war der Weg zu einer artenreichen Aufspaltung der verschiedenen Tier- und Pflanzengruppen in den neuen Lebensräumen nicht mehr weit.

Die Milliarden Jahre überspannende Geschichte des Lebens hat einen Teil ihrer Spuren im Fossilbericht hinterlassen. Seit Jahrhunderten werden Fossilien als Zeugen vergangener Zeiten zusammengetragen und interpretiert. Heute präsentieren sich vor allem in dieser Hinsicht Naturkundemuseen wie in Berlin als potente und hochmoderne Forschungseinrichtungen. Auf der Basis umfangreicher Fossilsammlungen und mit wissenschaftlich interdisziplinären Ansätzen führt der Ergebnisaustausch zwischen Geologie/Mineralogie, Paläontologie und Zoologie zu tief greifenden Erkenntnissen, die ein neues Licht auf die Evolution des Lebens auf der Erde werfen.

Wie der blaue Planet grün wird

Stephan Schultka und Carsten Lüter

Das Überschreiten von Grenzen, gleichsam der Wechsel der Elemente, gehört zu den spannendsten Ereignissen, mit denen sich Naturwissenschaftler beschäftigen können. Bereits 90 Prozent der bisherigen Erdgeschichte sind vergangen, als es zu einer solchen – auch für die Menschwerdung entscheidenden – Grenzübertretung kommt: Die Pflanzen wagen den ersten Schritt vom Wasser aufs Festland. Aber was macht ausgerechnet dieser Schritt zu etwas Besonderem? Warum ist es nicht einfach nur die Besetzung einer weiteren Nische im großen Ökosystem – nur ein Schritt mehr, so wie in den verstrichenen drei Milliarden Jahren bereits viele andere in den Ozeanen getan wurden? Und vor allem, wie sieht die erste Landpflanze überhaupt aus?

Die ersten Funde

Im Frühjahr 1912 ist der Landarzt und Hobbygeologe Dr. William Mackie wieder einmal auf dem Weg zu einem Unterdevon-Aufschluss in der Gegend von Rhynie in Schottland. Da fallen ihm in einer der vielen Trockenmauern, die die Felder dort umgeben, einige splittrig brechende, harte Steine auf. Er bricht sich ein paar Proben aus der Mauer und fertigt davon Dünnschliffe. Was er da unter seinem Mikroskop entdeckt, erscheint fast unglaublich: exzellent erhaltene Pflanzenreste, die sogar noch Zellstrukturen zeigen!

Konnten vollständige, hochdifferenzierte, aufrechte Pflanzen direkt aus dem Meer aufs Land wandern?

Annähernd 400 Millionen Jahre zuvor prägten Geysire, heiße Quellen und Vulkane das Bild in der Umgebung des kleinen schottischen Ortes. Die über Jahre aktiven Geysire besprühten Pflanzen wie Tiere in weitem Umkreis mit stark silikathaltigem Wasser. Diesen außergewöhnlichen und seltenen geologischen Verhältnissen ist es zu verdanken, dass die Lebewelt des Unterdevons von Rhynie bis heute in fantastischer Detailgenauigkeit konserviert ist.

Die Bedeutung des Fundes ist Dr. Mackie sofort klar, und so übergibt er die Proben an Dr. Robert Kidston, einen erfahrenen Paläobotaniker, der für den Geological Survey Großbritanniens arbeitet. Grabungen in der Umgebung des Fundes fördern weiteres Material zutage, und die Ergebnisse der Untersuchungen werden zusammen mit William Henry Lang, Professor der Naturwissenschaften an der Universität Manchester, veröffentlicht. Es sieht so aus, als hätte man hier eine silifizierte – quasi in Glas eingegossene – Lebensgemeinschaft der ersten Landpflanzen vor sich.

Aber bald kommen Zweifel auf. Konnten vollständige, hochdifferenzierte, aufrechte Pflanzen direkt aus dem Meer auf das Land wandern? Hatten sich die Landpflanzen bereits im Meer so weit entwickelt, dass sie einfach nur noch »auftauchen« mussten, von ein paar unwesentlichen Differenzierungen abgesehen? Wohl kaum, wenn man die Probleme betrachtet, die die Pflanzen in dem für sie völlig neuen Grenzbereich Land/Luft erwarteten.

Um auf dem Land zu überleben, brauchten die Pflanzen zuallererst eine belastbare, schützende Oberfläche, damit sie der tödlichen UV-Strahlung und der Verdunstung etwas entgegenzusetzen hatten. Gleichzeitig musste diese Oberfläche begrenzt durchlässig sein, um den Innendruck regulieren zu können, also einen Gas- und Wasseraustausch möglich zu machen. Darüber hinaus mussten die Pflanzen zellwandverstärkte Leitgewebe entwickeln, um den Flüssigkeitstransport innerhalb der Pflanze zu regulieren. Sie brauchten zudem Verankerungsorgane, die auch Nährstoffe aufnehmen konnten, und nicht zuletzt besonders widerstandsfähige Wände, um ihre Fortpflanzungsstadien – die Sporen – besonders gut zu schützen, denn nur so konnte eine Vermehrung unter den harten Bedingungen des Festlandes gewährleistet werden.

Abb. 1: *Rhynie Chert, in Silikatgel erhaltene Pflanzenachsen von Aglaophyton major (Rhynie, Pragian, Unterdevon)*

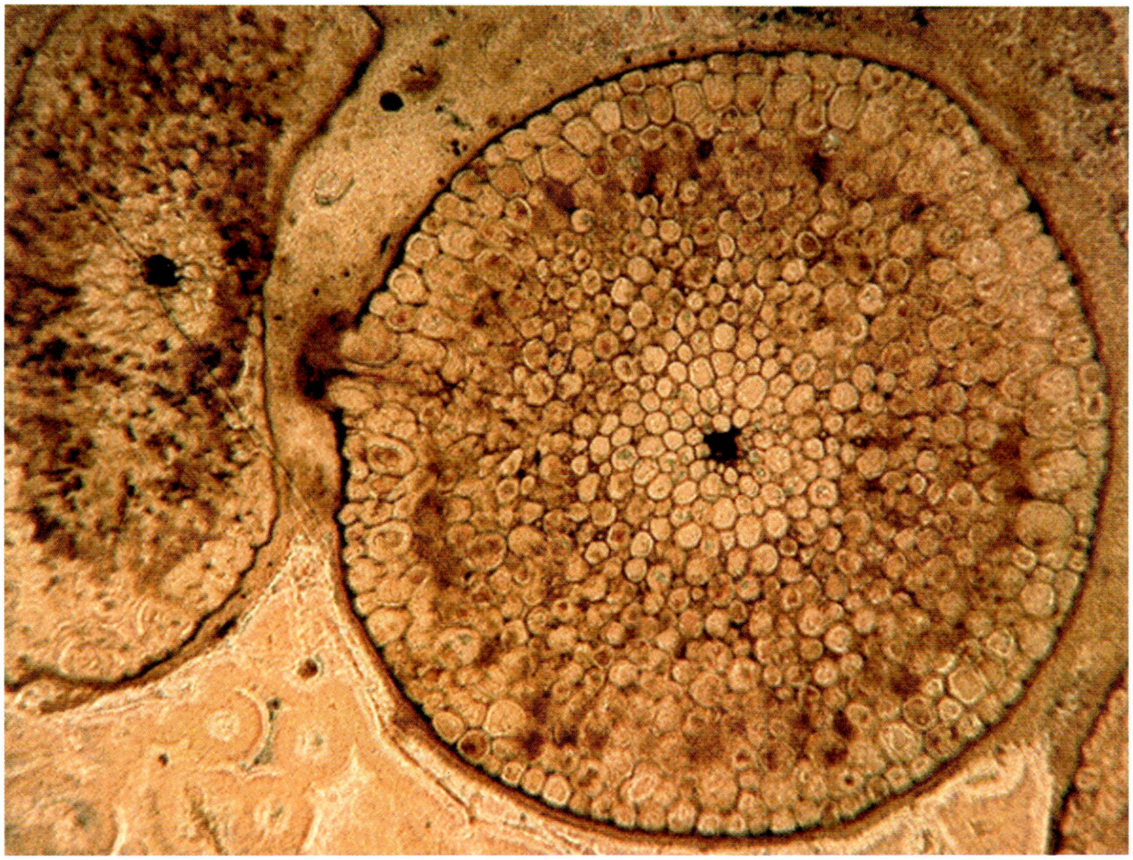

Abb. 2: *Rhynia gwynne-vaughanii*, eine Psilophyte aus dem Rhynie Chert (Rhynie, Pragian, Unterdevon). Breite der Achse etwa 1,5 mm

Der erste Schritt an Land

Versetzen wir uns rund 470 Millionen Jahre zurück: Das tiefblaue Meer brandet an leblose Küsten, noch existiert kein einziges »höheres« Lebewesen an Land. Vielleicht wird das eine oder andere Tier an Land gespült, wie seltene Spurenfossilien u.a. von Arthropoden belegen, aber wenn es kann, muss es so schnell wie möglich wieder in das sichere Meer zurückkehren. Die gesamte Lebensentwicklung spielt sich im Meer ab. Eine ungeheure Artenvielfalt an Pflanzen und Tieren hat sich gebildet, doch kein Organismus hat es bis dato geschafft, das schützende Nass der Ozeane dauerhaft zu verlassen. Aber irgendwann kommt es dann doch dazu. Es müssen zunächst die immerfeuchten, mitunter amphibischen Lebensräume der Uferregionen, möglicherweise auch die von den Urmeeren beeinflussten Flussmündungen gewesen sein, in denen sich Algen aus dem Meer ansiedeln und wo der Siegeszug der späteren Landpflanzen seinen Ursprung nimmt.

Die Wissenschaft ist sich über den exakten Zeitpunkt dieses Landganges nicht einig, doch neuere Ergebnisse der Erforschung fossiler Sporen aus annähernd 470 Millionen Jahre alten Sedimentgesteinen des Urkontinents Laurentia scheinen die Existenz von ersten, wahrscheinlich noch algenähnlichen Pflanzen im frühen Ordovizium zu belegen. Wie aber sahen diese ersten Landgänger aus? Erhaltene vollständige Pflanzen aus dieser Zeit kennen wir nicht, der einzige Hinweis sind ihre Ausbreitungsstadien, die Sporen. Diese könnten von höher entwickelten Algen stammen, ähneln aber auch sehr den Sporen heutiger Lebermoose. Als Produzenten dieser Sporen dürfen wir allerdings keine aufrechten, vielfach verzweigten Pflanzen erwarten, wie wir sie normalerweise vor Augen haben. Es dürften eher algenähnliche, flach auf dem Boden aufliegende, ungegliederte und unregelmäßig begrenzte Organismen gewesen sein.
Die ältesten als höhere Pflanzen erkennbaren, überlieferten Landpflanzen – Fossilien mit dem (Sammel-)

Abb. 3: *Cooksonia sp.* aus dem Siegen (Unterdevon)

Gattungsnamen *Cooksonia* – stammen aus dem Oberen Silur Avalonias, einem kleinen alten Kontinent im tiefen Süden der Erde vor etwa 420 Millionen Jahren. Zur gleichen Zeit existierte auf dem festen Land längst eine Tiergesellschaft von Milben und Tausendfüßern. Sie ernährten sich von Pflanzen, die bereits in den 40 Millionen Jahren existierten, die zwischen den ersten Funden von Sporen und dem Auftreten von *Cooksonia* liegen.

Bei *Cooksonia* handelt es sich bereits um kleine, aufrecht wachsende Pflanzen mit verzweigten Stämmchen und endständigen Sporenbehältern, wie sie ganz ähnlich etwa bei den heutigen Moosen und Farnen üblich sind. Leider kennen wir von diesen ältesten, ungefähr 425 Millionen Jahre alten, morphologisch fassbaren Fossilien nur Bruchstücke, eingeschwemmt in marine Ablagerungen Irlands. Im Berliner Museum für Naturkunde werden jedoch mehrere vollständige Pflanzen – allerdings aus etwas jüngeren Schichten – aufbewahrt. Untersuchungen an diesem Material belegen die Organisation der Gesamtpflanze: eine scheibenförmig-

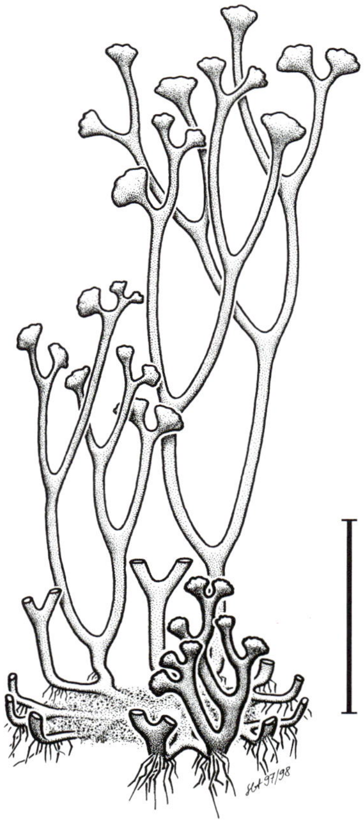

Abb. 4: Rekonstruktion von *Cooksonia sp.*

Abb. 5 *Sporogonites exuberans*, vermutlich ein Moos aus der frühen Zeit der Eroberung des Landes durch die Pflanzen (Horm/Düren, Siegen, Unterdevon).

flache (thallöse) Struktur bildet das Zentrum (in Erinnerung an die noch ursprünglicheren Pflanzen), an deren Rand sich die aufrecht wachsenden, runden Achsen ausdifferenzieren.

Dass es sich bei *Cooksonia* um bereits weit entwickelte Pflanzen handelt, ist durch ihren aufrechten Wuchs belegt. Da sich die Schwerkraft an Land erheblich stärker auswirkt als im Wasser, musste die Pflanzenwelt eine Antwort auf dieses Problem finden. Erst danach konnte ein Wettkampf um die beste Lichtausbeute beginnen, der den aufrechten Wuchs als besondere Erfindung voraussetzt. Aber *Cooksonia* konnte (noch) nicht in den Himmel wachsen: Wurden die nur durch den inneren Druck aufrecht gehaltenen Achsen der Pflanze zu lang und damit zu schwer – was bereits bei wenigen Zentimetern der Fall war –, dann neigten sie sich auf den Erdboden, wo sie wurzelähnliche Organe (Rhizoide) bildeten, die der Nährstoffversorgung und der Verankerung der Pflanze dienten. Damit waren diese Pflanzen nicht nur in der Lage zu »wandern«, sondern sie waren auch in gewisser Weise »unsterblich«.

Aber nicht nur höhere Pflanzen entwickelten sich aus den einfachen Urstadien der Landpflanzen, sondern sehr früh bildeten sich auch die Moose heraus. Der eindeutige Nachweis der Moosnatur im fossilen Abdruck ist dabei allerdings schwierig. Das bekannteste Fossil aus dieser Gruppe vermuteter Moose ist die weltweit verbreitete Gattung *Sporogonites*. Diese Fossilien zeigen eine Vielzahl dünner, leitbündelloser, gerader nackter Achsen, die aus einer nicht erkennbar strukturierten Fläche herauswachsen und jeweils an ihren Enden Sporenkapseln tragen, wie wir das auch bei vielen heutigen Moosen kennen.

Nur wenig später am anderen Ende der Welt

In 420 Millionen Jahre alten Sedimenten aus Australien finden sich ebenfalls basale Landpflanzen, die sich im Aussehen allerdings fundamental von *Cooksonia* unterscheiden und zur Gattung *Baragwanathia* gehören. Wir vermuten, dass diese Gattung mit mehrfach verzweigten, annähernd einen Meter langen Achsen zu den Vorfahren der Bärlapp-Gewächse gehören. Sie trugen bis zu vier Zentimeter lange, schmale »Blätter«, die Leitbündel zur Wasser- und Nährstoffversorgung aufweisen. Trotz dieser relativ modernen Architektur gehört auch *Baragwanathia* zu den ältesten bekannten eindeutigen Landpflanzen. Manche Forscher vermuten daher, dass der Landgang der Pflanzen auf der anderen

Abb. 6: *Baragwanathia longifolia* (fertiles Bärlappgewächs) ist eine der ältesten Landpflanzen, deren hohe Entwicklungsstufe die Wissenschaftler vor Rätsel stellt (Yarra track, Australien, hohes Silur).

Unter anderem wird das südliche China als Zentrum der Landpflanzenentstehung gesehen.

Seite des Urozeans Palaeo-Tethys stattgefunden haben könnte, nämlich auf dem äquatornahen Nordteil des Großkontinents Gondwana, von dem sich Australien erst im weiteren Verlauf der Erdgeschichte ablösen sollte. Auch das südliche China an der Ostseite Gondwanas wird, vor allem von chinesischen Forschern, als Zentrum der Landpflanzenentstehung gesehen.
Von dort hätten dann die Bärlapp-Gewächse ihre erfolgreiche Ausbreitung angetreten, um weitere 100 Millionen Jahre später zu den weltweit dominanten Pflanzengruppen zu gehören. Sie bildeten nicht nur über 40 Meter hohe Bäume, sondern stellten einen wichtigen Teil der Biomasse in den ausgedehnten Wäldern des Karbons, die wir heutzutage in Form von Kohle weltweit als fossilen Brennstoff abbauen und nutzen.
Mit *Baragwanathia* vergesellschaftete, morphologisch einfacher gebaute Pflanzen aus diesen silurischen Schichten zeigen trotz ihrer Einfachheit eine deutlich andere Organisation als beispielsweise *Cooksonia*. Noch auffälliger ist dieses völlig andere Florenbild im Süden Chinas zu dieser Zeit des Übergangs vom Silur in das Devon. An solchen Beobachtungen allein kann man zwar kaum den Entstehungsraum der Landpflanzen festmachen, aber es wird deutlich, dass sich bereits vor etwa 400 Millionen Jahren pflanzengeografische Differenzierungen auf der Erde ausgebildet hatten.

Andere Konzepte zur Eroberung des Festlandes

Der eindeutige Nachweis differenzierter Flechten im etwa 400 Millionen Jahre alten Rhynie Chert belegt

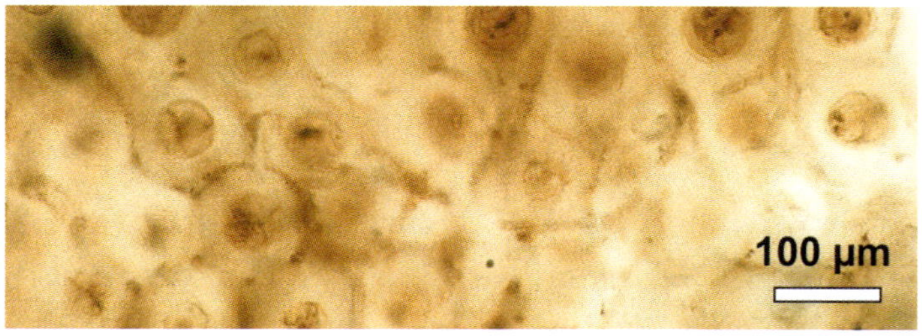

Abb. 7: *Winfrenatia* mit Cyanobakterien, eine Flechte aus dem Rhynie Chert (Rhymie, Pragian, Unterdevon)

Abb. 8: *Parka descipiens, eine flächig gebaute Landpflanze, die von einigen Wissenschaftlern zu den Vorfahren der Lebermoose gestellt wird (Aberlemno. Pragian, Unterdevon).*

eine sehr alte Lebensgeschichte dieser Symbiosen aus Algen und Pilzen. Möglicherweise kam es hier parallel zu den Urlandpflanzen zu einem weiteren Versuch der Natur, das Festland zu besiedeln. So wird die mit Abstand größte Pflanze im ausgehenden Silur vor etwa 410 Millionen Jahren als Pilz interpretiert: *Prototaxites*. Die bis zu 90 Zentimeter dicken Stämme konnten mehrere Meter lang werden. Überraschend ist, dass diese für die damalige Zeit riesigen Pflanzen nicht einmal ein richtiges Zellgewebe hatten. Sie waren vielmehr aus einem Geflecht aus Zellschläuchen von zwei verschiedenen Größen aufgebaut. Solche Strukturen finden sich auch heute nur bei Pilzen.
Weniger fantastisch-bizarr als diese »Riesenpilze« sind andere Vertreter der bisher nur ungenügend erforschten Gruppe der sogenannten Nematophyten. Sie wurden teilweise nicht einmal als Pflanzen erkannt, sondern – wie etwa die Art *Parka decipiens* – als Ansammlung von Eiern wirbelloser Tiere interpretiert.

Schnelle Entwicklung

Der Landgang der Pflanzen fand – ähnlich demjenigen der Tiere – ganz offensichtlich mehrfach unabhängig voneinander statt. Innerhalb relativ kurzer geologischer Zeiträume entwickelten sich aus unterschiedlichen Algen-Vorfahren die ersten Landgänger des Pflanzenreichs. Die Vorstellung von *der* Ur-Landpflanze bleibt demnach ein Mythos, auch wenn viele Forscher sich an der Rekonstruktion eines solchen Archetypus versucht haben, als einer der Ersten sicherlich Johann Wolfgang von Goethe. Er suchte allerdings eher ein Gesetz zur Formbildung und war wohl weniger an einer wissenschaftlich korrekten Rekonstruktion der Morphologie des Urahns der Landpflanzen interessiert.
Wir gehen heute davon aus, dass der Globus zu Beginn des Devons bereits einen grünen Schleier trug, wenn auch nur an Stellen, wo der Grundwasserspiegel die Versorgung der noch extrem vom Wasser abhängigen Pflanzen sicherstellen konnte. Aber die Entwicklung ging – für geologisch-paläontologische Verhältnisse – rasend schnell voran. Keine 20 Millionen Jahre später, im mittleren Devon, hatten einige Pflanzen die Fähigkeit zu sekundärem Dickenwachstum entwickelt. Mithilfe dieser Fähigkeit konnten stabile, holzige Stämme von beträchtlicher Höhe gebildet werden, was einen erheblichen Vorteil im Konkurrenzkampf um Licht bedeutete.

Die Vorstellung von der Ur-Landpflanze bleibt ein Mythos.

Und noch einmal 15 Millionen Jahre später, im Oberdevon, mischten sich bereits die ersten Pflanzen mit sehr einfachen Samenanlagen in die bereits waldartigen Bestände von bis zu 20 Meter hohen Bäumen. Damit hatten es die Pflanzen nach nur knapp 100 Millionen Jahren in ihrem neuen terrestrischen Lebensraum geschafft, praktisch alle wichtigen Elemente, die eine »höhere« Pflanze auszeichnen, zu entwickeln ... bis auf die Blüte, doch das ist eine ganz andere Geschichte (siehe Seite 192–193).

Der erste Fuß an Land

JASON DUNLOP UND CARSTEN LÜTER

Eigentlich waren es gleich ganz viele Füße, die ihre Spuren im Schlamm der heute zu Kanada gehörenden Küste hinterließen und uns wahrscheinlich den ältesten Beleg für den ersten Landgang der Tiere liefern.

Doch wir wollen nicht vorgreifen. Es ist die Zeit des mittleren Kambriums vor etwa 540 Millionen Jahren. Gigantische Landmassen liegen in Form der sogenannten Nord- und Südkontinente inmitten der erdumspannenden Ozeane. In den Meeren hat sich eine ungeheuere Vielfalt an Wirbellosen entwickelt, die scheinbar wie aus dem Nichts in einem von Paläontologen als »kambrische Explosion« bezeichneten, rasanten Artbildungsprozess auf den Plan der Evolution getreten ist. Fressen und gefressen werden beherrschen das Leben im Wasser, und infolgedessen beginnt ein Wettrüsten um die effektivsten Angriffs- und Verteidigungsstrategien. Neuartige Zähne, Klauen und Fangapparaturen der Räuber provozieren die Entwicklung zuvor nie gesehener Schalen, Panzerungen und Abwehrmechanismen bei den Beutetieren, die dadurch wiederum die Evolution noch besserer Angriffswaffen der Räuber befördern. Dieser sich aufschaukelnde und in einem für geologische Dimensionen kurzen Zeitraum ablaufende Prozess ist eindrucksvoll in den reichen Fossilfunden aus den kanadischen Burgess-Schiefern sowie in der Fauna des chinesischen Chengjiang belegt.
Fast alle uns heute bekannten Wirbellosen-Gruppen waren zu diesem Zeitpunkt bereits vorhanden, und selbst die ersten Vorfahren der Wirbeltiere, die ein einfaches, wahrscheinlich aus Zellen aufgebautes Rückgrat besaßen, tummelten sich beispielsweise in Form der fischartigen *Pikaia* in den kambrischen Ozeanen.
Völlig unbehelligt von diesem hektischen, übervollen und bisweilen gefährlichen Treiben im Wasser lagen die kambrischen Landmassen da. Urtümliche Pflanzen hatten das Land sehr wahrscheinlich bereits besiedelt. Sie waren irgendwann in Form einzelliger, möglicherweise auch algen- oder moosartiger Gewächse dem Meer entstiegen und hatten zumindest in den feuchten Küstenregionen für neue Farbe gesorgt. Das Land wurde grün. Der Anblick muss sehr ruhig und beschaulich gewesen sein, denn kein Tier hatte es bisher gewagt, dem wässrigen Milieu Lebewohl zu sagen. Nichts krabbelte, nichts jagte, fraß oder machte Geräusche. Eine brachliegende Landmasse, die darauf wartete, erobert zu werden. Und natürlich geschah alsbald das Unvermeidliche.

Der Wechsel ins andere Element

Wir befinden uns inzwischen im oberen Kambrium vor etwa 500 Millionen Jahren und irgendein vielbeiniges, zu den Gliedertieren (Arthropoden) zählendes Tier beschließt, an einer heute zu Kanada gehörenden Küste einen Spaziergang der besonderen Art zu machen und dabei gleichsam die Grenze zwischen den Elementen zu durchbrechen: Es läuft am Strand über den langsam austrocknenden Schlick und hinterlässt dabei winzige Fußspuren, die sich bis heute als Spurenfossilien im Gestein erhalten haben. Der erste Hinweis auf den Landgang der Tiere.
Es war also geschafft. Vor den Organismen lag eine bis dahin unbewohnte, gigantisch große Landfläche, auf die sie nur hinauszulaufen brauchten, um ein Leben

fernab des anstrengenden und zum Teil lebensgefährlichen Getümmels im Wasser führen zu können. Doch so einfach wie es klingt war dieses Unterfangen natürlich nicht, denn auch das Land – obwohl zu Beginn noch ohne Feinde, Konkurrenten und andere missliebige Kreaturen – war nicht ohne. Durch fortgesetzte tektonische Aktivität der Kontinentalplatten kam es immer wieder zu klaffenden Rissen in der Erdoberfläche, zu Erdbeben und Vulkanausbrüchen mit zum Teil verheerenden Auswirkungen. Giftige Gase entwichen dem Erdinneren und machten die Landflächen zu einem ungemütlichen, bisweilen lebensgefährlichen

Abb. 1: *Vielleicht die ältesten Fußspuren der Welt? Sie stammen vermutlich von einem Tausendfüßer-ähnlichen Lebewesen, das vor etwa 500 Millionen Jahren im Küstenschlamm des heutigen Ontario in Kanada herumlief. Ob das Tier bereits ein echter Landgänger war oder lediglich von einer Wasserpfütze zur nächsten wechselte, wissen wir nicht.*

Ort. Hin und wieder wurde das Land auch von Gesteinsbrocken aus dem All, den Meteoriten, bombardiert. Man musste also vorsichtig sein. Doch all diese Gefahren waren nichts im Vergleich zum eigentlichen Problem, dem sich die ersten Landgänger gegenübersahen: der gasförmigen Atmosphäre. Über Jahrmillionen hatten die Tiere Strukturen entwickelt, mit deren Hilfe sie dem Wasser Sauerstoff für ihren Stoffwechsel entziehen konnten. Dies geschah direkt über die Körperoberfläche, häufig mithilfe besonderer, kiemenartiger Strukturen. Der Trick bestand darin, die mit Sauerstoff anzureichernde Blut- oder Körperflüssigkeit unter einer möglichst großen, membrangeschützten Oberfläche so nahe an das umgebende Meerwasser heranzubringen, dass durch Diffusion Sauerstoff in den Organismus gelangen konnte. Der Transfer dieser Atemtechnik in die mit Sauerstoff angereicherte Atmosphäre des Landes war allerdings nicht ohne Weiteres möglich, denn die niedrige Luftfeuchtigkeit der Atmosphäre hätte zum sofortigen Verdunsten des Wasserfilms auf den exponierten Kiemen geführt; die Tiere wären erstickt. Auch bedurfte es eines Verdunstungsschutzes für den gesamten Organismus, wenn er an Land nicht Gefahr laufen sollte auszutrocknen. Unser erster Spaziergänger im Schlamm der spätkambrischen Küste Kanadas wird sich daher gesputet haben, kurz nach seinem Abenteuer wieder das rettende Nass einer Meerwasserpfütze zu erreichen. Die ersten Landtiere waren gleichsam Grenzgänger zwischen den Welten, die sich von Pfütze zu Pfütze bewegten, immer unterbrochen von einer kurzen Landpartie. Doch dabei blieb es nicht. Die Entwicklung ausgefeilter Techniken zum Schutz vor Austrocknung ließ nicht lange auf sich warten. Die aus Chitin bestehenden Schutzpanzer der Arthropoden bekamen wachsige Überzüge, die feucht zu haltenden dünnen Membranen zur Sauerstoffaufnahme wurden geschützt und teilweise in das Innere der Tiere verlagert, nur durch winzige Poren mit der Außenwelt verbunden. Die beginnende Unabhängigkeit der Landgänger vom wässrigen Milieu hielt aber noch andere Schwierigkeiten bereit. Wie sollte man sich zum Beispiel an Land vermehren? Zuvor war die zeitgleiche Abgabe männlicher und weiblicher Geschlechtsprodukte unproblematisch, denn das umgebende Wasser stellte das verbindende Element dar, in welchem Spermien und Eier zueinander finden und sich befruchten konnten. An Land dagegen war man auf eine persönliche Übergabe angewiesen. Die Spermien mussten entweder durch Kopulation direkt übertragen werden, um die Eizellen der Geschlechtspartnerin zu erreichen, oder die Männchen mussten wasserdichte Behältnisse, sogenannte Spermatophoren, konstruieren, in denen ihre Geschlechtszellen eine Zeit lang überdauern konnten, bis sie von den Weibchen gefunden und aufgenommen wurden.

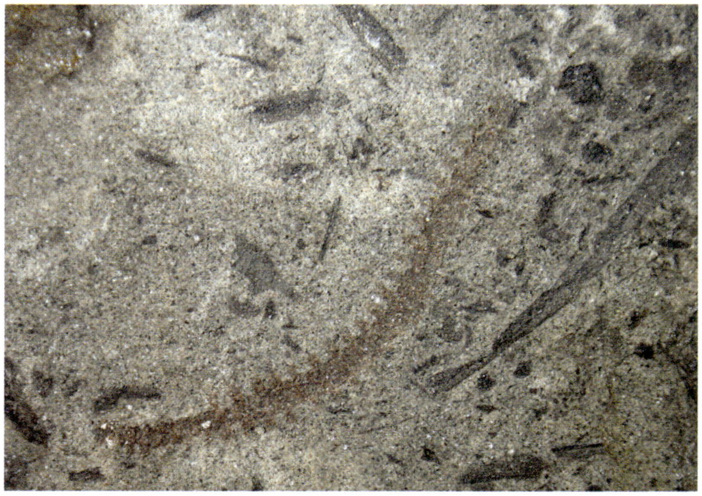

Abb. 2: *Ein bisher nicht näher bestimmter Tausendfüßer aus silurischen Sedimentgesteinen Schottlands. Tausendfüßer gehörten zweifellos zu den ersten Eroberern des Landes. Die seitlichen Öffnungen ihrer Tracheen – dem Lungensystem der Tausendfüßer und Insekten – verraten, dass diese Tiere permanente Landbewohner gewesen sind.*

Die ersten echten Landtiere

Doch warum überhaupt an Land gehen, wenn das neue Element so viele scheinbar unüberwindbare Hürden bereithält? Wir wissen nicht, was die Auslöser waren. Unser erster Spaziergänger und seine Nachfolger mögen auf der Suche nach einer weniger besiedelten Ecke in den übervölkerten Küstengewässern zufällig an Land geraten sein. Möglicherweise wurden sie auch mit einer größeren Welle ein Stück weiter als sonst den Strand hochgetragen und blieben dort zurück. Im Spülsaum der paläozoischen Meeresküste könnten sie neue attraktive Nahrungsquellen entdeckt haben, etwa in Form verrottender, bakterien-gesättigter Algenreste, die auch heute noch für eine Vielzahl von Arthropoden die Lebensgrundlage darstellen. So zum Beispiel für Milben, die zu den ältesten fossil überlieferten Landtieren gehören. Wer tatsächlich damals das Rennen gemacht hat, werden wir wohl nicht herausbekommen, aber vielleicht waren es tatsächlich Milben, die als Erste vollständig auf das Wasser als Lebensraum verzichten konnten. Eine Milbe aus dem Ordovizium Schwedens, die vor etwa 480 Millionen Jahren fossilisiert wurde, könnte dafür einen Beleg darstellen. Den ersten definitiven Beweis für ein ausschließlich landlebendes Gliedertier – und damit für das erste echte

Abb. 3: *Die Spermatophore eines Skorpions ist ein mit Spermien gefülltes Paket, das vom Männchen auf dem Boden abgesetzt wird. Anschließend zieht es das an den Scheren gehaltene Weibchen in einem Brauttanz, der sogenannten Promenade-a-deux, über den Spermienbehälter, damit dieser von der Partnerin aufgenommen werden kann. Da Spermien an Land – anders als im Wasser – nicht einfach über abgelegte Eier verteilt werden können, haben landlebende Tiere verschiedene Mechanismen einer sicheren Übertragung entwickelt. Die Ausbildung von Spermatophoren ist einer davon.*

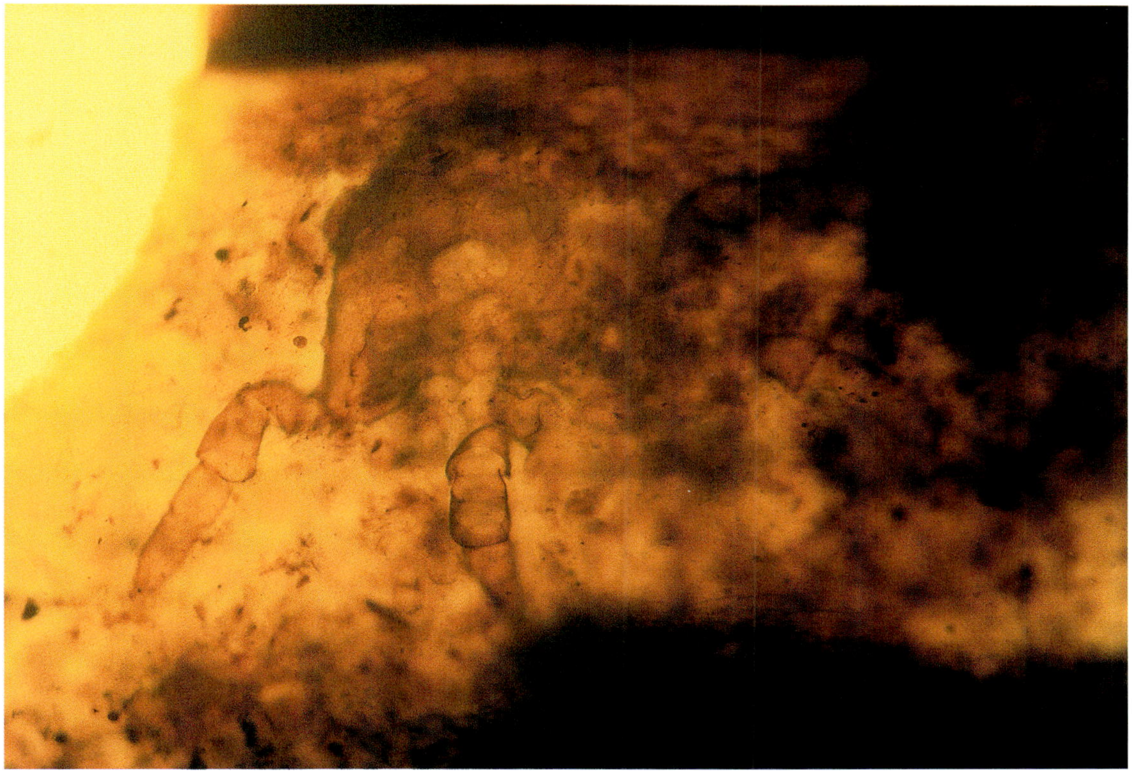

Abb. 4: *Mit Palaeocharinus haben wir einen erstaunlich gut erhaltenen Vertreter der ausgestorbenen trigonotarbiden Spinnentiere vor uns. Sie gehören zu den ältesten Landlebewesen. Das etwa 5 mm kleine Fossil stammt aus dem Rhynie Chert in Schottland, einer 400 Millionen Jahre alten Lagerstätte, deren Lebewesen durch heißes, silikatreiches Wasser in ihrer Dreidimensionalität perfekt erhalten sind.*

Landtier überhaupt – liefert ein fossiler Tausendfüßer, eingebettet in 420 Millionen Jahre altes silurisches Sedimentgestein aus Schottland. An den Körperseiten zeigt er wenige mikroskopisch kleine Öffnungen in seinem Chitinpanzer, die sogenannten Stigmen. Sie stellen die Ausmündungen der für Tausendfüßer und Insekten charakteristischen Atmungsorgane, die Tracheen, dar. Tracheen sind lange, im Inneren der Tiere verzweigte Schläuche, die ausschließlich zur Luftatmung geeignet sind. Die Schlussfolgerung ist zwingend: Findet man ein Fossil mit Tracheen und deren Atemöffnungen, so hat man ein vormals ausschließlich landlebendes Tier vor sich.

Die ersten Landgänger werden in ihrem neuen Lebensraum nicht lange sicher gewesen sein. Zwar hatten sie allen anderen Tieren, die vorerst im Wasser zurückgeblieben waren, einige evolutive Neuerungen voraus, die ihnen einen längeren Aufenthalt an Land und damit in einem Lebensraum ohne Fressfeinde ermöglichten. Doch die Räuber ließen nicht lange auf sich warten. Spinnentiere folgten den Ausreißern und sorgten auch an Land alsbald für Gefahr. Die ältesten definitiv landlebenden Spinnentiere waren sogenannte Trigonotarbiden aus dem Oberen Silur vor etwa 415 Millionen Jahren, längst ausgestorbene nahe Verwandte der heutigen Spinnen. Aber auch Skorpione tummelten sich zu dieser Zeit bereits auf dem Land. Sie haben wie die heutigen Spinnen sogenannte Buch-Lungen für die Luftatmung entwickelt. Feine Poren im Chitinpanzer der Tiere führen in innere Hohlräume, deren atmungsaktive Oberflächen durch vielfaches Auffalten enorm vergrößert sind. Ob die Skorpione diese speziellen Atmungsorgane zusammen mit den Spinnen von einem gemeinsamen Vorfahren ererbt haben, oder ob sie erst später und unabhängig von den Spinnen vergleichbare Strukturen entwickelten, ist unter den Spezialisten bis heute umstritten.

Im Unteren Devon, ab etwa 410 Millionen Jahren vor unserer Gegenwart, bevölkerten dann bereits alle derzeit bekannten Arthropodengruppen das Land. Jede Gruppe hatte es irgendwie geschafft, Mechanismen zu entwickeln, mit den neuen und ungewohnten Lebensbedingungen fertig zu werden. Manche von ihnen konnten Neuerfindungen vorweisen, andere

wiederum hatten diese Erfindungen lediglich von ihren stammesgeschichtlichen Vorfahren geerbt.
Die berühmte Fossillagerstätte Rhynie Chert in Schottland verdeutlicht die terrestrische Artenvielfalt im Devon eindrucksvoll. Der hier im Stein konservierte Lebensraum bestand aus heißen Quellen, deren Umgebung von einer Fülle an landlebenden Pflanzen und Wirbellosen bevölkert war. Die verkieselten Fossilien zeigen eine dreidimensionale Erhaltung von unübertroffener Detailtreue, selbst innere Organe der einzelnen Organismen sind erhalten und eindeutig identifizierbar. Mit den Springschwänzen sind für das Unterdevon auch urtümliche Insekten nachgewiesen, möglicherweise gab es auch bereits die ersten Insekten mit Flügeln. Damals noch in der Minderheit, gelangten Insekten im weiteren Verlauf der Entwicklung des Landlebens zu ungeahnter Artenfülle, bis sie schließlich zur vielfältigsten und zahlenmäßig größten Gruppe landlebender Tiere avancierten und diese Position bis heute nicht eingebüßt haben. Doch das ist eine ganz andere Geschichte, mit deren Höhepunkt sich die Evolution noch weitere 50 Millionen Jahre Zeit lassen sollte.

Es bleibt nicht bei den Wirbellosen

Unser erster Spaziergänger, der die Abdrücke seiner zahlreichen Füße in den trocknenden Schlamm der Küste setzte, war ein Pionier, dem viele andere nachfolgten. Der Landgang der wirbellosen Tiere erfolgte nicht einmalig, er fand vielfach und unabhängig voneinander statt, bis schließlich nicht nur im Wasser, sondern auch an Land eine ungeheure Artenvielfalt vorhanden war. Während die Wirbellosen nach und

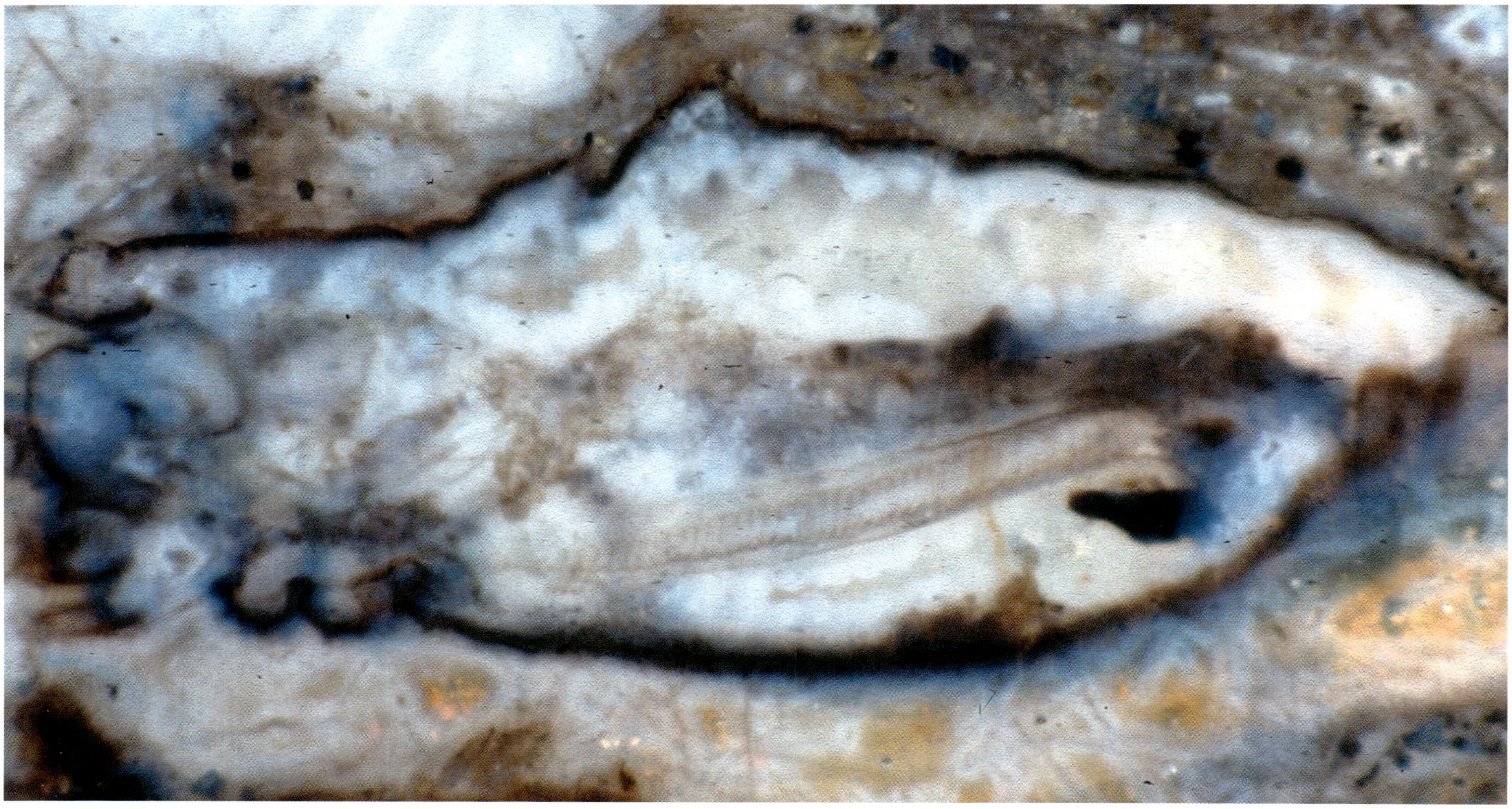

Abb. 5: *Eophalangium aus dem Rhynie Chert in Schottland ist der mit 410 Millionen Jahren älteste bekannte Weberknecht, hier gezeigt als ein Längsschnitt durch die Mitte des Tieres. Anatomisch ist dieses Fossil von seinen heute lebenden Verwandten kaum zu unterscheiden. Neben den der Atmung dienenden Tracheen ist auch der Ovipositor erhalten, eine Legeröhre, die zur Eiablage weit aus dem Körper des Tieres herausgestreckt wird.*

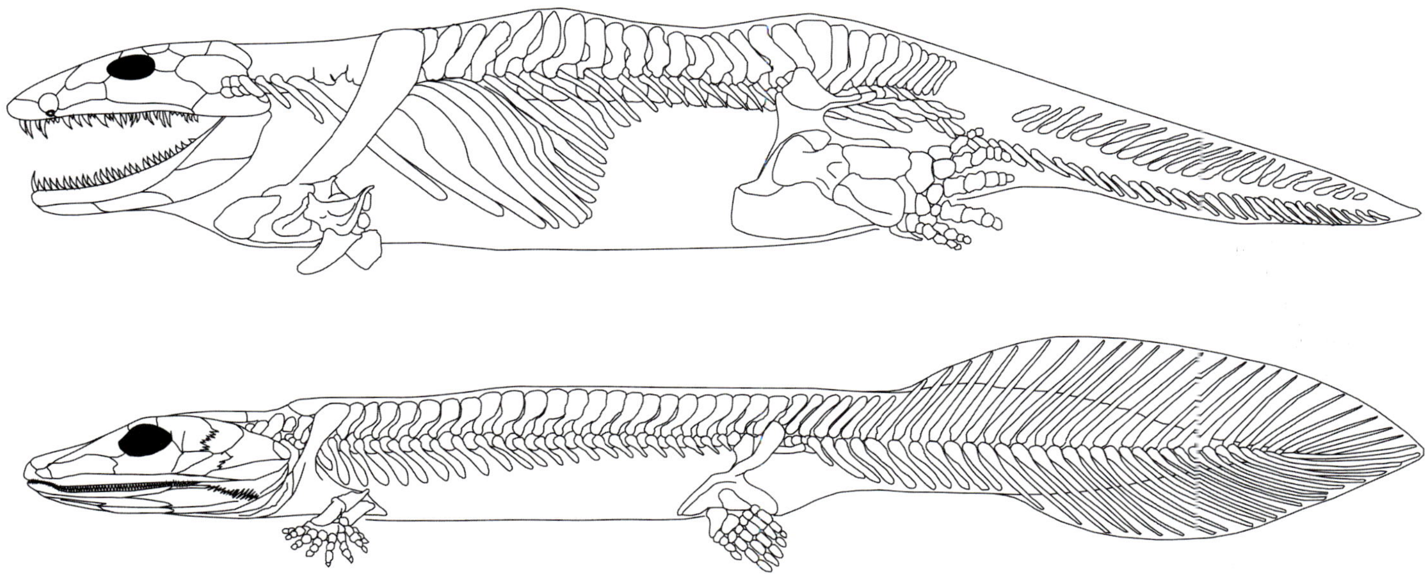

Abb. 6: *Neueste Untersuchungen an den devonischen Vierfüßern Ichthyostega (oben) und Acanthostega (unten) verdeutlichen die Anatomie der ersten potenziellen Landgänger unter den Wirbeltieren. Besonders eindrucksvoll ist die Größe dieser Amphibien-ähnlichen Tiere: Ichthyostega maß etwa 1 m, allein der Kopf hatte etwa 40 cm Länge.*

nach den Weg in das neue Element antraten, war natürlich auch im Wasser die Entwicklung nicht stehen geblieben. Aus den ersten, mit einem Rückgrat ausgestatteten sogenannten Chorda-Tieren, zu denen die kambrische *Pikaia* gehörte, hatten sich in den Ozeanen fischartige Wirbeltiere entwickelt. Bereits im Silur, vor etwa 420 Millionen Jahren, traten die ersten Haie in Erscheinung, von denen einige bis heute nur unwesentliche morphologische Veränderungen erfahren haben. Neben den Haien, die wie Rochen lediglich über knorpelige Stützstrukturen im Inneren ihres Körpers verfügten, entwickelten einige Fische auch echte Knochenskelette. Im Devon, dem Zeitalter der Fische, spalteten diese sich in geologisch kürzester Zeit zu einer enormen Artenvielfalt auf. Eine dieser neu entstandenen Gruppen, die sogenannten Fleischflosser, entwickelten dabei besonders kräftige, mit einer mittleren Skelettachse versehene Brust- und Bauchflossen. Die Erfindung dieses Flossentyps bereitete den Weg für einen weiteren ersten Schritt an Land. Dieser erfolgte im Oberen Devon, vor etwa 385 Millionen Jahren, diesmal nur noch auf vier Füßen. Er markiert den Beginn einer das Gesicht der Erde nachhaltig verändernden Entwicklung: der Evolution der landlebenden Wirbeltiere.

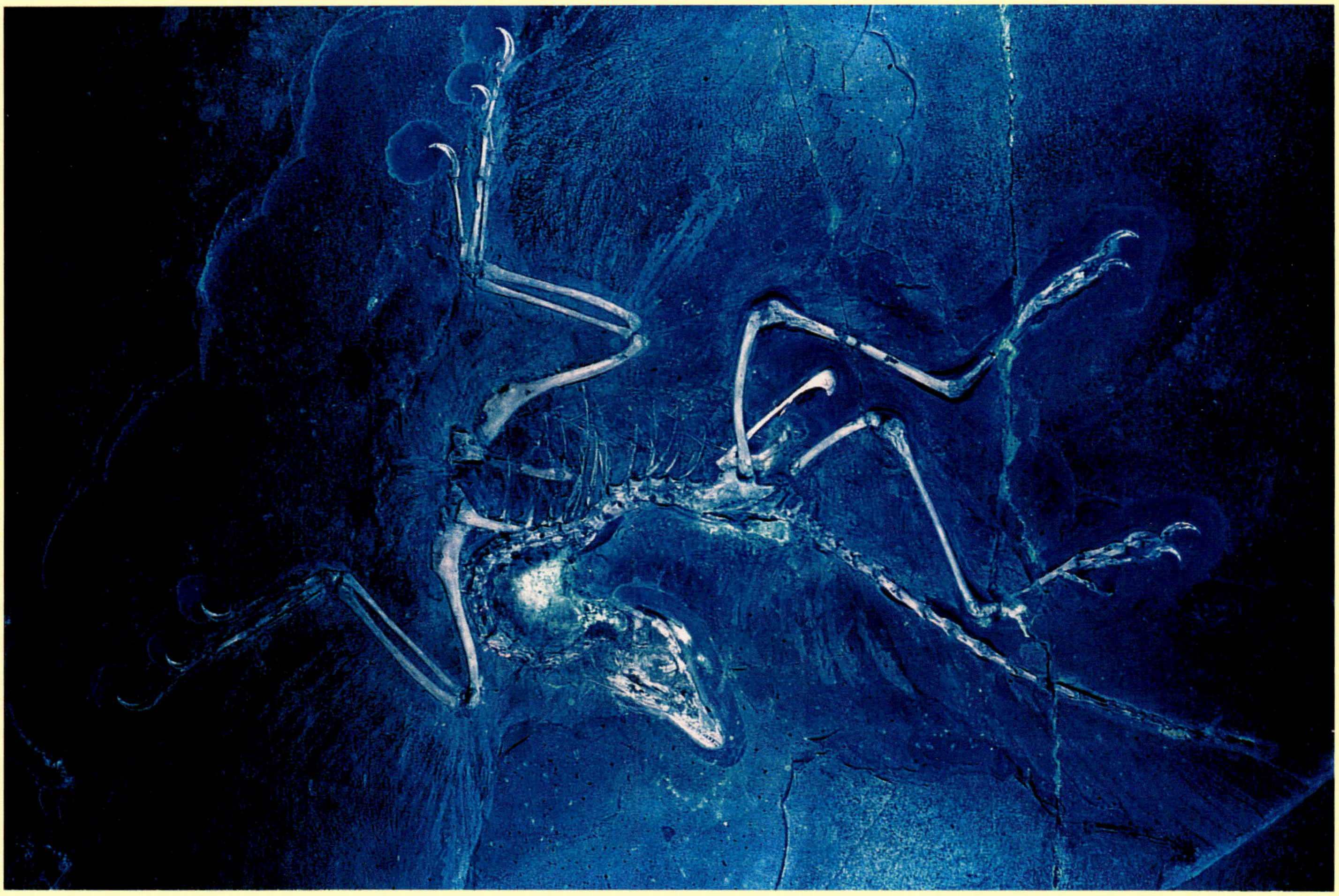

Abb. 1: Aufnahme von Archaeopteryx unter UV-Licht

Das Leben hebt ab

David M. Unwin Fliegen ist eine schwierige und vor allem gefährliche Art der Fortbewegung für landlebende Tiere. Der Evolution war diese Erfindung aber offenbar das Risiko wert, denn die Vorteile liegen auf der Hand: Man reist schnell und bequem, die Suche nach Beute oder einem Partner ist effektiv, und man kann einem Räuber leicht entkommen. In ihrer einfachsten Form, dem Gleiten, ist die Flugfähigkeit daher bei fast allen Wirbeltiergruppen zu finden, von fliegenden Fischen bis hin zu den Gleithörnchen. Für den »echten« Flug hingegen bedarf es einer Reihe komplexer Anpassungen, die nur bei drei Wirbeltiergruppen zum Erfolg führten: bei Vögeln, Fledermäusen und Flugsauriern (Pterosauria).

Doch was ist »echter« Flug? Im Gegensatz zum Gleiten, bei dem durch vergrößerte Körperflächen wie bei einem Fallschirmsprung lediglich die Fallgeschwindigkeit gebremst wird, können echte Flieger durch Flügelschlag eine Vorwärtsbewegung erzeugen. Die aerodynamische Form ihrer Flügel erzeugt dabei Auftrieb gegen die Schwerkraft. Das Problem: Fliegen kostet. Muskelkraft, angetrieben durch den Umsatz energiereicher Nahrung, ist ebenso wichtig wie ein schnell arbeitender Kreislauf, eine effektive Atmung und ein komplexes Nervensystem zur schnellen Aufnahme von Reizen und entsprechend schneller Reaktion darauf. Außerdem bedarf es weitreichender Modifikationen des Körperbaus, etwa durch das Verlängern der Arme zu Flügeln, das Bespannen der »Tragflächen« mit Haut oder Federn und die Erfindung hohler Röhrenknochen, um das Körpergewicht zu reduzieren. Ganz ähnlich wie das komplexe Zusammenspiel vieler Einzelkomponenten bei einem modernen Verkehrsflugzeug war bei den Wirbeltieren die Verbindung vieler evolutionärer Neuheiten entscheidend für die Eroberung der Lüfte. Die Wahrscheinlichkeit für ein solch diffiziles Zusammentreffen neuer Merkmale ist sehr gering, was die geringe Zahl flugfähiger Wirbeltiere erklärt.

Während wir durch genaues Beobachten von Vögeln und Fledermäusen Dynamik und Mechanismus ihres Fluges – abgesehen von einigen rekordverdächtigen Flugmanövern wie etwa das Schwirren der Kolibris vor einer Blüte – sehr genau verstehen, so können wir die Flugeigenschaften der vor 65 Millionen Jahren am Ende der Kreidezeit ausgestorbenen Flugsaurier lediglich aus ihren fossilen Überresten rekonstruieren. Das Geheimnis, wie sich das Fliegen entwickelte, liegt also buchstäblich im Stein begraben. Unsere Arbeiten am Berliner Museum für Naturkunde haben gezeigt, dass die Flugsaurier große, sehr effektive Flügel besaßen, die ihnen »echtes Fliegen«, vergleichbar mit dem der modernen Vögel, ermöglichten. Leider ähneln die ältesten bekannten Fossilien der Flugsaurier aus der Trias aber bereits ihren 130 Millionen Jahre jüngeren Nachfahren aus der Kreide, sodass über die Evolution des Fluges innerhalb der Pterosaurier aus den Fossilien kaum Erkenntnisse zu gewinnen sind.

Auch hinsichtlich der Entwicklung des Fluges bei Fledermäusen hilft der Fossilbericht nicht weiter. Ihre 60 Millionen Jahre alten, versteinerten Vorfahren sind von heutigen Abendseglern und Hufeisennasen kaum zu unterscheiden. Übergangsformen von vierbeinig laufenden Säugern zu Fledermäusen, die uns einen tieferen Einblick gewähren könnten, sind darüber hinaus als Fossilien nicht überliefert.

Ganz anders die Situation bei den Vögeln: In den letzten Jahren wurden insbesondere in China und der Mongolei beeindruckende Fossilien gefunden, die ohne jeden Zweifel die Herkunft der Vögel von kleinen Vertretern der zweibeinig laufenden (theropoden) Dinosaurier belegen. Zu den Theropoden gehörte zum Beispiel *Velociraptor*, jener furchterregende Hauptdarsteller aus *Jurassic Park*, aber auch gigantische Raubsaurier wie *Allosaurus* und *Tyrannosaurus rex*. Die fossile Überlieferung der Vogelvorfahren ist inzwischen so lückenlos, dass wir die Evolution der Vögel von den Theropoden zum ältesten bekannten Vogel, dem *Archaeopteryx lithographica*, und von dort bis zur heutigen Vogelwelt nachvollziehen können.

Viele Merkmale, die früher als für Vögel typisch galten, sind allerdings inzwischen auch bei theropoden Dinosauriern gefunden worden, d.h. es sind Eigenschaften, die älter sind als der älteste bekannte Vogel *Archaeopteryx*. Zu diesen Merkmalen gehören überraschenderweise auch die Federn, das Vogelmerkmal schlechthin. Federn gab es, wie Forscher unlängst an hervorragend erhaltenen, 130 Millionen Jahre alten Fossilien aus China zeigen konnten, bereits bei den Theropoden in Form feiner, haarartiger Filamente. Im Laufe der Theropoden-Evolution entwickelten sich solche »Proto-Federn« zu Federn, wie wir sie von heutigen Vögeln kennen: mit Federkiel, Federschaft und Ästen erster und höherer Ordnung.

Die Tatsache, dass befiederte Theropoden vor etwa 170 Millionen Jahren auf dem Boden herumgelaufen sind, anstatt sich in die Lüfte zu schwingen, erzählt dabei die wichtigste Geschichte der Erfindung des Vogelfluges: Die für das Fliegen unabdingbaren Federn waren ursprünglich nicht für diesen Zweck erfunden worden, sondern dienten den Dinosauriern wahrscheinlich zunächst einmal als wärmendes »Kleid«. Erst die Vögel, allen voran der *Archaeopteryx*, »entdeckten« dann die zweite Eigenschaft der Wärmeschutz-

Die für das Fliegen unabdingbaren Federn waren ursprünglich nicht für diesen Zweck erfunden worden.

kleidung ihrer Vorfahren und eroberten damit den Luftraum. In der Evolutionsbiologie spricht man von einer Prä-Adaptation, einer »Frühanpassung« durch das Vorhandensein eines in einem völlig anderen Zusammenhang entstandenen Merkmals, das sich als notwendig für die Entwicklung einer evolutionären Neuheit, in unserem Fall dem Fliegen, erweist.

Auch *Archaeopteryx* war wohl hauptsächlich noch ein Gleiter, nutzte aber auch aktives Flügelschlagen. Teile seines Gehirns, die als Steinkern im wohl schönsten Exemplar aller überlieferten Urvögel im Berliner Museum für Naturkunde erhalten sind, deuten auf eine ausgeprägte Balance-Fähigkeit hin, besser als bei jedem seiner bodenlebenden Dinosaurier-Vorfahren. Nun brauchte es nur noch eine Reduktion der Zähne und der Schwanzwirbel, eine Verlängerung der Arme und den Verlust der Fingerkrallen – und noch bevor die Dinosaurier am Ende der Kreide ausgestorben waren, zogen die ersten modernen Vögel, zusammen mit den letzten Flugsauriern, am Himmel ihre Kreise.

Abb. 2: *Pterodactylus kochi gehört zu den Kurzschwanzsauriern. Seine Flügelspannweite betrug ca. einen halben Meter.*

Eine Erde voller Leben

Die Entwicklung der Erde – belebt wie unbelebt – hat für menschliche Begriffe eine schier unendliche Zeit in Anspruch genommen. Von der Position der Kontinente und der Form der Gebirge über die Größe der Ozeane bis hin zu den rezenten Arten – all das war und ist einer »Evolution« unterworfen. Heute finden wir Lebewesen in allen Lebensräumen. Teilweise hochangepasst und spezialisiert, werden kleine und kleinste Nischen von bestimmten Arten gebildet, andere sind opportunistisch und an veränderliche Umweltbedingungen angepasst. Doch das Bild, welches die Natur uns heute bietet, ist nur ein kleiner Ausschnitt aus dem Gesamtprozess Evolution.

Denn die Erde und das Leben auf ihr sind unablässig Veränderungen unterworfen. Diese können sich rasend schnell oder aber in vielen Tausenden von Jahren vollziehen. Den Wissenschaftlern des Museums gelingt es, einen Teil davon sichtbar zu machen und Erklärungen zu liefern. Dazu unternehmen sie nicht nur Expeditionen, sondern forschen und vergleichen auch an den über 30 Millionen Sammlungsobjekten des Museums.

Deshalb ist die Pflege der bestehenden Sammlungen für heutige und künftige Generationen sowie ihre Erweiterung durch Forschungsreisen eine der wichtigen Aufgaben von Naturkundemuseen. Denn nur hier wird die Vielfalt des Lebens zu allen Zeiten dokumentiert.

Höhepunkte der Evolution

MATTHIAS GLAUBRECHT, JASON DUNLOP UND JOHANNES MÜLLER

Wenn Fossilfunde für Furore sorgen

Wer Geschichte rekonstruieren will, auch die Geschichte der Natur, der steht grundsätzlich vor einem Dilemma, das der österreichische Philosoph Karl Popper als das »Elend des Historizismus« bezeichnet hat. Auch Evolutionsbiologen müssen Fakten, Vorgänge und Phänomene rekonstruieren, ohne je dabei gewesen zu sein. Was sie herausfinden, ist deshalb nur mehr oder weniger wahrscheinlich. Aber je mehr möglichst unabhängig gewonnene Fakten für eine Theorie sprechen, desto wahrscheinlicher ist es, dass wir auf dem richtigen Weg sind. Immer wieder sorgen spektakuläre Fossilfunde dafür, dass sich unsere Einsichten in den Verlauf der Evolution wesentlich erweitern. Die Fossildokumentationen in den Sammlungen großer Naturkundemuseen wie etwa jenem in Berlin sind daher eine wichtige Grundlage. Spannende Einblicke in die

Abb. 1: *Die Skelette der ersten Wirbeltiere waren nicht, wie bei diesem Knochenfisch, aus Knochen aufgebaut, sondern aus Knorpel. Als gleichsam »evolutive Erinnerung« findet sich an der Spitze unserer eigenen Nasen ein Rest dieses Knorpelmaterials.*

Entstehung einzelner Evolutionslinien sowie verschiedener Erfindungen, mit denen immer wieder neue Tier- und Pflanzenformen gleichsam evolutiv für Furore sorgten, können aber auch geübte Zoologen vermitteln, die der Erfindung jeweils bestimmter Merkmale auf den Grund gegangen sind.

Zu solchen Schlüsselanpassungen oder *key innovations* – also jenen richtungsweisenden Merkmalen, die für einzelne Tiergruppen besonders wichtig wurden – zählen beispielsweise Hartskelette, die Entwicklung flüssigkeitsgefüllter Eier, sozusagen als transportables aquatisches Milieu, und die Erfindung von Milchdrüsen, ohne die es keinen Café Latte gäbe.

Harte Teile für raue Zeiten: Die Erfindung der tierischen Ritterrüstung

Viele Tiere haben eine Art knöchernes Gerüst. Wenn Biologen mithin von einem Skelett sprechen, meinen sie durchaus nicht immer Knochen und Schädel, wie es für die Wirbeltiere typisch ist – uns selbst eingeschlossen. Genau genommen besitzen beispielsweise

wir Menschen ein sogenanntes Endoskelett; wie der Name besagt (*endo* heißt innen), liegt ein solches Knochengerüst im Körperinneren.
Ursprünglich waren die ersten Wirbeltierskelette nicht aus Knochen, sondern aus Knorpel aufgebaut. Aus diesem Material bestehen sie auch bei den heutigen Haien sowie einigen anderen Fischgruppen. Überraschenderweise findet sich auch an der Spitze der menschlichen Nase ein Rest dieses Knorpelmaterials – als eine Art evolutives Souvenir gewissermaßen. Im weiteren Verlauf der Evolution entstanden die härteren und stabileren, eigentlichen Knochenskelette, die vor allem aus dem Mineral Kalziumphosphat aufgebaut sind. Dieses Skelett bestand auch bei unseren frühesten, fischähnlichen Ahnen aus einer einfachen Wirbelsäule. Als sogenanntes Notochord schützte es die überaus wichtige Nervenleitungsbahn des Rückenmarks und diente zugleich als Ansatzpunkt für die Skelettmuskulatur, die für das Schwimmen unverzichtbar war. Später kamen vermutlich Stützelemente für die Kiemen, dann Rippen und auch Extremitäten dazu. Natürlich darf dabei auch die sogenannte Cephalisation nicht vergessen werden, also die Bildung des Kopfes. Am Vorderende des Rückenmarks bildete sich ein immer komplizierter werdendes Nervenzentrum zur Reizaufnahme und -verarbeitung, gemeinhin als Gehirn bekannt. Dieser empfindliche Rechenapparat musste vor schädlicher Einwirkung von außen geschützt werden – es war der Beginn der Entwicklung des Schädels. An diesen fügten sich später Kiefer und Zähne zur Nahrungsaufnahme.
Als echte Alternative zu diesem Design eines innen liegenden knöchernen Skeletts haben andere Tiergruppen ein sogenanntes Exoskelett (exo = außen) entwickelt. Sofort ist man versucht, an die Rüstung mittelalterlicher Ritter zu denken. Ähnlich wie diese schützen feste Platten und Schilde den gesamten Körper etwa bei den Gliedertieren (Arthropoda), wie den Insekten, Krebsen, Spinnen, Doppel- und Hundertfüßern sowie den längst ausgestorbenen Trilobiten. Wie bei unseren Rittern müssen natürlich auch bei

Abb. 2: *Als sich am Vorderende des Rückenmarks ein immer kompliziertere Nervenzentrum bildete, musste dieser empfindliche Rechenapparat geschützt werden; es war die Vorstufe des Schädels bei Wirbeltieren.*

diesem tierischen Exoskelett die gelenkigen Verbindungen zwischen einzelnen Schilden und Schutzteilen des Körperpanzers beweglich bleiben; diese Wesen sind daher tatsächlich »Gliedertiere« im Wortsinn. Ihr Außenskelett besteht dabei aus einer gehärteten Eiweißverbindung, dem Protein Chitin. Bei den Krebsen, aber auch den fossilen Trilobiten, wird zusätzlich das Mineral Kalziumkarbonat eingelagert, das die Platten sogar noch härter werden lässt. Deshalb brauchen wir eine kräftige Zange, um an das schmackhafte Fleisch eines Hummers zu gelangen!

Das komplizierte Nervenzentrum am Vorderende des Rückenmarks musste vor schädlicher Einwirkung von außen geschützt werden – das war der Beginn des Schädels.

Allerdings hält die Evolution auch für Hummer und andere Ritterrüstungen tragende Außenskeletter bestimmte Zwänge parat. Je größer nämlich die Tiere

Abb. 3: Das Exoskelett der Krebse, hier bei einer Languste aus der Karibik, und anderer Gliedertiere (Arthropoda) dient ähnlich einer Ritterrüstung dem Schutz. Aber je dicker die Rüstung dieser Riesen, desto weniger Raum bleibt darin.

werden, desto dicker muss auch das Exoskelett sein. Für den Hummer brauchen wir einen Hammer, für die ungleich kleineren Nordseegarnelen nicht. Aber je dicker die Ritterrüstung dieser Riesen unter den Gliedertieren, desto weniger Raum bleibt ihnen innen zum Leben, insbesondere für die Muskulatur, die die Gliedmaßen bewegt. Deshalb haben Gliedertiere irgendwann im Verlauf ihrer Evolution ihre theoretisch eben noch mögliche Körpergröße erreicht; und deshalb wachsen Krebse und Spinnen nicht zu unermesslich großen Giganten heran – was vielleicht schade ist, wenn wir an einen leckeren Hummer denken, aber doch sehr beruhigend wirkt angesichts einer räuberischen Wolfspinne. Jenseits dieses theoretischen Höchstmaßes vermag ein Gliedertier sein eigenes Gewicht schlicht nicht mehr zu tragen; der Ritter geht unter der Last seiner eigenen Rüstung in die Knie. Und allein schon deshalb sind Riesen-Wanzen und andere gruselige Krabbeltiere reine Hollywood-Fantasie, denn sie sind biologisch nicht sinnvoll.

Die größten Arthropoden, die jemals gelebt haben, waren Meeres-Skorpione (inzwischen ausgestorbene Spinnenverwandte) und die sogenannten Arthropleuriden. Diese ebenfalls erloschene Gruppe von Tausendfüßern hat vor etwa 280 Millionen Jahren gelebt. Als größte Gliederfüßer aller Zeiten mit bis zu zwei (!) Metern Länge und einem Körpergewicht von schätzungsweise zehn Kilogramm krabbelten Arthropleuriden einst durch jene Steinkohlewälder, die wir heute als fossile Brennstoffe verfeuern. Die enorme Größe dieser karbonischen Gliederfüßer könnte eng mit dem erhöhten Sauerstoffgehalt der damaligen Atmosphäre zusammenhängen. Denn die über spezielle Tracheen vermittelte Atmung dieser Gliedertiere könnte damals effizienter vonstatten gegangen sein – und so auch jenes beeindruckende Größenwachstum ermöglicht haben.

Auf einen gänzlich anderen, gleichsam evolutiven Einfall sind die auf den ersten Blick paradoxerweise so genannten Weichtiere gekommen; sie besitzen als typisches Merkmal eine harte Außenschale. Ohne Zweifel gehören die ebenso bunten wie oftmals bizarren Kalkschalen dieser Mollusken zu den schönsten Erscheinungen unter den Außenskeletten. Wir sind fasziniert von den spiralig aufgerollten Schalen der Schnecken ebenso wie von den Außenklappen der Muscheln; aber auch von den an Widderhörner erinnernden und mithin so benannten fossilen Tintenfischen – den Ammoniten. Alle diese Schalen haben eine einheitliche Struktur, unter die oder in der sich das Tier mit seinem empfindlichen Weichkörper zurückziehen kann, um sich vor Fressfeinden zu schützen. Nur einige wenige Gruppen von Weichtieren haben ihren schützenden Kalkschild gewissermaßen wieder abgelegt, darunter die Nacktschnecken zu Land und in den Meeren sowie die Kraken und Sepien; sie alle aber wissen sich anderweitig zu wehren. Eine weitere Gruppe von Weichtieren – von der Auster bis zur Zebramuschel – besitzt zweiklappige Kalkschalen, die sich mittels eines elastischen Bandes im zentralen Schlossbereich leicht öffnen lassen, um den Tieren die Nahrungsaufnahme und Atmung zu erlauben. Kräftige Muskelzüge vermögen die Schalen bei Gefahr fest zu schließen und gestatten es ihren Besitzern, sich so der Feinde zu erwehren.

Allenfalls oberflächlich ähneln auch Armfüßer solchen zweiklappigen Weichtieren. Diese meeresbewoh-

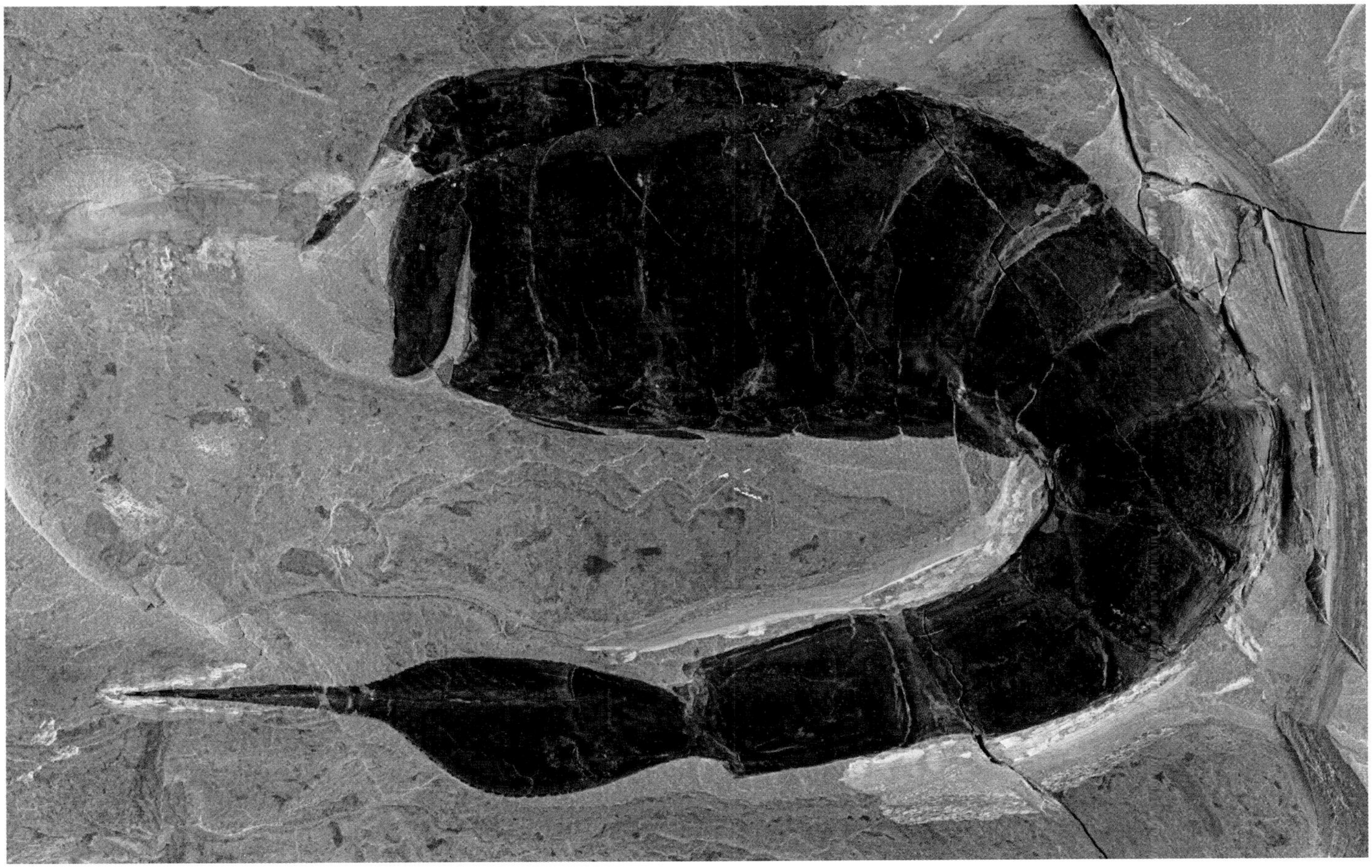

nenden Armfüßer jedoch, die Wissenschaftler unter dem Namen Brachiopoda kennen, gehören zu einem völlig anderen Tierstamm als jene Muscheln und Schnecken. Zwar ernähren sich Armfüßer auch auf

Abb. 4: *Die Meeresskorpione, inzwischen ausgestorbene Spinnenverwandte, waren mit bis zu 2 Metern Körperlänge die größten Gliedertiere, die jemals gelebt haben. Dieser knapp einen Meter lange Eurypteride Slimonia acuminata stammt aus dem Silur von Lesmahagow in Schottland.*

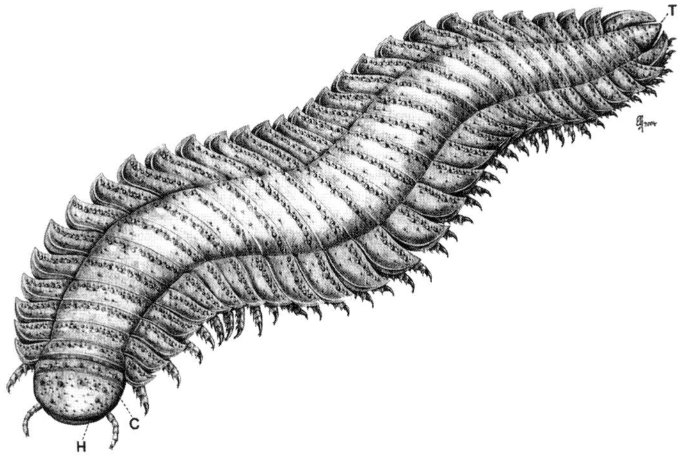

Abb. 5: *Als größte Gliederfüßer aller Zeiten erreichten Arthropleuriden eine Länge von bis zu 2 Metern und ein Gewicht von schätzungsweise 10 Kilogramm. Rekonstruktion einer Arthropleura-Art, wie sie zur Zeit des Karbon/Unterperm ausgesehen haben könnte.*

Abb. 6: *Die ausgestorbenen Arthropleuriden gehören zu einer Gruppe von Tausendfüßern (Myriapoda), die vor 280 Millionen Jahren zur Zeit der Steinkohlewälder gelebt haben.*

andere Art und Weise als etwa Muscheln, doch ihre ebenfalls zweiklappigen Kalkschalen liefern den Evolutionsbiologen ein anschauliches Beispiel für konvergente (also parallele) Erfindungen im Tierreich. Die Schale der Armfüßer ist gleichsam ein »me too!«-Produkt der Evolution. Bei den Mollusken und Brachiopoden haben sich mithin zwei völlig verschiedene Tierstämme auf fast identische Weise den Herausforderungen der Natur gestellt, indem sie jeweils ein zweiteiliges und klappenförmiges Außenskelett entwickelten.

Die Evolution hat allerdings noch weitere ungewöhnliche Problemlösungen zu bieten, denn es gibt noch ein ganz besonderes Skelett, das eigentlich nach herkömmlicher Vorstellung gar keines ist. Einige Tiere haben weiche und bewegliche Körper, die dennoch sehr steif und fest wirken, vergleichbar einem wassergefüllten Ballon. Viele Meereswürmer, etwa Vielborster wie der gemeine Wattwurm, gehören hierzu. Sie besitzen ein

Abb. 7: *Scheinbar paradoxerweise haben gerade die als Weichtiere bekannten Schnecken wie diese Meeresschnecke Murex eine harte Kalkschale. Diese gehören zu den schönsten Erscheinungen unter den Außenskeletten.*

»hydrostatisches« Skelett, das im Wesentlichen aus dem flüssigkeitsgefüllten Inneren besteht und nur dank der muskulösen Körperaußenhülle funktionieren kann. Die Körperflüssigkeit in ihrem Inneren steht unter Druck und verleiht ihrem Körper dadurch jene erstaunliche Festigkeit und Steifheit, obgleich gerade ein eigentliches Hartteilskelett fehlt. Zwar lässt sich mit solch einem hydrostatischen Skelett trefflich durch Sediment und über den Meeresboden kriechen, doch schützt es nicht wirkungsvoll gegen Fressfeinde. Dazu mussten diese Wurmartigen andere Tricks ersinnen, ähnlich den schalenlosen Nacktschnecken: so tarnen oder wehren sie sich mit Giften.

Alle diese Skelette haben jedoch eines gemeinsam: An ihnen setzen Muskeln an, deren Kontraktion es den

Tieren erst erlaubt, sich effektiv zu bewegen. Die uns so vertrauten Knochengerüste etwa bieten den Skelettmuskeln Ansatzpunkte und -flächen, mit deren Hilfe sich unsere Gliedmaßen und Körper bewegen. Als Außenskelett aufgebaut, liefern sie zudem Schutz; solche Rüstungen sind oftmals zusätzlich noch durch Dornen und andere Fortsätze verstärkt. Aber auch Innenskelette schützen meist die lebenswichtigen inneren Organe, so wie unser Schädel das empfindliche Gehirn umschließt und schützt oder unser rippenverstärkter Brustkorb Herz und Lungen einhüllt.

So allgegenwärtig wie diese vielen verschiedenen Skelette und Hartteile in der Tierwelt heutzutage sind, drängt sich die Frage auf, wann die Natur eigentlich auf diese Idee gekommen ist und »aufgerüstet« hat. Genau zu dieser Frage haben Paläontologen und Urzeitforscher heute eine präzise Antwort parat: es geschah vor ziemlich genau 540 Millionen Jahren, nach dem Übergang vom Präkambrium zum Kambrium, und es war offenbar ein weltumspannendes Phänomen. Zwar gab es offenkundig bereits vor 630 Millionen Jahren, am Ende des Proterozoikums, vielzellige Lebewesen. Meist waren dies aber wurmartige Wesen oder sie ähnelten Quallen und Seefedern; von ihren Weichteilen kennen wir nur schlecht erhaltene Abdrücke oder leichte Grabspuren an der Oberfläche der Meeressedimente. Erst vor 545 bis 495 Millionen Jahren, mit der sogenannten Kambrischen Explosion, kam es zu einem geradezu dramatischen Umschwung in der Evolution und es begann eine wahre Blütezeit für Hartschaler. Damals lagerten sich erstmals erhaltungsfähige, d. h. fossilisierbare Hartskelette ab. Je stabiler und robuster die Rüstungen waren, mit denen diese kambrischen Tiere ihre Weichteile umgaben, desto besser überdauerten sie die Äonen der Tiefenzeit. Denn Hartteile wie etwa Schalen, Knochen und Zähne verwesen dank der darin enthaltenen Mineralien nicht so schnell; sie werden daher oft von darüber lagernden Sedimentschichten eingeschlossen und bleiben so erhalten. Es sind diese Fossilien, auf die sich paläontologische Forschungen in erster Linie gründen und die

Abb. 8: *Nachdem vor mehr als 400 Millionen Jahren buchstäblich Bewegung in den Knochenbau der Fische gekommen war, erwies sich das neue Design eines zahnbewehrten Kiefers als wahre Revolution. Sie erlaubte es den frühen Fischen, neue Nahrungsquellen zu erschließen.*

uns beredtes Zeugnis des Evolutionsverlaufs liefern, insbesondere aus berühmten kambrischen Fundstellen des Burgess Shale in Kanada oder aus Chengjiang in China. Mit ihnen wurden erstmals die vielfältigen Entwürfe tierischer Baupläne für die Paläontologen sichtbar.

Und noch etwas zeigte sich damals im Kambrium zum ersten Mal: Räuber. Denn mit den Hartteilen und schützenden Außenskeletten erschienen erstmals auch Fressfeinde mit kräftigen Beißwerkzeugen, Zähnen und Kiefern. Dies zwang Weichtiere und Würmer, die zuvor unbeschadet beinahe ausschließlich die Oberfläche des Meeresbodens besiedelt hatten, jetzt tiefer im Sediment Schutz zu suchen; das Leben begann sich regelrecht im schützenden Substrat einzugraben. Andere Tierformen erfanden eben jene Kalkrüstung, die sie zur weniger leicht fressbaren Beute machten. Damit war im Kambrium ein regelrechtes evolutives

Wettrüsten eröffnet, dessen Zeugnisse wir heute noch im Fossilen finden. Je effektiver die Rüstung, desto raffinierter mussten letztlich auch die Beutestrategien der Räuber werden, was wiederum die potenziellen Beutetiere zu weiteren und verbesserten Schutzmaßnahmen animierte.

Abb. 9: Die von Indien bis nach Java verbreiteten Bankiva-Hühner (Gallus gallus) sind die Stammform aller Haushuhnrassen. Da die Ahnen der Hühnervögel vor allenfalls 50 Millionen Jahren erstmals auftraten, die ältesten (eierlegenden) Kriechtiere aber bereits vor mehr als 300 Millionen Jahren erschienen, lässt sich eine philosophische Frage leicht beantworten: Das Ei war vor dem Huhn da.

Was war zuerst da: Huhn oder Ei?

Für Biologen ist die Frage schnell beantwortet: Reptilien haben bereits Eier gelegt, lange bevor es Vögel gab (und erst recht Hühnervögel). Doch mit dieser scheinbar simplen Antwort fangen die Probleme erst an. Denn dazu muss man wissen, dass »Reptilien« im klassischen Sinne (als Bezeichnung für Krokodile, Schildkröten, Eidechsen und Schlangen) für moderne Biosystematiker keine einheitliche und natürliche Gruppierung darstellen. So sind zum Beispiel die Krokodile näher verwandt mit den Vögeln (die tatsächlich aus den Dinosauriern hervorgegangen sind) als mit den Eidechsen und Schlangen! Heutzutage wird der Begriff »Reptilia« daher anders definiert. Er umfasst neben den klassischen Vertretern auch die Vögel sowie alle fossilen Verwandten. Diese Evolutionslinie der Reptilien steht einer zweiten Linie gegenüber, den sogenannten Synapsida. Dazu zählen unter anderen die Säugetiere und somit auch wir selbst. Die ältesten Vertreter beider Linien entstanden im Karbon, und fossile Überreste von Reptilien und Synapsiden kennen wir erstmalig aus der Zeit vor etwa 315 Millionen Jahren. Weil Biosystematiker alle Organismengruppen gern unter einem eindeutigen Namen führen, fassen sie

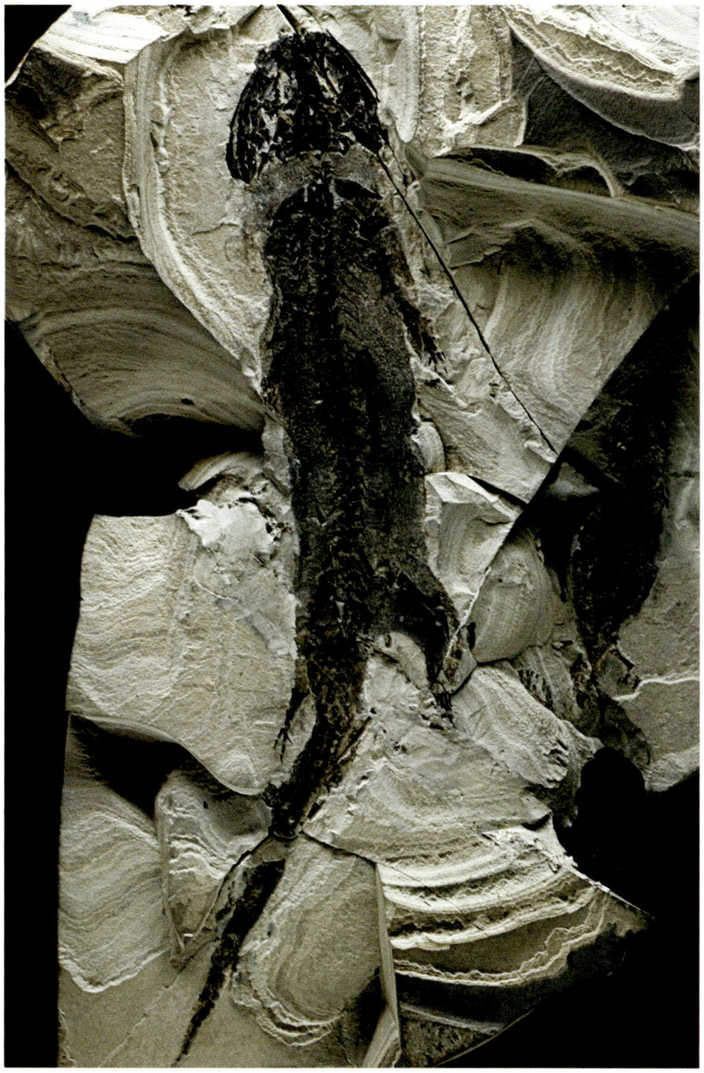

Abb. 10: Das den heutigen Molchen und Salamandern recht ähnliche Amphibium Micromelerpeton lebte vor rund 290 Millionen Jahren in der frühen Permzeit im heutigen Mitteleuropa. Vor allem in den sogenannten »Rotliegend«-Schichten im südwestlichen Rheinland-Pfalz kann man solche Fossilien häufig finden, da dort zu jener Zeit zahlreiche große Süßwasserseen existierten. Aus deren Ablagerungen wurde eine reichhaltige fossile Fauna aus Wirbellosen, Fischen und Landwirbeltieren geborgen.

Abb. 11: *Kriechtiere und Vögel haben dank ihrer von einer Kalkschale umgebenen Eier das aquatische Milieu ihrer amphibischen Ahnen gleichsam mit an Land genommen. Das Miniatur-Aquarium eines sogenannten Amnioten-Eies gehört zu den Schlüsselanpassungen dieser Tiergruppe.*

diese beiden Gruppen unter einem gemeinsamen Namen zusammen – den sogenannten Amniota. Was uns wieder zum Ei zurückbringt.

Sicher, auf den ersten Blick mögen eine Maus, ein Wellensittich und eine Ringelnatter vielleicht sehr unterschiedlich erscheinen, doch haben alle drei Tiergruppen eine Besonderheit, die zugleich Zeugnis ihrer langen gemeinsamen Evolutionsgeschichte und ihrer gemeinsamen evolutiven Wurzel ablegt: eben das Ei! So verblüffend es gerade mit Blick auf uns Säugetiere klingen mag, aber die einstigen Ahnen aller drei Gruppen legten ursprünglich Eier. Reptilien – und damit auch die Vögel! – tun dies noch heute, während unter den Säugetieren heute lediglich noch die in Australien lebenden Kloakentiere (Monotremata), zu denen Schnabeligel und Schnabeltier zählen, dieses eierlegende Fortpflanzungsverhalten beibehalten haben. Alle übrigen Säugetiere bringen keine Eier, sondern lebende Jungtiere zur Welt, die dann gesäugt werden.

Zwar legen auch Fische und Amphibien Eier; doch diese sind weich und ohne jene Kalkschale, wie wir es von einem Echsen- oder Hühnerei kennen. Außerdem müssen Fische und Amphibien ihre Eier ins Wasser abgeben, damit diese nicht austrocknen. Für Fische ist das kein Problem, doch für Amphibien, die einen Teil ihres Lebens an Land verbringen, führt das obligate Eierlegen zu einigen Schwierigkeiten. Um sich fortzupflanzen, kehren daher beinahe alle Amphibien wenigstens kurzzeitig wieder ins oder wenigstens ans Wasser etwa eines Sees oder Flusses, oft auch nur eines Tümpels, zurück. Die wenigen anderen Amphibien haben sich zwecks Fortpflanzung und Aufzucht wirklich verblüffende Tricks einfallen lassen, um trotz fehlenden Wassers ihren Nachwuchs durchzubringen. So tragen etwa einige ihre Gelege mit sich herum, eine australische Froschart brütet sie sogar im Magen aus, andere legen ihre Eier in die wassergefüllten Trichter von Pflanzen wie Bromelien.

Während Amphibien also in der Regel zu einem Gewässer zurückkehren, haben die ersten Ahnen der modernen Amnioten das Laichgewässer gewissermaßen mit an Land genommen, indem sie ihre Eier gleichsam ein- und ausgerüstet haben. Mit Schutzschichten aus dünnen Membranen versehen sowie einer derben Außenhülle, in die Kalk eingelagert wird, wurde ihr Ei so vom Wasser unabhängig. Man könnte auch sagen: für ihre Embryonen wurde das Laichgewässer

Die Ahnen der modernen Amnioten nahmen das Laichgewässer mit an Land, indem sie ihre Eier ein- und ausrüsteten.

in eine Art privaten Pool umgewandelt und mit aufs trockene Land genommen. Eine dieser Membranen der Reptilien- und Vogel-Eier wird als Amnion bezeichnet. Es bildet einen kleinen, wässrigen Sack – eben jenen Privat-Pool –, der den Embryo umhüllt und eine Umgebung liefert, in der der empfindliche Nachwuchs auch an Land und trotz Hitze, Sonne und Trockenheit nicht umkommt. Und weil sich dieser Amnion-Sack auch bei uns Säugetieren noch findet, werden wir gemeinsam mit den Reptilien zu den Amnioten gerechnet. Eine weitere Membran wird als Chorion bezeichnet und stellt die eigentliche Eihülle dar. Diese ist in jedem Fall wasserdicht, um das Austrocknen zu verhindern; zugleich ist diese Schale aber durchlässig für Sauerstoff und Kohlendioxid, damit der Embryo im Ei atmen kann. Eine dritte Hülle, die Allantois, legt sich dieser eng an. Sie sorgt für den eigentlichen Austausch von Gasen und dient zudem zur Entsorgung der Stoffwechselprodukte des Embryos, sozusagen als Restmüll-Deponie.

Dieser radikal neue Weg zur Reproduktion der einstigen Amnioten-Ahnen brachte weitere Umbauten und Veränderungen mit sich. Aus den Eiern der Amphibien entwickeln sich in den Laichgewässern bekanntlich Kaulquappen, also schwimmfähige Larvalstadien, die sich von den erwachsenen Tieren erheblich unterscheiden. Kaulquappen atmen anfangs noch wie Fische über

Abb. 12: *Anders als Amphibien haben sich sämtliche andere an Land lebende Wirbeltiere, die sogenannten Amnioten, eine derbe Außenhaut zugelegt. Sie schützt vor Austrocknung wie bei diesem zu den Riesenschlangen zählenden Python.*

Abb. 13: *Zwar stammen die ältesten überlieferten Fossilien von Reptilieneiern aus der frühen Trias vor etwa 220 Millionen Jahren. Doch sehr wahrscheinlich haben sie sich schon weitaus früher entwickelt. Im Bild die Eier des heute in Südostasien lebenden Salzwasser- oder Leistenkrokodils Crocodylus porosus.*

Abb. 14: *Bereits die frühesten Ahnen der heutigen Reptilien, zu denen auch dieser auf den indonesischen Inseln Komodo, Rintja und Flores lebende Riesenwaran (Varanus komodoensis) gehört, legten Eier und haben sie ausgebrütet. Die Jungtiere waren ihren Eltern sehr viel ähnlicher als die Kaulquappen bei den Amphibien.*

Kiemen und haben einen Ruderschwanz; erst während der Metamorphose werden diese Merkmale zurückgebildet, stattdessen wachsen den Quappen Beine. Dagegen dürften bereits die frühesten Reptilien Jungtiere ausgebrütet haben, die ihnen sehr viel ähnlicher waren als die Kaulquappen ihren Froscheltern. Bereits nach dem Schlüpfen (das sie mittels eines eigens dafür entwickelten »Eizahns« bewerkstelligen) können sie laufen, atmen und fressen. Zusätzlich haben die an Land lebenden Amnioten noch einige weitere Merkmale, die den Amphibien oder gar den Fischen fehlen; dazu zählen eine derbe Haut, die vor Austrocknung schützt, und ein Nierensystem, das ebenfalls den Wasserverlust des Körpers verhindert. Und auch beim Geschlechtsakt haben sich Amnioten etwas einfallen lassen müssen: die innere Befruchtung. Denn während es den wasserlebenden Amphibien und Fischen möglich ist, Spermien und Eier möglichst koordiniert und gemeinsam ins Wasser abzugeben, wo die Befruchtung und anschließende Entwicklung des Keimes stattfindet, haben die landlebenden Amnioten ihre Fortpflanzung weitgehend ins Körperinnere vor allem der Weibchen verlagert.

Die ältesten Fossilien von Amnioten-Eiern stammen aus der Trias, vor etwa 220 Millionen Jahren. Doch da die ältesten fossilen Amnioten selbst bereits aus dem Karbon bekannt und damit viel älter sind, muss es solche Eier schon viel früher gegeben haben. Heute vermutet man, dass die allerersten Amnioten-Eier nur eine ledrige Schale besaßen, ähnlich den Eiern der meisten Eidechsen und Schlangen. Eine solche Schale bleibt fossil allerdings schlecht erhalten.

Fossile Belege für Eier finden wir erst, als eine harte Kalkschale entwickelt war; in besonders gut erhaltenen Fällen sogar solche mit einem Embryo darin, wie etwa für verschiedene Dinosaurierarten des Erdmittelalters nachgewiesen. Wie ihre Nachfahren unter den Vögeln scheinen gerade diese Schreckensechsen die Sache mit dem Ei besonders weit getrieben zu haben, indem sie es mit einer sehr festen und derben Kalkschale umgaben, wie wir sie heute von unserem Frühstücksei kennen.

Da auch die ersten, ihren ursprünglichen Vorfahren noch sehr ähnlichen Säugetiere anfangs typische Amnioten-Eier legten (wie wir bereits für die australischen Schnabeltiere und Schnabeligel erwähnten), hat sich das Lebendgebären bei den Mammaliern erst später entwickelt. In diesem Zusammenhang wurde das Ei noch weiter internalisiert, soll heißen: auch die frühen Entwicklungsstadien wurden in den Körper des Weibchens verlagert. Dort aber wird vor allem die schützende äußere Kalkschale, jenes Chorion, nicht mehr benötigt, weshalb das Säugerei eben nicht mehr einem Hühnerei ähnelt. Vielmehr haben sich bei den verschiedenen Säugetiergruppen die einzelnen Membranen auf komplizierte Weise zu jener innigen Verbindung zwischen Mutter und Embryo entwickelt, die wir auch von uns Menschen als Gebärmutter (Plazenta) kennen. Doch weiterhin hat auch das sich entwickelnde Ei eines Säugers, bis hin zu dem des Menschen, die typischen Charakteristika eines Amnioten-Eis mit jenem flüssigkeitsgefüllten Privat-Pool der ursprünglichen Landwirbeltiere, in dem sich der Embryo geschützt und mit dem Nötigsten versorgt entwickelt. Mithin erinnert sogar die Fruchtblase beim Menschen noch an die weit entfernte Vergangenheit unserer einst reptilienähnlichen Ahnen; wenn sie kurz vor der Geburt platzt, markiert dies etwa den Zeitpunkt des einstigen Schlüpfens unserer Embryo-Ahnen.

Weil also das Ei der Amnioten schon vor über 300 Millionen Jahren entstanden ist, während Hühnervögel – den fossilen Zeugnissen nach – allenfalls 40 bis 50 Millionen Jahre alt sein dürften (und die modernen Vögel insgesamt wohl nicht viel älter als 80 Millionen Jahre), können Evolutionsbiologen die Ausgangsfrage recht leicht beantworten: Es war das Ei und nicht das Huhn!

»High energy drink« frei Haus. Oder: Warum es überhaupt Milchkaffee gibt

Heutige Echsen sind bekanntlich wechselwarm, ihre Körpertemperatur ist also – anders als bei uns gleichwarmen Säugern – von der Umgebungstemperatur abhängig. Wir Warmblüter können unsere Betriebstemperatur auf etwa 37° C einpegeln, und nur zur Immunabwehr wird diese (gelegentlich mit tödlicher Folge) auf über 40° C hochgefahren. Dank dieser höheren Körpertemperatur laufen chemische Prozesse in unserem Körper schneller ab, und der erhöhte Stoffwechsel ermöglicht Säugetieren einen sehr viel agileren Lebenswandel als den meisten Kriechtieren; vor allem aber erlaubt es vielen unter ihnen, auch in kalten Erdregionen und unter kälteren Klimabedingungen zu überleben. Der Preis, den die warmblütigen Säugetiere dafür bezahlen, besteht darin, dass sie mehr und vor allem regelmäßig Nahrung zu sich nehmen müssen, um diesen inneren Heiz- und Stoffkreislauf ausreichend zu befeuern und somit aufrecht zu halten.

Einer der Schritte, die tatsächlich echte Säuger entstehen ließen, könnte entscheidend mit diesem Übergang vom »Kaltblüter« zum »Warmblüter« zu tun haben. Zu einem echten Warmblüter gehört nicht nur, sich aufzuwärmen; die Wärme muss auch im Körper bleiben. Vermutlich haben Säugetiere deshalb ein Haarkleid entwickelt. Damit halten sie gleichsam eine Luftschicht unmittelbar über der Haut fest, die das Entweichen der Wärme aus dem Körper wirkungsvoll verhindert. Unklar ist noch, ob in der Tat alle frühen Säuger ähnlich behaart waren, wie wir dies von den heute lebenden Vertretern der Mammalia kennen. Haare sind denkbar undankbare Zeitzeugen und versteinern kaum einmal; zumindest kennen wir keine entsprechenden Überreste aus der Frühzeit der

Abb. 15: *Auch die frühen Säugetiere dürften Eier gelegt haben. Heute findet sich dieses Fortpflanzungsverhalten noch immer bei den in Australien lebenden Kloakentieren (Monotremata). Hier die Milchdrüsen eines Schnabeligels* Tachyglossus aculeatus.

Säugetier-Evolution. Allerdings haben sich an einigen Säuger-Fossilien aus der Trias vor rund 210 bis 240 Millionen Jahren winzige Löcher in versteinerten Schädelknochen erhalten. Diese lassen sich als Öffnung deuten, durch die einst Nerven zu jenen Schnurrhaaren an der Schnauzenspitze zogen, die wir von heutigen Katzen oder Hunden kennen. Schnurrhaare freilich sind modifizierte Haare – und wenn es jene bereits in der Trias gab, so könnte eine entsprechende Körperbedeckung schon zu diesem frühen Zeitpunkt zur Standardausrüstung für die neue Tiergruppe der Säugetiere gezählt haben. Ob dies allerdings bereits damals schon jenes dichte aber weiche Haarkleid war, wie es heute für Mammalia typisch ist, weiß niemand verlässlich zu entscheiden.

Eines haben sämtliche Säugetiere gemeinsam: das Säugen. Zugleich unterscheidet dieses Verhalten und die damit verbundene Evolution von Milch produzierenden Drüsen die Mammalia von allen anderen Tieren. Da diese Milchdrüsen oder Brüste lateinisch als »mammae« bezeichnet wurden, kamen die Säugetiere zu ihrem wissenschaftlichen Namen. Es ist also nicht das Gebären lebender Junge (das im Tierreich überaus häufig und in ganz verschiedenen Gruppen entstanden ist), sondern diese Aufnahme zusätzlicher flüssiger Nahrung in Form von Milch direkt von der Mutter, die unsere Tierklasse ausmacht. Zugleich ist der Nachwuchs aller Säuger privilegiert: er muss in der Anfangsphase nach seiner Geburt nicht selbst aktiv nach Nahrung suchen, sondern bekommt diesen »high-energy drink« mittels Laktation – der Milchproduktion in modifizierten Schweißdrüsen des Säugerweibchens – gleichsam frei Haus geliefert. Davon profitiert nicht nur der Körper, sondern vor allem das weiterhin im Wachstum begriffene Gehirn des Säuglings.

Wann die ersten Ahnen der Säuger auf dieses pfiffige Verfahren mit der Laktation gekommen sind, wissen wir nicht sicher zu sagen, denn wie leicht vorstellbar ist, fossilisieren Milchdrüsen nicht; und solange andere Indizien für das erste Säugen fehlen, bleiben uns die Anfänge des eigenen Ammentums verborgen. Kaum mehr als Spekulation bleibt mithin auch, *wie* das Säugen sich wohl entwickelt haben könnte. Eine der interessantesten Hypothesen dazu dürfte sein, dass vielleicht die einstmals noch eierlegenden Säuger nurmehr recht dünnschalige Eier hatten, ähnlich den heutigen australischen Kloakentieren. Um diese äußerlich feucht zu halten und die Entwicklung des Embryos zu befördern, könnte das Weibchen die Eier vielleicht mit Wasser befeuchtet haben, möglicherweise aus den Schweißdrüsen der Haut. Wirkungsvoller noch als Wasser war dann möglicherweise, dass die ersten Säuger-Ahnen weitere Drüsensekrete dem Schweiß hinzufügten – und schließlich die schlüpfenden Embryonen in einem nächsten Stadium zu echten Säuglingen wurden, indem sie die Drüsensekrete aufzulecken und sogar einzusaugen begannen. Gleichzeitig könnte das wasserreiche Sekret des Weibchens immer mehr mit Nährstoffen, Fetten und Kalzium angereichert worden sein. Je hochprozentiger an Nährstoffen dieser Baby-Cocktail dadurch wurde, desto besser die Überlebenschancen des Nachwuchses. Alles in allem scheint die Milch der Säuger ein echtes Erfolgsrezept gewesen zu sein – und der Trick mit der evolutiven Umwandlung von Schweiß- in Milchdrüsen eine echte Schlüsselanpassung, der die Säuger letztlich ihre Jahrmillionen währende Naturgeschichte verdanken. Wenn wir also beim nächsten Café Latte sitzen,

Wann die ersten Ahnen der Säuger auf das pfiffige Verfahren mit der Laktation gekommen sind, wissen wir nicht sicher zu sagen.

sollten wir uns zufrieden daran erinnern, dass es sich um modifizierten Säugerschweiß handelt – und zugleich um ein wunderbares Lebenselixier, das die Natur einer ganzen Tierklasse buchstäblich in die Wiege gelegt hat.

Wie geradezu launenhaft und zufällig das Leben also sein kann, wenn aus unbedeutenden Anfängen Neues entsteht oder aus Vorhandenem eine neue Funktion erwächst. Diese Launenhaftigkeit scheint der Natur

Abb. 16: *Bienen und Wespen, wie diese unbeschriebene, etwa 90 bis 100 Millionen Jahre alte Grabwespe aus Burmesischem Bernstein, sind wichtige Bestäuber von Blütenpflanzen. Durch die wechselseitige Abhängigkeit der Insekten und Blüten konnten beide eine enorme Vielfalt an Anpassung und Arten entwickeln.*

stets zu eigen gewesen zu sein. Bis heute beweist die Evolution dabei immer wieder ihr schöpferisches Potenzial, dem die Natur viele ihrer Höhepunkte verdankt. Ob wir selbst – der Mensch *Homo sapiens* – uns freilich für solch ein »highlight« halten dürfen, das mag jeder für sich entscheiden. »Im Angesicht des Universums«, soll Beethoven einst bescheiden gefragt haben, »was bin da ich?«. Angesichts der viereinhalb Milliarden Jahre irdischer Existenz und der Jahrhundertmillionen organismischer Evolution auf der Erde sind wir zweifelsohne kaum mehr als eine evolutive Eintagsfliege mit äußerst begrenzter Haltbarkeitsdauer.

Flower Power – Die erste Blüte(n)zeit des Lebens

Barbara Mohr Der Valentinstag hätte nicht stattfinden können am 14. Februar vor 150 Millionen Jahren, denn etwas ganz Entscheidendes fehlte: Die Welt des Jura musste ohne die Farbenpracht blühender Pflanzen auskommen, denn die Blüte als hochspezialisiertes pflanzliches Vermehrungsorgan war noch nicht erfunden, betörende Blütendüfte waren im »Jurassic Park« Mangelware.

Erst in der Unteren Kreide, vor etwa 140 Millionen Jahren, erschienen die ersten bedecktsamigen Pflanzen (Angiospermen), und mit ihnen begann die Welt aufzublühen. Die Ausbildung von Blüten und speziellen Samen war eine evolutive Neuerung, die den Pflanzen nun die Besiedelung auch unwirtlicher und instabiler Lebensräume ermöglichte. Der Grund dafür lag insbesondere im spezifischen Aufbau des Samens, der durch Ausbildung einer zusätzlichen Samenhülle die Nachkommen der Pflanzen mit besonderem Schutz gegen äußere Einflüsse ausstattete. Überdies bot im Samen eingelagertes Nährgewebe dem auskeimenden »Sprössling« ersten Proviant, welcher der Jungpflanze ein Wachstum auf oberflächlich nährstoffarmen Böden bis zur Ausbildung einer Wurzel ermöglichte.

Diese neue Strategie machte die Blütenpflanzen im Verhältnis zu den bis dato im Erdmittelalter vorherrschenden Farnen und Nacktsamern unschlagbar. In kürzester Zeit kam es zu einer sogenannten Radiation, also einer Aufspaltung der Blütenpflanzen in eine Fülle von Arten, die mit einer ebenfalls rasanten Umgestaltung des Lebens auf den Kontinenten des Erdmittelalters einherging. Viele der nacktsamigen Pflanzengruppen starben aus und mit ihnen einige der darauf spezialisierten Dinosaurier, während die Vielfalt an Insekten und Säugetieren, die sich direkt oder indirekt von den neuen Blütenpflanzen ernährten, geradezu explosionsartig zunahm.

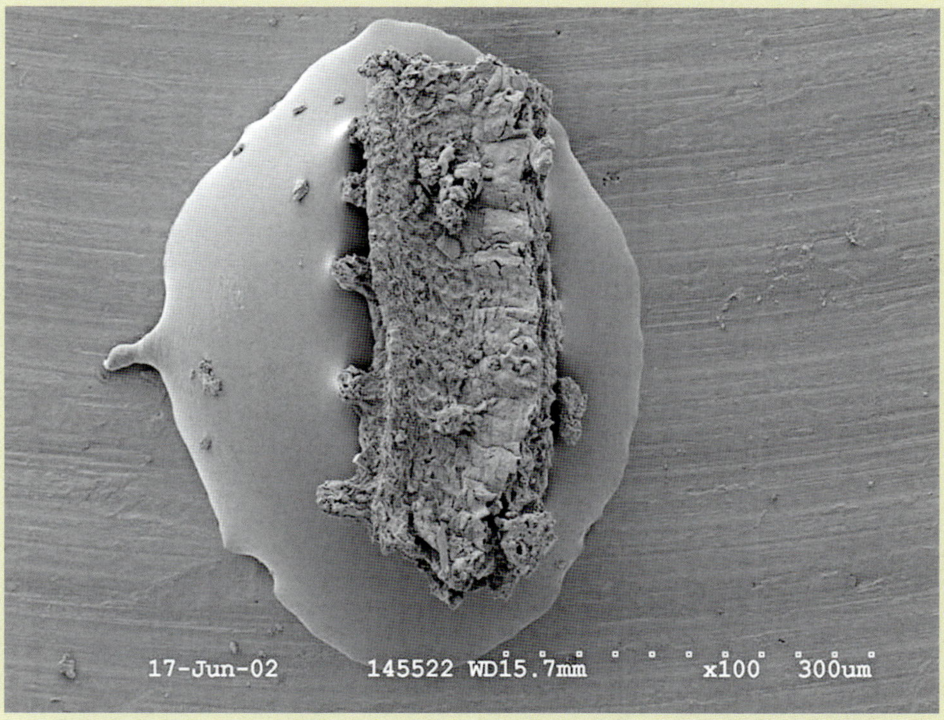

***Abb. 1:** Neben den Blütenblättern dienten modifizierte, stark verbreiterte »Staubblätter« der Anlockung von Insekten. Diese Staminodien zeigen unter dem Rasterelektronenmikroskop (REM) bei hoher Vergrößerung Duftdrüsen, deren aasartiger Geruch wahrscheinlich vor allem Käfer und Fliegen anzog.*

Bereits in der Oberen Kreidezeit, vor etwa 70–80 Millionen Jahren, waren alle bedeutenden Gruppen der Blütenpflanzen vorhanden.

Die für uns erkennbaren fossilen Reste der ersten Blütenpflanzen sind Pollenkörner, deren spezifischer Aufbau darauf hindeutet, dass bereits Insekten als Bestäuber im Spiel waren. Die ersten vollständig erhaltenen Blüten wurden in 130 Millionen Jahren alten Sedimenten entdeckt und zeigen in einigen Merkmalen Ähnlichkeiten mit den als urtümlich geltenden Blüten der heutigen Magnolien- und Seerosengewächse. Ihnen sind der spiralige Bau sowie die nicht festgelegte Zahl an undifferenzierten Blütenblättern, Staubblättern und Fruchtknoten gemein. Noch besitzen

Blütenpflanzen stiegen schon früh in die Parfümproduktion ein.

die kleinen Blüten keine Hüllblätter, Nektardrüsen fehlen, und das für uns augenscheinlichste Merkmal der Blüten, nämlich ihre Farbe, spielt bei den Ersten ihrer Art wohl kaum eine Rolle.

Der Valentinstag vor 130 Millionen Jahren wäre also zumindest langweilig gewesen.

Ohne verlockende Farben jedoch mussten die ersten Blütenpflanzen, deren Bestäuber wahrscheinlich Käfer waren, eine Alternativstrategie ersinnen: Duftdrüsen. Angelockt von einem aasartigen Geruch, drangen die Insekten zur proteinreichen Nahrung in Form von Pollen in der Blüte vor. Gleichsam als Gegenleistung transportierten sie den Pollen dafür von Blüte zu Blüte und garantierten so den Gen-Austausch zwischen den Pflanzen. Zusätzlich stiegen die Blütenpflanzen schon früh in die Parfümproduktion ein. In Kooperation mit ihrer brasilianischen Kollegin, Mary E. C. Bernardes-de-Oliveira, gelang es der Autorin erstmalig, neben den Duftdrüsen auch die Produktionsstätten eines solchen Parfüms nachzuweisen. In Blättern und Stängeln der mit den Magnolien verwandten Blütenpflanze *Endressinia brasiliana* aus der Unteren Kreide fanden sich Drüsen, die zur Abgabe ätherischer Öle dienten. Die Produktion aromatischer Öle in spezifischen Blattdrüsen findet man auch heute noch bei vielen als urtümlich geltenden Blütenpflanzen. Sie gilt als Anpassung an warm-trockene Klimate und findet sich zum Beispiel auch bei unseren aus dem Mittelmeergebiet stammenden Gewürzpflanzen wie etwa Lorbeer, Rosmarin und Thymian.

Erst mit dem Ende der Unteren Kreidezeit kommt Farbe ins Spiel, denn eine zunehmende Komplexität des Blütenbaus führt jetzt zur Differenzierung der Blütenblätter. Sie beginnen, einander an farblicher Attraktivität zu überbieten. Spezielle Drüsen produzieren nun den süßen Nektar, der den Insekten als Nahrung dient. In einem jetzt folgenden Wechselspiel von Anpassungen beeinflussen sich Insekten und Blütenpflanzen gegenseitig in ihrer Entwicklung. Dieses von Biologen als Co-Evolution bezeichnete Phänomen führt in schneller zeitlicher Abfolge zu einer ungeheuren Diversität sowohl der Insekten als auch der Pflanzen sowie ihrer Blütenfarben und -formen. Derjenige, der am 14. Februar ein Zeichen der Zuneigung für seine Liebste erwerben will, hat beim Gang ins Blumengeschäft von nun an gleichsam die Qual der Wahl.

***Abb. 2:** Endressinia ist eine Pflanzengattung aus der Unterkreide Brasiliens. Diese frühe Blütenpflanze weist in ihrem Blütenbau Ähnlichkeit mit heutigen Magnoliengewächsen auf. Sie besitzt viele Blütenblätter und innere Blütenorgane.*

Geheimnisse der Evolution: Was Darwin gern gewusst hätte

MATTHIAS GLAUBRECHT

Woher stammen wir? Und wie sind die Millionen anderer Lebewesen auf der Erde entstanden? Bekanntlich sind es die scheinbar banalen Fragen, die am schwersten zu beantworten sind. Vom Ursprung der Arten handelte denn auch jenes epochale Buch, mit dem der britische Naturforscher Charles Darwin 1859 seine Zeitgenossen aufschreckte. Darwins Idee von der gemeinsamen Abstammung allen Lebens und einer über viele Millionen Jahre dauernden, ebenso langwierigen wie allmählichen Entwicklung aller auf der Erde lebenden Organismen ist bis heute zentraler Aspekt biologischer Wissenschaften. Im viktorianischen Zeitalter entdeckt, aber seitdem kontinuierlich weiterentwickelt, hat Darwins Theorie vom evolutionären Wandel durch Variation, natürliche und sexuelle Auslese sowie Anpassung tatsächlich einen langen Atem bewiesen. Inzwischen ist sein Gedankengebäude sicher durch das Faktenfun-

dament der Biologie untermauert – und nach allem, was wir wissen, konkurrenzlos korrekt. Zugleich gibt Darwins Evolutionstheorie auch Antworten auf die Frage nach der Vielfalt der Arten und Auskunft über unsere Ahnenschaft.

An Versuchen, Darwins Evolutionsgedanken totzusagen, hat es nicht gefehlt; vielfach wurde die Theorie als unzureichend, mangelhaft oder gar falsch abgetan. Sogar vom angeblichen »Jahrhundertirrtum Darwinismus« war die Rede – und nicht nur in den USA versuchen die ewiggestrigen Kreationisten, neuerdings im Gewand vom angeblichen »intelligent design«, der biblischen Schöpfungsgeschichte christlicher Prägung das Wort zu reden. Weiterhin tun sich viele schwer

Abb. 1: *Bis heute versuchen Biosystematiker, gleichsam die »Vermessungsingenieure der Biologie«, die auf der Erde lebende Artenvielfalt zu beschreiben. Am besten bekannt sind die recht auffälligen Wirbeltiere wie Säuger und vor allem die oft bunt gefiederten Vögel.*

damit, dass der Mensch nicht die vielbeschworene Krone der Schöpfung ist, sondern nur als ein arrivierter Affe erscheint.

So wenig hilfreich jede religiös motivierte Bewegung beim Verständnis großer Weltfragen ist, da sie Glauben – und einen darin verankerten Schöpfungsmythos wie etwa den des Christentums – mit Wissenschaft und einer in diesem Rahmen entwickelten Theorie verwechselt, so sicher ist gleichzeitig: Auch in Darwins Gedankengebäude sind bis heute noch immer viele Fragen

offen. So gibt es Gebäudeteile, in denen nur die Umrisse zukünftiger Räume erkennbar sind, wo Grundmauern und Dächer noch fehlen und Fenster bislang keinen Ausblick gewähren.
Deshalb versuchen auch heute noch Evolutionsbiologen und Biosystematiker – gleichsam die »Vermessungsingenieure« der Artenvielfalt – Licht ins Dunkel der sogenannten drei Darwinschen Geheimnisse der Biodiversitätsforschung zu bringen. Diese Geheimnisse betreffen die Anzahl der Tier- und Pflanzenarten auf der Erde, das Konzept oder den Begriff der Art an sich, sowie die Art und Weise der Artenbildung. Neuerdings kommt dazu auch als viertes und letztes Geheimnis die Frage, wie angesichts dieser Vielfalt an Arten immer gleiche und doch anders gerichtete molekulare Vorgänge ablaufen, also auf welcher genetischen Grundlage jene Artenvielfalt beruht. Auch heute noch wollen Biologen jenem Rätsel auf die Spur kommen, das bereits Charles Darwin nicht ruhen ließ: Welches sind die treibenden Kräfte, die jene faszinierende Vielfalt der Lebewesen um uns herum hervorbrachten? Erst mit dieser Erkenntnis lässt sich die biologische Vielfalt und Vielgestaltigkeit an Formen und Arten wirkungsvoll erhalten; denn diese ist an vielen Stellen der Erde – den sogenannten »Hotspots der Biodiversität« (siehe Seite 212–213) – akut gefährdet.

***Abb. 2:** Bis heute können Zoologen die Artenvielfalt gerade bei den wirbellosen Tieren wie dieser Landschnecke Polymita picta aus Kuba nur vage bestimmen. Schätzungsweise leben zwischen 13 und 30 Millionen Tierarten auf der Erde, von denen kaum mehr als ein Zehntel bekannt und beschrieben ist.*

Welches sind die treibenden Kräfte, die jene faszinierende Vielfalt der Lebewesen um uns herum hervorbrachten?

Die Natur als »blinder Uhrmacher«

Bereits Darwin erkannte, dass das Zusammenspiel von kleinsten Veränderungen im Bauplan der Lebewesen und innerhalb großer Zeiträume der Stoff der Evolution ist. Dass in der Natur stets die Tauglichsten – die besser an ihre Umwelt Angepassten – überleben, dass Leben

***Abb. 3:** Bereits Charles Darwin erkannte, dass kleinste Veränderungen im Bauplan der Lebewesen und große Zeiträume der Stoff der Evolution sind. Eindrucksvoll sind etwa die Farbpigmentmuster der in tropischen Meeren lebenden Kegelschnecke Conus marmoreus.*

Abb. 4: *In seiner Evolutionstheorie erkannte Darwin, dass durch zufällige Veränderungen im Erbgut Mutanten entstehen, aus denen sich neue Arten entwickeln können, wie etwa diese Kegelschnecke Conus stereus.*

daher ständiger Kampf ums Dasein bedeutet und dass alle Lebewesen, durch die Evolution miteinander verbunden, auf eine gemeinsame Wurzel zurückgehen – diese Ideen haben seit mehr als einem Jahrhundert die Welt bewegt. Damit gewissermaßen zum Einstein der Biologie geworden, verhalf Darwin uns zu der Erkenntnis, dass die Vielfalt des Lebens auch ohne göttliches Eingreifen entstanden ist. Er trug nicht nur zahllose Belege dafür zusammen, dass Evolution tatsächlich stattgefunden hat. Darwin leitete daraus auch die zugrundeliegenden Vorgänge des evolutiven Wandels um die Entstehung neuer Tier- und Pflanzenarten ab. Lebewesen wandeln sich allmählich durch Anpassungen an Einflüsse ihrer Umgebung, und zwar durch die Wirkung der natürlichen Zuchtwahl, wie er es nannte. Durch zufällige Variation im Erbgut kommen Mutanten zustande, die sich anschließend durch die Selektion seitens der Umwelt verändern. Dank dieses Auslese-Konzepts – bis heute zentraler Pfeiler der Evolutionstheorie – lassen sich die vielen Facetten und Phänomene in der Natur verstehen.
Darwins Selektionsprinzip arbeitet mithin nicht direkt oder gar bewusst auf ein weit entfernt in der Zukunft liegendes Ziel hin, etwa eine bestimmte Tierform, ein bestimmtes Organ – oder eben gar den Menschen, *Homo sapiens*, als der Schöpfung höchstes Gut. Vielmehr übernehmen einzelne Eigenschaften eines Lebewesens im Verlauf der Evolution allmählich andere Funkti-

Abb. 5: *Obgleich es vielfach so wirkt, hat die Evolution kein Ziel. Selbst was als perfekte Anpassung an die Umwelt erscheint, wie etwa bei dieser Meeresschnecke Murex tenuispina, ist ohne Plan durch Versuch und Irrtum entstanden – durch Mutation und Selektion als Motor der Evolution.*

Abb. 6: *Die meisten Organismen sind keineswegs perfekt angepasst, sondern stets nur so gut adaptiert, dass sie in ihrer jeweiligen Umwelt überleben. Dabei kommt es allerdings immer wieder zu bizarren Bildungen wie bei dem mit den Kraken verwandten Papierboot Argonauta, einem Tintenfisch (Cephalopoda) aus warm-tropischen Meeren, dessen dünne aber bis zu 45 cm große, kahnartige Kalkschale als Schutz und Schwimmhilfe dient.*

onen, werden dadurch schrittweise abgewandelt und erlangen so eine gerade ausreichende Passung mit der jeweiligen Umwelt, um das Überleben zu sichern. Es ist diese Umweltpassung durch Auslese, die Darwin als das Grundprinzip seiner Evolutionstheorie richtig erkannte. Evolution hat kein Ziel, schon gar nicht die perfekte Anpassung. Was uns heute als komplexes System oder Lebensvorgang erscheint, ist durch diesen Weg aus Versuch und Irrtum über viele Zwischenschritte entstanden.

Was oft übersehen wird: Die meisten Organismen sind keineswegs *perfekt* angepasste Wesen, sondern stets nur so gut adaptiert, dass sie in ihrer jeweiligen Umwelt überleben. Eben weil sie sich aus bereits vorhandenen Formen weiterentwickeln, stellen sie keine optimalen Lösungen dar, wie sie sich etwa ein Ingenieur ausdenken könnte. Diese kleinen Unzulänglichkeiten als gewissermaßen evolutive Erblast treffen wir in der Natur überall an – bis hin zu uns selbst. Man denke nur an den vergleichsweise riesigen Kopf eines menschlichen Neugeborenen, der sich geradezu gewaltsam durch den kaum weiter dehnbaren Geburtskanal des weiblichen Beckens zwängt. Dies ist eine Folge des Missverhältnisses zwischen einem den aufrechten Gang ermöglichenden Becken und dem enormen Gehirnwachstum beim *Homo sapiens*. Andere Designprobleme als Folge des aufrechten Ganges beim Menschen betreffen die S-förmige Wirbelsäule und die darin liegenden Bandscheiben. Im Gegensatz zu einem Techniker oder Designer, der bewusst ein neues Produkt konstruiert (und sich an dessen Erfolg messen lassen muss), ist die Evolution durch natürliche Selektion dem augenblicklichen Überlebensvorteil der Organismen verpflichtet. Dadurch entsteht, was jetzt und hier beim Überleben hilft; die Natur ist blind für zukünftige Ziele. Deshalb sind Evolutionsbiologen in der Nachfolge von Darwin überzeugt, dass die Natur ein ebenso genialer wie blinder »Uhrmacher« ist.

Darwins fünf Hypothesen zur Evolution

Analysiert man genau, was Charles Darwin in seinem epochalen Werk *Über den Ursprung der Arten durch natürliche Zuchtwahl* tatsächlich geschrieben hat, so muss man feststellen, dass es sich bei seiner Vorstellung von der Evolution nicht um eine einzelne, gleichsam monolithische Theorie handelt. Vielmehr bediente sich Darwin einer Kombination aus fünf grundlegenden und sich ergänzenden Hypothesen. Diese machen zugleich deutlich, wo sich die Evolutionsbiologen heute auf sicherem Grund wähnen und wo andererseits noch viele Detailfragen offen sind. Sehen wir uns Darwins fünf Hypothesen also näher an:

Abb. 7: *Mit seiner Theorie der natürlichen Auslese und vom Überleben der Tauglichsten hat Darwin ein universelles Prinzip in der Natur entdeckt. Wie aber die Vielfalt an Arten – etwa der geschätzten 360 000 Arten von Käfern (Coleoptera) – entstanden ist, vermochte Darwin damit nicht zu erklären.*

1. Evolution an sich: Arten sind nicht konstant, die Welt verändert sich und Lebewesen entwickeln sich aus ihren Ahnenformen.

Darwins Evolutionstheorie ist älter geworden, aber nicht veraltet; vielmehr ist sie mit den Jahren besser geworden.

2. Gemeinsame Abstammung: Sämtliche Tiere, Pflanzen und Mikroorganismen sind durch genealogische Verwandtschaft miteinander verbunden und gehen letztlich auf einen gemeinsamen Ursprung zurück.
3. Natürliche Selektion: Darwin erkannte – ebenso wie übrigens zeitgleich und unabhängig von ihm der britische Naturforscher Alfred Russel Wallace –, dass stets mehr Nachkommen produziert werden als sich fortpflanzen können und dass die Umwelt aus diesem Angebot neuer genetischer Kombinationen stets die am besten angepassten Individuen auswählt, die die nachfolgenden Generationen hervorbringen. Konkurrenz um die begrenzten Lebensgrundlagen (der »Kampf ums Dasein«) und dass die am besten Angepassten mehr Nachkommen haben (das »Überleben der Tauglichsten«) sind in diesem Zusammenhang etablierte Kerngedanken von Darwins Theorie.

4. Gradualismus: Evolutionärer Wandel findet aufgrund allmählicher (gradueller) Veränderungen statt; neue Arten und Anpassungen entstehen weder sprunghaft noch erscheinen sie spontan und plötzlich.
5. Vervielfachung von Arten: Mit seiner Theorie des selektionsbedingten Wandels versuchte Darwin zugleich, die Entstehung der ungeheuren organismischen Vielfalt, der Biodiversität, zu erklären. Voneinander getrennte Individuen sollen sich seiner Idee nach auseinander entwickeln und in verschiedene Richtungen anpassen (Divergenz-Prinzip). Aus den getrennten Populationen entstehen dann neue Arten mit neuen Anpassungen, so dachte er.
Mit seiner Theorie der natürlichen Auslese und dem Überleben des Tauglichsten hat Darwin ein universelles Prinzip in der Natur entdeckt, das bis heute nichts an Gültigkeit verloren hat. Wir sehen aber auch, dass Darwins Theoriengebäude der Evolution heute komplizierter geworden ist. Neue Zwischenböden und Wände wurden eingezogen, neue Fenster gewähren Ausblicke in veränderte Forschungslandschaften, bislang verschlossene Türen geben zögerlich gut gehütete Geheimnisse preis und fehlende Bausteine werden in Erkern und Ecken eingefügt. Doch das weitgeschwungene Dach, das Darwin dem Gebäude einst gab, existiert noch immer, und das Fundament ist massiv gemauert. Darwins Evolutionstheorie ist älter geworden, aber nicht veraltet; vielmehr ist sie mit den Jahren besser geworden. Seine Ansichten der Natur gehören mithin zu den faszinierendsten Errungenschaften des menschlichen Geistes. Die Stichhaltigkeit der modernen Evolutionstheorie dokumentiert sich gerade durch die Passgenauigkeit, mit der sich viele Einzelbeobachtungen in Darwins Theorie einfügen lassen. Seine Antworten waren keineswegs falsch; er wusste vor mehr als einem Jahrhundert nur noch nicht sämtliche Fragen erschöpfend zu beantworten.
Allerdings erwies sich gerade der letzte Aspekt, die Hypothese von der Vervielfachung der Arten, als der schwächste Teil in Darwins Theorie. Zugleich eröffnete sich dadurch in der ersten Hälfte des 20. Jahrhunderts ein Forschungsprogramm für eine neue Generation von Evolutionsbiologen, die in Darwins Fußstapfen traten und anfangs seinen Spuren folgten, um heute weit über jenen einst von ihm beschrittenen Pfad hinauszugehen.

Die drei Darwinschen Geheimnisse: Weisse Flecken auf der Landkarte der Evolution

Heute haben Wissenschaftshistoriker und Evolutionstheoretiker erkannt: Darwin war sich nicht wirklich klar darüber, was Arten eigentlich sind. Auch unterschied er noch nicht sorgfältig zwischen solchen Phänomenen, die mit dem Wandel der Arten in der Zeit zu tun haben (Transformation oder Anagenese), und jenen Vorgängen, die zu einer Aufspaltung von Arten in zwei Tochterarten und damit letztlich zum Stammbaum des Lebens führen (Cladogenese). So hatte Darwin zwar dafür gesorgt, dass Evolution an sich, die gemeinsame Abstammung aller Lebewesen und das

Abb. 8: *Das goldene Zeitalter der Biosystematik ist längst noch nicht vorbei. Tatsächlich werden bis heute neue Tierarten entdeckt. Ganz links: Der Walker (Polyphylla sp.), Maikäfer-Verwandter aus der Familie der Blatthornkäfer (Scarabaeidae). Zweiter links oben: Plusiotis gloriosa, Blatthornkäfer (Scarabaeidae) aus der Gruppe der Rutelinae. Zweiter links unten: Bockkäfer aus der Familie Cerambycidae. Mitte: Megasoma anubis, Blatthornkäfer (Scarabaeidae) aus der Gruppe der Dynastinae. Rechts: Golofa aegon, Blatthornkäfer (Scarabaeidae) aus der Gruppe der Dynastinae.*

Abb. 9: *Die Sammlungen wie hier im Museum für Naturkunde in Berlin spielen bei der Erforschung der biologischen Artenvielfalt eine ebenso zentrale Rolle wie Expeditionen in noch unerforschte Regionen der Erde.*

Prinzip der natürlichen Selektion inzwischen weitgehend als Tatsachen akzeptiert werden. Doch viele Detailfragen nach den Mechanismen der Evolution konnte er nicht erschöpfend beantworten.
Gerade die Fragen nach der Bildung neuer Arten und der Entstehung von Vielfalt und Vielgestaltigkeit – mithin nach den Ursachen des millionenfachen Lebens – werden weiterhin debattiert. Die folgenden offenen Fragen lassen sich als die drei großen Darwinschen Geheimnisse der Biodiversitätsforschung bezeichnen. Erstens: Wie viele Arten von Tieren und Pflanzen leben insgesamt auf der Erde? Zweitens: Was sind Arten, wie werden sie definiert und umgrenzt? Und drittens: Wie entstehen Arten?
Verblüfft müssen wir festhalten, dass sich all diese Fragen bisher einer befriedigenden Antwort entziehen. Beginnen wir gleich bei der Artenzahl. Bis heute können Biologen die Anzahl der Arten nicht einmal annähernd angeben. Zwischen 13 und 30 Millionen Tier- und Pflanzenarten, so lässt sich allenfalls grob schätzen, leben heute auf der Erde. Wissenschaftlich beschrieben sind von dieser biologischen Artenvielfalt überdies kaum mehr als zehn Prozent. Das goldene Zeitalter der Biosystematik hat also gerade erst begonnen. Tatsächlich werden heute allerorten mehr Tierarten als jemals zuvor entdeckt; von kleinen unscheinbaren Insekten und Schnecken bis hin zu Vögeln und großen Säugetieren. Dabei spielen heute mehr denn je die Sammlungen der großen Naturkundemuseen – wie etwa in London, Berlin und Paris – eine ebenso zentrale Rolle wie Expeditionen in noch unerforschte Regionen.

Das erste Darwinsche Geheimnis: Von der Jagd auf unbekannte Arten

In dem Abenteuerklassiker *Die vergessene Welt* nahm der englische Schriftsteller Sir Arthur Conan Doyle, mit Sherlock-Holmes-Geschichten zum Bestseller-Autor geworden, seine Leser einst mit zu einer fantastischen Jagd nach den letzten überlebenden Riesenechsen des Erdmittelalters. Angeregt durch Reiseberichte von Forschern, die im Urwald Südamerikas auf abgelegenen Tafelbergen eine exotische Fauna und Flora entdeckt hatten, wurde Conan Doyles *The Lost World* später zum Ur- und Vorbild für den Dinoschocker *Jurassic Park*.
Wer glaubt, heute gebe es derart weiße Flecken auf der Landkarte nicht mehr, Orte, an denen noch unbekannte Arten überdauern, den belehren jüngste Entdeckungen von Zoologen etwa im Nordwesten Neuguineas eines Besseren. Dort, in den bisher unzugänglichen Foja-Bergen, scheint es ein verborgenes Paradies im Dschungel zu geben, das staunen lässt. 20 bislang unbekannte Froscharten, vier neue Schmetterlingsarten sowie eine Anzahl neuer Pflanzenarten, darunter Palmen und Rhododendren, glaubten Wissenschaftler Anfang 2006 entdeckt zu haben. Ein bisher nur aus dem Ostteil der Insel bekanntes Baumkänguru *(Dendrolagus pulcherrimus)* konnten sie dort erstmals ebenso nachweisen wie den bislang als verschollen geltenden Berlepschen Strahlenparadiesvogel *(Parotia berlepschi)*. Die Vogelkundler hoffen sogar, einen mögli-

Abb. 10: *Die Frage, warum es so viele Tierarten auf der Erde gibt, und was genau eine Art eigentlich ist, gehört bis heute zu den sogenannten Darwinschen Mysterien. Allein bei den Schmetterlingen (Lepidoptera) gehen Systematiker von 150 000 Arten aus.*

cherweise bisher unbeschriebenen Honigfresser gefunden zu haben – es wäre immerhin die erste neuentdeckte Vogelart Neuguineas seit über 60 Jahren. Während große tropische Inseln wie Borneo und Madagaskar mit ihrer inzwischen stark bedrohten Vielfalt an Tier- und Pflanzenarten seit langem das Interesse von Biologen geweckt und gefunden haben, blieb Neuguinea weitgehend jene »Lost World« – eine vergessene Welt der Biodiversität. Bis heute harren weite Teile der Insel ihrer gründlichen Durch- und Erforschung. Dass Neuguinea eine wahre Wiege des Lebens ist, weiß kaum einer besser als Rainer Günther vom Museum für Naturkunde der Humboldt-Universität in Berlin. Seit 1995 haben den Amphibienkundler mehrere entbehrungsreiche Expeditionen in die Wälder im indonesischen Teil der Insel geführt. Seine bisherige Ausbeute: 40 neu beschriebene Arten von Waldfröschen. Den jüngsten Neuzugang und zugleich der Star seiner Sammlung an Neuguinea-Fröschen hat Günther wissenschaftlich beschrieben und auf den Namen *Callulops pullifer* getauft. Zugleich setzt er darin dem höchst eigenartigen Fortpflanzungsverhalten dieses Frosches ein Denkmal. Während nämlich die anderen Frösche Neuguineas nach Amphibien-Manier ihre Eier in kleine Tümpel und Wasserlachen legen, entdeckte Rainer Günther im Bergregenwald der Wandammen-

Halbinsel, dass bei *pullifer* die Männchen die vom Weibchen am Erdboden abgesetzten Eier nach der Begattung bewachen. Mehr noch: sie nehmen die schlüpfenden Jungfrösche huckepack und tragen sie für einige Tage auf dem Rücken mit sich herum, bis deren Überlebenschancen groß genug sind, um sich alleine durchzuschlagen.

Etwa 320 Froscharten sind aus Neuguinea bisher bekannt, 60 davon wurden in den vergangenen fünf Jahren neu entdeckt und sind mittlerweile taxonomisch korrekt beschrieben, die meisten von Frosch-Forschern wie Rainer Günther oder aber Steve Richards, der unlängst in den Foja-Bergen fündig wurde. Zum Bestimmen und Beschreiben wird Richards seine Beute wieder mit seinem Berliner Museumskollegen teilen. Allein in den beiden vergangenen Jahren hat Günther, zum Teil in Koproduktion mit Richards, aus Neuguinea neun neue Laubfroscharten in drei Gattungen beschrieben; die Arbeiten über zwei weitere sind bereits in Druck.

Abb. 11: *Der Babysitter-Frosch* C a l l i o p s p u l l i f e r *wurde erst kürzlich von einem Forscher des Berliner Naturkundemuseums während einer Expedition im Bergregenwald von Neuguinea entdeckt. Er ist unter den erst unlängst 44 neu beschriebenen Arten an tropischen Waldfröschen dieser Region dank seines Fortpflanzungsverhaltens eine Besonderheit. Denn die Männchen nehmen die schlüpfenden Jungtiere huckepack und tragen sie mehrere Tage auf dem Rücken.*

Abb. 12: *Abgelegene Gebiete wie die jahrzehntelang von Krieg erschütterten Regionen Indochinas bergen noch zahllose biologische Schätze. In Vietnam etwa entdeckten Biosystematiker unlängst sogar eine bisher unbekannte Schlangen-Gattung.*

Für Biosystematiker ist Neuguinea indes nicht der einzige Brennpunkt der Biodiversität – ein Ort höchster biologischer Vielfalt an Arten also (siehe Seite 212–213). Auch einige Regionen Indochinas sind bis heute wahre Schatzkammern der besonderen biologischen Art. Abgelegene Gebiete im jahrzehntelang von Kriegen und Bürgerkriegen zerrütteten Kambodscha und Vietnam bergen noch zahlreiche biologische Trophäen. Erst in den 1990er Jahren hatten Forscher im Grenzgebiet von Laos und Vietnam mit dem immerhin rund 1,5 Meter großen Vu-Quang-Wildrind *(Pseudoryx nghetinhensis)* ein unbekanntes Dschungeltier aufgespürt. Ebenfalls aus dem Grenzgebiet zu Laos wurde kurz darauf der Riesen-

Abb. 13: *Auch im vom Bürgerkrieg heimgesuchten Kambodscha wurde eine vermeintlich ausgestorbene Krokodilart wiederentdeckt – hier sieht man die Jungtiere der Gattung Crocodylus.*

Abb. 14: *Noch immer werden in vielen Regionen der Erde neue Tierarten entdeckt. Beim taxonomisch korrekten Bestimmen und Beschreiben der Neuzugänge jedoch sind die in Naturkundemuseen hinterlegten Sammlungen bereits bekannter Arten unverzichtbar.*

muntjak-Hirsch (*Megamuntiacus vuquangensis*) beschrieben. Unlängst meldeten Forscher aus Myanmar eine weitere Muntjakhirsch-Art. In den Cardamom-Bergen Kambodschas entdeckten Forscher neben bisher unbekannten Pflanzen und 15 bisher für das Land unbekannten Vogelarten mit *Crocodylus siamensis* eine für ausgestorben gehaltene Krokodilart wieder. Während Systematiker mit *Triceratolepidophis* jüngst eine bisher unbekannte Schlangen-Gattung aus Vietnam beschrieben, entdeckten andere auf der kleinen Molukken-Insel Obi den Quitten-Waran (*Varanus melinus*).

Derartige Berichte über Neuzugänge im Arteninventar mehren sich aus vielen Regionen der Erde. Nachdem die Entdeckungen und Beschreibungen von Wirbeltieren um die Mitte des vorigen Jahrhunderts stetig abgenommen haben, glaubten selbst Taxonomen lange, ihr Job sei weitgehend getan. Doch offenbar harren selbst große Tierarten noch immer der Entdeckung, wie das Beispiel der erst im Dezember 2005 auf Borneo in eine Fotofalle gegangenen Schleichkatze zeigt. Experten vermuten, dass es sich um eine bisher unbeschriebene Art handelt – und haben sich in den letzten unberührten Urwaldregionen auf die Jagd gemacht.

Selbst unter Meeressäugern gibt es einen steten Strom von Neuzugängen. Drei Jahrzehnte nach der letzten Neubeschreibung wurde Anfang der 1990er Jahre vor der Küste Südamerikas mit *Mesoplodon peruvianus* ein neuer Zahnwal entdeckt; 2002 folgte mit *Mesoplodon perrini* ein weiterer Vertreter aus der Familie der Schnabelwale, und nur ein Jahr später ergänzten japanische Forscher mit dem Furchenwal *Balaenoptera omurai* die illustre Liste. Den jüngsten Neuzugang verkündeten ebenfalls im Frühjahr 2006 australische Systematiker, die mit dem Stupsfinnendelfin *Orcaella heinsohni* eine neue Walart in den trüben Flüssen im tropischen Norden Australiens ausmachten. Eines haben beinahe sämtliche zoologischen Neubeschreibungen bei den Säugern der letzten Jahre gemeinsam: sie sind allesamt selten und in ihren Restlebensräumen akut vom Aussterben bedroht.

Wer also meint, Systematiker würden nur über verstaubten Museumspräparaten brüten, der irrt. Die Mehrzahl der schätzungsweise bis zu 30 Millionen Tierarten ist noch nicht einmal entdeckt, geschweige denn wissenschaftlich beschrieben. Allen voran im Millionenheer der unbekannten Artenfülle sind die Legionen der Wirbellosen. Zwar kombinieren diese oft ihre eher versteckte Lebensweise mit einem unscheinbaren Äußeren, doch fehlte es den Spezialisten bisher schlicht an *man power*, um der gewaltigen Artenzahl Herr zu werden. Allein im Material, das in den vergangenen zwei Jahren in der Käfersammlung am Berliner Naturkundemuseum bearbeitet wurde, fanden sich über 100 neue Arten – nur ein Blick auf die Spitze des Biodiversitäts-Berges. Denn weitere Wanzen und Würmer, Käfer und Krebse, Schmetterlinge und Schnecken, Spinnen und Tausendfüßer warten hier wie anderswo auf ihre Entdeckung.

Die Mehrzahl der schätzungsweise bis zu 30 Millionen Tierarten ist noch nicht einmal entdeckt, geschweige denn wissenschaftlich beschrieben.

Dass Zoologen dabei nicht einmal wissen, wie viele Arten sie bereits wissenschaftlich erfasst haben, soll sich jetzt ändern. Kürzlich riefen Biosystematiker dazu auf, mit der sogenannten ZooBank eine lange überfällige internationale Internet-Plattform zu schaffen, in der alle neu beschriebenen Arten einheitlich erfasst werden. Dabei geht es weniger um die spektakulären Neuzugänge von einigen Dutzend Fröschen aus Neuguinea oder einer neuen Schleichkatze aus Borneo. Vielmehr wollen Biosystematiker endlich die Übersicht über das Heer der taxonomischen Namen und biologischen Arten bekommen. Denn bei den Insekten, allen voran den Käfern und anderen sechsbeinigen Krabblern, aber auch den meisten anderen Tiergruppen – mit Ausnahme der etwa 9 900 Vogelarten und der rund 5 400 Säuger –, gehört das Beschreiben neuer Arten nach wie vor zum täglichen Brot der Zoologen. Ob Insektenforscher heute auf Lichtfallenfang in Südafrika, Südamerika oder Australien unterwegs sind, ob sie sich im Bergregenwald des Bismarck-Archipels auf die Suche machen, oder ob sich Schneckenforscher vor den Kapverdischen Inseln und in den kristallklaren Hochlandseen der indonesischen Insel Sulawesi auf Tauchgang begeben – stets bringen die Arten-Fahnder neue und der Wissenschaft bisher unbekannte Spezies zurück.

Nicht selten allerdings wissen neue Tierarten ihr Geheimnis gut zu bewahren. Oft erweist sich ihre wahre Identität erst, wenn Biosystematiker ihnen in den Labors mit modernsten molekulargenetischen Methoden zu Leibe rücken. Am Museum für Naturkunde in Berlin etwa hat Thomas von Rintelen durch akribische Suche mittels sogenannter DNA-Marker gleich einen ganzen Artenschwarm bei der nur in den Flüssen und Seen dieser indonesischen Insel lebenden Schnecke *Tylomelania* dingfest gemacht. Seit er vor sechs Jahren mit seinen Schneckenstudien begann, konnte er die Zahl neuentdeckter Arten glatt verdoppeln. Mittlerweile sind es 55 – und der Forscher zählt weiter. Das sei durchaus kein Einzelfall, wie Kristina von Rintelen, ebenfalls vom Berliner Museum, bestätigt. Sie untersucht kleine Süßwassergarnelen der Gattung *Caridina* aus Sulawesi und fand auch bei diesen eine bisher ungeahnte Artenvielfalt. Diese wird sie jetzt Spezies für Spezies beschreiben – und damit den bekannten Bestand auf etwa 50 Arten verdoppeln.

Abb. 15: *Trotz neuester Methoden steht Biosystematikerr der größte Teil ihrer Herkules-Aufgabe noch bevor: Die komplette Inventarisiererung sämtlicher Tierarten auf der Erde.*

Kryptische Arten: Wie man aus einem Elefanten zwei macht

In den letzten Jahren hat die Entdeckung neuer Arten auch deshalb zugenommen, weil Biosystematiker gleichsam getarnte Arten dank neuer molekulargenetischer Verfahren entlarven. Viele Tierformen sind äußerlich und in ihrem Verhalten auf den ersten Blick kaum voneinander zu unterscheiden. Der genetische Vergleich auf der Basis ausgewählter DNA-Sequenzen verrät sie jetzt immer häufiger. Solche »kryptischen« Arten – Tiere, die Systematiker bislang schlicht übersehen haben, weil sie irrtümlich unter dem Namen einer bereits bekannten vereint wurden – gibt es gerade bei den Wirbellosen in ungeahnter Fülle. Solche nur scheinbar neuen Arten leben als eigenständige Spezies oft schon seit Hunderttausenden von Jahren, doch erst dank neuer Forschungsmethoden erkennen Zoologen jetzt ihre evolutionäre Eigenständigkeit. Mithin steht Systematikern und Molekulargenetikern der größte Teil ihrer Herkules-Aufgabe – jener kompletten Inventarisierung sämtlicher Tierarten der Erde – erst noch bevor. Bei großen Säugetieren – seien es Elefanten, Tiger oder andere Tiere, die man nicht eben leicht übersieht – sorgt diese Enttarnung der Arten stets für Aufsehen, nicht nur bei Experten, und um so mehr, wenn unsere nächsten Verwandten im Tierreich davon betroffen sind. So wurde unlängst mittels Molekulargenetik nicht nur entdeckt, dass neben dem bekannten Elefanten der Savannen Afrikas noch eine Schwesterart in den Regenwäldern lebt. Auch die in Westafrika leben-

Abb. 16: *Dieser aus Tansania stammende Schmetterling Chrysiridia croesus aus der Familie der Uraniidae ist tagaktiv und die wohl farbenprächtigste Motte der Welt; ansonsten sind Motten als Nachttiere meist unscheinbar gefärbt. Für diese wie die meisten anderen Insektenarten gibt es keinen deutschen Art- oder Familiennamen. Der englische Artname »Sunset Moth« ließe sich mit Sonnenuntergangsmotte übersetzen.*

den Schimpansen unterscheiden sich ganz erheblich in bestimmten Abschnitten ihrer Erbinformation von den weiter östlich lebenden Nachbarn. Mit dem als *Pan verus* beschriebenen »Westafrikaner« glauben einige Forscher nun eine dritte, eigenständige Schimpansenart mit eigener evolutiver Vergangenheit erkannt zu haben. Ganz ähnlich erging es In-cognito-Arten beim afrikanischen Gorilla und dem südostasiatischen Orang-Utan. Bei beiden Menschenaffen fanden Molekulargenetiker zum Teil erhebliche genetische Unterschiede in regional verschiedenen Populationen. Immerhin sind diese Sequenz-Differenzen von *Gorilla* und *Pongo* deutlich ausgeprägter als etwa zwischen den einzelnen Bevölkerungsgruppen des Menschen. Allerdings sind sich die Forscher nicht immer einig, wo genau die Grenze zwischen einer geografischen Unterart und einer eigenständigen evolutiven Art liegt.
Doch auch wegen dieser und anderer offener Fragen erlebt die lange zu Unrecht als verstaubt geltende Disziplin der Biosystematik derzeit ihre Renaissance. Die Freude eines Sir Conan Doyle darüber wäre den Forschern heute sicher. Denn mittlerweile gehen sie nicht mehr wie Professor Challenger – der Romanheld von *The Lost World* – allein in unzugänglichen Urwäldern auf die Suche nach mysteriösen Geschöpfen. Ihre Arbeit in den Sammlungen der Naturkundemuseen und Laboratorien gleicht vielmehr der eines Sherlock Holmes, wenn sie als Arten-Detektive das Darwinsche Rätsel der biologischen Vielfalt zu lüften versuchen. Diese neuartige Jagd nach geheimnisvollen Tieren und unbekannten Arten ist gerade erst eröffnet.

Das zweite Darwinsche Geheimnis: Das Problem der Art in der Biologie

Doch was sind eigentlich Arten? Wohl kaum ein anderer Begriff in der Biologie, selbst »Instinkt« nicht oder auch »Gen«, ist derart vielen Versuchen einer Definition ausgesetzt gewesen, wie jener der Art oder Spezies. Und über kaum etwas haben sich Biologen mehr den Kopf zerbrochen als darüber, welche Bedeutung Arten in der Natur haben und wie sie sich voneinander abgrenzen lassen. Lange Zeit glaubte man fälschlicherweise, dass Arten das sind, was »der Fachmann« dafür hält. Selbst Charles Darwin war über viele Jahre seiner Studien der Ansicht, Arten seien lediglich von Naturforschern geschaffene Einteilungen, nicht aber Gruppen von Individuen, die natürlicherweise – also unabhängig vom Menschen – auf der Erde existieren. Dabei stellen Arten die Bezugspunkte nicht nur der evolutionsbiologischen Forschungen dar; sie sind auch die Einheiten bei der Erfassung und Inventarisierung der Biodiversität sowie beim Arten- und Naturschutz. Der Begriff oder das Konzept der Art ist insbesondere auch für die Evolutionsforschung von fundamentaler Bedeutung. Denn Arten sind zum einen die zentralen Gegenstände der Biosystematik und Bezugspunkte der Biodiversitätsforschung; zum anderen lässt sich nur dann erforschen, wie Arten entstehen und vergehen, wenn wir wissen, was Arten eigentlich sind.
Bis heute gibt es immer wieder neue Versuche, Arten zu definieren und das Artproblem auf diese Weise zu klären. Mehr als 20 verschiedene Artkonzepte wurden bislang vorgeschlagen. Doch nicht alle liefern tatsächlich sinnvolle Definitionen von Arten als natürliche

Einheiten; vielfach sind es bloße Anleitungen, wie man einzelne Arten beschreiben und konkret von einer nächst verwandten Schwesterart unterscheiden kann. Denn häufig wird die theoretische Definition von Arten (Artkonzept) an sich mit der praktischen Beschreibung einer bestimmten Art (Arttaxon) verwechselt. Diese fundamentale Dualität der Art haben Biologen erst jüngst erkannt und die Unterschiede herausgearbeitet. So beschreiben wir einerseits Arten als Taxa, etwa anhand ihrer körperbaulichen Merkmale oder ihrer genetischen Eigenschaften, andererseits definieren wir Arten in einem Konzept, indem wir bestimmte Kriterien als Maßstab festlegen. Ein solches Kriterium liefert etwa die Frage, ob Tiere sich miteinander verpaaren.

Darauf aufbauend hat der Evolutionsbiologe Ernst Mayr in den 1940er Jahren das heute am weitesten verbreitete Konzept der biologischen Art – oder Biospezies – entwickelt. Demnach sind Arten »Gruppen natürlicher Populationen, die sich untereinander kreuzen und von anderen derartigen Gruppen reproduktiv isoliert sind«. Seine Definition nutzt das tatsächlich überprüfbare Kriterium der Fortpflanzungsgemeinschaft bzw. der reproduktiven Isolation. Dieses Konzept hat sich trotz vieler Anfeindungen und alternativer Ansätze – etwa dem Konzept der phylogenetischen und der evolutionären Art – vielfach bewährt. Denn anders als in den letztgenannten Konzepten, die versuchen, einzelne Arten mithilfe von Merkmalen sowie ihrer Entwicklungsgeschichte gegeneinander abzugrenzen, nutzt das Biospezies-Konzept allein das Fortpflanzungskriterium, also die existierenden Paarungsschranken zwischen zwei Arten. Diese gilt es stets festzustellen oder ihr Vorhandensein wenigstens einigermaßen glaubhaft zu machen. Das ist zugleich der Grund, warum das Biospezies-Konzept bei der Betrachtung ausgestorbener Arten, etwa der verschiedenen Ahnenformen des Menschen, nicht anwendbar ist; es fehlt ihm die zeitliche Komponente und ist am besten auf nahe benachbarte oder gemeinsam vorkommende heutige Arten anwendbar.

Das dritte Darwinsche Geheimnis: Wenn Tiere sich auseinanderleben

Nur wenn sich Biologen verständigen, was Arten eigentlich sind, macht auch die Arbeit jener Forscher Sinn, die sich mit den Mechanismen der Entstehung neuer Arten beschäftigen. Hier haben Evolutionsbiologen im 20. Jahrhundert beachtliche Fortschritte erzielt. Erst in der ersten Hälfte des 20. Jahrhunderts entdeckten Evolutionsbiologen durch Freilandbeobachtungen und die systematische Erforschung von Vorkommen einzelner Arten im geografischen Zusammenhang, dass neue Arten entstehen, wenn zusammenlebende Tiergruppen (Populationen) gleichsam den Kontakt zueinander verlieren.

Es war vor allem der deutsche Systematiker und Zoologe Ernst Mayr (1904–2005) – der einst am Berliner Naturkundemuseum forschte und später lange an der Harvard-Universität wirkte –, der durch eigene Beobachtungen und sorgfältige Analyse biologischer Befunde entdeckte, dass für die Ausbildung neuer Organismen die geografische Separation entscheidend ist. Neue Arten entstehen, wenn Populationen einer Ausgangs-

Abb. 17: *Laubheuschrecken (Tettigoniidae) wie diese braune südostasiatische Tegra novaehollandiae sind besonders in den Tropen artenreiche und durch ihren Gesang auffallende Insekten aus der Gruppe der Heuschrecken (Orthoptera).*

Abb. 18: *Auch die größten Käfer sind meist gute Flieger, wie dieser seine ausgebreiteten Flügeln zeigende Waffenbock (Callipogon armillatus), ein Bockkäfer (Cerambycidae) aus Südamerika.*

art räumlich voneinander getrennt werden, etwa durch ein sich auffaltendes Gebirge, eine Meeresstraße, durch Wüsten oder dichte Wälder. Solche geografischen Barrieren stellen Hindernisse für den freien genetischen Austausch und die Durchmischung innerhalb des Genpools der Ausgangsart dar. In jeder Population reichern sich zufällige genetische Veränderungen (Mutationen) an. Nach einiger Zeit sind sie in Körperbau und Verhalten so verschieden, dass sie sich selbst dann nicht mehr mit den ehemaligen Artgenossen der anderen Gruppe paaren könnten, wenn sie wieder zusammenfänden, etwa weil die geografische Barriere verschwunden ist.

Mit den Studien von Ernst Mayr wurde die Vorstellung von der »allopatrischen Artenbildung« (Speziation), also der Entfremdung zweier Populationen durch räumliche Trennung, zum zentralen Teil der modernen Evolutionstheorie, nicht zuletzt sicherlich auch deshalb, weil Mayr zum wohl einflussreichsten Evolutionsbiologen unserer Zeit wurde und seine Vorstellung daher als Standardmodell Eingang in viele Lehrbücher fand. Vielen Zoologen gilt seitdem die reproduktive Isolation als das wichtigste Kriterium zur Bestimmung des Status einer biologischen Art und die geografische Separation als der entscheidende Mechanismus bei der Speziation. Dagegen sahen sie es bis vor kurzem noch als höchst zweifelhaft an, ob der genetische Austausch auch zwischen Individuen, die im selben Verbreitungsgebiet leben, derart effektiv unterbrochen werden kann, dass sich allmählich eine artliche Schranke oder Fortpflanzungsbarriere aufbaut (sympatrische Artenbildung).

Indessen misst man anhand jüngst erstellter Freilandstudien, theoretischer Modelle und mathematischer Berechnungen der sympatrischen Speziation immer mehr Bedeutung zu. Demnach könnten neue Arten bei unmittelbarem Zusammenleben selbst im gleichen Lebensraum und in erheblich kürzerer Evolutionszeit als bisher vermutet entstehen. Offenbar errichten also einige Tierarten auch ohne äußere, räumliche Barrieren wirkungsvolle Paarungsschranken zu ihren Nächstverwandten. Einigermaßen sicher wissen wir das von verschiedenen nordamerikanischen Fliegenarten der Gattung *Ragolelis*, die eine höchst spezifische Wahl jener Wirtspflanzen zeigen, von denen sie sich ernähren und auf denen sie sich zur Fortpflanzung einfinden; aber auch von den tropischen Buntbarschen aus der Familie der Cichlidae, deren Lippen und Zähne nicht nur jeweils unterschiedlichen Bau aufweisen, sondern die auch jeweils sehr spezifische Nahrung bevorzugen.

Obgleich man anfangs annahm, dass die Bildung neuer Arten nur sehr gemächlich abläuft, können Biologen solche Prozesse heute im Ansatz sogar »live« beobachten, der Evolution in Aktion also gewissermaßen über die Schulter schauen. Dabei wurden sie neuerdings Zeuge, wie auch ökologische und verhaltensbiologische Faktoren bei der sympatrischen Artenbildung eine Rolle spielen (siehe Seite 212–213). Offenbar sind also nicht immer allein äußere Barrieren notwendig, um neue Arten entstehen zu lassen.

So anerkannt der Prozess der Artenbildung im Prinzip ist, so heftig debattiert und noch immer im Detail erforscht wird heute, in welchem Maße die verschiedenen Bildungsmodi für einzelne Tier- und Pflanzengruppen gelten und wo andere als nur geografische

Mechanismen wirken. Zwar gilt Mayrs Idee einer allopatrischen Artenbildung offenbar für die meisten der etwa 9900 Vogelarten oder der 5400 Säugerarten; unklar ist jedoch, ob auch das Millionenheer an Wirbellosen – also sämtliche Käfer- und Krebs-, Schnecken- und Schmetterlingsarten – stets in entscheidender Weise durch räumliche Sonderung entstanden ist, oder ob bei ihnen eher ökologische Spezialisierungen, bestimmte Verhaltensweisen oder genetische Faktoren eine Rolle spielen.

Abb. 19: *Insektenkundler rechnen mit etwa 35000 Bockkäfern (Cerambycidae) weltweit. Diese beeindruckende Bockkäfer-Art Batocera wallacei wurde von dem britischen Naturkundler und Mitentdecker der Selektionstheorie Alfred Russel Wallace in Südostasien entdeckt und später nach ihm benannt. Es ist die größte Käferart Australiens.*

Der »Heilige Gral« der Biologie

Neben der Erforschung der Artenbildungs-Mechanismen und damit letztlich der großen Darwinschen Frage nach dem Ursprung der Arten und dem Wirken der Evolution gibt es eine zweite Front evolutionsbiologischer Forschung. Denn mehr noch als die bloße Artenzahl verblüfft uns immer wieder aufs Neue die Vielfalt der körperlichen Gestalt in der Natur, etwa die aberwitzigen und mitunter bizarren Formen bei Schmetterlingen, Insekten, Krebsen, Tausendfüßern, Spinnen, Würmern und Weichtieren. Bei der Suche nach einer Antwort darauf, wie denn nun eigentlich Leben entsteht und funktioniert, was die Vielfalt und Vielgestaltigkeit im Laufe der Evolution verursacht hat, ist die Forschung in Bereiche vorgedrungen, von denen Darwin nicht einmal träumen konnte, so etwa in der Molekulargenetik und Entwicklungsbiologie.

Jeder der etwa 35 Stämme des Tierreichs weist ein etwas anderes morphologisches Grundmuster auf, das einmalig ist und zugleich doch wenigstens einige übereinstimmende Elemente mit anderen Stämmen teilt. Inzwischen weiß man, dass auch immer wieder gleiche genetische Bausteine, sogenannte homeotische Gene, von der Natur eingesetzt werden, um etwa Flügel, Beine, Körpersegmente oder ähnliche Bauteile bei den verschiedensten Tiergruppen hervorzubringen. Die Lebewesen sind daher keine festgefügten Organisationstypen ohne Übergang und Verbindung zueinander; vielmehr sind sie Variationen eines genetischen Grundthemas, das die Natur im Verlauf der Evolution meisterhaft anzupassen verstand und bei dem sie sich gleichsam des Baukastenprinzips bedient. Die in der Zelle und auf der Ebene der DNA gespeicherte genetische Information zu entschlüsseln, die komplexen und miteinander zu regulatorischen Netzwerken verknüpfte Steuerung vor allem von Entwicklungsvorgängen zu verstehen, ist neben den Artenfragen – jenen drei Darwinschen Geheimnissen – eine weitere große Herausforderung für die Biologie im 21. Jahrhundert. Beide Fragen gleichermaßen, einerseits die nach Vielfalt und Vielgestaltigkeit und andererseits die nach der genetisch-strukturellen Organisation des Lebens, können gleichsam als der heilige Gral der Biologie gelten. Zwar sind wir von einem Verständnis der evolutionären Verwendung dieser Grundthemen oder biologischen Blaupausen bei der Entstehung der Biodiversität noch weit entfernt. Aber nicht zuletzt dank der Entwicklung moderner molekulargenetischer und entwicklungsbiologischer Methoden dürfen wir hoffen, den wahren Geheimnissen des Lebens näher zu kommen und die Darwinsche Frage nach dem Ursprung der Arten schließlich beantworten zu können. Bislang hat sich jeder wissenschaftliche Erkenntnisgewinn nahtlos in das Darwinsche Gedankengebäude eingefügt. Unstrittig ist vor allem eines: über eine plausiblere Erklärung als die Evolutionstheorie Darwins verfügen wir nicht.

Brennpunkte der Biodiversität: Die ökologisch »heißen« Regionen der Erde

Matthias Glaubrecht Die biologische Vielfalt der lebenden Tier- und Pflanzenarten ist nicht gleichmäßig über die Erde verteilt. Tatsächlich ist die Biodiversität auf nur wenige Regionen konzentriert. In diesen sogenannten biologischen Hotspots – den Kernzonen konzentrierter Artenvielfalt – kommen auf vergleichsweise engem Raum besonders viele Arten von Pflanzen und Tieren vor, die überdies nirgendwo sonst auf der Welt zu finden sind. Diese Konzentration biologischer Vielfalt macht jene Gebiete zugleich zu besonderen Brennpunkten für den Natur- und Umweltschutz.

Tatsächlich haben Forscher erst unlängst ermittelt, dass zwischen 60 und 70 Prozent aller Arten von höheren Pflanzen und von Wirbeltieren in Regionen leben, die zusammen nur etwa 1,4 Prozent der Landoberfläche der Erde einnehmen. Zu diesen 25 ökologischen Kernzonen der Erde, die amerikanische Ökologen um Norman Myers und Russell A. Mittermeier erstmals im Jahr 2000 ermittelten, zählen etwa tropische Inseln wie die Philippinen, die Sundainseln oder Madagaskar, aber auch Regionen in Kalifornien, die Anden in Kolumbien und die atlantischen Wälder in Brasilien. Auch der Mittelmeerraum und Polynesien sind wichtige biologische Brennpunkte.

Als Kriterium diente den Biologen die Zahl sogenannter Endemismen, also jener Tier- und Pflanzenarten, die nur in regional begrenzten Gebieten vorkommen. Um als Brennpunkt zu gelten, muss ein Gebiet wenigstens 0,5 Prozent oder 1500 endemische Arten der weltweit bekannten 300 000 Pflanzenarten enthalten. Meist leben in diesen Regionen zugleich auch viele endemische Arten an Wirbeltieren und Wirbellosen, allen voran Insekten. Zusätzlich spielt der Grad der Bedrohung eine Rolle, etwa die zunehmende Vernichtung der Lebensräume infolge von Regenwaldabholzung.

Biodiversitäts-Brennpunkte sind Gradmesser für die Bedrohung der belebten Vielfalt auf der Erde.

Biologische Brennpunkte haben mindestens 70 Prozent ihrer ursprünglichen Vegetation verloren. Die Biodiversitäts-Brennpunkte sind also hochgradig zerstörte Regionen mit besonders vielen bedrohten Arten und keineswegs unberührte biologische Paradiese. Sie werden somit zu einem wichtigen Gradmesser für die Bedrohung der belebten Vielfalt auf der Erde. So würde beim Verschwinden von beispielsweise der Hälfte aller endemischen Pflanzen in den Hotspot-Regionen zugleich auch die Hälfte aller nur dort vorkommenden Insektenarten verloren gehen. Somit ist leicht einsichtig, dass vordringlich diese Hotspots geschützt werden müssen, wenn wir die Vielfalt der Arten auf der Erde erhalten wollen.

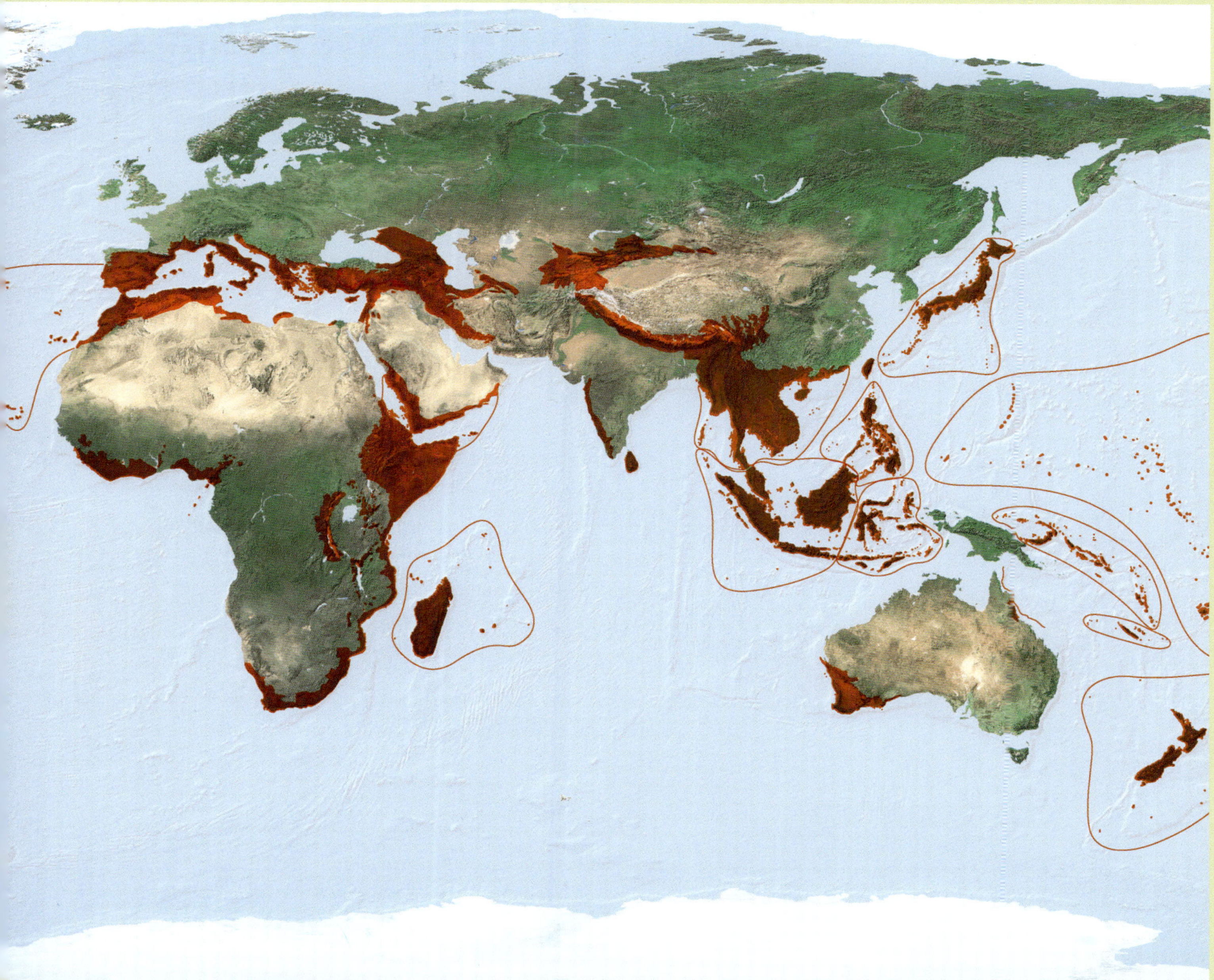

Abb. 1: *Die Artenvielfalt der Erde konzentriert sich an biologischen Brennpunkten. Nachdem im Jahr 2000 erstmals 25 solcher »hot spots« ermittelt wurden, haben Ökologen das Konzept inzwischen auf 34 Regionen erweitert, die zusammen kaum mehr als 15 Prozent der Landoberfläche der Erde einnehmen. Um als Kernzone konzentrierter Biodiversität zu gelten, müssen in einer Region wenigstens 1500 Pflanzenarten endemisch sein (das entspricht knapp 0,5 Prozent aller Gefäßpflanzen weltweit), und es sind nur noch 30 Prozent oder weniger der ursprünglichen Vegetation vorhanden. Zugleich leben in diesen Biodiversitätszentren auch viele endemische Arten an Wirbeltieren und Wirbellosen, allen voran Insekten, die auf der Erde nur dort zu finden sind. Diese Biodiversitäts-Brennpunkte sollten also vordringlich geschützt werden.*

Darwins Schnecken: Artenbildung live und in Aktion – Was exotische Weichtiere über den Gang der Evolution erzählen

MATTHIAS GLAUBRECHT

Eine Expedition in die »vergessene Welt« der Seen auf der indonesischen Insel Sulawesi liefert Einblicke in das »Geheimnis der Geheimnisse«, das schon Darwin zu lösen versuchte. Forscher vom Berliner Museum für Naturkunde überprüfen vor Ort, ob Süßwasserschnecken aus den tropischen Seen Südostasiens helfen könnten, ein Darwinsches Dogma zu stürzen.

»Das ist ein Schnecken-Schlaraffenland!« schießt es mir durch den Kopf, kaum dass ich hinabgetaucht bin in das angenehm warme und klare Wasser des Matano-Sees. Der schlammige Grund des sanften Abhangs, über den ich gleite, ist übersät mit zahllosen fingerlangen und mehr als daumendicken Schneckenschalen. Mit ihnen ziehen die darin lebenden Weichtiere lange Furchen durch das Sediment, während sie Nahrungspartikel von der Oberfläche abweiden. Offenbar geht es ihnen recht gut in diesem limnischen Lebensraum, zu dessen Biomasse sie nicht unwesentlich beitragen. Außer diesen Süßwasserschnecken begegne ich beim Tauchen nur wenigen anderen Weichtieren wie Mützenschnecken und Körbchenmuscheln, einigen Krebsen, die vor mir Reißaus nehmen, und nur wenigen Zentimeter großen Fischen. Vielleicht, so überlege ich beim Weiterschwimmen, sind die Schnecken hier deshalb so viel größer gewachsen und leben so zahlreich nebeneinander wie in kaum einem anderen See der Erde. *Tylomelania* heißen unsere schalentragenden Hauptdarsteller, und die zentralen Hochlandseen auf der Insel Sulawesi mitten im indomalaiischen Archipel sind die Bühne, auf der die Natur eines ihrer Meisterstücke in Sachen Evolution inszeniert: das immerwährende Spiel von genetischer Trennung und ökologischer Anpassung. Seit acht Jahren bin ich gemeinsam mit Thomas von Rintelen im Rahmen eines von der Deutschen Forschungsgemeinschaft finanzierten Projektes diesen Schalenträgern auf der Spur, die nur hier in den Seen und umliegenden Flüssen auf Sulawesi vorkommen und sich uns als Modelle für evolutionsökologische Fragestellungen anbieten. Bisher haben wir 55 verschiedene *Tylomelania*-Arten auf der Insel nachgewiesen, verteilt auf mehrere Artenschwärme vor allem in den Zentralseen. Wir haben dabei auch mehrere für die Wissenschaft gänzlich neue Arten entdeckt, wie etwa *Tylomelania helmuti* und *Tylomelania bacara*. Komplizierte geologische Prozesse, die noch nicht im Einzelnen bekannt sind, haben die Berge im Hochland der Insel aufgefaltet und ließen hier auch einzigartige tropische Seen entstehen. Das könnte vor etwa zwei Millionen Jahren passiert sein, vielleicht aber sogar schon früher. In jedem Fall stellen die deshalb zu Recht als »alte« Seen bezeichneten Gewässer Sulawesis eine Art »vergessene Welt« dar – mithin eine Arche für Tiere aus einer anderen, früheren Lebenswelt.

Langsam gleite ich tiefer, lasse mich bis dicht über den weichen Untergrund sinken und sammle dort eine Handvoll Schnecken auf, die ich sorgfältig in einem Stoffbeutel verstaue, der mit dem Wort »Schlamm« markiert ist. Zurück im *katingting*, einem der traditionellen Auslegerboote der Fischer, das wir für unsere Tauchausflüge im Matano gemietet haben, verstauen wir die Tiere in Alkohol, um sie später in unserem Labor im Berliner Museum für Naturkunde eingehend zu untersuchen. Doch schon am Matano fallen uns die kräftig skulpturierten Schalen dieser *Tylomelania patriarchalis* genannten Art auf. Ihre senkrecht verlaufenden Rippen werden regelmäßig von spiraligen Rillen gekreuzt. Allein schon diese Schalenmerkmale helfen uns in vielen Fällen, einzelne Schneckenarten zu identifizieren; bei anderen Formen jedoch hilft die

Abb. 1: *Die Seen im zentralen Hochland von Sulawesi sind Mikrokosmos und Werkstatt der Evolution zugleich. Hier lebt eine eigentümliche Süßwasserfauna aus Arten, die nirgendwo sonst auf der Erde vorkommen.*

Schalenmorphologie nicht, wie wir inzwischen lernen mussten. Da bringen uns nur molekulargenetische Studien weiter, wie sie seit einigen Jahren für die biosystematische und insbesondere evolutionsbiologische Forschung unverzichtbar geworden sind. Doch noch etwas anderes unterscheidet *patriarchalis* deutlich von jener anderen Schneckenart, die mir Thomas von Rintelen kurz zuvor beim Tauchgang entlang eines Felshangs an der Südküste des Matano-Sees gezeigt hat. Denn während wir *patriarchalis* stets auf schlammigem Substrat antreffen, finden wir eine weitere Art, *Tylomelania zeamais*, stets nur auf dem felsigen Untergrund nahe dem Seeufer, wo sie Algen abweidet.

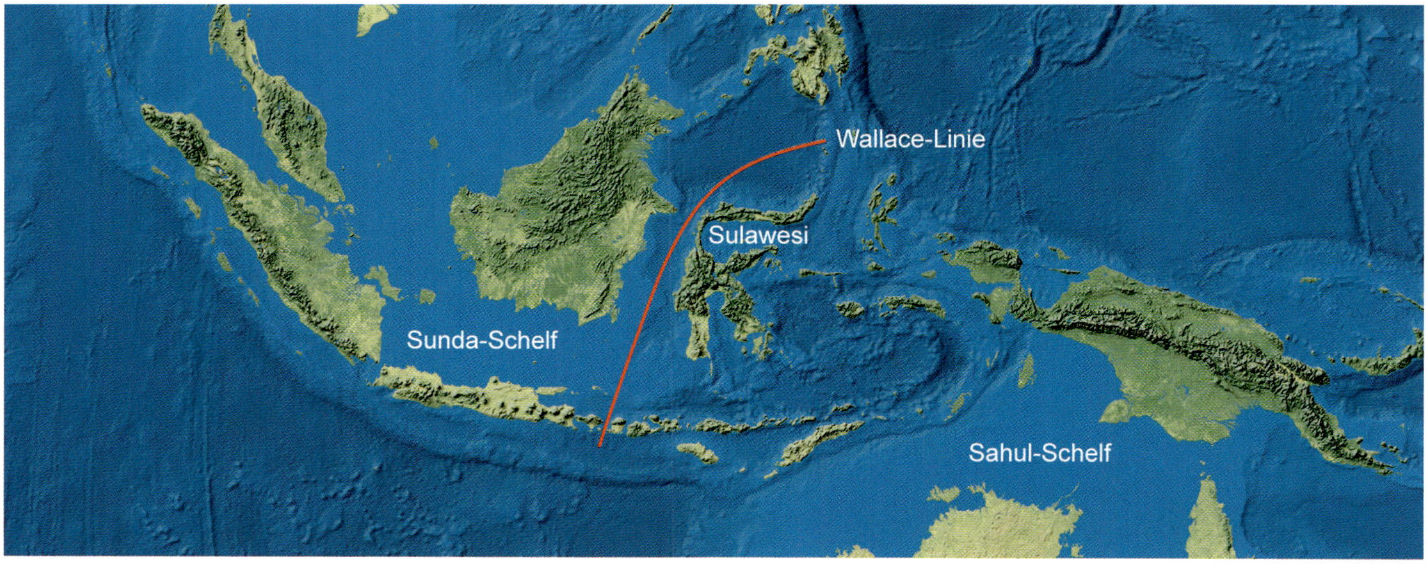

Abb. 2: *Der indomalaiische Archipel mit den beiden Schelfregionen Asiens (Sunda) und Australiens (Sahul). Die aus Mikrokontinenten (Terranen) aufgebaute Insel Sulawesi nimmt eine zentrale Lage unmittelbar östlich einer als »Wallace-Linie« bekannten Faunenscheide ein. Damit liegt sie mitten in einer der tiergeografisch interessantesten Regionen der Erde.*

Seen als evolutionäre Mikrokosmen und Freiland-Laboratorien

Dank molekulargenetischer Studien können wir nachweisen, dass allein in den sechs Hochlandseen Sulawesis mehr als 37 verschiedene Schneckenarten der Gattung *Tylomelania* leben – das sind in unmittelbarer Nachbarschaft zueinander mehr eng verwandte Arten als in irgendeinem anderen Seensystem der Erde. Während im Matano-See acht, im Mahalona-See elf und im Towuti mit seinen Satelliten-Seen sogar zwölf Arten leben, kennen wir aus dem im Nordwesten abseits gelegenen Poso-See weitere zwölf Arten. Kein Zweifel also, dass Sulawesi dem Artenschwarm von *Tylomelania* ein wahres Paradies bescherte – und uns ein ideales, weil vergleichsweise überschaubares Freiland-Laboratorium.

Ganz ähnlich wie ozeanische Inseln sind Seen evolutionäre Mikrokosmen, in denen sich der Mechanismus vom Werden und Wandel der Arten wie unter einem Brennglas gebündelt beobachten lässt. Die durch Land und Meer isolierten und durch tektonische Vorgänge eingesenkten, tiefen Seen von Sulawesi bieten uns dabei eine wahre Werkstatt der Evolution. Bei unserer wissenschaftlichen Schneckenjagd sind wir auf der Fährte jener Prozesse, die zur Entstehung neuer Arten in der Evolution führen. Diesem als Speziation bezeichneten fundamentalen Vorgang verdankt letztlich die gesamte Vielfalt des Lebens – die Biodiversität – ihre Existenz und Fülle.

Ich habe mich bei unserer Arbeit an den Seen oft gefragt, was der britische Naturforscher Charles Darwin, der die Entstehung neuer Arten einst als das »Mysterium der Mysterien« bezeichnete, wohl gesagt hätte, wäre er bei seiner Weltumsegelung mit dem Vermessungs- und Forschungsschiff »Beagle« vor 170 Jahren bis hierher nach Sulawesi gekommen. Doch ihm blieben die weit abgelegenen Seen ebenso verborgen wie dem Mitentdecker der Theorie einer Evolution durch natürliche Auslese, dem britischen Naturforscher Alfred Russel Wallace. Der war zwischen 1854 und 1862 kreuz und quer durch den malaiischen Archipel gereist und wurde so zum Begründer der Tiergeografie. Erst die Schweizer Ethnografen und Naturforscher Fritz und Paul Sarasin aus Basel, die zwischen 1893 und 1896 durch das Innere von Sulawesi streiften, gelangten an die Seen. Begeistert schilderten sie den Moment ihrer Entdeckung, als sie nach tagelangen Fußmärschen südlich vom Matano auf ein weiteres Gewässer von der

Abb. 3: *Bisher wurden 55 verschiedene Schneckenarten von* Tylomelania *bekannt. Diese haben entweder Artenschwärme in den Seen ausgebildet (A), oder sie leben in den umliegenden Flüssen (B).*

Größe des Bodensees stießen. »Auf einem dieser Hügel eröffnete sich plötzlich die Aussicht auf den Towuti-See. Nie werden wir den erhabenen Augenblick vergessen, wo wir als erste Europäer dieses über alle Erwartungen mächtige Becken schauen durften. Bis in duftige Ferne dehnte sich der blaue Spiegel aus, von hohen Ketten malerisch eingerahmt.« Auch ein Jahrhundert später sind die Seen noch immer überwiegend von Regenwald umgeben, obgleich die große indonesisch-kanadische Minengesellschaft INCO unübersehbar ihre Spuren in der Landschaft hinterlässt.

Zeigt her eure Zungen!

Noch immer reicht der Regenwald als grüne Borte am Matano-See bis zur Wasserlinie hinunter – oft sogar darüber hinaus. Beim Tauchgang dicht am Ufer entlang entdecken wir, dass einige Schnecken selbst die ins Wasser gestürzten Baumstämme als Lebensraum erobert haben. Wir sammeln auch diese Holzbewohner einzeln ein und verstauen sie in entsprechend markierten Beuteln getrennt von den anderen. Anfangs ist es nur ein gewissermaßen biologischer Verdacht, der uns die Tiere, die doch auf den ersten Blick zur selben Art zu gehören scheinen, sorgfältig getrennt halten lässt.

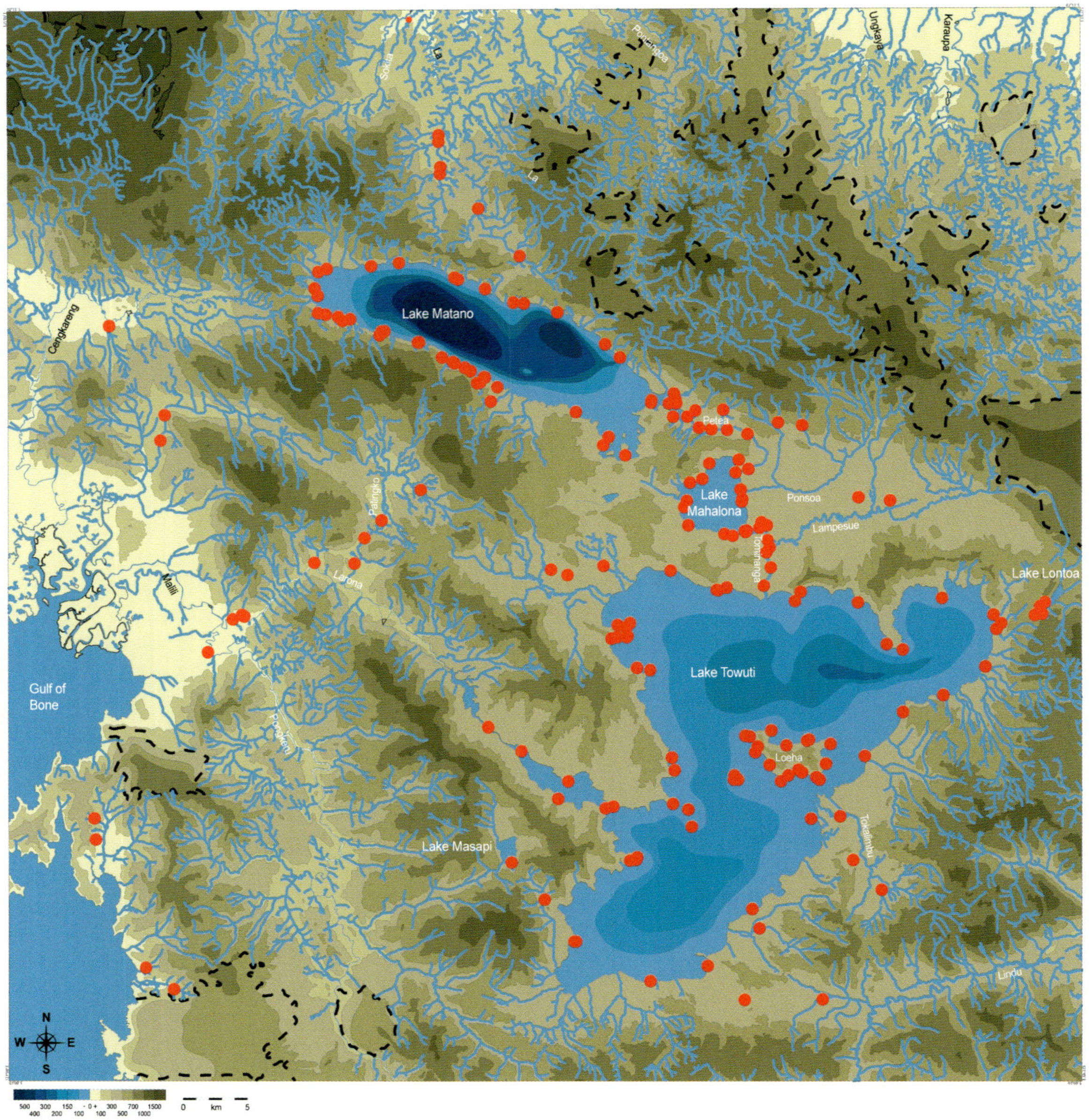

Abb. 4: *Die sogenannten alten Seen des Malili-Systems, das aus fünf miteinander verbundenen Seen besteht, sind eine »vergessene Welt« – eine Art Arche für Tiere einer früheren Lebewelt. Rot markiert sind Fundorte von Süßwasserschnecken in Flüssen und Seen Zentralsulawesis.*

Zurück in Berlin wollen wir mit Hilfe des Rasterelektronenmikroskops, das uns kleinste Feinheiten erkennen lässt, die mit feinen Zähnchen besetzte Reibzunge der verschiedenen Schnecken untersuchen. Denn seit langem wissen Weichtierkundler, dass sich diese auch Radulae genannten Zungen im Maul der Schnecken, mit deren Hilfe sie Nahrung abbeißen und aufsammeln, von Gruppe zu Gruppe unterscheiden, oft sogar bei nahe verwandten Arten voneinander abweichen. Als mir Thomas von Rintelen dann die ersten Aufnahmen der Radulae einzelner *Tylomelania*-Schnecken zeigt, die wir beim Tauchen entweder auf weichem oder auf hartem Untergrund aufgesammelt haben, sind wir begeistert. Unsere Vermutung, dass es sich trotz der äußerlich sehr ähnlichen Schalen um getrennte Arten handelt, hat sich bestätigt, und wir bekommen bei diesen Schnecken tatsächlich einen ersten Einblick in jenes Darwinsche Geheimnis um die Entstehung neuer Arten.

Abb. 5: *Verschiedene Schneckenarten bevorzugen unterschiedliches Substrat. So lebt Tylomelania patriachalis im Matano-See auf Schlamm (oben); Tylomelania sarasinorum aus dem Towuti-See ist vor allem auf dem Holz untergetauchter Bäume (Mitte) zu finden; Tylomelania gemmifera aus dem Matano-See besiedelt vor allem Steine (unten).*

Der Evolution auf der Spur

Nach der bisher gängigen Theorie, die sich in den meisten Lehrbüchern findet, bilden sich neue Lebensformen nur allmählich. Dabei treibt vor allem die räumliche Trennung die Evolution neuer Tierarten voran. Dies hat allen voran der deutschstämmige Biosystematiker und Harvard-Zoologe Ernst Mayr (1904–2005) seit den 1940er Jahren postuliert (siehe Kapitel »Von biologischen Arten und ihrer Entdeckung«).

Seen sind evolutionäre Mikrokosmen, in denen sich der Mechanismus vom Werden und Wandel der Arten wie unter einem Brennglas gebündelt beobachten lässt.

Ob bei der Bildung neuer Arten tatsächlich immer äußere Barrieren und vergleichsweise lange Zeiträume notwendig sind, wollen wir auch bei unseren *Tylomelania*-Schnecken im Seen-Laboratorium auf Sulawesi überprüfen. Die je nach Substrat und von Art zu Art unterschiedliche Radula der Tiere lässt uns vermuten, dass hier der ökologischen Differenzierung eine Schlüsselrolle zukommt. Tatsächlich bestätigen weitere Tauchgänge in Kombination mit späteren Untersuchungen im Labor am Museum in Berlin, dass einzelne *Tylomelania*-Arten stets auf bestimmtem Substrat leben und jeweils spezifische Radula-Formen aufweisen, ähnlich wie wir dies bereits bei der auf Schlamm lebenden *patriarchalis* im Matano-See festgestellt haben. Auch in den anderen Seen fanden wir dagegen, dass bestimmte Schnecken das Holz von ins Wasser gestürzten Bäumen besiedeln, wieder andere suchen ihre Nahrung bevorzugt auf den Steinen der Uferzone.

Im Matano-See entdeckt Thomas von Rintelen dann bei *zeamais* ein auffälliges Muster, als er mit Studenten bei Dutzenden von Tieren, die wir an verschiedenen Fundorten aufgesammelt haben, den Bau der Radulazähne untersucht. Stets unterscheiden sich solche Tiere, die wir auf Holz fanden, deutlich im Feinbau ihrer Reibzunge von denen, die auf Felsen lebten. Ähnliche Fälle kennen wir inzwischen auch von einer weiteren Art aus dem Towuti-See, *Tylomelania sarasinorum*, die wir mittlerweile intensiv untersucht haben.

Wir bekommen bei diesen Schnecken einen ersten Einblick in das Darwinsche Geheimnis um die Entstehung neuer Arten.

Hier belegen unsere molekularbiologischen Studien, dass die Holz- und Felsbewohner sowohl bei *zeamais* wie bei *sarasinorum* auch genetisch voneinander abweichen. Demnach errichten solche Formen bereits *innerhalb* einer Art gewisse Fortpflanzungsbarrieren. Dabei spielen die unterschiedlichen Substrate, die sie bevorzugen, offenbar eine wichtige Rolle.
Wenn sich also einzelne Schneckenpopulationen etwa auf das Holz untergetauchter Urwaldbäume, andere auf felsigen Untergrund spezialisieren und sich diese Tiere untereinander nicht mehr verpaaren, dann leben sie sich – auch ohne räumliche Separation – derart auseinander, dass letztlich reproduktiv geschiedene Tochterarten entstehen. Aus einer wären so zwei neue Arten entstanden, die sich ihren Lebensraum und die darin verfügbare Nahrung aufteilen. Dank ökologischer Absonderung wäre also der Anfang für einen Artenschwarm bei *Tylomelania* gemacht.
Damit wären wir einem neuen Evolutionsmechanismus auf der Spur. Noch aber fehlen uns wichtige Details in diesem Puzzle, solange wir nicht wissen, wie solche Unterschiede der Radula-Bezahnung und Nahrungsbevorzugung bei Schnecken entstehen und ob sie tatsächlich aufgrund von Paarungsschranken über evolutive Zeiträume aufrecht erhalten werden. Auf-

Abb. 7: *Die einzelnen Arten der Süßwasserschnecken haben sich in ihrer Ernährung und der Gestalt ihrer zähnchenbesetzten Reibzungen (Radula) spezialisiert. So siebt Tylomelania patriachalis im Matano-See die Nahrung aus dem Schlamm (oben), während zwei eng benachbart lebende Formen von Tylomelania zeamais ihre Nahrung entweder von Fels (Mitte) oder von Holz (unten) abschaben. Die unterschiedlichen Radulazähne könnten ein Hinweis auf ökologische Sonderung und somit auf die Entstehung neuer Arten sein.*

Abb. 6: *Die Seen des Malili-Systems und seine eigenartige Schneckenfauna wurden vor knapp einem Jahrhundert durch die Schweizer Ethnografen und Naturforscher Paul und Fritz Sarasin entdeckt. Neben einem Reisewerk verfassten sie auch eine Monografie der in den Seen gefundenen Schnecken. Ihre frühen Einsichten führten zu den heutigen Studien an diesem evolutionsbiologischen Modellsystem.*

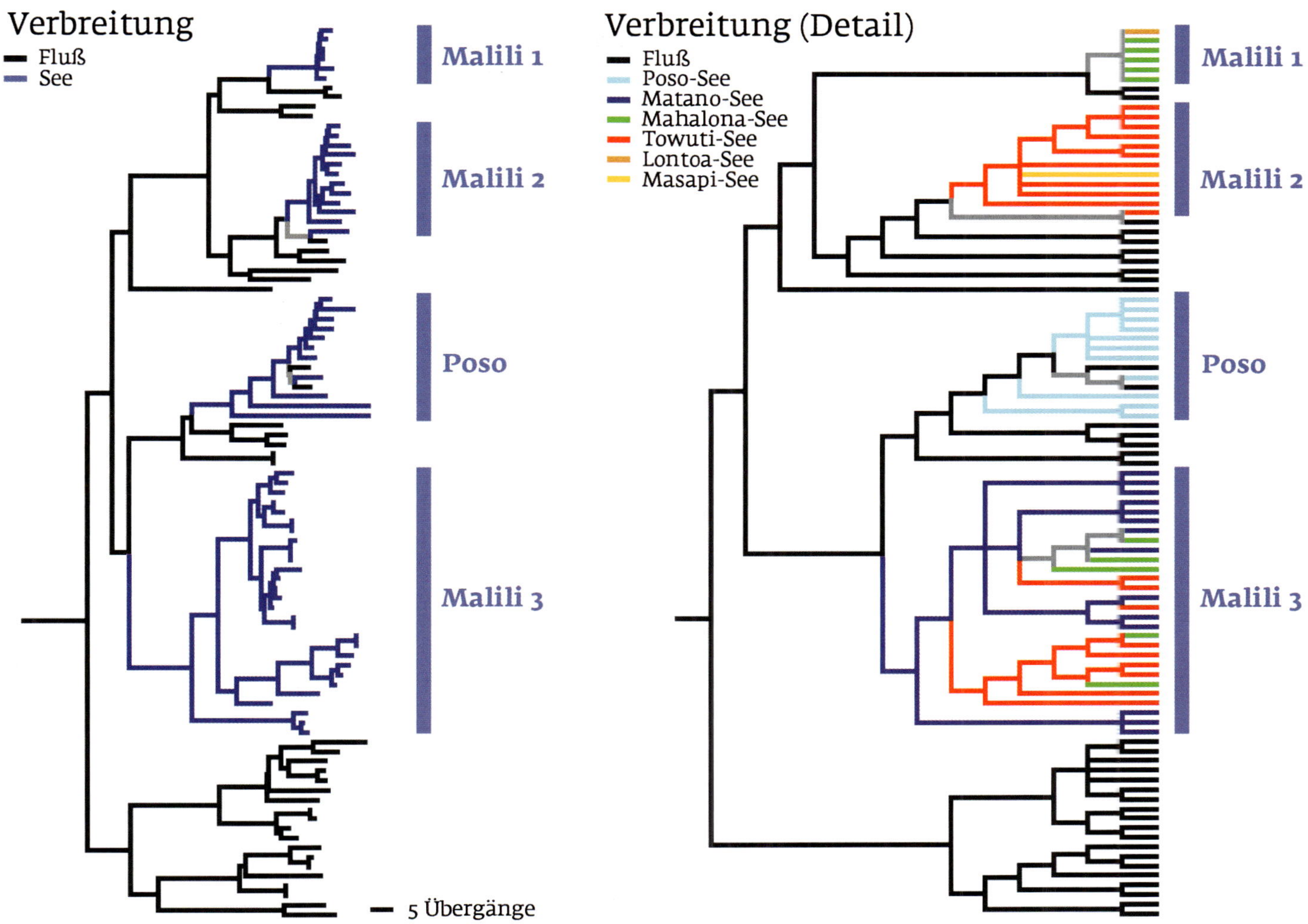

Abb. 8: *Die computergestützte Analyse molekulargenetischer Daten aus einzelnen Genfragmenten der Süßwasserschnecken hilft dabei, die Verwandtschaftsbeziehungen zwischen den in Flüssen (schwarz) und den einzelnen Seen lebenden Tylomelania-Arten zu ermitteln. Demnach haben einst verschiedene Flussformen auch die Seen auf Sulawesi besiedelt; dabei entstand ein buntes Mosaik verschiedener Besiedlungswellen.*

grund der vielen zu kontrollierenden Faktoren und Einflüsse ist es weiterhin notorisch schwierig, solche ökologisch bedingte (und eben nicht allein geografische) Artenbildung im Freiland eindeutig nachzuweisen.

Immerhin: diese Form der Artenbildung könnte häufiger vorkommen als es Charles Darwin geahnt und Ernst Mayr postuliert haben. Somit käme nicht der Geografie allein, sondern vielmehr der Ökologie eine entscheidende Rolle zu. Wir hoffen, dass vielleicht auch unsere Schnecken in den Seen von Sulawesi dazu beitragen, diesen ökologischen Einfluss in der Evolution eindeutig nachzuweisen und durch die Kombination von Freilandforschung und anschließenden Studien im Labor mithilfe von morphologischen und molekulargenetischen Studien zu belegen. Erst dann wäre jenes Darwinsche Geheimnis um den Ursprung der Arten wirklich gelöst.

Höhlenzikaden auf Hawaii – Liebesgesänge und die Entstehung der Arten

ANDREAS WESSEL UND HANNELORE HOCH

Hawai'i Island, Frühjahr 2000, vier Meter unter der Erde. Schwitzend zwängen wir uns an den herabgestürzten Gesteinsbrocken vorbei und robben weiter.

Sehr langsam geht es vorwärts, bei jeder unvorsichtigen Bewegung drohen die scharfen Kanten der erstarrten Lava, sogar durch die Kleidung hindurch, Schnitte zu hinterlassen. Diese uns unbekannte Höhle hält hinter jeder Ecke etwas Neues bereit. Im Kegel der flackernden Stirnlampen tauchen die ersten Wurzeln auf, die sich durch die Höhlendecke einen Weg zum Wasser gesucht haben. Wir leuchten sorgfältig jeden Winkel und jeden Spalt in der Nähe aus, jedes noch so kleine Würzelchen wird genau untersucht. Bei näherem Hinsehen beherbergt die scheinbar tote Höhle eine erstaunliche Vielfalt von Lebewesen. Wir sehen einen kleinen weißen Tausendfüßer, der sich an einer Wurzel emporschlängelt, Grillen mit überlangen Antennen, die den Boden abtasten; zwei Motten fliegen auf, gestört durch die von uns verursachte Luftbewegung. Insgesamt gibt es mehr als 40 Tierarten, die ausschließlich in den Höhlen von Hawai'i Island zu finden sind.

Doch trotz des unerwartet reichen Lebens, das wir in dieser bislang unbekannten Höhle vorfinden, sind wir noch nicht zufrieden. Die Suche gilt einem ganz besonderen Tier: *Oliarus polyphemus*. Die kaum drei Millimeter lange, weiße Kleinzikade ist ein echtes Höhlentier, sie hat keine Augen und nur rudimentäre Flügel. *Oliarus polyphemus* lebt wie alle Zikaden von Pflanzensaft; sie sticht die Wurzeln in den Höhlen an und bekommt die Flüssigkeit praktisch in ihren Rüssel gedrückt. Um zu verstehen, warum gerade dieses kleine, auf den ersten Blick unscheinbare Tier für die Evolutionsbiologie so faszinierend ist, müssen wir einiges über die Besonderheiten Hawaiis als »natürliches Labor der Evolution« wissen. Auf Hawai'i Island, der jüngsten Insel der Hawaii-Kette, herrscht aktiver Vulkanismus, der ständig Biotope zerstört und neu erschafft, und damit für hochdynamische Umweltveränderungen sorgt. Man schätzt, dass die Oberfläche der aktiven Vulkane von Hawai'i Island etwa alle 1000 Jahre zu 90 Prozent vollkommen überformt wird. Lebensräume und somit die Populationen ihrer Bewohner werden kurz nach ihrer Entstehung wieder zerteilt, Besiedlungs- und Sukzessionsvorgänge ständig neu gestartet – ideale Bedingungen also für den Ablauf evolutiver Vorgänge gleichsam im Zeitraffer. Anfang der 1970er Jahre wurde in diesem Evolutionslabor ein neues »natürliches Experiment« entdeckt: die Ökosysteme der Lavahöhlen – ein lange gehütetes, »dunkles« Geheimnis Hawaiis. Dieses unterirdische Ökosystem beruht hauptsächlich auf einer Ressource: Wurzeln. An diesen Wurzeln saugen oder fressen Tiere, die wiederum von anderen Tieren gefressen oder nach ihrem natürlichen Tod genauso wie totes Pflanzenmaterial verwertet werden.

Eine der größten Überraschungen bereitete den Forschern allerdings unsere kleine Höhlenzikade *Oliarus polyphemus*. Seit langem weiß man, dass Kleinzikaden – ähnlich wie ihre großen Verwandten, die Singzikaden – Gesänge produzieren, um Paarungspartner anzulocken oder Territorien abzugrenzen. Während man jedoch die großen Singzikaden oft kilometerweit

Abb. 1: Hawai'i Island, die größte und jüngste Insel des Hawaiischen Archipels, aus dem All gesehen. In der unteren Mitte der Mauna Loa, der größte Schildvulkan der Erde, gut sichtbar die einzelnen Lavaströme, die vom Krater abwärts fließen.

hören kann, sind die Kleinzikaden nicht groß genug, um überhaupt Luftschall zu erzeugen: Sie verbreiten ihren »Gesang« daher über Vibrationen des Untergrundes, auf dem sie sitzen. Ihre Artgenossen nehmen diese Vibrationen über die Beine wahr, haben also ihre Ohren an den Füßen. Bei den Versuchen, die »Gesänge« der Höhlenzikaden aufzunehmen, stellten wir nicht nur fest, dass diese wie ihre oberirdisch lebenden Verwandten Vibrationen erzeugen, sondern dass sogar in jeder Höhle ein jeweils anderer, einzigartiger Gesang zu finden war. Da die ganz spezifische Ausprägung dieser »Liebesgesänge« dazu dient, Artgenossen zu erkennen, und es im absoluten Dunkel der Höhle keine andere Möglichkeit der Unterscheidung gibt, paart sich

Abb. 2: *Ein Weibchen von Oliarus polyphemus, der weitest verbreiteten Höhlenzikade Hawaiis. Das Tier ist etwa 3,5 mm lang. Wie für Höhlentiere typisch, ist es wenig pigmentiert und hat keine Augen.*

ein Weibchen nur dann mit einem Männchen, wenn dieses das richtige Lied singt. Folglich handelte es sich in den verschiedenen Höhlen wahrscheinlich um je eigene Arten, bei denen Unterschiede im Gesang das entscheidende Arttrennungsmerkmal sind.
Kryptische, d. h. verborgene Arten, die anhand ihrer äußeren Gestalt für den Menschen nicht zu unterscheiden sind, kennen die Evolutionsbiologen schon lange. Bei unseren Höhlenzikaden handelt es sich jedoch um einen ganz besonderen Fall, denn wir befinden uns auf Hawai'i Island, einer im geologischen Sinne ganz jungen Insel. Da sich die Höhlenzikaden erst auf dieser Insel entwickelt haben können, ist der gesamte Artenkomplex also höchstens 400 000 Jahre alt. Die Lavahöhlen selbst sind zumeist noch viel jünger und wir finden Zikadenpopulationen mit ganz eigenem Gesangsmuster in Höhlen, die erst 150 oder in einem Fall sogar erst 30 Jahre alt sind. Zusätzlich werden durch den aktiven Vulkanismus ständig neue Höhlen gebildet. Während Wissenschaftler unter normalen Umständen von den heute vorgefundenen Phänomenen auf längst vergangene Evolutionsprozesse schließen müssen, können wir in diesem Fall die Entstehung neuer Arten gleichsam in Echtzeit und live miterleben und studieren. Durch die Kette von unterschiedlich alten Höhlen können wir darüber hinaus Artbildungsvorgänge in verschiedenen Stadien nach der Besiedlung eines neuen Lebensraumes vergleichen, sodass sich das Modell der Inseln hier bei den Höhlen im Kleinen wiederholt.
Wie die Prozesse der Artenbildung genau ablaufen, das gehört nach wie vor zu den spannendsten Fragen der Evolutionsbiologie. Natürlich werden uns auch die hawaiianischen Höhlenzikaden keine abschließenden Antworten geben, da es verschiedene Möglichkeiten der Aufspaltung von Arten gibt, genau genommen sogar jede Artenbildung einzigartig verläuft. Aber bestimmte grundlegende Hypothesen und Theorien können hier unmittelbar untersucht und überprüft werden. Allerdings ist dies leichter gesagt als getan, denn dafür sind unzählige Detailkenntnisse über alle Umweltbedingungen und Lebensumstände der Tiere vonnöten, und so arbeitet eine Arbeitsgruppe des Berliner Museums für Naturkunde zusammen mit Kollegen aus Hawaii seit einigen Jahren daran, weitere Höhlen ausfindig zu machen und zu erforschen. Mithilfe satellitengestützter Messgeräte wird die genaue geografische Position bestimmt, die dann wiederum erlaubt, den zugehörigen Lavastrom und damit dann unter Heranziehung geologischer Karten das Alter der Höhle festzustellen. Anhand von im Labor aufgenommenen »Gesangsproben« (allein das kostet so manche durchwachte Nacht), mikroskopischen Messdaten und molekulargenetischen Analysen können immer mehr »kryptische« Arten nachgewiesen und in ihren Verwandtschaftsbeziehungen einander zugeordnet werden. Zusammen mit den jahrelangen Beobachtungen über das Verbreitungsverhalten und klimatischen Daten der Höhlen können dann computergestützte Modelle die verschiedenen Hypothesen testen und Auskunft darüber geben, warum es so viele Höhlenzikadenarten auf Hawaii gibt. Und vielleicht werden wir dann auch etwas besser verstehen, wie die Natur die ungeheure Vielfalt des Lebendigen einschließlich des Menschen hervorgebracht hat.

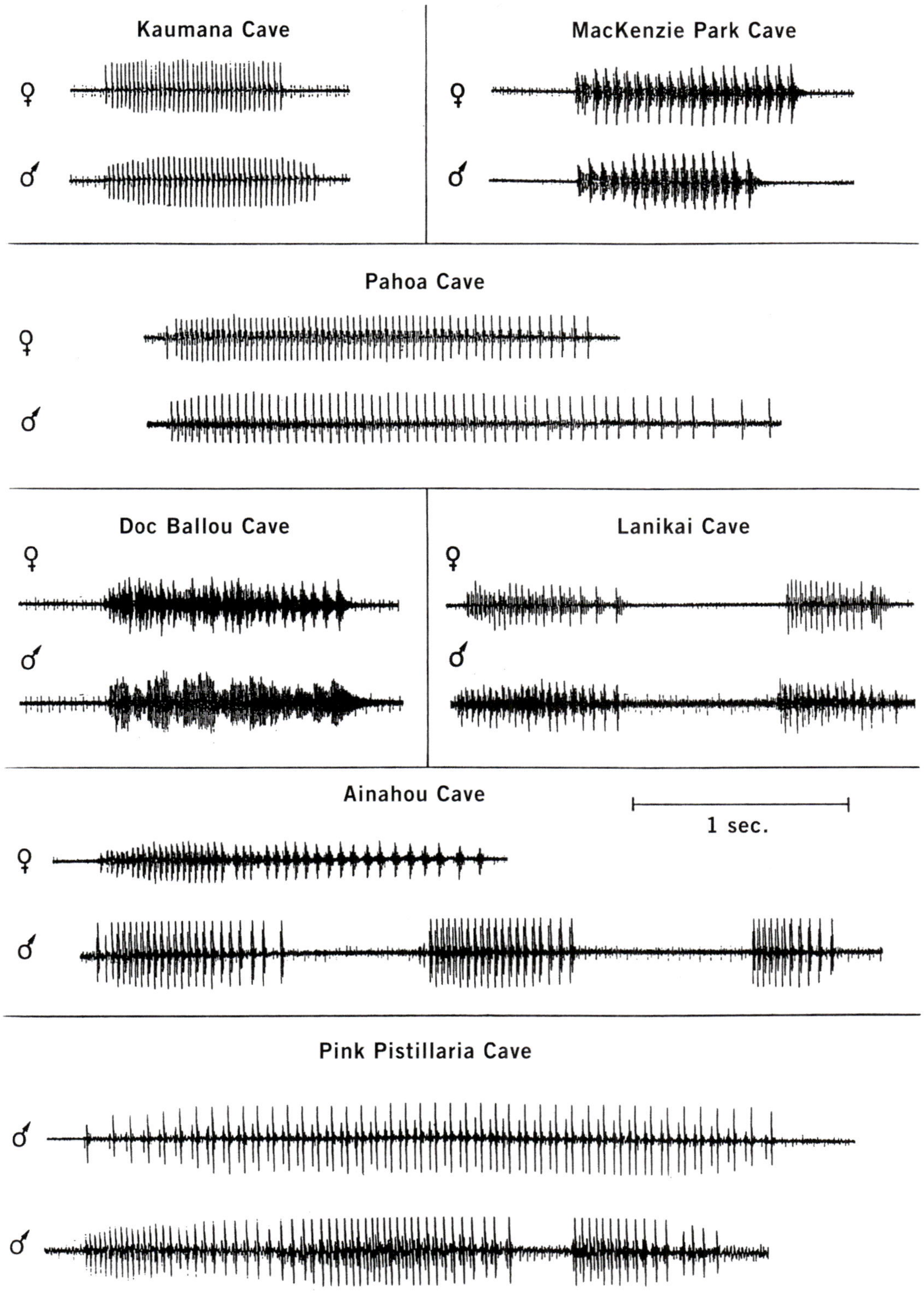

Abb. 3: *Gesangsmuster von Männchen und Weibchen von Populationen verschiedener Lavahöhlen auf Hawai'i Island.*

Anhang

Literaturverzeichnis

Die neuen Ausstellungen am Museum für Naturkunde, Berlin
UWE MOLDRZYK UND FERDINAND DAMASCHUN

Derne, D. 2006. Ausstellungsgestaltung. Konzepte und Techniken. – av edition, Ludwigsburg.

Dech, U. C. 2003. Sehenlernen im Museum. – Transcript Verlag, Bielefeld.

Eissenhauer, M. (ed.) 2006. Neue Präsentationsformen in Naturkundemuseen. – Museumskunde 71 (1), G+H Verlag, Berlin.

Ein Museum schreibt Geschichte

Aus Tradition modern: Zur Geschichte des Berliner Museums für Naturkunde
HANNELORE LANDSBERG UND FERDINAND DAMASCHUN

Branca, W. v. 1910. Das Geologisch-Paläontologische Institut und Museum an der Königl. Friedrich-Wilhelms-Universität in Berlin. Erweiterter Sonderabdruck. In: Lenz, M. (ed.), Geschichte der Königlichen Friedrich-Wilhelms-Universität Berlin, 3: 319–334. Verlag der Buchhandlung des Waisenhauses, Halle/Saale.

Damaschun, F. 1998. EUROMIN – Der Beitrag der großen europäischen mineralogischen Museen zur Entwicklung der mineralogischen Wissenschaften. Ein von der EG gefördertes Internet-Projekt. http://www.cri.ensmp.fr/euromin.

Damaschun, F., Böhme, G. & Landsberg, H. 2000. Naturkundliche Museen der Berliner Universität – Museum für Naturkunde: 190 Jahre Sammeln und Forschen. In: Theatrum Naturae et Artis: Theater der Natur und Kunst. Wunderkammern des Wissens. Essays zur Ausstellung im Martin-Gropius-Bau Berlin, pp. 86–106. Henschel, Berlin.

Dietrich, W. O. 1961. Geschichte des Geologisch-Paläontologischen Instituts und Museums der Humboldt-Universität zu Berlin – Ein Beitrag zur Paläontologie-Geschichte. – Berichte der Geologischen Gesellschaft, 4: 247–289.

Guttstadt, A. 1886. Die naturwissenschaftlichen und medicinischen Staatsanstalten Berlins. In: Festschrift für die 59. Versammlung deutscher Naturforscher und Ärzte, Berlin. Verlag von August Hirschwald, Berlin.

Heinrich, W.-D. 2002. Der Rixdorfer Horizont. – Humboldt Spektrum, 9 (2–3): 70–75.

Hoppe, G. 1998–2003. Zur Geschichte der Geowissenschaften im Museum für Naturkunde zu Berlin, Teil 1–5. – Mitteilungen aus dem Museum für Naturkunde in Berlin, Geowissenschaftliche Reihe, 1–6: 1: 5–19, 2: 3–24, 3: 3–25, 4: 3–27, 6: 3–51.

Jaeger, H. 1992. Das Geologisch-Paläontologische Institut und Museum im Fachbereich Museum für Naturkunde an der Humboldt-Universität. – Kurzfassungen der 62. Jahrestagung der Paläontologischen Gesellschaft in Berlin: 13–22.

Jahn, I. 1985. Zur Vertretung der Zoologie und zur Entwicklung ihrer institutionellen Grundlagen an der Berliner Universität von ihrer Gründung bis 1920. Beiträge zur Entwicklung der Biologie in der Geschichte der Berliner Universität. – Wissenschaftliche Zeitschrift der Humboldt-Universität zu Berlin, Mathematisch-naturwissenschaftliche Reihe, 34 (3/4): 260–280.

Landsberg, H. 1994. Das erste Zootier des Museums – ein Mandrill? Die Gründung des Zoologischen Gartens und dessen Bedeutung für die Sammlungen des Zoologischen Museums der Berliner Universität. – Bongo, 24: 85–106.

Landsberg, H. 2001. Christian Gottfried Ehrenberg (1795–1876). In: Jahn, I. & Schmidt, M. (eds.), Darwin & Co. Eine Geschichte der Biologie in Porträts, pp. 260–281. C. H. Beck, München.

Lichtenstein, H. 1816. Das zoologische Museum der Universität zu Berlin. In Commission bei Ferdinand Dümmler, Berlin.

Christian Gottfried Ehrenberg: Der Mann fürs Kleine
HANNELORE LANDSBERG

Ehrenberg, C. G. 1838. Die Infusionsthierchen als vollkommene Organismen – ein Blick in das tiefere organische Leben der Natur. Leopold Voss, Leipzig.

Ehrenberg, C. G. 1854–1856. Mikrogeologie. Das Erden und Felsen schaffende Wirken des unsichtbar kleinen selbständigen Lebens auf der Erde. Leopold Voss, Leipzig.

Hemprich, F. W. & Ehrenberg, C. G. 1828. Naturgeschichtliche Reisen durch Nord-Afrika und West-Asien in den Jahren 1820 bis 1825 von Dr. F. W. Hemprich und Dr. C. G. Ehrenberg. In: Ehrenberg, C. G. (ed.), Historischer Teil. Erster Band, Erste Abteilung. Ernst Siegfried Mittler, Berlin, Posen & Bromberg.

Landsberg, H. 2001. Christian Gottfried Ehrenberg (1795–1876). In: Jahn, I. & Schmidt, M. (eds.) Darwin & Co. Eine Geschichte der Biologie in Porträts, pp. 260–281. C. H. Beck, München.

Laue, M. 1895. Christian Gottfried Ehrenberg. Ein Vertreter deutscher Naturforschung im neunzehnten Jahrhundert. Springer, Berlin.

Locker, S. 1980. Christian Gottfried Ehrenberg (1795–1876) und die Mikrogeologische Sammlung. – Zeitschrift für geologische Wissenschaften Berlin, 8 (2): 231–238.

Stresemann, E. 1954. Hemprich und Ehrenberg. Reisen zweier naturforschender Freunde im Orient geschildert in ihren Briefen aus den Jahren 1819–1826. – Abhandlungen der Deutschen Akademie der Wissenschaften zu Berlin, Klasse für Math. u. allg. Naturw., 1: 1–177.

Karl August Möbius und sein revolutionäres Museumskonzept
SABINE HACKETHAL UND ANNETTE KINITZ

Dahl, F. 1905. Karl August Möbius. Ein kurzes Lebensbild, nach authentischen Quellen entworfen. – Zoologischer Jahresbericht, Supplement VIII: 1–22.

Jahn, I. 1989. Der neue Museumsbau und die Entwicklung neuer museologischer Konzeptionen und Aktivitäten seit 1890. – Wissenschaftliche Zeitschrift der Humboldt-Universität zu Berlin, Mathematisch-naturwissenschaftliche Reihe, 38: 287–307.

König, R. 1981. Karl Möbius, eine kurze Biographie. – Mitteilungen aus dem Zoologischen Museum der Universität Kiel, 1 (7): 5–15.

Möbius, K. 1898. Über den Umfang und die Einrichtung des zoologischen Museums zu Berlin. – Sitzungsberichte der Königlich Preußischen Akademie der Wissenschaften zu Berlin, 29: 363–374.

Nyhart, L. K. 1998. Civic and economic zoology in Nineteenth-Century Germany. The »Living Communities« of Karl Möbius. – Isis, 89 (4): 605–630.

Von »biologischen« Arten und ihrer Entdeckung: Traditionsreiche Forschung zur Arten-Frage am Berliner Museum für Naturkunde
MATTHIAS GLAUBRECHT

Bock, W. J. & Ross Lein, M. 2005. Ernst Mayr at 100: ornithologist and naturalist. Ornithological Monographs, no. 58. The American Ornithologists' Union, New York.

Brinkmann, R. 1948. Leopold von Buch. – Zeitschrift der Deutschen Geologischen Gesellschaft, 98 [1946]: 1–6.

Buch, L. v. 1819. Allgemeine Uebersicht der Flora auf den Canarischen Inseln. – Abhandlungen der Akademie der Wissenschaften in Berlin: 337–384.

Buch, L. v. 1825. Physicalische Beschreibung der Canarischen Inseln. Druckerei der koeniglichen Akademie der Wissenschaften, Berlin.

Glaubrecht, M. 2001. Mastermind of the bird world. Erwin Stresemann (1889–1972): Life and work of a pioneer of scientific ornithology. – Nature, 411: 136.

Glaubrecht, M. 2002. The »experience« of nature: From Salomon Müller to Ernst Mayr, or the insights of travelling naturalists toward a zoological geography and evolutionary biology. – Verhandlungen zur Geschichte und Theorie der Biologie, 9: 245–282.

Glaubrecht, M. 2004. Leopold von Buch's legacy: treating species as dynamic natural entities, or why geography matters. – American Malacological Bulletin, 19 (1/2): 111–134.

Glaubrecht, M. 2004. Ernst Mayr – Vom Systematiker zum Begründer einer neuen Biophilosophie. Ein Porträt aus Anlass des 100. Geburtstages des Evolutionsbiologen. – Naturwissenschaftliche Rundschau, 57 (7): 357–368.

Haffer, J. 2001. Ernst Mayr. Ornithologe, Evolutionsbiologe, Historiker und Wissenschaftsphilosoph. – Journal für Ornithologie, 142: 496–503.

Haffer, J., Rutschke, E. & Wunderlich, K. 2000. Erwin Stresemann (1889–1972): Life and Work of a Pioneer of Scientific Ornithology. Deutsche Akademie der Naturforscher Leopoldina, Halle (Saale).

Hoppe, G. & Landsberg, H. 1998. Die Briefe im Nachlaß Leopold von Buchs (1774–1853). – Geohistorische Blätter Berlin, 1 (2): 115–129.

Senglaub, K. 1989. Die Erörterung alternativer Artkonzepte durch Adelbert von Chamisso 1827 und Erwin Stresemann 1919. – Mitteilungen des Zoologischen Museums Berlin, Suppl. Ann. Orn. 13: 9–25.

Williams, D. M. 2006. Otto Kleinschmidt (1870–1954), biogeography and the »origin« of species: From Formenkreis to progression rule. – Biogeografia, 1: 3–9.

Tendaguru: Auf den Spuren versunkener Welten in Ostafrika

Wolf-Dieter Heinrich und Stephan Schultka

Heinrich, W.-D. 2003. Expeditionen in die Erdgeschichte Ostafrikas: Die Dinosaurierlagerstätte Tendaguru in Tansania. – Sitzungsberichte der Gesellschaft Naturforschender Freunde zu Berlin, (N. F.) 42: 5–30.

Hennig, E. 1912. Am Tendaguru. Leben und Wirken einer deutschen Forschungsexpedition zur Ausgrabung vorweltlicher Riesensaurier in Deutsch-Ostafrika. Schweizerbart'sche Verlagsbuchhandlung, Stuttgart.

Hennig, E. 1955. Gewesene Welten. Auf Saurierjagd im afrikanischen Busch. Albert Müller Verlag, Rüschlikon bei Zürich.

Janensch, W. 1914. Bericht über den Verlauf der Tendaguru-Expedition. – Archiv für Biontologie, 3: 15–58.

Maier, G. 2003. African dinosaurs unearthed. The Tendaguru expeditions. Indiana University Press, Indianapolis.

Eine Frau am Tendaguru: Ina Reck

Stephan Schultka und Wolf-Dieter Heinrich

Reck, I. 1924. Mit der Tendaguru-Expediton im Süden von Deutsch-Ostafrika. Verlag Dietrich Reimer & Ernst Vohsen, Berlin.

Reck, I. 1925. Auf einsamen Märschen im Norden von Deutsch-Ostafrika. Verlag Dietrich Reimer & Ernst Vohsen, Berlin.

Vom Werden und Vergehen

Ein Ökosystem auf Reisen: Die Evolution der Korallenriffe

Reinhold Leinfelder

Freiwald, A. & Roberts, J. M. 2005. Cold-water corals and ecosystems. Springer, Berlin.

Grüter, W. 2001. Leben im Meer – Wie es ist, wie es wurde, wie es werden kann. Verlag Dr. F. Pfeil, München.

James, S. K., Frias-Lopez, J., Bonheyo, G. T., Heikoop, J. M. & Fouke, B. W. 2005. Bacterial communities inhabiting the healthy tissues of two Caribbean reef corals: interspecific and spatial variation. – Coral Reefs, 24: 129–137.

Leinfelder, R. R. & Nose, M. 1999. Increasing complexity – decreasing flexibility. A different perspective of reef evolution through time. – Profil, 17: 135–147.

Leinfelder, R. R., Schlagintweit, F., Werner, W., Ebli, O., Nose, M., Schmid, D. U. & Hughes, G. W. 2005. Significance of stromatoporoids in Jurassic reefs and carbonate platforms. Concepts and implications. – Facies, 51: 287–325.

Leinfelder, R. R., Struck, U., Goldberg, J. & Saric, B. 2006. Pathways towards superoligotrophy in tropical scleractinian coral reefs – a Jurassic perspective and a modern »Jurassic-type« reef setting. – Coral Reef Symposium, Sept.: 43.

Stanley, G. D. jr. (ed.) 2001. The history and sedimentology of ancient reef systems. Topics in Geobiology Series, 17. Kluwer/Plenum Press, New York.

Steininger, F. & Maronde, D. (eds.) 1997. Städte unter Wasser – 2 Milliarden Jahre. Kleine Senckenberg-Reihe, no. 24. Verlag W. Kramer, Frankfurt/M.

Isotope als Frühwarnsystem

Ulrich Struck

Klaus, J. S., Frias-Lopez, J., Bonheyo, G. T., Heikoop, J. M. & Fouke, B. W. 2005. Bacterial communities inhabiting the healthy issues of two Caribbean reef corals: interspecific and spatial variation. Coral Reefs, 24, 129–137.

Leinfelder, R. R., Struck, U., Goldberg, J. & Saric, B. 2006. Pathways towards superoligotrophy in tropical scleractinian coral reefs – a Jurassic perspective and a modern »Jurassic-type« reef setting. Coral Reef Symposium, Sept. 2006, Bremen, abstract volume: 43.

Aufbruch und Untergang: Vom Werden und Vergehen des Lebens
WOLFGANG KIESSLING

Erwin, D.H. 2006. Extinction. How life on earth nearly ended 250 million years ago. Princeton University Press, Princeton.

Gould, S.J. 1993. Zufall Mensch. Das Wunder des Lebens als Spiel der Natur. Hanser, München.

Hoffman, P.F., Kaufman, A.J., Halverson, G.P. & Schrag, D.P. 1998. A Neoproterozoic snowball Earth. – Science, 281: 1342–1346.

Kießling, W. & Aberhan, M. 2007. Geographical distribution and extinction risk: Lessons from Triassic-Jurassic marine benthic organisms. – Journal of Biogeography.

Raup, D.M. & Sepkoski, J.J. 1982. Mass extinctions in the marine fossil record. – Science, 215: 1501–1503.

Erde auf Kollisionskurs: Meteoriteneinschläge als geologischer Normalfall
THOMAS KENKMANN

Brandt, J.C. & Chapman, R.D. 2004. Introduction to comets. Cambridge University Press, Cambridge.

Frankel, C. 2000. The end of the dinosaurs. Chicxulub Crater and mass extinctions. Cambridge University Press, Cambridge.

Kenkmann, T., Hörz, F. & Deutsch, A. 2003. Large Meteorite Impacts. Geological Society of America Special Paper, no. 384. Boulder, CO.

Kenkmann, T., Wittmann, A. & Scherler, D. 2004. Structure and impact indicators of the Cretaceous sequence of the ICDP drill core Yaxcopoil-1, Chicxulub crater, Mexico. – Meteoritics and Planetary Science, 39: 1069–1088.

Kenkmann, T., Hornemann, U. & Stöffler, D. 2005. Experimental shock synthesis of diamonds in a graphite gneiss. – Meteoritics and Planetary Science, 40: 1299–1310.

McBride, N. & Gilmour, I. 2004. An introduction to the Solar System. Cambridge University Press, Cambridge.

McSween, H.Y. 2000. Meteorites and their parent planets. 2nd edition. Cambridge University Press, Cambridge.

Melosh, H.J. 1989. Impact cratering. A geologic process. Oxford Monographs on Geology and Geophysics, no. 11. Oxford University Press, New York.

Near-Earth Object Program: http://neo.jpl.nasa.gov/.

Norton, O.R. 2002. The Cambridge Encyclopedia of Meteorites. Cambridge University Press, Cambridge.

Meteorite: Bruchstücke fremder Welten
ANSGAR GRESHAKE

Greshake, A. 2006. History of the meteorite collection at the Museum für Naturkunde, Berlin. In McCall, G.J.H., Bowden, A.J. & Howarth, R.J. (eds.), The History of Meteoritics and Key Meteorite Collections: Fireballs, Falls, and Finds, pp. 135–151. Geological Society Special Publication, no. 256, London.

McSween, H.Y. 1999. Meteorites and their parent planets. Cambridge University Press, Cambridge.

Norton, O.R. 2002. The Cambridge Encyclopedia of Meteorites. Cambridge University Press, Cambridge.

Schultz, L. 1993. Planetologie – eine Einführung. Birkhäuser Verlag, Basel, Boston, Berlin.

Wechselspiel der Sphären: Feinverzahnte Kreisläufe steuern das System Erde
THOMAS KENKMANN UND WOLFGANG KIESSLING

Bahlburg, H. & Breitkreuz, C. 2004. Grundlagen der Geologie. 2nd edition. Elsevier Spektrum Akademischer Verlag, Heidelberg, Berlin, Oxford.

Davis, D., Dahlen, F.A. & Suppe, J. 1983. Mechanics of fold- and thrust belts and accretionary wedges. – Journal of Geophysical Research, 89 (B12): 10087–10101.

Kump, L.R., Kasting, J.F. & Crane, R.G. 2002. The Earth System. 2nd edition. Prentice Hall New Jersey.

Lovelock, J. 1992. Gaia – Die Erde ist ein Lebewesen. Scherz, Bern.

Nicolas, A. 1995. The mid-oceanic ridges. Mountains below sea level. Springer, Berlin, Heidelberg.

Press, F. & Siever, R. 2003. Allgemeine Geologie. Einführung in das System Erde. 2nd edition. Spektrum Akademischer Verlag, Heidelberg, Berlin, Oxford.

Wegener, A. 1915. Die Entstehung der Kontinente und Ozeane. Vieweg Verlag, Braunschweig.

Tiefsee-Autobahnen mit natürlicher Geschwindigkeitsbegrenzung
CARSTEN LÜTER

Gage, J. D. & Tyler, P. A. 1991. Deep-sea biology: A natural history of organisms at the deep-sea floor. Cambridge University Press, Cambridge.

Herring, P. 2002. The biology of the deep ocean. Oxford University Press. Oxford.

Kaesler, R. L. (ed.) 1997–2007. Treatise on Invertebrate Paleontology, part H: Brachiopoda, revised, 1–6. The Geological Society of America and University of Kansas Press, Boulder and Lawrence.

Lüter, C. 2003. *Eucalathis macroctena* (Brachiopoda) – worldwide dispersal along midocean ridges? – Organisms, Diversity & Evolution, 3 (electr. suppl. 17): 37.

Lüter, C. 2006. Armfüßer (Brachiopoda). In: Faszination Natur: Tiere, Wirbellose 1, pp. 344–355. Brockhaus, Mannheim.

Rudwick, M. J. S. 1970. Living and fossil brachiopods. Hutchinson University Library, London.

Van Dover, C. L. 2000. The ecology of deep-sea hydrothermal vents. Princeton University Press. Princeton.

Wandel des Lebens

Wie der blaue Planet grün wird
STEPHAN SCHULTKA UND CARSTEN LÜTER

Bower, F. O. 1908. The origin of a land flora. Macmillan, London.

Gensel, P. G. & Andrews, H. N. 1984. Plant life in the Devonian. Praeger Publishers, New York.

Gensel, P. G. & Edwards, D. 2001. Plants invade the land. Columbia University Press, New York.

Kenrick, P. & Crane, P. R. 1997. The origin and early diversification of land plants. Smithsonian Institution Press, Washington and London.

Taylor, T. N. & Taylor, E. L. 1993. The biology and evolution of fossil plants. Prentice Hall, New Jersey.

Der erste Fuß an Land
JASON DUNLOP UND CARSTEN LÜTER

Dunlop, J. A., Anderson, L. I., Kerp, H. & Hass, H. 2003. Preserved organs of Devonian harvestmen. – Nature, 425: 916.

MacNaughton, R. B., Cole, J. M., Dalrymple, R. W., Braddy, S. J., Briggs, D. E. G. & Lukie, T. D. 2002. First steps on land: arthropod trackways in Cambrian-Ordovician eolian sandstone, southeastern Ontario, Canada. – Geology, 30: 391–394.

Selden, P. A. 2001. Terrestrialization (invertebrates). In: Briggs, D. E. G. & Crowther, P. R. (eds.), Palaeobiology, 2, pp. 71–74. Blackwell Scientific Publications, Oxford.

Shear, W. A. & Kukalová-Peck, J. 1990. The ecology of Palaeozoic terrestrial arthropods: the fossil evidence. – Canadian Journal of Zoology, 68: 1807–1834.

Trewin, N. H., Fayers, S. R., Anderson, L. I. 2005. The Rhynie chert: a teaching and learning resource. http://www.abdn.ac.uk/rhynie/.

Das Leben hebt ab
DAVID M. UNWIN

Alonso, P. D., Milner, A. C., Ketcham, R. A. & Cookson, M. J. 2004. The avian nature of the brain and inner ear of Archaeopteryx. – Nature, 430: 666–669.

Norell, M. A. 2005. Unearthing the dragon. Pi Press, New York.

Prum, R. O. & Brush, A. H. 2003. Which came first, the feather or the bird? – Scientific American, 288 (3): 60–69.

Unwin, D. M. 2005. The pterosaurs from deep time. Pi Press, New York.

Eine Erde voller Leben

Höhepunkte der Evolution
MATTHIAS GLAUBRECHT, JASON DUNLOP UND JOHANNES MÜLLER

Brazeau, M. D. & Ahlberg, P. E. 2006. Tetrapod-like middle ear architecture in a Devonian fish. – Nature, 439: 318–321.

Clack, J. A. 2002. Gaining ground: the origin and evolution of tetrapods. Indiana University Press. Bloomington, Indiana.

Glaubrecht, M. 1995. Der lange Atem der Schöpfung. Was Darwin gern gewußt hätte. Rasch und Röhring, Hamburg.

Glaubrecht, M. 2005. Seitensprünge der Evolution. Von Machos und anderen Mysterien der Biologie. S. Hirzel, Stuttgart.

Hirsch, K. F. 1979. The oldest vertebrate egg? – Journal of Paleontology, 53: 1068–1084.

Kraus, O. 2005. On the structure and biology of Arthropleura species (Atelocerata, Diplopoda; Upper Carboniferous/Lower Permian). – Verhandlungen des Naturwissenschaftlichen Vereins in Hamburg, (NF) 41: 5–23.

Oftedal, O. T. 2004. Origin of lactation as a water source for parchment-shelled eggs. – Journal of Mammary Gland Biology and Neoplasia, 7: 253–266.

Flower Power: Die erste Blüte(n)zeit des Lebens
BARBARA MOHR

Mohr, B. A. R. & Bernardes-de-Oliveira, M. E. C. 2004. Endressinia brasiliana, a magnolialean angiosperm from the Lower Cretaceous Crato Formation (Brazil). – International Journal of Plant Sciences, 165 (6): 1121–1133.

Ingrouille, M. & Eddie, B. 2006. Plants: Evolution and Diversity. Cambridge University Press, Cambridge.

Friis, E. M., Raunsgaard Pedersen, & K., Crane, P. R. 2006. Cretaceous angiosperm flowers: innovation and evolution in plant reproduction. – Palaeogeography, Palaeoclimatology, Palaeoecology, 232: 251–293.

Geheimnisse der Evolution: Was Darwin gern gewusst hätte
MATTHIAS GLAUBRECHT

Glaubrecht, M. 2002. Die ganze Welt ist eine Insel. Beobachtungen eines Evolutionsbiologen. S. Hirzel, Stuttgart, Leipzig.

Glaubrecht, M. 2003. Arten, Artkonzepte und Evolution – Was sind und wie entstehen »biologische Arten«? In: Biologische Vielfalt – Sammeln, Sammlungen, Systematik. Rundgespräche der Kommission für Ökologie, 26, pp. 15–42. Verlag Dr. Friedrich Pfeil, München.

Glaubrecht, M. 2004. Leopold von Buch's legacy: treating species as dynamic natural entities, or why geography matters. – American Malacological Bulletin, 19 (1/2): 111–134.

Glaubrecht, M. 2004. Ernst Mayr – Vom Systematiker zum Begründer einer neuen Biophilosophie. Ein Porträt aus Anlass des 100. Geburtstages des Evolutionsbiologen. – Naturwissenschaftliche Rundschau, 57 (7): 357–368.

Glaubrecht, M. 2005. Seitensprünge der Evolution. Machos und andere Mysterien der Biologie. S. Hirzel, Stuttgart.

Günther, R. 2006. Derived reproductive modes in New Guinean anuran amphibians and description of a new species with paternal care in the genus Callulops (Microhylidae). – Journal of Zoology, 268: 153–170.

Hey, J. 2001. Genes, categories, and species. The evolutionary and cognitive causes of the species problem. Oxford University Press, New York.

Mayr, E. 1982. The growth of biological thought. Diversity, Evolution, and Inheritance. Harvard University Press, Cambridge (MA). (1984; 2002. Die Entwicklung der biologischen Gedankenwelt. Vielfalt, Evolution und Vererbung. Springer, Berlin, Heidelberg.)

Mayr, E. 1997. This is biology: The science of the living world. Belknap Press at Harvard University Press, Cambridge (MA). (1998. Das ist Biologie. Die Wissenschaft vom Leben. Spektrum Akademischer Verlag, Heidelberg.)

Mayr, E. 2001. What evolution is. Basic Books, New York. (2003. Das ist Evolution. Bertelsmann, München.)

Mayr, E. 2004. What makes biology unique? Considerations on the autonomy of a scientific discipline. Cambridge University Press, Cambridge (MA). (2005. Konzepte der Biologie. S. Hirzel, Stuttgart).

Nüsslein-Volhard, C. 2004. Das Werden des Lebens. Wie Gene die Entwicklung steuern. C. H. Beck, München.

Reitz, M. 2005. Rätseltiere. Krypto-Zoologie, Mythen, Spuren und Beweise. S. Hirzel, Stuttgart.

Stork, N.E. 1999. Estimating the number of species on earth. In: Ponder, W. & Lunney, D. (eds.), The other 99%. The conservation and biodiversity of Invertebrates, pp. 1–7. Transactions of the Royal Zoological Society of New South Wales. Mosman, Sydney, Australia.

Wheeler, D. & Meier, R. (eds.) 2000. Species concepts and phylogenetic theory. A debate. Columbia University Press, New York.

Wilson, E. O. 1992. The diversity of life. The Belknap Press of Harvard University Press, Cambridge (MA). (1995. Der Wert der Vielfalt. Piper, München).

Brennpunkte der Biodiversität: Die ökologisch »heißen« Regionen der Erde
Matthias Glaubrecht

Lamoreux, J. F. et al. 2006. Global tests of biodiversity concordance and the importance of endemism. – Nature, 440: 212–214.

Mittermeier, R. et al. 2004. Hotspots revisited. Earth's biologically richest and most endangered terrestrial ecoregions. Cemex Publ., Mexico City.

Myers, N. et al. 2000. Biodiversity hotspots for conservation priorities. – Nature, 403: 853–858.

Orme, C. D. L et al. 2005. Global hotspots of species richness are not congruent with endemism or threat. – Nature, 436: 1016–1019.

Darwins Schnecken: Artenbildung live und in Aktion
Matthias Glaubrecht

Rintelen, T. v. & Glaubrecht, M. 2003. New discoveries in old lakes: Three new species of *Tylomelania* Sarasin & Sarasin, 1897, (Gastropoda: Cerithioidea: Pachychilidae) from the Malili lake system on Sulawesi, Indonesia. – Journal of Molluscan Studies, 69 (1): 3–17.

Rintelen, T. v., Wilson, A., Meyer, A. & Glaubrecht, M. 2004. Escalation and trophic specialization drive adaptive radiation of freshwater gastropods in ancient lakes on Sulawesi, Indonesia. – Proceedings of the Royal Society London, ser. B, 271: 2842–2850.

Rintelen, T. v. & Glaubrecht, M. 2005. The anatomy of an adaptive radiation: a unique reproductive strategy in the endemic freshwater gastropod *Tylomelania* (Cerithioidea: Pachychilidae) on Sulawesi, Indonesia, and its biogeographic implications. – Biological Journal of the Linnean Society, 86: 513–542.

Rintelen, T. v. & Glaubrecht, M. 2006. Rapid evolution of sessility in an endemic species flock of the freshwater bivalve *Corbicula* from ancient lakes on Sulawesi, Indonesia. – Biology Letters, 2: 73–77.

Rintelen, T. v., Bouchet, P. & Glaubrecht, M. 2007. Ancient lakes as hotspots of diversity: the endemic species flock of *Tylomelania* (Caenogastropoda: Cerithioidea: Pachychilidae) from the Malili lake system on Sulawesi, Indonesia. – Hydrobiologia (in press).

Wilson, A., Glaubrecht, M. & Meyer, A. 2004. Ancient lakes as evolutionary reservoirs: evidence from the thalassoid gastropods of Lake Tanganyika. – Proceedings of the Royal Society London, ser. B, 271: 529–536.

Höhlenzikaden auf Hawaii: Liebesgesänge und die Entstehung der Arten
Andreas Wessel und Hannelore Hoch

Daws, G. 1988. Hawaii – The Islands of Life. The Nature Conservancy of Hawaii. Signature Publishing, Honolulu.

Hoch, H. & Howarth, F. G. 1993. Evolutionary dynamics of behavioral divergence among populations of the Hawaiian cave-dwelling planthopper Oliarus polyphemus (Homoptera: Fulgoroidea: Cixiidae). Pacific Science, 47: 303–318.

Hoch, H. & Wessel, A. 2006. Communication by substrate-borne vibrations in cave planthoppers. In: Drosopoulos, S. & Claridge, M. F. (eds.), Insect Sounds and Communication. Physiology, Behaviour, Ecology and Evolution, pp. 187–197. Taylor & Francis, Boca Raton, London, New York.

Howarth, F. G. 1972. Cavernicoles in lava tubes on the Island of Hawaii. – Science, 175: 325–326.

Wessel, A. & Hoch, H. 1999. Remane's statistic species criterion applied to Hawaiian cave planthoppers. – Reichenbachia, 33: 27–35.

Ziegler, A. C. 2002. Hawaiian Natural History, Ecology, and Evolution. University of Hawai'i Press, Honolulu.

Bildnachweis

Christian Alter S. 82–83; Lyall Anderson, Edinburgh S. 170/2; Amadeo Bachar S. 103; BBC S. 155; Bibliothek des Museums für Naturkunde Berlin S. 47/5; Buddensieg, Museum für Naturkunde Berlin S. 160–161; Alan B. Chamberlain, Jet Propulsion Laboratory S. 129/1; Don Davis, NASA S. 127; E. R. Degginger / Photo Researchers, Inc. S. 138–139, Stephen DiRado S. 119; D. Elbeshausen und K. Wünnemann S. 125 u. 12; Fraunhofer Institut für Kurzzeitdynamik, Ernst-Mach-Institut (EMI), Freiburg S. 124; Uwe George S. 106/8; Lisa Gershwin S. 104/4 (Tribrachidium und Lebensbild); M. Glaubrecht S. 53, S. 54, S. 55/18, S. 194/195, S. 219; J. Golonka und W. Kießling S. 146/13–15; H. Götz, Museum für Naturkunde Berlin S. 55/17, S. 178–179, S. 180, S. 181, S. 182, S. 184, S. 185, S. 186/9, S. 188/13, S. 189, S. 191, S. 198 u. 5, S. 199, S. 220/6; Grüter S. 88, S. 89/5, S. 89/6, S. 90; R. Günther S. 204/11; Haffer S. 52/12; Calvin J. Hamilton S. 140/1; W. Harre, Museum für Naturkunde Berlin S. 16, S. 46; Hagen Hass, Münster S. 172; Historische Bild- und Schriftgutsammlung des Museums für Naturkunde Berlin S. 14, S. 24–25, S. 27, S. 28, S. 29, S. 30/5 u. 6, S. 31, S. 32, S. 33/9 u. 10, S. 34, S. 35, S. 36, S. 37/14 u.15, S. 40, S. 41/2 u. 3, S. 42/1 u. 2, S. 43/3–5, S. 45/1 u. 2, S. 47/4, S. 48, S. 49/7 u. 8, S. 50, S. 52/11 u. 13, S. 53/14 u. 15, S. 56–57, S. 58/1 u. 2, S. 59/3–6, S. 60/7 u. 8, S. 61/9–11, S. 62/12–16, S. 63/17–19, S. 64/20–22, S. 65/23–25, S. 66, S. 67/27 u. 28, S. 69, S. 70/30 u. 31, S. 71/32 u. 33, S. 73, S. 74/36, S. 74/37, S. 75/38 u. 39, S. 77, S. 78, S. 79; N. Hoff, Museum für Naturkunde Berlin S. 93/1, S. 173 (nach Ahlberg et al. 2005); Alain Jacob, Lausanne S. 170/3; Rob Jones S. 118; T. Kenkmann, Museum für Naturkunde Berlin S. 116–117, S. 123/9, S. 126/13; Prof. Hans Kerp S. 163, S. 166/7; W. Kießling (Foto), E. Siebert (Grafik), beide Museum für Naturkunde Berlin S. 108; W. Kießling S. 100–101, S. 111, S. 112/12 u. 13 (Dinopark Fürth); R.A. Langheinrich, www.nyrockman.com S. 120/3 u. 4; Lehnert S. 84; R. Leinfelder S. 85, S. 87, S. 94/9; C. Lüter S. 156/2, S. 157/4; Robert MacNaughton, Calgary und Simon Braddy, Bristol S. 169; Jörg-Peter Mendau (Zeichnung), Elke Siebert (Layout) S. 76; W. P. Mull S. 224; Museum für Naturkunde Berlin S. 10, S. 11/2 u. 3, S. 21, S. 39/17 u. 18, S. 41/2, S. 42, S. 53/14, S. 91, S. 105/5, S. 107, S. 126/14 u. 15, S. 130/1–4, S. 132–133, S. 134/1 u. 2, S. 135/3 u. 4, S. 136/6 u. 7, S. 137, S. 141/3, S. 143/8, S. 144/10, S. 147/16–18, S. 154/27, S. 162, S. 164/3 u. 4, S. 165, S. 166/6, S. 167, S. 171, S. 175, S. 183/5 u. 6, S. 187, S. 193/1 u. 2; NASA/Jet Propulsion Laboratory, California Institute of Technology, Pasadena S. 121/5 u. 6, S. 122, S. 123/8, S. 135/5, S. 156/1, S. 223; NASA (Terra-Project) S. 149/20; National Oceanic and Atmospheric Administration, Foto mit freundlicher Genehmigung http://www.GeekPhilosopher.com S. 145/11; Nature Publishing Group S. 102/1, S. 104/4 (Kimberella); M. Ohl, mit freundlicher Genehmigung des American Museum of Natural History, New York S. 192; The Palaeontological Association S. 105/6; PASSC Earth Impact Database, Planetary and Space Science Centre University of New Brunswick S. 130/5; Li Qun S. 106/7; C. Radke, Museum für Naturkunde Berlin S. 6, S. 12, S. 13, S. 17, S. 18, S. 19, S. 20, S. 38/16 u. 17, S. 113/14 oben (Rudist), S. 183/4, S. 186/10, S. 188/12, S. 196, S. 197/2 u. 3, S. 200, S. 201, S. 202, S. 203, S. 204/12, S. 205/13 u. 14, S. 207, S. 208, S. 209, S. 210, S. 211, S. 220/7; Cover-Foto (Waran); RF Forschungsschiffahrt GmbH, Bremen S. 157/3; Rimini Berlin S. 141/4, S. 225; T. v. Rintelen S. 215, S. 216, S. 217, S. 218, S. 220/8, S. 221; AuS. Schop, J.W., SCIENCE 260: 640–646 (30 April 1993). Nachdruck mit freundlicher Genehmigung von AAAS. S. 102/2; Joachim Schreiber S. 131, S. 143/7, S. 148, Schweigert S. 96; V. L. Sharpton, LPI S. 128; E. Siebert, Museum für Naturkunde Berlin S. 72, S. 114, S. 151, S. 153, S. 154/26, S. 212–213, Staatsbibliothek zu Berlin, Preußischer Kulturbesitz S. 26; Andreas Teichmann S. 51; 1977 Marie Tharp, painted by H.C. Berann; www.berann.com S. 142/5; Helmut Tischlinger S. 174, S.Tränkner, Senckenberg S. 113/14 unten (Triceratops); University of California Museum of Paleontology, Berkeley S. 104/4 (Charniodiscus und Parvancorina); Geophysikalisches Institut der Universität Münster S. 140/2; U.S. Department of the Interior, U.S. Geological Survey S. 144/9; Yvette Watt S. 15

Autoren

Dr. Ferdinand Damaschun, geboren 1950, absolvierte von 1970 bis 1974 das Studium der Kristallographie an der Humboldt-Universität Berlin. 1980 promovierte er im Fach Mineralogie mit einer Arbeit zum Fossilisations-Prozess von Hölzern. Seit 1974 ist Damaschun, zuerst als wissenschaftlicher Assistent und danach als Kustos für die Gesteinssammlung, im Museum für Naturkunde tätig. Seit Anfang 1993 leitet er die Abteilung Ausstellung und Öffentliche Bildung am Museum für Naturkunde der Humboldt-Universität zu Berlin. Sein besonderes wissenschaftliches Interesse gilt der Wissenschaftsgeschichte und materialwissenschaftlichen Untersuchungen zur Denkmalpflege.

Dr. Jason Andrew Dunlop, geboren 1970 in Basingstoke, UK, ist Arachnologe und Kurator für Spinnentiere und Tausendfüßer am Museum für Naturkunde der Humboldt-Universität zu Berlin. Er studierte Zoologie an der Universität Leeds und wurde 1994 am geowissenschaftlichen Department der Universität Manchester promoviert. Dort arbeitete er von 1994 bis 1997 als Postdoc, bevor er Kurator am Berliner Museum wurde. Sein Spezialgebiet sind hauptsächlich fossile Spinnentiere und ihre Verwandten; so geht er der Evolution der Spinnentiere anhand der Fossilreste nach und hat dabei mehrere älteste Nachweise für bestimmte Gruppen beschrieben, u.a. den ältesten Weberknecht der Welt. Dunlop ist in verschiedenen Fachgesellschaften tätig, seit 2001 zudem Sekretär der International Society of Arachnology und seit 2002 Vize-Präsident der European Society of Arachnology.

Dr. Joachim Matthias Glaubrecht, geboren 1962 in Hamburg, ist Evolutionsbiologe und Leiter der Abteilung Forschung am Museum für Naturkunde der Humboldt-Universität zu Berlin. Er studierte Zoologie und Paläontologie an der Universität Hamburg, war nach seiner Dissertation (1994) und Postdoc-Tätigkeit in Hamburg als Visiting Research Fellow 1996–1997 am Australian Museum in Sydney, bevor er 1997 als Kurator für Mollusken (Weichtiere) an das Berliner Museum kam, wo er eine Arbeitsgruppe zur Evolutionsökologie und Systematik von tropischen Süßwasserschnecken leitet. Er ist zudem regelmäßig als Wissenschaftspublizist tätig und Autor mehrerer Sachbücher vor allem zum Thema Evolution, die u.a. mit dem Werner und Inge Grüter-Preis für Wissenschaftspublizistik (1996) und dem Bscher-Medienpreis (2006) ausgezeichnet wurden. Zuletzt erschien das Buch »Seitensprünge der Evolution. Von Machos und anderen Mysterien der Biologie« (Stuttgart, 2005).

Dr. Ansgar Greshake, geboren 1967 in Münster/Westfalen, studierte Mineralogie an der Universität Münster. Nach dem Diplom 1993 wechselte er an das Institut für Planetologie, wo er 1996 mit einer Arbeit über Meteorite und kosmische Staubteilchen promoviert wurde. Seit 1997 ist er Kustos der Meteoritensammlung am Museum für Naturkunde der Humboldt-Universität zu Berlin und Leiter des Labors für Transmissionselektronenmikroskopie. Neben seinen Arbeiten an Marsmeteoriten liegt sein Forschungsschwerpunkt im Bereich ursprünglicher und nur wenig veränderter Phasen in kohligen Chondriten.

Dr. Sabine Hackethal, geboren 1952 in Berlin, studierte 1982–1986 Kunstgeschichte an der Martin-Luther-Universität Halle-Wittenberg. Es folgte 1988 das Diplom, 1995 promovierte sie zur Dr. phil. mit dem Thema »Tierdarstellungen am Ende des 16. Jahrhunderts in Deutschland. Kunst- und zoologiehistorische Überlegungen am Beispiel eines Nürnberger Klebebandes«. Sie veröffentlichte neben biologiehistorischen Themen viele Beiträge zur Geschichte der Tierdarstellung im 16. und 17. Jahrhundert. Heute ist sie als Mitarbeiterin der Historischen Arbeitsstelle am Museum für Naturkunde der Humboldt-Universität zu Berlin verantwortlich für die Bildersammlungen.

Dr. Wolf-Dieter Heinrich, geboren 1941 in Potsdam, studierte Geologie und Paläontologie an der Humboldt-Universität zu Berlin. 1968 wurde er promoviert, 1979 erlangte er den akademischen Grad Dr. sc. nat. (Habilitation). Nach einer zehnjährigen Aspiranten- und Assistentenzeit wurde er 1976 zum Kustos, 1994 zum Oberkustos für die wirbeltierpaläontologischen Sammlungen des Museums für Naturkunde der Humboldt-Universität zu Berlin ernannt. 1992–1994 war er Geschäftsführender Direktor des Geologisch-Paläontologischen Instituts. Von 1973 bis 1992 hielt er Vorlesungen an der Humboldt-Universität zu Berlin und der Martin-Luther-Universität Halle-Wittenberg. Seine Spezialgebiete sind Fischotolithen aus dem Tertiär Europas, Nagetiere aus dem Tertiär und Quartär Eurasiens sowie Säugetiere und Reptilien aus dem Jura Ostafrikas (Tendaguru).

Prof. Dr. Hannelore Hoch, geboren 1956 in Pirmasens, studierte Biologie in Marburg und promovierte dort 1985. Die Habilitation erfolgte 1993 an der Universität Hamburg. Nach Postdoc-Tätigkeiten am Bishop Museum, Honolulu, Hawaii, und am Natural History Museum, London, ist sie seit 1994 Professorin für Systematische Zoologie an der Humboldt-Universität (Museum für Naturkunde). Zu ihren Forschungsschwerpunkten gehören Systematik, Evolution und Verhalten der Hemiptera. Zu Forschungszwecken bereiste sie u.a. Hawaii, Französisch Polynesien, Australien und die Kanarischen Inseln.

PD Dr. Thomas Kenkmann, geboren 1966 in Iserlohn, ist Wissenschaftler und Kurator der Gesteinssammlungen am Museum für Naturkunde der Humboldt-Universität zu Berlin. Er studierte Geologie und Mineralogie an der Universität Köln, promovierte 1997 und habilitierte sich 2003 für das Fach Geologie an der Freien Universität Berlin. In den Jahren 1994–1998 arbeitete er als Wissenschaftlicher Mitarbeiter und Postdoc am GeoForschungsZentrum Potsdam. Am Berliner Museum hatte er 1998–2001 zunächst eine Wissenschaftlerstelle inne, bevor er Kurator der petrographischen und lagerstättenkundlichen Sammlungen des Museums und Leiter des Zentrums für Rieskrater- und Impaktforschung in Nördlingen (ZERIN) wurde. Als Spezialist auf dem Gebiet der Impaktkrater-Forschung und Strukturgeologie publiziert er regelmäßig in englischsprachigen Fachjournalen und ist Herausgeber des Buches »Large Meteorite Impacts«. Er hat maßgeblichen Anteil an Konzeption und Realisierung der neuen Ausstellungen des Museums für Naturkunde.

Prof. Dr. Wolfgang Kießling, geboren 1965 in Coburg, ist Professor für Evolutionäre Paläoökologie am Museum für Naturkunde der Humboldt-Universität zu Berlin. Er studierte Geologie und Paläontologie an der Universität Erlangen-Nürnberg, promovierte 1995 über die Ökologie mesozoischer Radiolarien und ist nach Postdoc-Arbeiten zu den Themen Riffevolution, Massenaussterben und Makroevolution in Erlangen, Berlin und Chicago seit 2006 Lichtenberg-Professor am Naturkundemuseum. Sein wissenschaftliches Hauptinteresse gilt der Aufdeckung und Interpretation großmaßstäblicher Evolutionsmuster in den Meeren. Dazu kombiniert Kießling eigene Geländedaten mit großen Datenbanken, die er zum Beispiel im Rahmen der Paleobiology Database (http://paleodb.org) auf- und auszubauen hilft. Zu seinen Forschungsthemen hat Wolfgang Kießling bis heute 50 wissenschaftliche Arbeiten verfasst.

Annette Kinitz, 1970 in Erfurt geboren, war von 2004 bis 2007 am Museum für Naturkunde der Humboldt-Universität zu Berlin für Presse- und Öffentlichkeitsarbeit zuständig. Der Schwerpunkt ihrer Tätigkeit lag auf der öffentlichkeitswirksamen Begleitung der größten Umbaumaßnahme seit Gründung des Museums und der Wiedereröffnung der umgestalteten Ausstellungssäle mit den neuen Dauerausstellungen »EvA – Evolution in Aktion«.
Nach dem Studium der Betriebswirtschaftslehre und einem Zusatzstudium im Bereich Kulturmanagement konzipierte und organisierte sie zahlreiche Ausstellungen, Theaterproduktionen und Festivals, u. a. »Weimar 1999 – Kulturhauptstadt Europas«, bevor sie im Jahr 2000 die Geschäftsführung des »Internationalen Kunsthauses Tacheles« in Berlin übernahm. Während eines einjährigen USA-Aufenthaltes in Washington DC (2003) arbeitete sie bei »International Arts and Artists« an der Konzeption und Umsetzung internationaler Wanderausstellungen mit.

Dr. Hannelore Landsberg, geboren 1953 in Halle/Saale, ist Diplom-Biologin und Leiterin der Historischen Arbeitsstelle am Museum für Naturkunde der Humboldt-Universität zu Berlin. 1987 verfasste sie ihre Promotion zum Thema »Die Bedeutung der Forschungsreisen nach Australien für die Sammlungen des Zoologischen Museums Berlin und die Zoologie des 19. Jahrhunderts«. Der Schwerpunkt ihrer Arbeit liegt auf der Geschichte der Naturwissenschaften und der Geschichte der Sammlungen des Museums für Naturkunde, dargestellt anhand der Bestände der Historischen Bild- und Schriftgutsammlungen bzw. ausgewählter biographischer Daten und Sammlungen des Hauses.

Prof. Dr. Reinhold Leinfelder, geboren 1957 in Augsburg, ist Generaldirektor des Museums für Naturkunde der Humboldt-Universität zu Berlin. Nach seinem Studium der Geologie und Paläontologie an der Ludwig-Maximilians-Universität München wurde er 1985 mit einer Dissertation zur paläoökologischen und paläogeographischen Entwicklung des Oberen Jura von Zentralportugal promoviert und 1989 mit einer Arbeit zu fossilen Riffen unter Sedimentstress habilitiert. Ab 1989 war er Universitätsprofessor für Geologie und Paläontologie an der Universität Stuttgart, ab 1998 Lehrstuhlinhaber für Paläontologie und Historische Geologie an der LMU München. Dort gründete er das interdisziplinäre Zentrum für Geobiologie und Biodiversitätsforschung und war im Nebenamt Direktor der Bayerischen Staatssammlung für Paläontologie und Geologie, ab 2003 zusätzlich Generaldirektor der Staatlichen Naturwissenschaftlichen Sammlungen Bayerns. Seit Januar 2006 ist er am Berliner Museum für Naturkunde tätig. Zu den Schwerpunkten seiner Forschungstätigkeit gehört die Evolution der Riffe.

Dr. Carsten Lüter, geboren 1967 in Göttingen, ist Kurator für die Sammlung »Marine Wirbellose« am Museum für Naturkunde der Humboldt-Universität zu Berlin. Nach seinem Studium der Biologie an der Georg-August-Universität Göttingen wurde er mit einer Dissertation über die Entwicklung und Stammesgeschichte rezenter Armfüßer (Brachiopoda) ebendort 1998 promoviert. Es folgten Postdoc-Tätigkeiten an der Universität Bielefeld, dem Ministry of Fisheries and Marine Resources in Swakopmund, Namibia, und der University of Glasgow, Schottland. Seit 2001 arbeitet er am Berliner Museum für Naturkunde, wo er seine Studien zur Evolution und Systematik der Brachiopoden mit einer kleinen Arbeitsgruppe fortsetzt. Neben fachspezifischen Veröffentlichungen publiziert er in Zoologie-Lehrbüchern und populärwissenschaftlichen Werken.

PD Dr. Barbara Mohr, geboren 1953 in Karlsruhe, ist seit 1995 Kustodin für die Sammlung »Mesophytikum« am Museum für Naturkunde der Humboldt-Universität zu Berlin. Sie wurde 1953 in Karlsruhe geboren und studierte Geologie und Paläontologie an der Universität Bonn. Ihre Dissertation zum Thema »Palynologie im Tertiär der Rheinlande« war der Beginn ihrer Beschäftigung mit fossilen Floren. 1981–1985, als Postdoc am Institut für Paläontologie an der Freien Universität Berlin, arbeitete sie vor allem an der Rekonstruktion von fossilen terrestrischen Ökosystemen. Ab 1986, als Assistentin, später Oberassistentin an der ETH Zürich, verlagerte sich ihre Forschungstätigkeit auf den marinen Bereich. Mehrere Forschungsprojekte zur Untersuchung von fossilen Floren in südlichen hohen Breiten führten sie in Antarktische Gewässer. Während ihrer Kustodentätigkeit am Museum für Naturkunde publizierte sie hauptsächlich über kreidezeitliche- und tertiäre Floren des östlichen Mittelmeeres, der Baikal-Region und Brasiliens. Ihr Interesse an wissenschaftsgeschichtlichen Fragestellungen führte zu mehreren Veröffentlichungen zur Rolle von Frauen in den Geowissenschaften und an der Humboldt-Universität.

Uwe Moldrzyk, geboren 1965 in Mannheim, ist seit 2005 wissenschaftlicher Projektleiter der neuen Dauerausstellungen (»EvA - Evolution in Aktion«) am Museum für Naturkunde der Humboldt-Universität zu Berlin. Er studierte Zoologie und Ökologie an der TU Darmstadt, war 1997 wissenschaftlicher Assistent an der NC State University in Raleigh, USA, und führte als DAAD-Stipendiat mehrere Forschungsreisen in die Sahara durch. In beratender, konzeptioneller oder leitender Funktion war er an überregional bedeutenden Ausstellungsprojekten beteiligt, wie etwa der Dauerausstellung des Ökomuseums im Nationalpark »Bou Hedma«, Südtunesien (1994–1997) und den Sonderausstellungen »Wüste« (2002), »Vandalen« (2003), »Dino & Co« (2004), »Saurier aus Russland und Asien« (2004) sowie »Sahara« (2005) in Darmstadt, Braunschweig und Jena. Neben fachspezifischen und populärwissenschaftlichen Eigenpublikationen ist er Herausgeber des Bandes Ecology, Faunistics and Conservation in Southern Tunisia (2003) sowie dem interdisziplinären Werk Wüste (2002, Neuauflage unter dem Titel Sahara – Wüste lebt, 2006).

Dr. Johannes Müller, geboren 1973 in Frankfurt am Main, ist Paläobiologe und leitet eine Emmy Noether-Nachwuchsgruppe am Museum für Naturkunde der Humboldt-Universität zu Berlin. Er studierte Paläontologie, Zoologie und Geologie an der Johannes-Gutenberg-Universität Mainz und ging nach seiner von der Studienstiftung des deutschen Volkes geförderten Promotion über marine Reptilien (2002) als Postdoc an die University of Toronto in Kanada. Seit 2006 arbeitet er am Museum für Naturkunde und beschäftigt sich vor allem mit der Evolution, Phylogenie, Biogeographie und Physiologie der frühen amnioten Wirbeltiere. Dabei setzt er sowohl morphologische als auch molekularbiologische Techniken ein. Johannes Müller ist zudem Associate Editor des Journal of Vertebrate Paleontology.

Dr. Stephan Schultka, geboren 1952 in Soest/Westfalen, ist Oberkustos für die paläobotanischen Sammlungen am Museum für Naturkunde der Humboldt-Universität zu Berlin. Nach seinem Studium der Geologie/Paläontologie an der Friedrich-Wilhelm-Universität Münster wurde er mit einer Dissertation über die Paläontologie der terrestren Räume mit Schwerpunkt auf dem Ibbenbürener-Osnabrücker Karbon ebendort 1988 promoviert. Neben Forschungs- und Lehrtätigkeiten an der Universität Münster war er freier Mitarbeiter des Westfälischen Museums für Naturkunde in Münster sowie für zwei Jahre in einem Ingenieurbüro für Abwassertechnik tätig. Seit 1995 arbeitet er am Berliner Museum für Naturkunde, wo er seine Forschungen im Paläophytikum (Devon-Karbon) bis auf den höheren Jura von Tendaguru ausgedehnt hat. Darüber hinaus beschäftigt er sich mit der fachbezogenen Historie und publiziert fachspezifisch wie auch populärwissenschaftlich.

Dr. Ulrich Struck, geboren 1961 in Jevenstedt, ist seit April 2006 wissenschaftlicher Leiter des neu gegründeten Isotopenlabors am Museum für Naturkunde der Humboldt-Universität zu Berlin. Nach seinem Studium der Geologie/Paläontologie an der Christian-Albrechts-Universität Kiel wurde er mit einer Dissertation über Paläoökologie Benthischer Foraminiferen im Europäischen Nordmeer ebendort 1992 promoviert. Es folgten Postdoc-Tätigkeiten an der Universität Kiel, am Institut für Ostseeforschung in Warnemünde, in Bremen und Tübingen. Beginnend im Jahr 2000, baute er in der Paläontologie der Ludwig-Maximilians-Universität München ein Isotopenlabor auf, das er gleichzeitig leitete.

Dr. David M. Unwin, geboren 1959 in Ellesmere (Shropshire), England, studierte Geologie in Sheffield und wechselte nach Erlangung des Bachelor Honours an die Reading University, wo er bei Prof. Bev Halstead 1991 seine Dissertation abschloss. Nach einem Postdoc-Stipendium der Royal Society an der Bristol University kam er 1998 als Kustos für fossile Reptilien und Vögel an das Museum für Naturkunde der Humboldt-Universität zu Berlin. Seit 2006 arbeitet er als Lecturer für Paläobiologie an der Leicester University in England. Sein Forschungsschwerpunkt ist die Evolution der Flugsaurier, über die er zahlreiche Fachartikel und Bücher veröffentlicht hat.

Andreas Wessel, geboren 1973 in Berlin, studierte Biologie in Wien und Berlin und ist seit 2002 wissenschaftlicher Mitarbeiter in der AG Biosystematik am Museum für Naturkunde der Humboldt-Universität zu Berlin. Im Rahmen seiner Dissertation führte er Untersuchungen zu Artenbildungsvorgängen bei Höhlenzikaden Hawaiis durch. Seine besonderen Forschungsinteressen liegen in der akustische Kommunikation von Insekten. Zu Forschungszwecken bereiste er unter anderem Hawaii und Indonesien.

Glossar

Allantois Ausstülpung des embryonalen Darms der >Amniota, der bei den Säugetieren an der Bildung der Plazenta beteiligt ist.

Amniota Wirbeltiere (Vögel, Reptilien, Säugetiere), deren Embryonen sich in einer mit Flüssigkeit gefüllten, aus Embryonalhüllen gebildeten Amnionhöhle entwickeln und so in ihrer Entwicklung vom Wasser unabhängig sind.

Anagenese Veränderung von evolutiven Merkmalen in der Stammesgeschichte einer Organismengruppe. A. steht begrifflich der Kladogenese gegenüber.

Angiospermen Bedecktsamer, auch Blütenpflanzen. Echte Blüten, Hülle oft gegliedert in Kelch und Krone (farbige Blütenblätter), Staub- und Fruchtblätter (Fruchtknoten); im Fruchtknoten reifen Samenanlagen zu Samen.

Armfüßer s. Brachiopoden

Artbildung s. Speziation

Arthropleuriden Nur fossil bekannte Gruppe von Gliedertieren (Arthropoda), die ein tausendfüßerartiges Aussehen mit seitlich weit ausgezogenen Rückenplatten besaßen. Mit bis zu 2 m Körperlänge waren sie die größten landlebenden Arthropoden, die jemals gelebt haben.

Arthropoden Gliedertiere; Tiere mit gepanzertem Exoskelett aus Chitin. Die Körper sind segmentiert, die Segmente weisen in der Regel paarige Körperanhänge (Beine, Parapodien) auf. Zu den Gliederfüßern gehören die Insekten, Krebse, Tausendfüßer, Spinnentiere und auch ausgestorbene Gruppen wie Trilobiten.

Asthenosphäre Erdschicht innerhalb des äußeren Erdmantels, 60–210 km unterhalb der Erdoberfläche bis in eine Tiefe von 300–410 km. Die A. ist plastisch verformbar, die Schichten ober- und unterhalb dagegen sind hart und spröde. Auf der A. schwimmen die starren Lithosphärenplatten.

Bilateria Alle Tiere, die zwei symmetrische Hälften aufweisen (im Gegensatz zu Nesseltieren und Schwämmen).

Biocönose Gemeinschaft aller Organismen in einem Lebensraum (Biotop).

Biomasse Die Gesamtmasse der lebenden Organismen in einem Gebiet (definiertes Ökosystem oder aber der ganzen Erde).

Blaualgen s. Cyanobakterien

Brachiopoden Armfüßer; Tiere mit einer Kalkschale, die äußerlich an Muscheln erinnern, aber ganz anders organisiert sind.

Buch-Lunge Lungenform mancher Spinnentiere. Sie besteht aus einer Reihe blattartiger Taschen, ähnlich den Seiten in einem Buch.

Cephalisation Tendenz zur Konzentration der Nervenzellen im Kopf oder am vorderen Ende eines Tieres.

Chondrit Undifferenzierte Meteorite, die in der Frühphase der Entstehung des Sonnensystems gebildet wurden und in ihrer Zusammensetzung weitgehend der des Sonnennebels entsprechen. Sie bestehen aus Silikatkügelchen (Chondren), die aus den Mineralen Olivin, Pyroxen und Plagioklas aufgebaut sind und in einer feinkörnigen Matrix eingebettet sind.

Chorda dorsalis s. Notochord

Chorda-Tiere Tiere mit ausgeprägter Wirbelsäule sowie ihre direkten Vorgänger mit einer Art steifem Rückgrat (Chorda), wie beispielsweise Lanzettfische.

Co-Evolution Wechselseitige Beeinflussung verschiedener Organismen während der Evolution. Auf eine evolutionäre Anpassung eines Organismus reagiert ein anderer ebenfalls durch Anpassung. Beispiele sind Beziehungen zwischen bestäubenden Tieren und von ihnen bestäubten Pflanzen, schmarotzende Organismen und ihre Wirte oder auch > Symbiosen.

Cyanobakterien Blaualgen; Bakteriengruppe, die früher zu den Algen gestellt wurde, da sie als einzige oxygene Photosynthese betreibt, d. h. aus Kohlendioxid, Wasser und Nährstoffen mithilfe von Sonnenlicht organische Substanzen aufbaut und dabei Sauerstoff freisetzt. Cyanobakterien umfassen einzellige und mehrzellige Formen.

Devon Periode des Paläozoikums, vor ca. 416–359 Millionen Jahren.

Dinoflagellaten Geißelalgen oder Panzergeißler; Unterstamm meist einzelliger Algen, häufig mit zwei langen Geißeln. Leben vorwiegend im Meer und bilden dort als Bestandteil des Phytoplanktons die Grundlage des Lebens im Wasser.

Diorama Schaukästen mit Tierpräparaten in Modelllandschaften vor gemaltem Hintergrund.

Diversitätskrise Zeit eines deutlichen Rückgangs der Artenvielfalt.

Erdaltertum s. Paläozoikum
Erdmittelalter s. Mesozoikum
Erdzeitalter Geologische Zeitstaffelung. Die bekanntesten Perioden sind Paläozoikum (Erdaltertum: 542–251 Mio. Jahre), Mesozoikum (Erdmittelalter: 251–65 Mio. Jahre) und Känozoikum (Erdneuzeit: 65 Mio. Jahre bis heute).
Eukaryota Alle Organismen mit einem Zellkern: Protisten, Pilze, Tiere und Pflanzen.
Evolutionsökologie Teilgebiet der Evolutionsbiologie, das neben den evolutionsbiologischen Grundlagen auch innerartliche (z. B. Fortpflanzung) und zwischenartliche (z. B. Parasiten-Wirts-Beziehungen) Interaktionen der Organismen sowie ihrer Wechselwirkungen mit nichtbiologischen Parametern berücksichtigt.
Evolutionstheorie Beschreibt die Entstehung der Arten und der Biodiversität auf der Erde als Ergebnis der Evolution.

Fossilinventar Die Summe der bekannten Fossilien.

Gliedertiere s. Arthropoden
Graptolithen Ausgestorbene Gruppe polypenähnlicher, koloniebildender Tiere, deren Fossilien Schriftzeichen ähneln (wörtlich: Schriftsteine)
Gymniospermen Nacktsamer; Koniferen (Nadelbäume), Cycadeen, Gnetophyten und Ginkgogewächse. Makro- und Microsporophylle oft zu Zapfen zusammengefasst, Samenanlagen nicht bedeckt.

Haramiyiden Gruppe ausgestorbener Säugetiere aus dem Trias- und Jura-Zeitalter, die nur durch spärliche Zahn- und Kieferfunde belegt ist.

Impaktforschung Wissenschaftszweig, der sich mit Einschlägen (Impakten) von Meteoriten auf Planeten beschäftigt. Im Zentrum der Forschung steht die Untersuchung von Kratern sowie Modellversuche zum Ablauf von Einschlägen.
Impaktkrater Einschlagkrater oder Meteoritenkrater; die meist annähernd kreisförmige Struktur, die durch den Einschlag (Impakt) eines Asteroiden, Kometen oder hinreichend großen Meteoriten auf der festen Oberfläche eines planetaren Körpers entsteht.

Jura Zweite Periode des Mesozoikums, vor 205–140 Millionen Jahren.

Kambrische Explosion Zu Beginn des Kambriums vor etwa 540 Millionen Jahren entstand innerhalb eines geologisch kurzen Zeitraums von weniger als 50 Millionen Jahren eine bedeutende Vielfalt von Arten und unterschiedlichen organismischen Konstruktionen. Während die meisten dieser evolutiven Experimente wieder ausstarben und heute nur schwer zu interpretieren sind, waren andere der Ausgangspunkt vieler heute noch lebender Organismengruppen.
Kambrium Periode des Paläozoikums, vor 542–488 Millionen Jahren.
Karbon Periode des Paläozoikums, vor 359–299 Millionen Jahren.
Kellwasser-Krise Diversitätskrise vor etwa 374 Millionen Jahren, die von einem globalen Riffsterben begleitet war.
Kladogenese Die wiederholte Spaltung von Arten im Laufe der Evolution. Durch den Prozess der Kladogenese entsteht die biologische Vielfalt, die wegen des Verwandtschaftszusammenhangs aller Arten hierarchisch strukturiert und in einer Stammbaumstruktur darstellbar ist.
Koma Diffuse, leuchtende Hülle eines Kometen. Die K. entsteht, wenn dieser die Jupiterbahn kreuzt und flüchtige Substanzen an dessen sonnenzugewandter Oberfläche zu sublimieren beginnen. Das verdampfende Eis reißt dabei Staubteilchen mit.
Kreide (Kreidezeit) Jüngstes erdgeschichtliches Zeitalter des Mesozoikums, vor 140–65 Millionen Jahren.

Langperiodischer Komet L. K. haben eine Umlaufzeit um die Sonne von mehr als 200 Jahren und stammen vermutlich aus der Oortschen Wolke.
Leoniden Sternschnuppenstrom, der jährlich im November in unterschiedlicher Stärke zu beobachten ist. Die Sternschnuppen gehen auf zahllose kleine Bruchstücke (Meteoroiden) zurück, die der Komet Tempel-Tuttle hinterlässt, der auf seiner Umlaufbahn um die Sonne die Erdbahn kreuzt.
Limnischer Lebensraum Allgemein gekennzeichnet durch kleine lokale Populationen, die durch räumliche Isolation entstanden sind. Hier ist der Lebensraum des Süßwassers und der sich dort bildenden Sedimente gemeint.

Mesozoikum Erdmittelalter, vor 250–65 Millionen Jahren. Dieses Erdzeitalter wird in Trias, Jura und Kreide gegliedert.
Meteor Plötzliche Leuchterscheinung am Himmel. M.iten entstehen, wenn kleine Bruchstücke vor allem von Kometen in die Stratosphäre und Atmosphäre der Erde eindringen. Treten die Leuchterscheinungen gehäuft auf, spricht man von M.strömen.

Nacktsamer s. Gymniospermen

Nematophyten Gruppe von Pflanzen, die nur im Devon und Karbon vorkam und deren Stellung im Pflanzenreich bisher ungeklärt ist.

Notochord Chorda dorsalis; elastischer Stab aus spezialisierten Zellen, der den Körper der Chorda-Tiere (Chordata) zwischen dem Neuralrohr und dem Darm durchzieht.

Ooidbarren »Sandbänke« in tropischen Gewässern, bestehend aus Sand und runden Kalkablagerungen.

Paläozoikum Erdaltertum, vor 542–240 Jahren. U.a. durch eine rasche Entwicklung überlieferungsfähiger Organismen gekennzeichnet. Das P. wird in die erdgeschichtlichen Perioden Kambrium, Ordovizium, Silur, Devon, Karbon, Perm unterteilt.

Perm Periode des Paläozoikums, vor ca. 299–251 Millionen Jahren.

Phanerozoikum Zeitalter des sichtbaren Lebens, das durch eine Fülle von Fossilien belegt ist. Es begann vor ca. 542 Millionen Jahren.

Photosymbionten s. Zooxanthellen

Phylogenese Stammesgeschichtliche Entwicklung der Organismen.

Polychaet Borstenwürmer; zu den Ringelwürmern (Annelida) gehörende Klasse der Vielborster.

Prä-Adaption »Voranpassung«. Durch Mutation entstandene, nicht ausgeprägte Merkmale in Populationen, welche bei Veränderung vom Umweltbedingungen einen Selektionsvorteil bieten.

Prädation Erbeutung von noch lebenden Tieren. Etwas weiter gefasst, meint P. auch das Fressen von Pflanzen.

Radiation Evolutive Auffächerung einer oder mehrerer wenig spezialisierter Arten in viele stärker spezialisierte Arten.

Regulationsnetzwerk Eine Ansammlung von DNS-Segmenten, die miteinander und mit anderen Substanzen in einer Zelle interagieren und dadurch die Umsetzung genetischer Information steuern.

Rhizoid Gewebe von Moosen, Armleuchteralgen und einigen Samenpflanzen, die die Aufgabe von Wurzeln übernehmen, aber im Gegensatz zu diesen kein spezialisiertes Leitgewebe aufweisen.

Schlüsselanpassung Evolutive Innovation einer Organismengruppe, die als Anpassung an bestimmte Faktoren ihrer Umwelt zur evolutiven Weichenstellung beigetragen hat.

Schneeball-Eiszeit Bildhafte Umschreibung für die größte Vereisungsphase der Erdgeschichte (vor ca. 710–580 Millionen Jahren), zu deren Höhepunkten die Erde aus dem Weltall wie ein gigantischer Schneeball ausgesehn haben mag.

Sekundäres Dickenwachstum Das horizontale Wachstum von Pflanzen lässt sich in primäres und sekundäres D. unterteilen, wobei unterschiedliche Gewebe beteiligt sind, so das Kambium beim sekundären D. Dabei werden Zellen nach beiden Seiten abgegliedert, was bewirkt, dass die Pflanze in die Breite wächst. Die beteiligten Zellen beim primären D. sind hingegen für Länge und Dicke der Pflanze verantwortlich.

Silur Periode des Paläozoikums, vor ca. 444–416 Millionen Jahren.

Solarnebel Ansammlung von Gas und Staub, aus der sich unsere Sonne und die Planeten gebildet haben.

Sonnenwind Strom geladener Teilchen, der von der Sonne ins All strömt. Er besteht vor allem aus Protonen, Elektronen und Heliumkernen.

Spermatophore Samenkapsel; spielt bei der Fortpflanzung vieler Gliedertiere eine Rolle. Samen-Päckchen werden entweder willkürlich abgelegt und später vom Weibchen übernommen, oder das Männchen lockt das Weibchen direkt über seine S.

Speziation Artbildung; Spaltung einer Stammart durch vorherige geografische Trennung in zwei Populationen (allopatrische S.), durch periphere Abspaltung einer sog. Gründerpopulation (peripatrische S.), oder durch Unterbrechung des genetischen Austauschs innerhalb der Stammartpopulation (sympatrische S.).

Sporen Ein- oder wenigzellige Entwicklungsstadien von Lebewesen (z.B. Pilzen, Protozoen, Algen, Moosen, Farnen, Bakterien), die der ungeschlechtlichen Vermehrung, der Verbreitung und/oder dem Überdauern dienen.

Stabile Isotope Atome eines Elements mit unterschiedlichen Massezahlen, aber gleichen chemischen Eigenschaften. Isotope eines Elements besitzen die gleiche Anzahl an Protonen, aber eine unterschiedliche Anzahl an Neutronen. Kennzeichnung durch hochgestellte Zahlen vor den Symbolen, z.B. ^{14}N (Stickstoff-14: Atomgewicht 14 aus 7 Protonen und 7 Neutronen). Dieses ist das häufigste Stickstoffisotop in der Natur.

Stigma Atemöffnung im Exoskelett von Gliedertieren, mit Tracheen oder Buch-Lungen verbunden. Die Öffnung ist klein, um den Flüssigkeitsverlust zu minimieren.

Stratigrafie Wissenschaft von der Schichtung der Gesteine und ihrer zeitlichen Zuordnung.

Stricklava Die obere, fast erstarrte Lavakruste wird durch die noch flüssigen, tieferen Teile des Lavastroms mitgeschleppt. Es entstehen dadurch strickförmige Kleinwellen.

Stromatholit Gestein, welches laminiert erscheint und meist durch Cyanobakterien und teilweise weitere Algen gebildet wird. Durch den Stoffwechsel der Cyanobakterien wird gelöster Kalk aus dem Wasser gefällt, und es entsteht eine Gesteinslage. Früheste Stromatolithen wurden in einer sauerstofffreien Atmosphäre durch anoxische Bakterien gebildet und stellen damit den ersten Riff-Typus dar.

Stromatoporen Mehrzellige Organismen mit Kalkskelett, die früher nur fossil bekannt waren und wichtige Rifforganismen darstellen. In den 1950er Jahren wurden sie auch in modernen Riffen aufgefunden. Diese Formen zeigen, dass Stromatoporen zur Gruppe der Schwämme gehören.

Stummelfüßer Tierstamm der Onychophora mit einfacher Organisation, die vereinfacht als Würmer mit Beinen beschrieben werden können.

Symbionten Zum gegenseitigen Nutzen zusammenlebende Organismen.

Symbiose Lebensgemeinschaft von Organismen verschiedener Arten zum gegenseitigen Nutzen. Beispiele sind etwa Darmbakterien in wiederkäuenden Tieren, Flechten (die eine Lebensgemeinschaft aus Algen und Pilzen darstellen) oder Riffkorallen und Zooxanthellen. Die Partner einer symbiontischen Lebensgemeinschaft sind stark voneinander abhängig.

Synapsida Ausgestorbene Gruppe von Reptilien, die durch eine primäre Schädelöffnung in der Schläfenregion gekennzeichnet war (sog. synapsider Schädeltyp). Zu den S. gehören die Therapsiden, die die Vorfahren der Säugetiere sind, und die Pelycosaurier.

Synthetische Theorie der Evolution Zusammenführung der auf Charles Darwin zurückgehenden Evolutionstheorie mit anderen, für die Evolutionstheorie relevanten Daten aus verschiedenen biologischen Bereichen, z. B. der Populationsbiologie, Genetik und Paläontologie. Die S. hat ihren Ursprung in der ersten Hälfte des 20. Jahrhunderts und wird insbesondere mit Ernst Mayr (Zoologie), Theodosius Dobzhansky (Genetik) und George Gaylord Simpson (Paläontologie) in den USA in Verbindung gebracht, nahezu gleichzeitig kam es aber auch zu einer Synthese der Evolutionstheorie im deutschen Sprachraum.

Taxonomie Der Teil der biologischen Systematik, der sich mit dem Erkennen, der Beschreibung und der Benennung von Arten und übergeordneten Gruppen beschäftigt.

thallös Thallus ist der undifferenzierte Vegatationskörper niederer Pflanzen, d. h. es gibt keine Aufteilung in Wurzel, Sprossachse und Blatt.

Tiefenzeit Begriff für die unglaublichen Zeiträume der Geschichte des Lebendigen. Gegensatz: »menschliche Zeit« seit Auftreten des *Homo sapiens*. (Begriff nach S. J. Gould: deep time, geologische Zeit.)

Tillit Versteinerte Moränenablagerungen. Das Gestein besteht aus Gesteinsbruchstücken, die mit Gletschern transportiert wurden und unsortiert zur Ablagerung kamen.

Tracheen Luftröhrchen von Insekten, Tausendfüßern und manchen Spinnentieren. Vom Stigma an der Körperoberfläche verzweigen sich die Röhrchen tief ins Gewebe und sorgen für den Gasaustausch (Sauerstoffaufnahme–Kohlendioxiabgabe).

Trias Erdgeschichtliche Periode des Erdmittelalters (Mesozoikum), vor ca. 241–200 Millionen Jahren.

Trigonotarbiden Ausgestorbene Verwandte der Webspinnen, die man als »Spinnen ohne Spinnwarzen« beschreiben kann. Diese damals erfolgreiche Gruppe lebte vor 414–290 Millionen Jahren.

Trilobiten Dreilapper; ausgestorbene Tierklasse der Gliederfüßer, die im frühen Paläozoikum sehr zahlreich die Meeresböden bewohnte.

Trockeneis Gefrorenes Kohlenstoffdioxid (auch Kohlendioxid, CO_2). Unter irdischen Druckverhältnissen (1 bar) hat Trockeneis eine Temperatur von maximal −78,4 Grad.

Varietät In der Botanik: Untereinheit der Art. In der Zoologie von Carl von Linné ursprünglich als taxonomische Untereinheit der Art (Spezies) gebraucht. Der Begriff V. bezeichnete jegliche Abweichung vom »idealen« Arttypus (im Hinblick auf individuelle, geographische (Rasse), erbliche Abweichungen etc.) In der Zoologie wird der Begriff V. nicht mehr verwendet.

Weichtiere Mollusca oder Mollusken, arten- und formenreicher Tierstamm, zu dem u. a. auch Schnecken, Muscheln und Tintenfische zählen.

Zoogeografie Lehre von der Verbreitung der Tiere auf der Erde und ihren Ursachen.

Zooxanthellen Photosymbionten; Mikroorganismen, die Photosynthese treiben; meist Cyanobakterien oder Algen aus der Gruppe der Dinoflagellaten, die eine Symbiose mit Tieren eingehen. Besonders bekanntes Beispiel ist die Photosymbiose zwischen tropischen Riffkorallen und Zooxanthellen. Die Zooxanthellen produzieren organische Substanzen, die sie teilweise an die Korallentiere abgeben. Im Gegenzug erhalten sie Abfallprodukte der Koralle, die die Zooxanthellen als Dünger benötigen. Dadurch werden Riffkorallen lichtabhängig, konnten sich jedoch an den Nährstoffmangel der tropischen Hochsee anpassen.

Register

Danksagung / Sponsoren und Förderer

So wie die Evolution selbst ist auch die Entstehung eines Buches ein zwar allmählicher aber doch keinesfalls kontinuierlicher Prozess in dem Sinne, dass es nicht auch zu Phasen hektischer Betriebsamkeit käme. Wir möchten uns bei den Autoren für ihre Geduld und den Langmut während dieser Phasen bedanken und dafür, dass sie sich – neben ihren üblichen Aufgaben am Berliner Museum für Naturkunde und parallel zu den zusätzlich anfallenden Arbeiten im Rahmen der Vorbereitung der neuen Ausstellungen des Museums – auch noch jenem engen Zeitplan unterwarfen, der die Vorbereitung dieses Bandes mit sich brachte. Wir danken allen Autoren für ihre spannenden Beiträge und ihre große Kooperationsbereitschaft.

Nachdem wir als Herausgeber den Plan zu diesem Vorhaben gefasst und ein erstes Themenkonzept verfasst hatten, konnten wir Dr. Andreas Kunkel und Dr. Carsten Lüter dafür gewinnen, uns bei der redaktionellen Arbeit zu unterstützen, wofür beiden hier herzlich gedankt sei. Ohne ihr Insistieren und sorgfältiges Redigieren könnte sich der Band nicht so präsentieren wie er es nun tut. Dankenswerterweise half Dr. Michael Ohl bei der Schlussredaktion.

Außerdem gilt unser herzlicher Dank den Grafikern und Fotografen des Museums. Vor allem Nils Hoff hat unermüdlich am Layout mitgewirkt und ästhetisch ansprechende Entwürfe geliefert, Carola Radke und HwaJa Götz haben in ihren Fotografien jene Vielfalt und Schönheit der Sammlungsobjekte des Berliner Naturkundemuseums festgehalten, mit denen viele der Texte illustriert sind.

Unser Dank gilt auch dem Prestel Verlag und hier insbesondere Thomas Zuhr, Victoria Salley und Anja Besserer, der Lektorin Barbara Delius und den Übersetzerinnen Lynda Hepburn und Betti Moser.

Last but not least möchten wir uns ganz herzlich beim Fördererkreis der Naturwissenschaftlichen Museen Berlins e.V., namentlich und stellvertretend bei Herrn Manfred Gerstberger und beim Vorsitzenden des Fördererkreises, Herrn Prof. Dr. Gerhard Scholtz, bedanken, ohne deren finanzielle Unterstützung dieses Buchprojekt nicht möglich gewesen wäre.

Der vorliegende Band erscheint anlässlich der Eröffnung der neuen Ausstellungen des Berliner Museums für Naturkunde. Die Teilerneuerung der Ausstellungssäle wurde mit Mitteln der Stiftung Deutsche Klassenlotterie Berlin realisiert und von der Europäischen Union im Rahmen einer Förderung durch den Europäischen Fonds für Regionale Entwicklung (Efre) kofinanziert.

EFRE
...Aufschwung durch Europa !

Die Werbekampagne sowie die Eröffnungsfeierlichkeiten wurden ermöglicht durch das Engagement zahlreicher Sponsoren und Partner. Ihnen gilt auch an dieser Stelle unser außerordentlicher Dank:

Berliner Morgenpost
Kultur Kontor Berlin
BERLINPLAKAT
Optimahl Catering
radioBERLIN 88,8 rbb
DIEPOSTERFABRIK Agentur für Plakatqualität GmbH
DINAMIX Kultur Sponsoring
rbb FERNSEHEN
Ellerhold Grossplakate GmbH
Wall

Impressum

Umschlagabbildung: Komodo-Waran und C. Glogers »Natürliches System der Thierwelt«, Museum für Naturkunde der Humboldt-Universität zu Berlin
Abbildungen aus: Ernst Haeckel, *Kunstformen der Natur*, Leipzig und Wien, Bibliographisches Institut 1904: S. 22/23: Tafel 1. *Circogonia*, S. 80/81: Tafel 40. *Asterias*, S. 158/159: Tafel 51. *Collosphaera*, S. 176/177: Tafel 24. *Staurastrum*, S. 226/227: Tafel 45. *Campanulina*

Die Deutsche Nationalbibliothek verzeichnet diese Publikation in der Deutschen Nationalbibliografie; detaillierte bibliografische Daten sind im Internet über http://dnb.ddb.de abrufbar.

Projektleitung Victoria Salley, Anja Besserer
Lektorat Barbara Delius, Delius Producing München
Bildredaktion Julia Höffner, Veronika Wilhelm
Herstellung Sebastian Runow
Gestaltung LIQUID | Agentur für Gestaltung GbR, Augsburg
Satz Bernd Walser Buchproduktion, München
Lithografie Reproline Genceller, München
Druck Druckerei Uhl, Radolfzell
Bindung Conzella, Pfarrkirchen

Gedruckt in Deutschland auf chlorfrei gebleichtem Papier

ISBN 978-3-7913-3856–9 (Deutsche Buchhandelsausgabe)
ISBN 978-3-7913-6126–0 (Deutsche Museumsausgabe)
ISBN 978-3-7913-3857-6 (Englische Buchhandelsausgabe)
ISBN 978-3-7913-6127-7 (Englische Museumsausgabe)

Prestel Verlag
Königinstraße 9
D-80539 München
Telefon +49 (89) 38 17 09-0
Telefax +49 (89) 38 17 09-35
www.prestel.de

Prestel Publishing Ltd.
4, Bloomsbury Place
London, WC1A 2Qa
Telefon +44 (020) 7323 5004
Telefon +44 (020) 7636 8004

Prestel Publishing
900 Broadway, Suite 603
New York, NY 10003
Telefon +1 (212) 995 2720
Telefon +1 (212) 995 2733
www.prestel.com

Museum für Naturkunde der Humboldt-Universität zu Berlin
Invalidenstr. 43
10115 Berlin
Telefon +49 (30) 2093 8591
Telefon +49 (30) 2093 8561
www.naturkundemuseum-berlin.de

Herausgeber: Matthias Glaubrecht, Annette Kinitz, Uwe Moldrzyk
Redaktion: Matthias Glaubrecht, Annette Kinitz, Andreas Kunkel, Carsten Lüter, Uwe Moldrzyk

Übersetzung aus dem Deutschen für die englische Ausgabe:
Lynda Hepburn, Betti Moser